库车前陆盆地油气勘探系列丛书

# 库车前陆盆地挤压型盐相关构造与油气聚集

谢会文 雷刚林 徐振平 能 源 潘杨勇 等著

石油工业出版社

## 内 容 提 要

本书围绕库车坳陷前陆盆地油气勘探的构造地质问题,立足勘探科研与生产实践,详述了库车坳陷构造几何学结构特征及主要区带构造解析建模;通过构造演化反演中、新生代构造形态,并在中生代盆地原型和构造古地理模型研究的基础上,开展沙箱物理模拟和数值模拟实验,深入分析库车坳陷中、新生带构造变形机理;最后从生、储、盖、圈、运、保六个方面,论述了库车坳陷油气分布规律,并对油气勘探尚未突破的区带进行了展望。

本书可供国内外从事前陆盆地油气勘探人员、石油高等院校勘探相关专业师生以及地质爱好者参考。

### 图书在版编目(CIP)数据

库车前陆盆地挤压型盐相关构造与油气聚集/谢会文等著. —北京:石油工业出版社,2018.1
(库车前陆盆地油气勘探系列丛书)
ISBN 978-7-5183-2262-6

Ⅰ.①库… Ⅱ.①谢… Ⅲ.①塔里木盆地–油气聚焦带 Ⅳ.①P618.130.2

中国版本图书馆 CIP 数据核字(2017)第 285239 号

出版发行:石油工业出版社
(北京安定门外安华里2区1号 100011)
网　　址:www.petropub.com
编辑部:(010)64523543　图书营销中心:(010)64523633
经　　销:全国新华书店
印　　刷:北京中石油彩色印刷有限责任公司

2018年1月第1版　2018年1月第1次印刷
787×1092毫米　开本:1/16　印张:14
字数:355千字

定价:140.00元
(如出现印装质量问题,我社图书营销中心负责调换)
版权所有,翻印必究

# 《库车前陆盆地挤压型盐相关构造与油气聚集》编写人员

谢会文　雷刚林　徐振平　能　源　潘杨勇

王佐涛　玛丽克　陈维力　顾成龙　王振鸿

# 前　　言

　　从克拉2气田到克深万亿立方米大气田的发现,克拉苏构造带全面开花、钻探不断向深层拓展,而库车坳陷大量有利圈闭仍亟待解放。1997年,塔里木油田引入经典断层相关褶皱理论指导库车坳陷构造建模和地震资料解释,二十年来的勘探实践与总结,逐渐发展形成了库车前陆盆地挤压型盐相关构造与油气聚集理论,并将在未来的勘探过程中丰富与完善。

　　库车坳陷前陆含盐盆地面积大,发育古近系库姆格列木组巨厚膏盐岩层(库车东部为吉迪克组膏盐岩层)、侏罗系或三叠系煤系地层、盖层和基底之间能干性差异层共三套滑脱层,中、新生界主要受喜马拉雅期构造运动影响而变形剧烈,形成了独具特色的挤压型盐相关构造。在构造建模的过程中,不同学者对库车坳陷的冲断带地质解释模型提出了不同的认识,结合不断更新的钻井、地震、非地震等资料,本书整体认识和研究了制约库车坳陷油气勘探的主要构造地质学问题;同时,在此期间也形成了山前复杂构造建模技术与方法,基本理清了库车坳陷不同层次、不同区带的圈闭类型及分布规律。

　　本书内容共分为八部分:第一部分阐述了库车坳陷中、新生代构造地质问题及相关概念,由谢会文、徐振平编写;第二部分简要介绍了库车坳陷区域地质背景,由雷刚林、能源等编写;第三部分论述库车坳陷构造几何学特征及变形组合、单元划分,由谢会文、能源等编写;第四部分重点介绍库车坳陷主要区带构造建模,由雷刚林、徐振平、潘杨勇等编写;第五部分详细叙述了库车坳陷中、新生代的构造演化,由谢会文、能源等编写;第六部分深入解剖了库车坳陷中生代盆地原型及构造古地理模型,由谢会文、徐振平等编写;第七部分系统分析了库车坳陷构造动力学模型,由雷刚林、能源、潘杨勇等编写;第八部分分析了库车坳陷中、新生代构造与油气聚集的关系,由谢会文、徐振平等编写。全书由谢会文、雷刚林统稿。

　　参与本书编写工作的还有:王佐涛、玛丽克、陈维力、顾成龙、王振鸿、周露等。田军、王清华、杨海军、肖又军等勘探界专家对本书提供了宝贵建议,感谢他们对本书做出的无私奉献。感谢长期关心、支持库车油气勘探的前辈、专家以及长期奋战在库车前陆盆地默默无闻的所有勘探工作者!

　　由于笔者理论水平有限以及国内外该方面研究的深度和广度的局限,书中难免存在不足与错漏之处,敬请读者批评指正。

# 目录

## 第一章 绪论 (1)
- 第一节 库车坳陷油气勘探相关的构造地质问题 (1)
- 第二节 前陆冲断构造带油气聚集特征 (8)
- 第三节 库车坳陷油气勘探面临的构造地质学问题 (10)
- 第四节 构造解析与构造建模的基本原则与方法 (13)

## 第二章 库车坳陷区域地质背景 (17)
- 第一节 区域地层及其分布特征 (17)
- 第二节 区域构造特征 (24)
- 第三节 区域构造演化 (28)

## 第三章 库车坳陷构造几何学分析 (32)
- 第一节 库车坳陷的区域构造解释模型 (32)
- 第二节 库车坳陷区域剖面结构特征 (41)
- 第三节 库车坳陷不同构造层的构造变形组合 (51)
- 第四节 库车坳陷次级构造单元划分 (57)

## 第四章 库车坳陷主要区带构造建模 (65)
- 第一节 构造样式模型 (65)
- 第二节 主要区带(强变形带)构造模型 (79)
- 第三节 不同层次、不同构造带构造变形的关系 (98)

## 第五章 库车坳陷中、新生代构造演化 (102)
- 第一节 中、新生代构造演化阶段 (102)
- 第二节 库车坳陷中、新生代构造变形序列 (110)
- 第三节 库车坳陷中、新生代构造演化过程 (114)
- 第四节 中生代古隆起及构造演化 (123)

## 第六章 库车坳陷中生代盆地原型及构造古地理模型 (137)
- 第一节 库车坳陷中生界层序及沉积相特征 (137)
- 第二节 库车坳陷中生代盆地原型特征 (146)
- 第三节 中生代盆地原型的构造古地理模型 (152)

## 第七章 库车坳陷构造动力学模型 (162)
- 第一节 库车坳陷构造变形的主控因素 (162)
- 第二节 库车坳陷中、新生代构造演化的动力学模型 (168)
- 第三节 库车坳陷变形机制的沙箱模拟 (175)

第八章 库车坳陷中、新生代构造与油气聚集的关系 …………………………………（189）
　第一节 油气生储盖条件因素 ……………………………………………………（189）
　第二节 油气运聚与保存条件 ……………………………………………………（191）
　第三节 库车坳陷油气分布规律 …………………………………………………（192）
参考文献 ………………………………………………………………………………（195）

# 第一章 绪 论

塔里木盆地是我国西部最大的沉积盆地,充填了包括新元古界、古生界、中生界和新生界累计上万米的沉积地层,被南天山、昆仑山、阿尔金山围限。库车坳陷属于塔里木盆地北部的一个二级构造单元,位于塔里木盆地北部边缘、南天山山前地带,主要充填了巨厚的中、新生界。山前露头观测的前中生界多发生强烈变形、变质,在盆地区地震剖面上没有清楚的反射,不能解释出其构造形态。近20多年的油气勘探实践表明,库车坳陷具有丰富的油气资源,特别是侏罗系作为主力烃源岩形成的天然气资源。根据最新资源评价结果,库车坳陷总资源量达 $36.42 \times 10^8$ t 油当量,其中天然气资源量为 $34704.6 \times 10^8 m^3$,石油资源量达 $8.77 \times 10^8$ t。库车坳陷的中、新生代构造变形异常复杂,客观真实地描述库车坳陷的构造变形形态、科学地分析构造形成演化过程是油气勘探必要的基础地质工作。近十多年来,塔里木油田与国内多所大学和研究机构进行合作针对库车坳陷的构造地质问题开展了一系列的科学研究项目,提升了关于库车坳陷中、新生代构造特征的基本认识,促进了油气勘探生产。本书是基于这些项目研究成果编写的,目的是对近年来关于库车坳陷中、新生代构造地质问题的现有认识进行归纳总结,为进一步研究库车坳陷构造地质学及相关问题提供借鉴和参考。

## 第一节 库车坳陷油气勘探相关的构造地质问题

库车坳陷位于南天山山前,而且充填其中的中、新生界发生了强烈的冲断褶皱变形。因此,在公开出版物和学术论文中关于塔里木盆地"库车坳陷"也有使用"库车前陆盆地""库车再生前陆盆地"等名称。塔里木盆地是一个大型的叠合盆地,内部构造单元的界限并不十分清晰,但是总体上不同构造单元构造特征上的差异是明显的。库车坳陷是塔里木盆地北部的一个负向构造单元,其西部与柯坪隆起(属于南天山山麓的一部分)、南部与塔北隆起、北部与南天山等正向构造单元过渡。将库车坳陷称为"前陆盆地""再生前陆盆地",主要是指坳陷位于南天山山前,其形成演化过程与南天山存在动力学上耦合关系。但是,观测的地质现象表明现今库车坳陷的中、新生代地层是不同性质的沉积盆地叠置的结果,其中可能只有上新统—第四系的沉积充填与南天山隆升存在前陆盆地式的"盆山耦合"。库车坳陷的构造主要表现为挤压作用形成的冲断褶皱构造,形成前陆冲断带,并且由于膏盐岩层卷入使得变形十分复杂。库车坳陷的膏盐岩层及相关构造也不同于典型的盐底辟构造,膏盐岩层自身流变的同时主要起构造分层作用,使盐上层和盐下层构造表现出明显的不协调。由于膏盐岩层参与挤压变形而使得构造样式、构造组合复杂化,因此也可以将其称为"挤压型盐相关构造"。

### 一、前陆盆地与前陆冲断带概念

前陆(Foreland)是一个古老的地质概念,大致有两层涵义。其一是指发育强烈褶皱的造山带与未褶皱的稳定地块(克拉通)之间过渡的、被冲断褶皱带覆盖的稳定区域;其二是褶皱造山带朝向稳定地块(克拉通)的方向。与前陆对应的名词是后陆(Backland 或 Hinterland,后者也译为腹陆)。后陆是指褶皱造山带部分,或朝向褶皱造山带的方向。前陆与后陆最早由修斯(Suess,1909)提出,并在传统的地槽—地台学说中得到广泛应用,主要表达造山作用引起的构造变形由褶皱造山带朝向稳定的克拉通运动的思想。与前陆相应的还有一个常用的古老的地质概念是前渊(Foredeep),意即造山带边缘被沉积物充填的狭长的构造洼地或深渊,代表"前陆"沉降到造山带现有高度之下并接受了巨厚的沉积物。在传统的地槽—地台学说中,山脉是堆积了巨厚沉积物的地槽经过造山运动发生褶皱上升的结果,前渊则是在造山作用后期到造山作用后围绕造山带形成的边缘坳陷,充填巨厚的陆相磨拉石。在板块构造理论框架下,造山带的形成与板块运动有关,因而"前渊"的形成和演化也与板块运动密切相关。Bird和Dewey(1970)、Dickinson(1974)认为板块聚敛运动形成造山带的同时也主导了"前渊"的形成和演化,并用"前陆盆地"(Foreland basin)一词描述这种类型的盆地。Dickinson(1974)根据前陆盆地在板块构造中的位置将其分为周缘前陆盆地(Peripheral foreland basin)和弧后前陆盆地或退弧盆地(Retroarc foreland basin)两类。前者与碰撞造山作用有关,位于俯冲大陆地壳之上并与碰撞造山带(缝合带)毗邻,例如,位于阿尔卑斯北部山前的磨拉石盆地等;后者与弧后造山作用有关,位于陆缘岩浆弧后的沉积盆地,例如北美西部大陆边缘的科迪勒拉山脉东侧山前地带的一些盆地。当发育有弧后前陆盆地的大陆板块与另一个大陆板块碰撞后,周缘前陆盆地与弧后前陆盆地可以分别位于造山带(缝合带)的两侧(图1-1)。

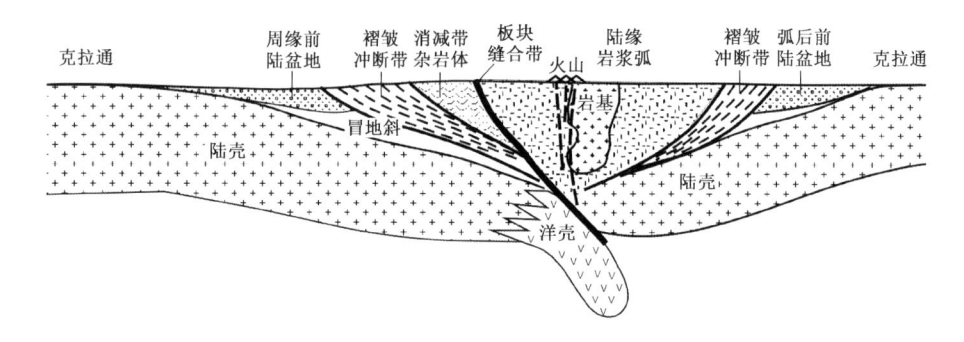

图1-1 周缘前陆盆地和弧后前陆盆地概念剖面模型(据Dickinson,1984,略有修改)

国内外学者早已注意到中国西部山前坳陷不同于典型的前陆盆地。中国西北的造山带多具有多旋回褶皱造山的特点。按照板块构造理论,中国北方的古亚洲洋在古生代经过多期开合后最终在晚古生代末期完全关闭,实现了塔里木、华北等陆块最终与西伯利亚陆块拼贴成为统一的大陆,洋盆关闭形成了造山带并相伴形成了不同特征的前陆盆地。但是,那些在古生代末期或中生代初期形成的前陆盆地受到中、新生代时期相继发生的不同性质的地壳变形的影响,特别是在特提斯洋关闭、印度—澳大利亚板块向北运动与欧亚板块碰撞过程的影响。现今的天山及山前坳陷是新生代晚期印度—澳大利亚板块与欧亚板块碰撞引起的远程区域挤压力作用导致在晚古生代末期古亚洲洋关闭形成的古天山再次发生造山隆起的结果。Bally(1992)提出的沉积盆地分类方案中将中国西部远离巨缝合带以外,但与板块碰撞形成的巨缝合带有关的挤压型盆地称为"中国型盆地"(孙家振,1991)。陈发景等(1992,1996)将那些与碰撞造山带不相邻,但也是大陆地壳压陷—挠曲作用形成的盆地称为"挠曲类前陆盆地"或"类前陆盆地",认为是远离碰撞造山带而与岩石圈挠曲有关具有前陆盆地类似特征的沉积盆地。刘和甫(1992,1995)根据中国西北部山前坳陷的构造位置、构造变形特征提出再生前陆盆地和分割前陆盆地概念,并明确定义"再生前陆盆地"的形成机制主要与再旋回造山作用所产生的地壳缩短和构造负荷有关,而"分割前陆盆地"是前陆环境中基底在挤压体制下发生破裂(或早期基底断裂再活动)导致基底隆起将前陆盆地分割为孤立的小型盆地(图1-2)。犹如前陆盆地与造山带的耦合类似,再生前陆盆地与板内造山带在时空演化上也是密切相关的。我国学者多年的研究发现,中国中西部中、新生代广泛发育一种与经典前陆盆地不同的前陆盆地类型。罗志立(1984)等认为这些盆地为造山带边缘的压性盆地,总体具有前陆盆地的结构、变形和沉积特征,并指出中国中西部发育的俯冲带既不同于Bally和snelson(1980)提出的A型俯冲带或陆—陆碰撞,也不同于Bally(1984)提出的B型俯冲带或大洋俯冲带,而是发生在中国大陆拼合之后的陆内俯冲,称之为C型俯冲,并将与该俯冲伴生的前陆盆地命名为陆内前陆盆地。卢华复等(1994)对中国西部再生前陆盆地的形成机理、发育时限和沉积环境等方面做了系统分析,认为其具备前陆盆地的基本特征,又具有独特性,所以可以作为一种新的前陆盆地类型。再生前陆盆地主要由新生代印藏碰撞的远程效应引起青藏高原周缘造山带的再次复活,盆地再次发生挠曲变形、沉降沉积而形成(图1-3)。我国学者近20年的研究逐渐形成了再生前陆盆地理论(Lu等,1994,1997;贾承造,1997;卢华复等,1999,2000,2003;贾承造等,2004),对指导这类盆地的油气勘探具有积极意义。

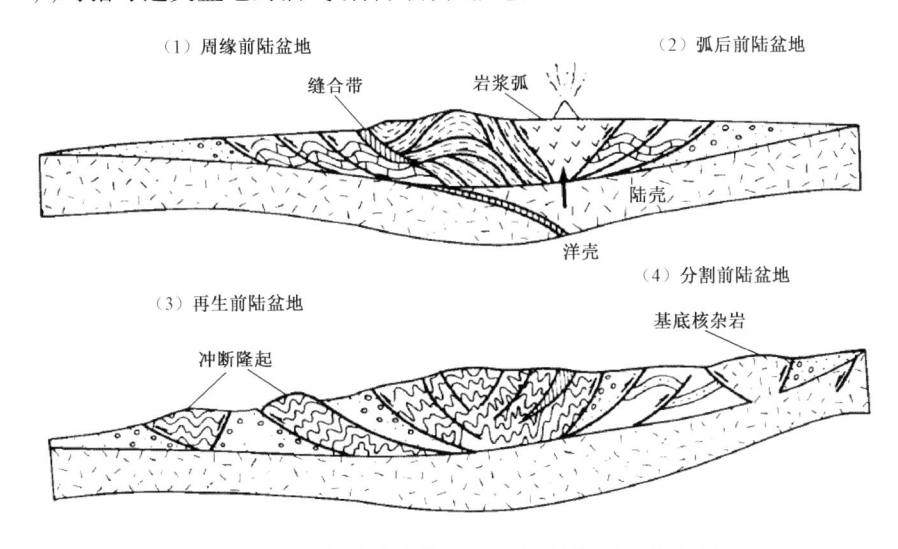

图1-2 四类前陆盆地横剖面对比图(据刘和甫,1995)

从板块构造背景及盆地发育与区域构造演化的关系看,大洋消减、大陆碰撞和陆内会聚(缩短)3个不同性质的会聚方式,都存在各自对应的前陆盆地类型。即:(1)俯冲造山带与弧后前陆盆地;(2)碰撞造山带与周缘前陆盆地;(3)陆内再生造山带与再生前陆盆地。前陆前身是克拉通边缘(被动大陆边缘),与洋盆相邻,前陆的变形也与克拉通边缘的演化有关。洋盆关闭最终形成造山带并隆升成山使前陆发展成为前陆盆地。前陆盆地与造山带在时空演化上的耦合,使人们更多地注意到前陆的变形是受来自造山带的挤压而忽略了前陆前身的变形和造山带隆升过程中造成的前陆变形。典型的前陆一般经历了伸展和收缩变形的叠加,如果洋盆是斜向闭合,前陆地区还或发育走滑变形。我国西部的中、新生代前陆盆地(如塔里木盆地库车坳陷和西南坳陷、准噶尔盆地南缘和西北缘等)并非典型的前陆盆地,是因为造山带并非属于典型的碰撞造山带或弧后造山带,而是多旋回的造山带。板内造山带是板内强变形带(古造山带)在挤压体制下复活并在岩浆热作用下隆升的结果,板内造山带山前坳陷形成的再生前陆盆地虽然属于弱变形域,但往往也发生复杂的变形,并表现为多期不同形式(伸展、收缩和走滑等)变形的叠加。

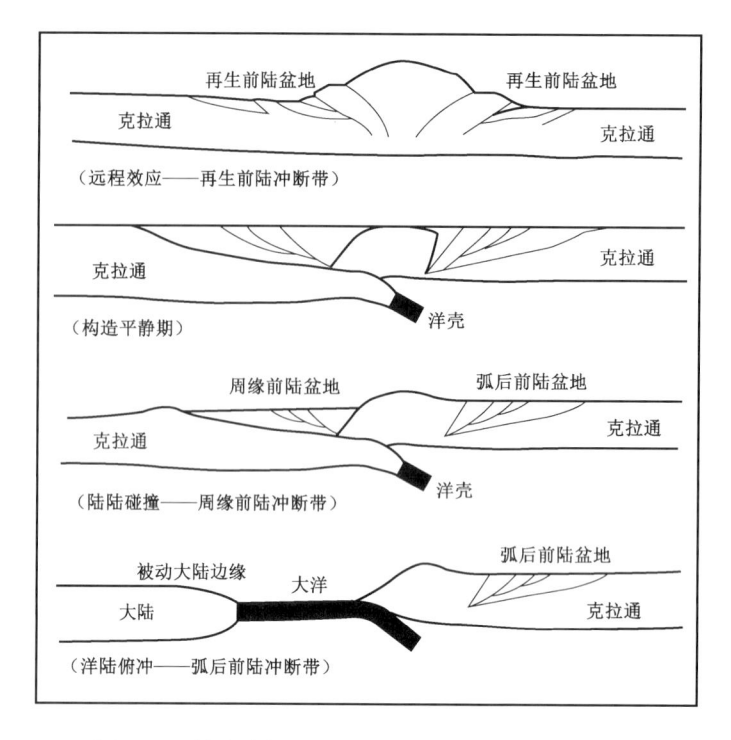

图1-3 前陆冲断带形成环境及大地构造位置示意图

尽管不同学者对前陆盆地概念的诠释不尽相同,但是有两点认识基本是统一的。第一,前陆盆地是在与活动造山带毗邻的稳定克拉通陆块边缘(前陆)形成的沉积盆地;第二,前陆盆地是上覆在克拉通陆块之上的山体(造山楔或逆冲褶皱带)的负荷导致克拉通陆块发生挠曲变形引起的山前沉降区域。因此,前陆盆地概念虽然在字义上主要是指区域大地构造位置,但是实际上也包含有动力学的内涵。基于在挤压体制下造山带的动力负荷压在稳定的克拉通上引起克拉通板块挠曲变形所形成的山前坳陷这一动力学内涵,Peter G. DeCelles 和 Katherine A. Giles(1996)提出前陆盆地系统(Foreland basin systems)的概念(图1-4)。前陆盆地系统的涵义包括三个方面内容:(1)前陆盆地系统是指在收缩造山带与毗邻的克拉通之间的大陆地壳之上的沉积物堆积的潜在地区,这一地区的沉降主要是与俯冲作用以及俯冲作用导致的周缘或弧后褶皱逆冲带有关的地球动力学过程的响应;(2)前陆盆地系统由4个分隔的构造沉积带组成,根据这些沉积带与逆冲带的几何关系它们分别称为逆冲楔顶部带(Wedge-top)、前渊带(Foredeep)、前隆带(Forebulge)和隆外凹陷带(Back-bulge);(3)前陆盆地系统的延伸长度大致与褶皱带的长度相等,不包括溢出到邻近的残留海盆地和碰撞大陆裂陷盆地中的沉积物。这里的"前渊"的概念是狭义的,仅指逆冲楔下盘系统的深陷的部分,而传统的"前渊"的范围与整个前陆盆地范围相当(A. W. 巴利,1995)。此外,并非所有的前陆盆地系统的4个构造沉积带都发育完整。前陆盆地的形态可以是简单的也可能很复杂,甚至包含一些发育在逆冲断层上盘的背驮式盆地,或前缘隆起被逆冲隆升使隆外凹陷成为相对独立的沉积盆地。

前陆冲断带和前陆盆地具有耦合关系,相伴出现,因此可以根据前陆盆地的分类对前陆冲断带进行类型划分。从板块构造的角度,前陆盆地可分为弧后前陆盆地和周缘前陆盆地(Dickinson,1974)。在洋壳向陆壳俯冲时,沿陆块边缘形成造山带,弧后前陆盆地发育于弧后的造山带山前(Jordan,1995),典型的实例有侏罗纪晚期到古近纪发育于北美西部科迪勒拉山

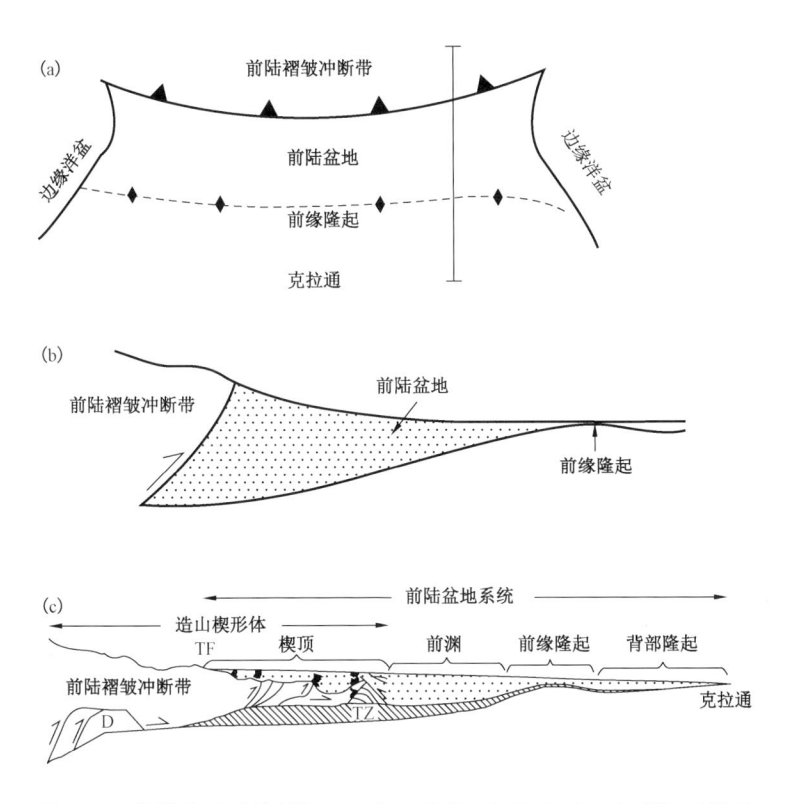

图 1-4 前陆盆地系统(据 Peter G. DeCelles 和 Katherine A. Giles,1996)

(a)"典型"前陆盆地的平面示意图,两侧边界为残留的边缘洋盆地,未注明比例尺,应为 $10^2 \sim 10^3$ km 尺度范围,右侧的垂线表示图(b)的横剖面方位;(b)一般被接受的前陆盆地剖面形态的概念模型,注意其逆冲断层(带)和盆地间的集合形态是不真实的,垂直比例尺放大了约 10 倍;(c)经修正的前陆盆地剖面形态的概念模型,具有逆冲楔顶部带(Wedge-top)、前渊带(Foredeep)、前隆带(Forebulge)和隆外凹陷带(Back-bulge)4 个构造沉积带,按纵横比例近似一致。TF 表示逆冲断层带造成的盆地地形边界,黑点表示前陆盆地,斜线区表示褶皱—逆冲系统卷入的先存的冒地斜(被动大陆边缘)地层;D 表示位于造山楔中的双重构造;TZ 表示三角带构造,一般位于逆冲楔的尖端部位。注意:造山楔前缘与前陆盆地系统间有大范围的叠置

前的前陆盆地、侏罗纪到现今发育于南美安第斯山前的前陆盆地和始新世到现今发育于印度尼西亚苏门答腊—爪哇火山弧后的前陆盆地。随着洋陆俯冲结束,陆壳与陆壳开始碰撞。碰撞带附近形成造山带,在俯冲板块一侧形成周缘前陆盆地,碰撞相关的弧后前陆盆地发育于仰冲陆块一侧(Miall,1995)。另外,火山弧与火山弧碰撞以及火山弧与陆壳碰撞也可以形成周缘前陆盆地(Miall,1995)。Johnson 和 Beaumont(1995)提出了前—前陆盆地和后—前陆盆地来区分由于陆陆碰撞而形成的位于俯冲陆块一侧和仰冲陆块一侧的盆地,这种定义越来越被广泛地应用。典型的周缘前陆盆地有古生代发育于北美东部的阿巴拉契亚山前盆地、新生代发育于印度和巴基斯坦北部的喜马拉雅山前盆地和新生代发育于欧洲阿尔卑斯山北部山前盆地。

前陆冲断带是指前陆地区发育的冲断褶皱变形带,与前陆盆地的形成相关。因此,也可依此划分为三类。即:(1)弧后前陆冲断带,广泛分布于美洲西部,例如阿尔伯达前陆冲断带;(2)周缘前陆冲断带,主要分布于阿尔卑斯—喜马拉雅一带,例如扎格罗斯前陆冲断带;(3)再生前陆冲断带,主要分布在中国中西部,例如库车坳陷山前冲断带、川西北冲断构造带等。中国中西部地区广泛发育的再生前陆型冲断带的规模普遍较国外经典前陆冲断带小。一般认

为,再生前陆冲断带的基底—克拉通或陆块本身规模就小、褶皱带稳定性相对较差(卢华复等,2003)。弧后前陆冲断带和周缘前陆冲断带的结构较为简单,一般叠置在被动大陆边缘(如乌拉尔和磨拉石盆地等)或弧后盆地(落基山、南美南部盆地)之上(Dickinson,1976)。再生前陆冲断带的基底结构十分复杂,具有多成因、多演化阶段的特点。冲断带基底既有古克拉通边缘(塔西南、库车)(Lu 等,1994;卢华复等,2000),也有古生代褶皱基底(准噶尔盆地西北缘)(胥颐等,2000)。

此外,多种构造环境下也可形成类型多样的冲断带。裂陷盆地构造对前陆冲断带构造变形有重要影响,早期基底正断层的反转可以形成基底卷入型冲断带。被动大陆边缘演化过程中可以发育不同类型的沉积岩层和构造变形,大陆端形成的正断层上盘岩席向大洋端移动,在大洋地壳之上可以形成小规模的冲断构造。早期走滑伸展构造形成的负花状构造,由于构造挤压作用,演变为正花状构造,也可形成小型冲断系统。

显然,使用"前陆盆地"名称并不能确切反映库车坳陷中、新生代盆地构造特征,"再生前陆盆地"一词也仅仅可以用来表示库车坳陷晚新生代盆地构造性质。为了避免书名与内容的"名不符实",本书使用"库车坳陷"来限定研究区域和讨论相关地质问题。

## 二、盐构造与挤压型盐相关构造概念

库车坳陷充填的新生界包括有古近系底部库姆格列木群、新近系底部吉迪克组两层膏盐岩,在晚新生代区域构造挤压作用下形成与盐相关的复杂构造变形。目前研究成果表明,膏盐岩层作为塑性层是局部的构造滑脱层,使得库车前陆冲断带表现出明显的分层变形特征,并且膏盐岩层也发生明显的流动、甚至发生底辟刺穿,使得局部的膏盐岩层明显加厚或减薄。膏盐岩层的存在不仅对构造变形有重要影响,在油气聚集过程中对油气圈闭的形成、储层的保护也有重要作用。

盐构造,顾名思义是指盐类岩层形成的构造变形。盐类岩层也称蒸发岩,常代表闭塞水体咸化环境下的沉积产物。裂陷盆地、克拉通内部坳陷盆地、被动大陆边缘和前陆盆地等都可能发育盐类岩层。当沉积盆地中含盐岩层厚度较大并且对盆地的构造变形、构造演化有重要影响时也可以直接称为含盐盆地。盐岩层较其他沉积岩层密度小且具有不可压缩性,在盆地演化过程中其密度几乎不发生变化。盐岩层的另一特点是强度较其他沉积岩层低且流变性强,对构造应力作用异常敏感,易于发生复杂的塑性构造变形。盐岩层的相对密度在 2.15~2.2 之间,一般的碎屑沉积物在埋深约 500m 左右后经压实的密度都大于盐岩层的密度,而且表现为强塑性的流变学特征(Warren,2006)。即便构造环境很稳定,但由于盐岩层原始厚度不均匀或上覆岩层厚度不均匀等原因导致盐岩层顶面的静岩压力分布不均匀就可能与上覆岩层密度倒置的影响而发生底辟活动。盐类岩层的底辟、流动变形使其原始产状、厚度发生变化,也引起围岩或上覆岩层发生构造变形。在构造作用下,作为软弱层的盐岩层往往成为构造变形的滑脱层。由于盐岩层参与构造变形或盐岩层流变使局部构造变形更加复杂,这类构造也可以称为盐相关构造。

盐构造包括三个组成部分,即盐岩层(核)、盐上层(核上层)和盐下层(核下层)(Jackson 和 Talbot,1991)。根据变形后的盐岩层与盐上层的关系,可以将盐构造分为隐刺穿和刺穿盐构造两大类。盐岩层底辟可以刺穿盐上层而"侵入"到上覆沉积岩层中,形成的盐构造称为刺穿盐构造。盐岩层刺穿上覆岩层甚至可以在地表"喷出"形成"盐火山"。盐岩层也可能只是发生流动变形并引起上覆岩层发生褶皱、断层变形而没有"侵入"到上覆岩层中,形成的盐构造称为非刺穿或隐刺穿盐构造,也可以称为整合盐构造,意即盐岩层与上覆岩层为整合接触,盐岩层的顺层流变导致局部加厚和减薄。

狭义的盐构造是盐岩层在上覆差异压力作用下发生垂向底辟和侧向流动形成的,盐岩层的变形是主动的,围岩的变形是受盐岩层底辟作用控制的。盐下层构造变形弱,或盐下层构造活动只是诱导盐岩层发生底辟作用的重要原因。因此,典型的盐构造多发育在相对稳定的构造环境中,例如克拉通内部坳陷盆地、被动大陆边缘盆地等。活动的构造环境中的盐岩层更易于变形,但是盐岩层的构造变形往往不是主动的,或者说触发盐岩层发生构造变形是能干岩层的变形,强硬的围岩构造变形使盐岩层被动地向应力相对低的构造部位流动。例如裂陷盆地、前陆盆地的断裂活动诱导盐岩层发生复杂的构造变形。广义的盐构造也应该包括活动环境下盐岩层的构造变形,因为盐构造活动可是进一步导致围岩发生复杂的构造变形。严格地区分盐构造、盐相关构造是很难的。但是,从盐构造变形机制上加以区分是有必要的。含盐盆地也多属于含油气盆地。其中盐岩层无论是主动的变形还是被动的变形,它们往往表现为盐上层、盐岩层和盐下层的构造变形相互呼应,形成复杂的构造样式。而且,盐构造或盐相关构造的分布规律与油气圈闭的分布有密切关系。这也是油气勘探关注盐构造、盐相关构造的重要原因。

库车坳陷充填的新生界包括古近系库姆格列木群和新近纪吉迪克组两套含膏盐岩层。油气勘探资料表明这些膏盐岩层在构造变形过程中有明显的侧向流动,局部的膏盐岩层明显加厚到 2000~3000m,而另一些地区的膏盐岩层或减薄至几十米,甚至全部流失导致盐上层与盐下层"焊接"在一起。库车坳陷的盐上层、盐下层主要表现出挤压构造变形,形成逆冲断层与褶皱。膏盐岩层对构造变形的分布规律有重要影响。盐上层发育滑脱褶皱、薄皮逆冲断层及相关褶皱,盐下层则广泛发育冲断构造(图1-5)。因此,将库车坳陷在挤压作用构成的构造分层组合理解为"挤压型盐相关构造"。

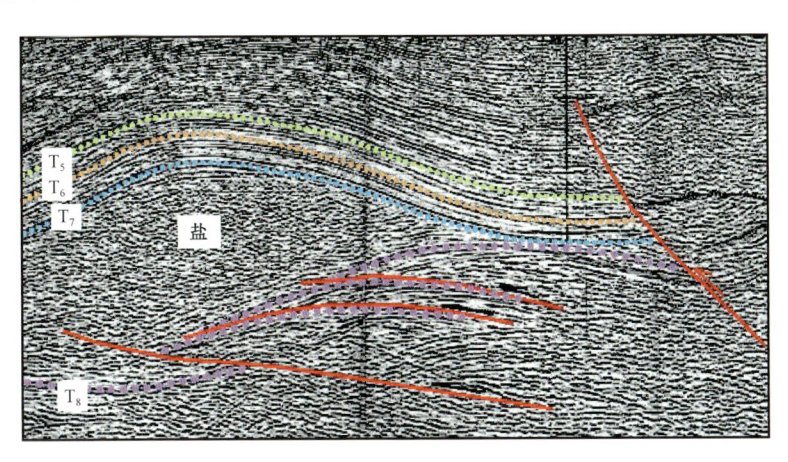

图1-5 库车坳陷地震剖面解释的盐相关构造

"挤压型盐相关构造"是库车前陆冲断带构造变形的特色,并形成了独具特色的油气成藏系统。膏盐岩层既是浅层构造的滑脱层,也是盐下层冲断构造向上消减的"顶篷层"。膏盐岩层,尤其是古近系库姆格列木群的膏盐岩层对于盐下油气成藏起到重要的促进作用。由于膏盐岩层的屏蔽使得地震勘探很难得到盐下层的地震反射,严重影响利用地震资料解释盐下层构造的准确性,降低了油气勘探效率。

# 第二节　前陆冲断构造带油气聚集特征

前陆盆地被认为是油气资源潜力最为丰富的盆地类型,前陆冲断带是油气聚集的重要区带。库车坳陷具有前陆盆地类似的构造演化和构造变形特征,也是近年来塔里木盆地油气增储上产的主要产区之一。但是,受地表条件复杂、浅层速度变化剧烈、古近系膏盐岩层的发育等因素影响,库车坳陷中主要构造带的地震资料品质较差,引起构造解释的多解性和地质认识的不确定性。依据同样的地质—地球物理资料可以得出不同的构造解释,这直接影响到对油气圈闭的评价和优选。尽管无论是在油气勘探上的投入还是基础地质研究上的投入,库车坳陷在塔里木盆地中都是相对较大的区域,但是制约库车坳陷油气勘探的构造地质学问题依然十分突出。

## 一、前陆冲断带的油气形成条件

典型前陆盆地和冲断带发育于被动大陆边缘、克拉通边缘或弧后盆地之上。复杂有序的构造演化使得前陆盆地成为油气资源丰度极高的沉积盆地,而多数的油气资源分布在前陆冲断带中。

1. 生油条件

从目前国外油气勘探的情况来看,前陆地区的烃源岩可分为两大套,即前前陆盆地烃源岩和前陆盆地烃源岩。前前陆盆地阶段包括被动大陆边缘、克拉通边缘或弧后盆地,这些盆地演化过程中都具有发育烃源岩的地质条件,前陆盆地早期的海相前陆层序或深湖相、湖沼相层序也具有发育烃源岩的地质条件。如前扎格罗斯盆地、加拿大西部的阿尔伯达前陆盆地,前扎格罗斯盆地中生界被动陆缘烃源岩有机质丰度为2%~11%、阿尔伯达盆地前前陆盆地海相烃源岩有机质丰度在2%~24.3%之间。统计全球主要前陆冲断带烃源岩可以发现,烃源岩的形成时间超过80%集中在中、新生代,而烃源岩巨层序类型有一半是被动边缘,其他主要组成部分包括前陆前渊和主动大陆边缘。

2. 储盖条件

从统计资料来看,前陆盆地及冲断带形成大油气田的机率要比其他类型的盆地大。这不仅说明前陆盆地及冲断带不但具有雄厚的油气形成物质基础,而且具备优越的油气储集能力。前已述及,前陆盆地烃源岩发育是因为其包括了前陆盆地期和前前陆盆地期形成的两大套若干层烃源岩,但从储集条件来看,具有较好储集能力的储集岩则往往形成于前陆盆地发育阶段,这充分说明前陆盆地的构造和沉积环境有利于储集岩的形成。这是由于前陆盆地前缘逆冲带的抬升作用给盆地内储集体的形成提供了丰富的碎屑物质。一般地说,近源带发育河流相及三角洲相储集体,而远源带则发育斜坡扇、海底扇和深切谷充填储层(河道砂体或滨岸砂体),特别是低水位盆底扇和深切谷充填沉积已被勘探实践证明是最优秀的储层之一,其物性极佳,砂体常被深水泥质岩所包围,具有良好的圈闭条件,而且在地震剖面中较易识别。统计全球主要前陆冲断带烃源岩发现,储集岩巨层序主要是被动边缘和前渊,储层岩性或类型主要是碳酸盐岩裂缝、砂岩和砂岩裂缝。盖层的岩性主要是蒸发岩和页岩,美洲西部的前陆冲断带的盖层主要是蒸发岩。

3. 生储盖组合条件

前陆盆地可以发育多种类型的生储盖组合,大致可以分为前前陆盆地—前陆盆地海相生储盖组合、前前陆盆地—前陆盆地陆相生储盖组合、前前陆盆地陆相生储盖组合和前陆盆地陆相生储盖组合4种组合类型。前前陆盆地—前陆盆地海相生储盖组合主要发育于周缘和弧后前陆盆地及冲断带,生储盖层均由海相沉积构成(Macqueen,1992),烃源岩主要为盆地相或陆棚相富有机质的泥页岩、碳酸盐岩,如阿尔伯达盆地、落基山盆地、扎格罗斯盆地等重要的含油气前陆盆地均有此类烃源岩产出,储层有海底扇、深切谷充填沉积、滨岸砂体及台地相碳酸盐岩(阿尔伯达盆地)等,盖层往往为海相泥页岩和石膏。在某些盆地中主要发育的生储盖层均产于前前陆盆地海相层序的油气田,如阿尔伯达盆地中—上泥盆统克拉通礁灰岩储集了盆地内55%的油气。前前陆盆地—前陆盆地陆相生储盖组合在典型前陆盆地及冲断带中十分少见,一般烃源岩为前前陆盆地下伏湖沼相含煤岩系,储盖层为覆于其上的前陆盆地期的沉积序列,中国中西部前陆盆地及冲断带以发育该套陆相组合为特色,如准噶尔盆地南缘、库车、塔里木西南、柴达木北缘和酒泉西等类前陆盆地的侏罗系—新近系广泛发育此类组合。前前陆盆地陆相生储盖组合主要发育于中国西部再生前陆盆地及冲断带,在中国西部油气远景中具有举足轻重的地位,特别是侏罗系—白垩系组合。该套组合的烃源岩和盖层分别为侏罗系或白垩系湖泊相泥岩或湖(河)沼相煤系地层,而储层多是夹于其中的河流相、三角洲相、冲(洪)积扇相砂砾岩。如吐哈盆地侏罗系八道湾组油气系统和西山窑组油气系统(吴涛等,1997),前者烃源岩为八道湾组煤岩和暗色泥岩,储层为八道湾组和三工河组三角洲砂体,盖层为七克台组和齐古组泥质岩。前陆盆地陆相生储盖组合也可以出现在前陆盆地及冲断带陆相层序中,主要见于中国中西部前陆盆地及冲断带中,如鄂尔多斯盆地西缘、川西前陆盆地发育此种类型的组合。烃源岩一般为前前陆盆地深湖—半深湖相泥页岩(如鄂尔多斯盆地上三叠统延长组、川西盆地下侏罗统自流井群),储盖层分别为河湖相和三角洲相砂岩和泥岩。

## 二、前陆冲断带的圈闭类型

对全球冲断带246个典型圈闭的分析发现,81%是构造圈闭,12%是地层圈闭,7%是地层与构造相互组合的圈闭。数据显示冲断带大部分构造圈闭属于逆冲相关构造(85%),主要是逆冲断层上盘形成的背斜构造,包括断层传播褶皱、断层转折褶皱、滑脱褶皱及其相关的组合形式。在走滑构造发育的冲断带内,可见较多走滑相关的圈闭。此外,前陆冲断带内发育较多的与基底构造、底辟、差异压实、差异沉降等相关的背斜。在前缘隆起地区,由于伸展构造较为发育,也能识别出一系列与正断层相关的圈闭类型(图1-6)。整体来看,前陆冲断带的圈闭主要集中于外缘地区,所占比例接近一半(48%)。前陆冲断带及前陆盆地靠近造山带一侧受构造活动影响是构造扰动带;而前陆盆地靠近克拉通一侧平缓上倾,逐层向克拉通斜坡上超覆;盆地下部被覆盖的早期被动陆缘沉积,未受构造影响的部分仍保持原来的区域分布特征,这种构造格局决定了盆地油气藏具有多种类型的特点。一般来说,邻近构造活动带一侧多发育与冲断作用有关的构造圈闭,而另一侧(靠近克拉通或盆地中的"陆核")则多发育岩性、地层圈闭(图1-7)。

图 1-6　前陆冲断带构造圈闭类型及其示意图

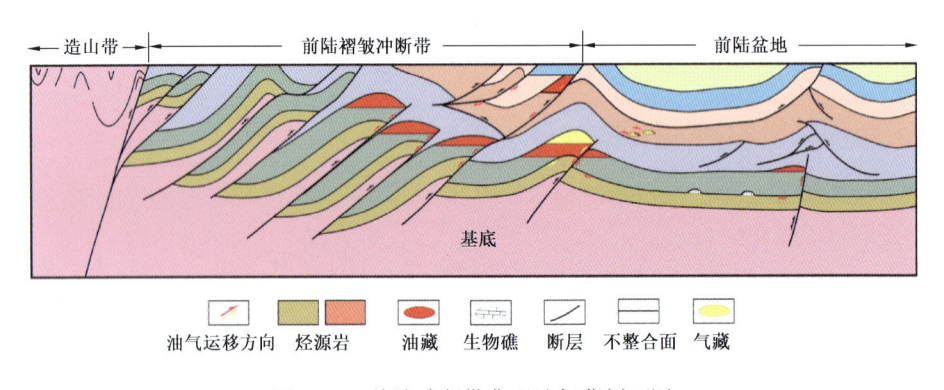

图 1-7　前陆冲断带典型油气藏剖面图

# 第三节　库车坳陷油气勘探面临的构造地质学问题

受资料所限,库车坳陷的基础地质研究、特别是中、新生代盆地构造研究依然十分薄弱,在地面地质图中,从南天山山麓地带至库车坳陷内部发育有一系列的线性褶皱和逆冲断层,构造变形强度总体上由南天山山麓向库车坳陷内部逐渐减弱。但是,盆地内部地震资料表明中、新生代地层的构造变形明显具有分层性,不同层次的构造样式及其分布规律依然是制约库车坳陷油气勘探的关键地质问题。此外,库车坳陷的主要烃源岩是三叠系、侏罗系的煤系地层及暗色泥岩层,中生代盆地原型及构造古地理的认识对油气资源分布及其评价有十分重要的影响。

## 一、库车坳陷构造认识的主要分歧

许多研究者依据地面地质露头和地震资料研究了库车坳陷不同构造带的构造变形特征,对该地区构造变形样式、变形时间和形成机制的基本认识与分歧主要反映在以下几个方面。

(1)库车坳陷北部的构造变形由南天山向盆地内部逐渐减弱,褶皱冲断带走向与南天山造山带大致平行,由此推断构造变形及其演化与南天山新生代板内造山作用密切相关,是晚新生代时期印度板块向北推移通过塔里木板块向北传递,并导致塔里木板块与南天山之间经受南北向区域挤压作用而引起的收缩构造变形(赵瑞斌等,2000;李曰俊等,2001;方世虎等,2004;贾承造,2004)。但也有学者认为库车坳陷北部的冲断褶皱变形存在多期,不同时期的应力场方向不同,晚期的构造变形与南天山隆升有一定关系(卢华复等,1999;李忠等,2003;张仲培等,2004;王清晨等,2003,2004)。

(2)库车坳陷北部出露的地层由山前向盆地逐渐变新,北部山前带发育基底卷入冲断构造,使中生界(及古生界)抬升到地表,进入盆地则发育以侏罗系含煤地层和古近系膏盐岩为滑脱面的盖层滑脱冲断褶皱,在剖面上形成一个由北向南变薄、发育在断坪—断坡式拆离断层之上的薄皮冲断褶皱构造楔(    等,1997;卢华复等,1999,2000,2001;魏国齐等,2000;刘志宏等,2000;汪新等,2002)。北部山前带发育基底卷入式构造,中生界(及古生界)沿断层抬升到地表,克拉苏—依奇克里克构造带的推覆构造以古新统库姆格列木群膏盐岩或中新统吉迪克组膏泥岩为滑移面,卷入秋里塔格背斜带和亚肯背斜带的地层为中、新生界;克拉苏—依奇克里克构造带和秋里塔格背斜带发育断层转折褶皱和断层传播褶皱,南缘的亚肯背斜带为宽缓对称的滑脱褶皱(张仲培等,2003)。库车坳陷的中、新生代地层发育多种构造样式(严俊君等,1995;卢华复等,2011;孙家振等,2003;管树巍,2003),卢华复等(2011)将其划分为十种类型(图1-8):断弯褶皱、断展褶皱、断弯—滑脱混生褶皱、断展—滑脱混生褶皱、双重构造、背冲构造、滑脱褶皱、堆垛背斜构造、复合楔状构造、断弯—断展叠加构造。这些样式都是薄皮逆冲褶皱系统中常见的构造解释模型,显然受经典的前陆构造变形模式影响。然而,近期的钻井

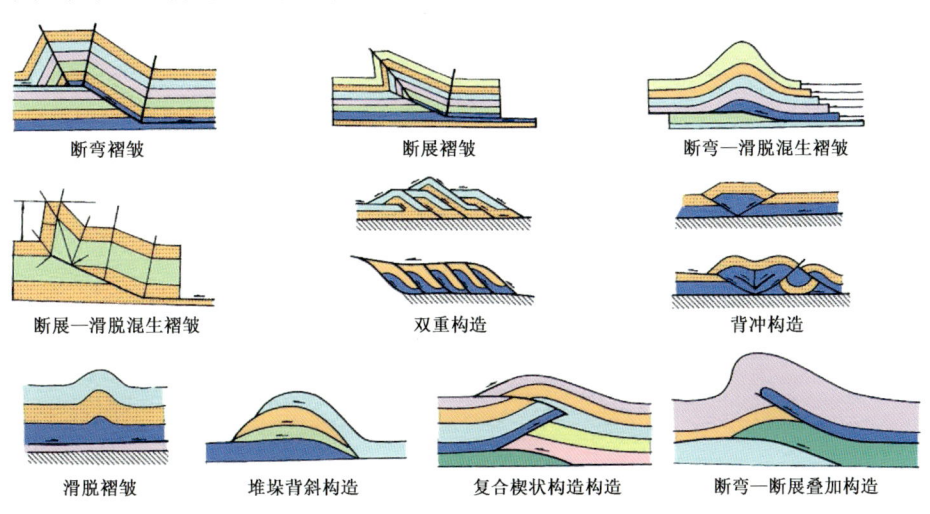

图1-8 库车坳陷构造样式示意图(据卢华复等,2001)

资料并不支持薄皮冲断构造模型,解释大位移量拆离断层的证据不充分,在克拉苏构造带深层有发育盆地基底卷入逆冲断层变形的迹象(漆家福等,2009)。

(3)库车坳陷北部的构造变形样式以逆冲断层及其相关褶皱为主,主导构造变形的是沿着不同深度软弱岩层滑脱的逆冲断层,主要的滑脱层包括盆地基底面、侏罗系—三叠系煤系地层及泥岩、古近系库姆格列木群膏盐岩层(卢华复等,2000;赵文智等,1998)。但是,油气勘探资料表明古近系库姆格列木群膏盐岩层不只表现为滑脱增厚和减薄,也表现出不同样式的底辟刺穿(汤良杰等,2003,2004;邬光辉等,2003,2007;金文正等,2007;余一欣等,2005,2006;王月然等,2009;黄少英等,2009;梁顺军等,2010;尹宏伟等,2011;谢会文等,2011)。库车坳陷发育盐上层、盐岩层和盐下层三套不同的构造样式:盐上层构造样式主要包括滑脱褶皱、逆冲断层及其相关褶皱、推覆构造、逆冲三角构造和盐成凹陷;盐岩层构造样式主要包括盐枕构造、盐间断层、褶皱和盐焊接构造等;盐下层构造样式主要包括双重构造、叠瓦冲断构造、冲起构造或断层相关褶皱构造。盐上层的一些逆冲断层也可以认为是由褶皱变形诱导产生的(邬光辉等,2007;谢会文等,2011)。

(4)生长地层的时代就是构造形成的时代,根据卷入褶皱变形的生长地层判断库车坳陷各构造带构造变形的时间,有自北而南从中新世初到更新世逐步变新的趋势,暗示冲断褶皱变形自北向南发展,具有"前展式"递进变形特征(卢华复等,1999,2000;施泽进等,1999;刘志宏等,2000;雷刚林等,2001;汪新等,2002)。然而,盆山边界在更新世似乎有伸展变形迹象(张仲培等,2004),由构造变形解析得出的晚新生代时期应力场也有明显的变化(王清晨等,2003,2004)。

(5)在对库车坳陷—南天山盆山过渡带中、新生代构造变形的运动学和动力学的认识上存在一定的差异。目前比较流行的观点认为:塔里木盆地基底沿着低角度大型拆离断层向南天山发生 A 型俯冲,因而盆山过渡带在库车坳陷一侧主要发育盖层滑脱的薄皮收缩构造变形。然而,一些学者逐渐注意到这种 A 型俯冲的变形模式与一些资料相左(赵瑞斌等,2000;王清晨等,2003,2004;漆家福等,2009)。在区域地质资料、钻井资料、地震资料、非地震资料和天然地震资料上的一些现象,用 A 型俯冲变形模式是难以解释的,表明 A 型俯冲变形模式可能存在不尽合理的地方,这就需进一步研究库车坳陷—南天山盆山过渡带的收缩构造变形模式。

(6)库车坳陷中、新生代盆地性质的认识上存在明显的分歧。一些学者认为中生代盆地,特别是三叠纪盆地属于前陆盆地,新生代盆地属于再生前陆盆地;另一些学者认为而中生代盆地,特别是侏罗纪盆地属于伸展盆地,晚新生代盆地才是再生前陆盆地。中生代原型盆地性质的确认,事关对烃源岩发育的盆地构造背景的认识及勘探潜力的认识。利用油气勘探资料分析中、新生代盆地构造演化和确认不同时期原型盆地性质不仅对于探讨南天山—塔里木盆地之间的盆山耦合机制具有理论意义,对于库车坳陷的油气勘探也是不可或缺的基础地质研究工作。

总之,正确认识库车坳陷中、新生代盆地构造对于提高油气勘探效益十分重要。受古南天和新天山的形成及演化的影响,库车坳陷中、新生代不同时期的盆地原型性质发生复杂的变化,新生代时期的喜马拉雅运动不仅破坏了早期盆地记录,还使库车坳陷盆山过渡带发生强烈的收缩构造变形,形成了复杂多样的构造样式。由于不同学者掌握的资料、运用的构造解析理论和方法的不同,认识上有一定差别。

## 二、制约库车坳陷油气勘探的主要构造地质学问题

目前,制约库车坳陷及冲断带构造油气勘探的主要构造地质学问题包括以下几方面。

（1）库车坳陷前陆冲断带的地质解释模型。库车坳陷存在不同深度的多个软弱岩层,构造变形具有多期性和多层次滑脱特征,地面构造与地下构造关系不清,浅层构造与深层构造的联系方式不清。由于地震资料品质不佳,目前对库车坳陷克拉苏构造带和却勒—西秋构造带地质结构的认识还是建立在利用理论构造模型解释不确定的资料阶段。一些学者采用盖层滑脱的收缩构造模式（主要采用逆冲断层相关褶皱理论）来解释库车坳陷的构造变形,另一些学者则用基底卷入和分层滑脱的构造模型来解释库车坳陷的构造变形。然而随着地震、钻井和非地震勘探的深入和资料的丰富,这些解释模式或多或少都存在与实际勘探资料不符合的地方。但是,在综合各方面地质—地球物理资料基础上分析不同构造要素之间的内在联系,建立合理的地质解释模型仍然是指导这一区域地震资料构造解释无可替代的研究途径。

（2）库车坳陷中、新生代构造演化模型。库车坳陷充填的主要沉积层是中、新生界,油气勘探实践也表明中、新生界是主要的勘探层序。因此,正确认识库车坳陷中、新生代构造演化是油气资源潜力评价和勘探目标优选的理论基础。目前,多数学者是从宏观上分析区域构造演化过程和形成机制进而建立库车坳陷的构造演化模型。但是,不同的构造带有其独特的构造特征,影响构造变形的主要因素也不尽相同,因此宏观上的演化过程和形成机制并不能完全适合具体的构造带。通过典型构造演化和形成机制研究不仅是建立合理的构造模型的需要,也可以从控制构造变形的主要因素分析入手认识研究区的构造变形场特征,提高对研究区构造圈闭分布规律的认识。此外,构造演化过程中盆地性质的变化及其对沉降—沉积与剥蚀作用的影响,冲断带构造变形中断层与褶皱的相互关系,滑脱层对构造变形的具体作用,先存构造对后期收缩构造变形的影响等问题都值得深入研究。

（3）不同层次、不同区带的圈闭分布规律。构造圈闭的分布受构造变形场控制。库车坳陷发生多期构造变形,不同层次、不同区带的构造变形场特征存在差异。库车前陆褶皱冲断带存在膏盐岩层,膏盐岩层之上似乎是以褶皱为主导引起的相关断裂,膏盐岩层之下则是以断层为主导引起的相关褶皱变形,甚至一些基底卷入断层在构造带的形成过程中有重要作用。断层和褶皱在浅层构造和深层构造中分别起不同作用,滑脱层在构造变形中起传递位移、协调上下构造层的变形作用,或者在不同构造带、不同层次的滑脱层起不同作用。还有,中生代或前中生代的先存构造在后期的盆地构造演化、区带构造变形过程中有重要的影响。浅层构造是深层构造的响应,不同构造带之间的构造变形过程也存在必然的联系。通过区带、圈闭的构造精细解析,分析不同时期的古构造应力场及变形场特征,并进一步分析圈闭类型及其赋存条件,分析不同层次、不同区带构造圈闭分布规律是油气勘探目标优选需要解决的构造地质学问题。

# 第四节　构造解析与构造建模的基本原则与方法

沉积盆地是地质时期沉积作用形成的地质体。现今观测的沉积盆地结构、地层既包含有沉积时期的构造—沉积作用的记录,也有后期构造—剥蚀作用的记录。前者或多或少在沉积岩层的层序结构上有所表现,后者使沉积层序发生变形、变位甚至遭受剥蚀,在沉积层序的构造变形上有所表现。盆地构造研究的根本目的是利用现今能观测的沉积盆地结构、地层特征分析构成沉积盆地的沉积层序的空间形态及其内部不同部分之间时空关系,分析沉积盆地形成过程中及形成后的构造变形及引起变形的动力学原因。

# 一、构造解析的基本原理与方法

"构造解析"首先是在露头观测和地面地质制图中应用的构造分析方法,基本原则是通过实测和统计分析观察到的各种构造要素的产状分析不同构造要素的关系,建立构造解释模型。我国已故构造地质学家马杏垣先生(1983)将"构造解析"提升到认识和分析地质构造的一种思维方法的高度,强调"解析"是把整体分解为部分,把复杂的事物分解为简单的要素加以研究。构造解析的主要内容是几何学、运动学和动力学解析三方面。几何学分析是构造解析的基础,就是细致观测各种构造变形现象、客观描述构造要素的空间位态,并在分析构造组合特征基础上建立合理的构造几何学模型。运动学分析是确证构造几何学模型是否合理的必要补充,是通过系统分析构造几何学模型中各种构造要素之间的关系来揭示其运动学上的联系,建立运动学模型来阐明构造变形、构造演化过程。动力学分析是以各种构造的时空展布为基础分析不同时期的构造变形场的形成条件和动力学环境,揭示地质构造的形成机制。构造几何学分析、运动学分析和动力学分析是循序渐进进行解析构造的基本原则,本书应用这一原则分析库车坳陷的中、新生代盆地构造特征,目的是使提出的构造解释模型更具合理性、科学性。

构造解析方法论强调要充分利用各种地质信息建立合理的构造几何学模型,分析构造几何学模型中各种构造要素的关系,研究它们特有的构造样式,并依据构造组合、构造变形性质研究构造形成的边界条件和影响因素,划分构造族系,确认构造变形场。对于不同区域、不同类型的构造需要在遵循构造解析基本原则前提下应用有针对性的构造解析方法。库车坳陷中、新生代构造解析就是要系统分析中、新生代时期发生的构造变形,这些变形的地质体部分出露在地表,更多的部分位于地下深层而不能直接观测,需要通过对各种物探资料的解释才能得到相关的地质信息。尽管如此,构造解析的基本原则和方法还是适用的。在进行库车坳陷中、新生代构造解析过程中应用的方法如下。

(1)综合多种地质信息解释构造形态的构造几何学分析方法:库车坳陷中、新生代地层在地面有广泛的出露,地面地质图资料显示其发生了不同程度的褶皱断层。通过对地面地质露头位态的观测可以形成在地表附近中、新生代地层的构造变形的概念。利用钻井资料标定的地震勘探剖面表明库车坳陷的中、新生代地层在地下一定深度上有良好的成层性反射,非地震勘探资料(重、磁、电等)反映库车坳陷前中生界或盆地基底不仅有起伏变化,还有基底断裂带发育。尽管不同来源的资料信息所观测的构造变形的尺度、精度是不同的,但是它们都是反映同一地质实体。因此,综合多种地质信息构建地质构造的三维几何学模型是必要的和有可能的。其中,地震资料的解释是基础,而地面地质资料、钻井资料和非地震勘探资料对地震资料的解释构成不同方面的约束,使解释出的地质构造几何形态更加合理、逼近真实。

(2)平衡地质剖面约束的构造运动学分析方法:尽管可以利用多种地质信息来构建构造几何学模型,然而能直接、清楚地观测到的构造要素仍然是有限的,而且多数物探资料都存在多解性,所解释的构造三维几何学模型不是唯一的。构造运动学分析的目的也是进一步论证几何学模型的合理性。平衡地质剖面是检验构造几何学模型是否合理的重要标志之一,其基本原理是将包含有构造变形的剖面"平衡"地复原到变形前状态,并分析其变形过程是否满足物理学和地质学的平衡。要保持地质剖面在变形前与变形后的物质平衡,充要的前提条件是这一剖面满足主应变平面,且中间应变轴的应变量为零。此外,剖面在变形过程中的物质不会有额外的"得失"。显然,在自然界的岩石变形过程中"平衡地质剖面"这一苛刻的条件是难以满足的,但是基于平衡地质剖面原理计算剖面变形量、恢复构造变形过程是构造运动学分析必要的约束条件。关于编制平衡地质剖面的基本原理和方法已有很多专门的论述。在库车坳陷的构造变形、构造演化分析中应用了这一方法,目的是通过建立一些主干剖面的平衡地质剖面和演化剖面来评估构造解释的合理性。

(3)通过物理模拟、数值模拟分析构造变形影响因素、主控因素的构造动力学分析方法:构造动力学分析是要揭示导致构造变形的动力学原因、构造变形机制及影响构造变形样式的各种地质因素等。在构造几何学、运动学分析基础上建立一个合理的初始模型并用物理模拟、数值模拟的实验方法来再现构造变形过程,这也是构造动力学分析的重要手段之一。无论物理模拟实验还是数值模拟实验,都是依据相似性原则来设计实验过程。构造变形是地质时期地壳岩石(岩层)在地应力作用下完成的,还受边界条件约束和多种地质因素影响。地质构造变形过程中不同的物理量之间的本构关系十分复杂,动力、物质、空间、时间、环境等方面都难以在实验模型中体现。但是,通过简化、抽象的有针对性的构造模型的物理模拟、数值模拟实验,并且分析实验过程观测的构造变形机制和不同地质因素对构造变形的影响方式,对于理解具体的地质构造变形的动力学过程仍然具有重要的启示,也可以从侧面论证所建立的构造几何学、运动学模型的合理性。

## 二、构造建模的基本原理与方法

对于复杂构造变形区域的构造解析,需要充分利用多方面的地质构造信息来分析构造几何学、运动学特征。而在地质构造信息不够充分不能直接揭示构造几何学特征时,需要应用合理的构造模型来指导构造解析。所谓"构造建模"就是利用现有的构造信息来建立一个完整的构造几何学、运动学和动力学模型的工作流程,这也是构造解析的重要内容,或者说是构造解析的补充。

构造建模必须立足于能观测到的实际资料的综合分析,不能简单地用理论模型代替。根据在库车坳陷山前冲断带的研究实践,可以将构造建模分为三个方面(图1-9)。其一是综合多方面的地质信息建立合理的构造几何学模型;其二是通过地质平衡分析建立构造运动学模型;其三是通过理论模拟建立构造动力学模型。其中,构造几何学模型的建立是关键,运动学模型和动力学模型是用来论证几何学模型的合理性。

构造建模必须以实际观测资料为依据。地质构造各部分之间复杂的几何关系是客观存在的,即使是高精度的三维地震资料也难以清楚地显示复杂构造完整的几何形态。尽管油气勘探可能只是关注某些含油气层的构造形态,但是建立的构造几何学模型必须是包含盆地基底、盆地充填层序的完整的三维模型。综合利用地面地质露头、地震资料、非地震资料分析地质构造各部分之间的几何关系,建立一个完整的构造几何模型是构造建模的首要任务。地面地质露头是零星分布的,不连续的,地球物理资料反映的地下地质体产状也存在多解性。因此,必须综合利用多信息来相互约束建立一个合理的解释模型。这一模型是否合理则需要通过运动学、动力学模型进一步论证。在应用建立的构造模型来解释含油气层构造也可能发现其不适应性,还需要利用新的资料不断的完善构造模型、解决构造解释过程中遇到的构造地质学问题。因此,构造解析、构造建模不只是一种研究思路,应该也是指导油田构造解释的工作流程。

本书是笔者及其科研项目组在地面、地下地质资料(包括地震资料和钻、测井资料)的综合分析基础上对塔里木盆地库车坳陷中、新生代构造特征最新认识的归纳和总结。其中一些构造带的解释模型受资料所限也有待进一步论证。相信随着库车坳陷油气勘探资料的不断积累,地下构造的几何形态会逐渐清晰起来的。

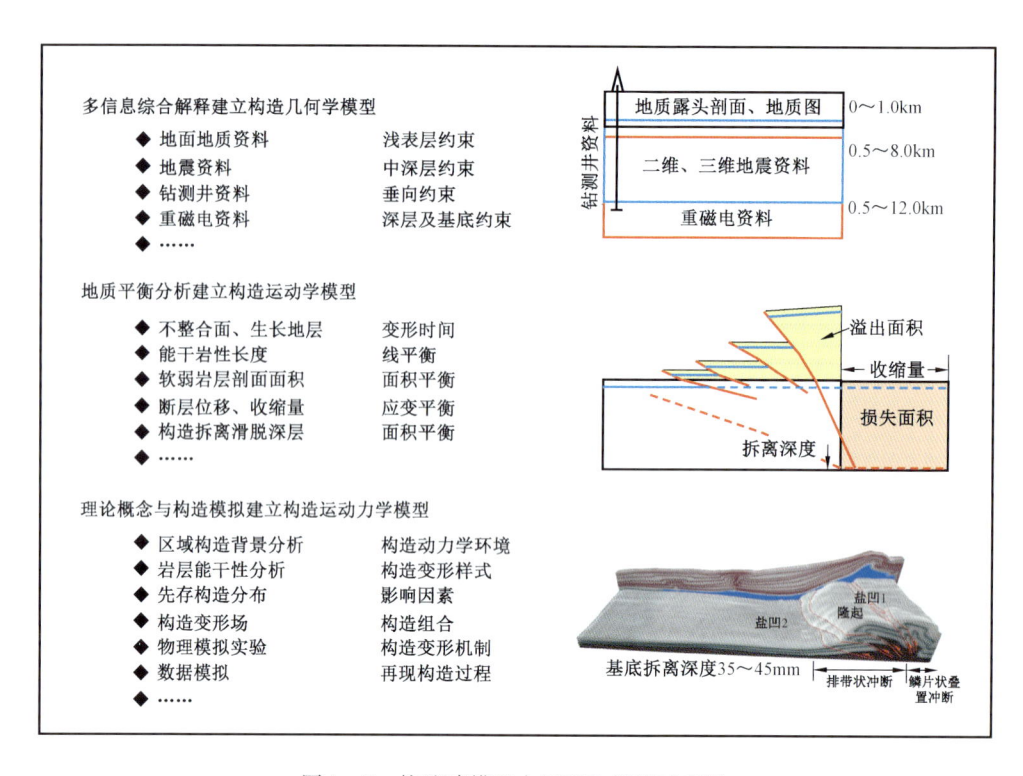

多信息综合解释建立构造几何学模型
- 地面地质资料　　　浅表层约束
- 地震资料　　　　　中深层约束
- 钻测井资料　　　　垂向约束
- 重磁电资料　　　　深层及基底约束
- ……

钻测井资料
| 地质露头剖面、地质图 | 0～1.0km |
| 二维、三维地震资料 | 0.5～8.0km |
| 重磁电资料 | 0.5～12.0km |

地质平衡分析建立构造运动学模型
- 不整合面、生长地层　　变形时间
- 能干岩性长度　　　　　线平衡
- 软弱岩层剖面面积　　　面积平衡
- 断层位移、收缩量　　　应变平衡
- 构造拆离滑脱深层　　　面积平衡
- ……

溢出面积　收缩量　损失面积　拆离深度

理论概念与构造模拟建立构造运动力学模型
- 区域构造背景分析　　构造动力学环境
- 岩层能干性分析　　　构造变形样式
- 先存构造分布　　　　影响因素
- 构造变形场　　　　　构造组合
- 物理模拟实验　　　　构造变形机制
- 数据模拟　　　　　　再现构造过程
- ……

盐凹1　盐凸隆起　盐凹2
基底拆离深度35～45mm　排带状冲断　鳞片状叠置冲断

图1-9　构造建模基本原理和流程示意图

# 第二章 库车坳陷区域地质背景

库车坳陷位于塔里木盆地北缘的南天山造山带与塔北隆起之间,西起塔克拉,东至库尔勒,南北宽40~90km,东西长470km,面积约$2.8\times10^4km^2$(图2-1)。库车坳陷是塔里木盆地北部的一个中、新生代坳陷,东薄西厚,东窄西宽,具有"南北分带、东西分段、上下分层"的构造特征(何登发等,2009)。分析库车坳陷的构造形成与演化必须考虑它与南天山形成和演化的联系。晚新生代时期受印度板块与欧亚板块碰撞的影响,南天山发生挤压收缩变形和强烈隆升,库车坳陷及其与南天山的盆山过渡带也总体上表现为强烈挤压变形的构造特征,发育一系列的逆冲断层(或走滑逆冲断层)和线性褶皱构造(图2-1)。

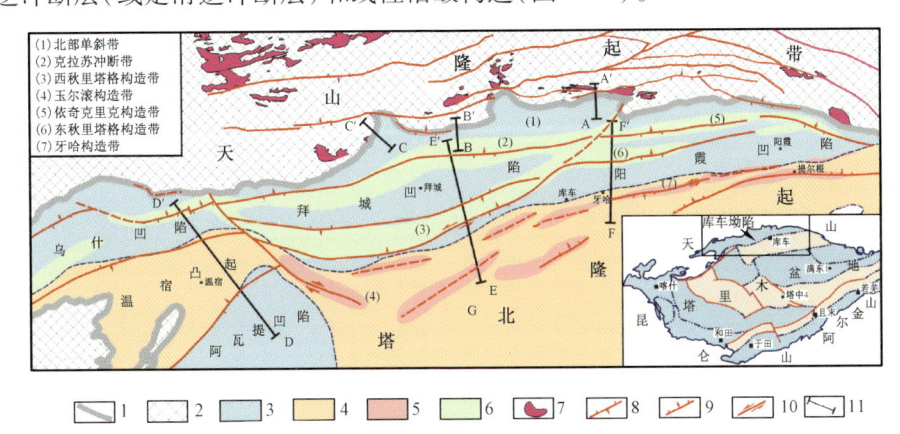

1—盆山界线;2—隆起剥蚀区;3—盆地内部坳陷;4—盆地内部隆起;5—隆起上的(断裂)构造带;
6—坳陷内部的(冲断褶皱)构造带;7—南天山海西期侵入体;8—具有逆冲性质的基底断层;
9—具有正断层或反转断层性质的基底断层;10—具有走滑性质的基底断层;11—剖面位置

图2-1 库车坳陷构造略图

## 第一节 区域地层及其分布特征

库车坳陷作为一个相对独立的中、新生代构造—沉积单元,在区域地层分布上有比较完整的中、新生界陆源碎屑岩层,最大沉积厚度达12000m。中、新生代地层层序内部还有多个不整合面(林畅松等,2004;丁孝忠等,2011;何碧竹等,2013),显示中、新生代时期发育多个不同特征的沉积盆地叠合在一起。而且,在库车坳陷不同构造部位的盆地基底保留的前中生代地层也有明显的差异,显示库车坳陷中、新生代盆地复杂的地质背景及构造演化过程。

### 一、前中生代地层及其分布

库车坳陷周边地面露头出露的最老岩层为前寒武系结晶变质岩,主要为云母石英片岩(徐备等,2008)。库车坳陷吐格尔明背斜核部也有这类岩层出露,温宿凸起、塔北隆起上的一些钻井也揭示了类似结晶变质岩的存在。库车坳陷北侧南天山山前露出的前中生界层序内部还包含多个角度不整合面,而且除二叠系外均发生了强烈变形和变质。库车坳陷西南侧的温宿凸起局部地面露头上也有前中生界出露,主要为尚未变质但也有不同程度变形的古生界碳

— 17 —

酸盐岩和碎屑岩。地震剖面显示,温宿—西秋—新河(牙哈)一带发育有古生代形成的古隆起,古隆起南侧的前中生界有清楚的成层性反射,而在古隆起北侧的库车坳陷内部的前中生界没有成层性反射(图2-2)。

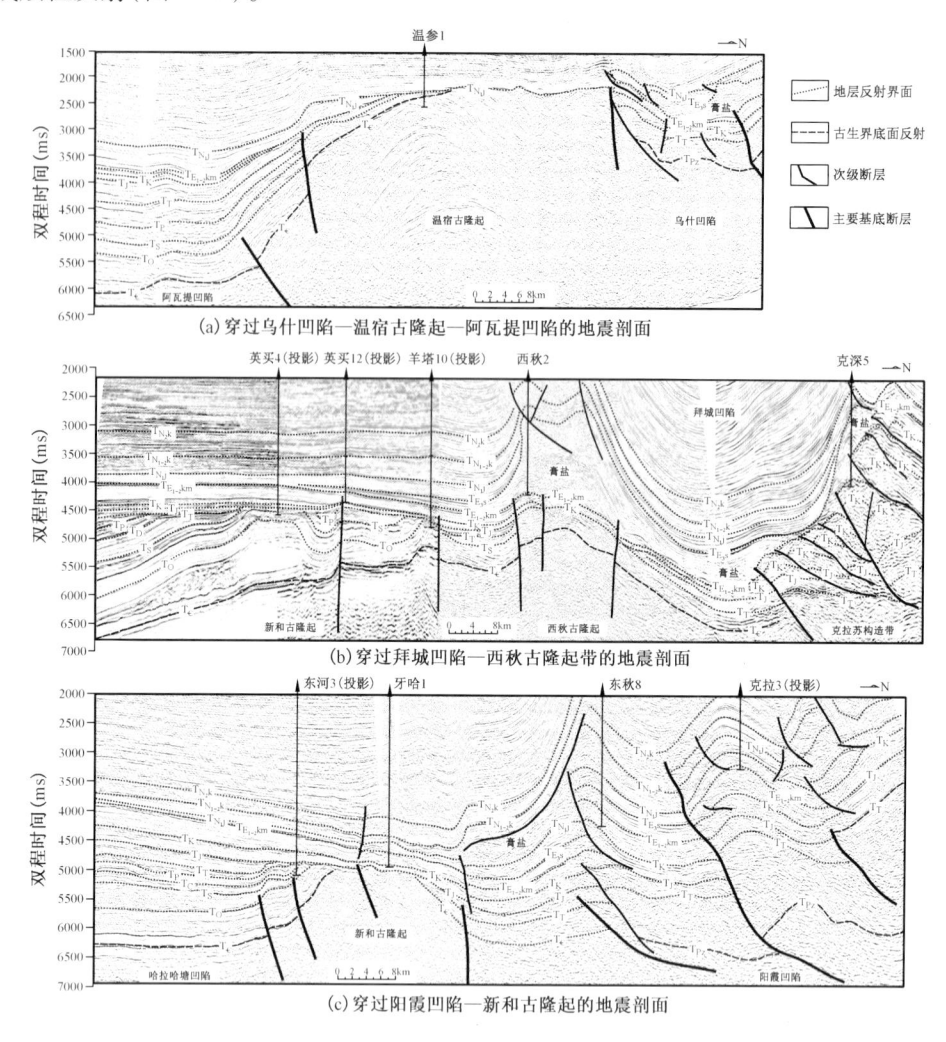

图2-2 穿过库车坳陷的地震剖面解释的地层结构

(a)剖面位置见图2-1中D—D';(b)剖面位置见图2-1中E—E';(c)剖面位置见图2-1中F—F';$T_{N_2k}$—库车组底面,上新统;$T_{N_{1-2}k}$—康村组底面,中新统;$T_{N_1j}$—吉迪克组底面,中新统;$T_{E_3s}$—苏维依组底面,渐新统;$T_{E_{1-2}km}$—库姆格列木群底面,古新统和始新统;$T_K$—白垩系底面;$T_J$—侏罗系底面;$T_T$—三叠系底面;$T_P$—二叠系底面;$T_C$—石炭系底面;$T_D$—泥盆系底面;$T_S$—志留系底面;$T_O$—奥陶系底面;$T_\mathcal{C}$—寒武系底面;$T_{Pz}$—古生界底面

根据库车坳陷周边露头资料推测,库车坳陷及周边的前中生界在层序上还大致可以划分震旦系、下古生界、泥盆系—石炭系、二叠系等4个层序。其中,二叠系为海西造山运动后充填的火山岩、火山碎屑岩,与中生界的陆相碎屑岩充填过程。前二叠系则明显可以划分为两个不同的岩相区:北部为发育古生代南天山洋盆及塔里木克拉通北部边缘的前二叠系,并在加里东、海西造山运动中发生了变质的碎屑岩、碳酸盐岩;南部为发育在塔里木克拉通陆块上的前二叠系,并且基本没有发生变质的碎屑岩、碳酸盐岩(图2-3)。库车坳陷中、新生代盆地基底的前中生界在空间分布上可以分为造山带和盆地区两个不同地层分区,无论在造山带还是在盆地区不同层序之间有明显的区域不整合接触(图2-3)。

— 18 —

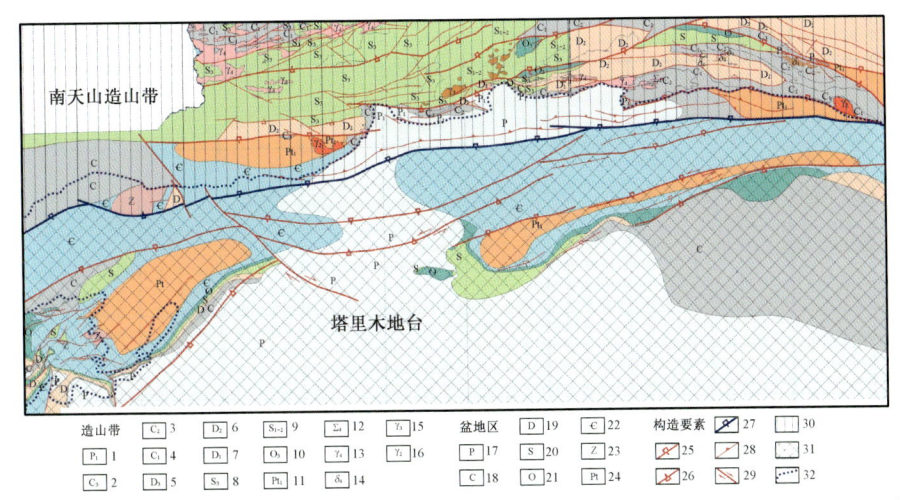

库车坳陷周边露头区的前中生界分布依据 1∶20 万地质图（包括 K-44-ⅩⅤ 汗腾格里峰幅、K-44-ⅩⅥ 却响幅、K-44-ⅩⅦ黑英山幅、K-44-ⅩⅧ库勒、K-44-ⅩⅪ温宿幅、K-44-ⅩⅩⅥ乌什幅、K-44-ⅩⅢ科克铁克幅等）简化；库车坳陷内部的前中生界分布依据塔里木油田横穿库车坳陷的24条区域地震剖面解释成果编制；造山带地层和岩石：1—下二叠统砂砾岩、凝灰岩、砂岩夹玄武岩，2—上石炭统钙质泥岩、碎屑灰岩、底砾岩，3—中石炭统石灰岩、砂泥岩夹火山角砾岩、凝灰岩，4—下石炭统石灰岩、硅质岩、泥岩、底砾岩，5—上泥盆统硅质岩、凝灰岩、砂岩、中基性熔岩，6—中泥盆统灰岩、凝灰砂岩、板岩、结晶灰岩，7—下泥盆统玄武岩、安山岩、硅质岩、凝灰岩，8—上志留统玄武岩、安山岩、大理岩、集块岩，9—中-下志留统片麻岩、片岩、大理岩、变砾岩，10—上奥陶统片岩、硅质板岩、大理岩、变砾岩，11—古元古界片麻岩、混合花岗岩、片岩、大理岩，12—海西期超基性岩，13—海西期花岗岩，14—海西期石英玢岩，15—加里东期花岗岩，16—前寒武纪片麻状花岗岩；盆地区地层和岩石：17—二叠系砂岩、泥岩、碳质页岩、火山岩，18—石炭系砂岩、钙泥岩、石灰岩夹页岩，19—泥盆系粉砂岩、页岩、砂砾岩透镜体，20—志留系粉砂岩、沙岩、粉砂质灰岩，21—奥陶系石灰岩、泥灰岩，22—寒武系白云岩、粉砂岩含石膏、硅质岩、页岩，23—震旦系砂岩、粉砂岩、页岩夹凝灰岩，24—元古宇石英片岩、绿泥石-绢云母石英片岩；构造要素：25—位移反转断层，先正后逆，方框为正断层上盘，26—倾斜反转断层，先正后逆，箭头为逆断层上盘，27—造山楔前锋带基底主断层，位移反转断层，28—造山楔内部薄皮逆冲断层，箭头示倾向，29—走滑断层，或多期活动走滑断层，箭头示动向，30—造山带强变形的前中生界分布区，31—克拉通弱变形的前中生界分布区，32—山前残留中生界分布剥蚀尖灭线

图 2-3　库车坳陷中生界下伏地质露头分布图

### 1. 震旦系

震旦系主要在温宿凸起西南出露，在塔北隆起及库车坳陷南部斜坡的一些钻井（例如星火1井、提1井等）也钻遇震旦系，为一套暗绿色的碎屑岩夹少许凝灰岩、石灰岩和砾岩透镜体，发生了浅变质，不整合在前寒武系结晶变质岩之上。

### 2. 下古生界

在盆地区温宿—西秋—新河（牙哈）古隆起带南侧地震剖面上可以识别出寒武系、奥陶系、志留系的成层反射（图2-2），部分钻井也揭示出这些地层的存在。寒武系主要为夹有硅质岩、石膏层、泥质岩的白云岩、白云质灰岩；奥陶系下部为碳酸盐岩、上部为泥灰岩和页岩，大部分区域缺失上奥陶统；志留系为碎屑岩，底部有不稳定的底砾岩，与中奥陶统呈平行不整合接触。在造山带大部分区域只出露有志留系，主要为大理岩夹石英片岩、石英斑岩，上部为结晶灰岩、白云岩等，背斜核部有上奥陶统出露，主要为大理岩和变砾岩或混合岩夹大理岩；造山带所出露的下古生界岩层岩性横向变化明显，且均发生强烈变形和中—深变质作用。

### 3. 泥盆系—石炭系

在盆地区温宿—西秋—新河（牙哈）古隆起带南侧地震剖面上局部有泥盆系、石炭系的成层反射（图2-2），部分钻井也揭示出这些地层的存在，与下伏下古生界呈平行不整合或小角度不整合接触。盆地区的泥盆系主要为砖红色、黄色的砂砾岩、砂岩、细砂岩等碎屑岩,石炭系主要为浅灰色砂砾岩、砂岩、细砂岩等碎屑岩夹薄层石灰岩、钙质页岩等。石炭系可以直接不整合在下古生界之上或与泥盆系呈小角度不整合接触。在造山带大部分区域出露有泥盆系、石炭系,主要为结晶石灰岩、白云岩等,可横向变为砂质板岩、碳质板岩等浅变质的碎屑岩,石炭系与下伏岩层呈角度不整合接触,但不整合面上下岩层且均发生强烈变形。

### 4. 二叠系

在盆地区一些地震剖面上可以解释出二叠系的成层反射,例如西秋古隆起南侧(图2-2b)。在库车坳陷北部边缘地面露头上也有二叠系出露。二叠系下部(下二叠统)主要为火山岩、火山碎屑岩,上部(上二叠统)为砂砾岩、砂岩夹碳质页岩。盆地区和造山带的二叠系均没有发生变质,变形程度也明显小于前二叠系岩层。此外,在南天山山前出露的二叠系可以角度不整合在泥盆系、志留系之上,或超覆覆盖在海西期花岗岩体之上,而在盆地区玉尔滚构造带附近解释的侵入体、次火山岩顶部被二叠系覆盖。

## 二、中生代地层及其分布

库车坳陷北部边缘出露有中生界,不整合在二叠系或强烈变形的前二叠系岩层之上(图2-4)。盆地区地震剖面上中生界有清楚的成层性反射(图2-2),并有大量油气探井揭

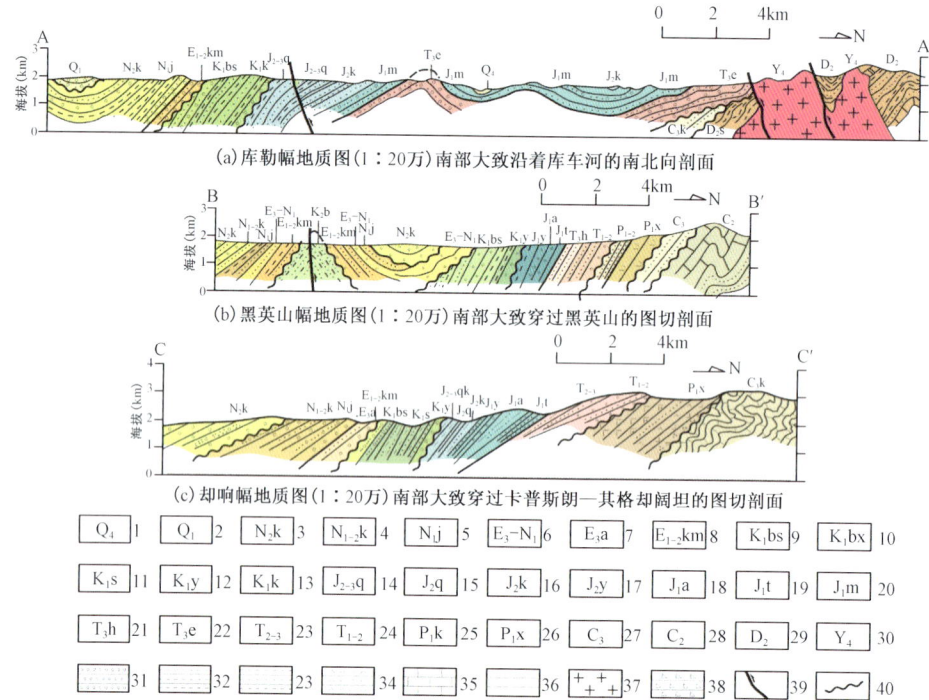

(a)库勒幅地质图(1:20万)南部大致沿着库车河的南北向剖面

(b)黑英山幅地质图(1:20万)南部大致穿过黑英山的图切剖面

(c)却响幅地质图(1:20万)南部大致穿过卡普斯朗—其格却阔坦的图切剖面

(a)剖面位置见图2-1中A—A',(b)剖面位置见图2-1中B—B',(c)剖面位置见图2-1中C—C';1—全新统,2—下更新统,3—上新统库车组,4—中新统—上新统康村组,5—中新统吉迪克组,6—渐新统—中新统(苏维依组),7—渐新统阿瓦特组,8—古新统—始新统库姆格列木群,9—下白垩统巴什基奇克组,10—下白垩统巴西改组,11—下白垩统舒善河组,12—下白垩统亚格列木组,13—下白垩统卡普沙良群,14—中—上侏罗统恰克马克群,15—中侏罗统七克台组,16—中侏罗统克孜勒努尔组,17—下侏罗统阳霞组,18—下侏罗统阿合组,19—下侏罗统塔里奇组,20—下侏罗统米斯布拉克组,21—上三叠统黄山街组,22—上三叠统俄霍布拉克组,23—中—上三叠统,24—中—下三叠统,25—下二叠统库尔干组,26—下二叠统小提坎力克组,27—上石炭统,28—中石炭统,29—中泥盆统,30—海西期侵入体,31—砾岩,32—泥岩,33—泥质粉砂岩,34—酸性喷发岩,35—石灰岩,36—砂岩,37—花岗岩,38—角砾岩,39—出露断层,40—不整合面

图2-4 库车坳陷北部边缘地面露头剖面

示了中生界的存在。以下分三叠系、侏罗系和白垩系三个地层单元描述中生界岩层基本特征，其地层划分方案见表2-1。

表2-1　库车坳陷地层柱状图

| 界 | 系 | 统 | 组(群) | 年龄(Ma) | 岩性剖面 | 地层厚度(m) | 反射界面 | 构造运动 |
|---|---|---|---|---|---|---|---|---|
| 新生界 | 第四系 | 全新统 | $Q_{2-4}$ | 0.01 | | | | 新构造运动 |
| | | 更新统 | 西域组($Q_1x$) | 1.64 | | | $T_{Q_1x}$ | 喜马拉雅晚期运动 |
| | 新近系 | 上新统 | 库车组($N_2k$) | 5.2 | | 150～1250 | $T_{N_2k}$ | 喜马拉雅中期运动 |
| | | 中新统 | 康村组($N_{1-2}k$) | 16.3 | | 650～1600 | $T_{N_{1-2}k}$ | |
| | | | 吉迪克组($N_1j$) | 23.3 | | 200～1300 | $T_{N_1j}$ | 喜马拉雅早期运动(Ⅱ) |
| | 古近系 | 渐新统 | 苏维依组($E_{2-3}s$) | 35.4 | | 150～600 | $T_{E_{2-3}s}$ | 喜马拉雅早期运动(Ⅰ) |
| | | 始新统 | 库姆格列木群($E_{1-2}km$) | | | 110～3000 | | |
| | | 古新统 | | 65 | | | $T_{E_{1-2}km}$ | 燕山晚期运动 |
| 中生界 | 白垩系 | 下白垩统 | 巴什基奇克组($K_1bs$) | | | 100～360 | | |
| | | | 巴西改组($K_1b$) | 95 | | 60～490 | | |
| | | | 舒善河组($K_1sh$) | | | 140～1100 | | |
| | | | 亚格列木组($K_1y$) | 135 | | 60～250 | $T_K$ | 燕山中期运动 |
| | 侏罗系 | 上侏罗统 | 喀拉扎组($J_3k$) | | | 12～60 | | |
| | | | 齐古组($J_3q$) | 152 | | 100～350 | | |
| | | 中侏罗统 | 恰克马克组($J_2q$) | | | 60～150 | | |
| | | | 克孜勒努尔组($J_2k$) | 180 | | 400～800 | | |
| | | 下侏罗统 | 阳霞组($J_2y$) | | | 450～600 | | |
| | | | 阿合组($J_1a$) | 205 | | 90～400 | $T_J$ | 印支运动 |
| | 三叠系 | 上三叠统 | 塔里奇克组($T_3t$) | 230 | | 200 | | |
| | | | 黄山街组($T_3h$) | 240 | | 80～850 | | |
| | | 下三叠统 | 克拉玛依组($T_{2-3}k$) | | | 400～550 | | |
| | | | 俄霍布拉克组($T_1eh$) | 250 | | 200～300 | $T_T$ | 海西末期运动 |
| 前古生界 | | | 岩浆岩及古生界海相碎屑岩、碳酸盐岩 | | | | | |

## 1. 三叠系

库车坳陷北部边缘出露有三叠系,库车坳陷内部钻井揭示出三叠系,并经地震剖面追踪在库车坳陷有广泛分布。三叠系厚度自北而南逐渐减薄,尖灭于塔北隆起,总体厚度为160～1600m。可划分为俄霍布拉克组($T_1eh$)、克拉玛依组($T_{2-3}k$)、黄山街组($T_3h$)和塔里奇克组($T_3t$)4个岩石地层组。俄霍布拉克组为灰绿色泥岩、砂岩和紫红色的砂、砾岩夹泥岩间互层,底部为一套灰色的底砾岩。克拉玛依组为灰绿色的砂砾岩与泥岩不等厚互层,上部碳质泥岩夹粉砂岩。黄山街组为灰绿色砂岩与黑色碳质泥岩互层。塔里奇克组为灰白色砂岩、黑色碳质页岩夹煤线。总体上,在库车坳陷北部边缘主要为一套紫色、灰绿色砾岩、砂砾岩、砂岩夹泥岩,与下伏的上二叠统整合或平行不整合接触;向南相变为以棕褐色、灰色的砂泥岩为主,与下伏前中生界岩层呈角度不整合。

2. 侏罗系

库车坳陷北部边缘有侏罗系出露,库车坳陷内部钻井资料、地震剖面也揭示侏罗系在库车坳陷有广泛分布。侏罗系为含煤地层,划分为阿合组($J_1a$)、阳霞组($J_1y$)、克孜勒努尔组($J_2k$)、恰克马克组($J_2q$)、齐古组($J_3q$)和喀拉扎组($J_3k$)6个岩石地层组。阿合组为灰白色砂砾岩、砂岩。阳霞组为灰白色砂岩、灰黑色碳质泥岩及煤线。克孜勒努尔组为灰绿色砂岩、粉砂岩、黑色碳质泥岩及煤层。恰克马克组为灰绿色砂质泥岩、粉砂岩及灰黑色油页岩。齐古组为棕红色砂质泥岩夹粉砂岩。喀拉扎组为紫红色含砾砂岩。侏罗系总体厚度为1400~2000m,为北厚南薄的楔状层序,与下伏三叠系为整合或平行不整合接触,但是在库车坳陷南北两侧斜坡有超覆在三叠系之上的迹象。

3. 白垩系

库车坳陷北部边缘有下白垩统出露,库车坳陷内部钻井资料、地震剖面揭示的白垩系基本上可以与坳陷北部边缘出露的白垩系进行对比,下白垩统在库车坳陷有广泛分布,缺失上白垩统。下白垩统可分为亚格列木组($K_1y$)、舒善河组($K_1sh$)、巴西改组($K_1b$)和巴什基奇克组($K_1bs$)4个岩石地层组。巴什基奇克组下部为粉红色厚层砂岩夹泥岩,上部为紫红色块状砾岩。巴西改组为黄色、红色砂质泥岩夹砂岩。舒善河组为紫红、灰绿色泥岩夹砂岩。亚格列木组为紫色、浅紫色砂岩、砾岩。白垩系总体厚度为200~1600m,呈北厚南薄的楔状层序,但是厚度变化明显较侏罗系、三叠系的厚度变化小,与下伏侏罗系为整合或平行不整合接触,库车坳陷北部边缘显示退覆的层序结构,南部斜坡则表现为超覆的层序结构,可直接覆盖在古生界之上。

库车坳陷中生界总体呈南薄北厚的楔形体,西南薄而东北厚。三叠系与侏罗系的分布具有相似性,白垩系有一定的变化。地表露头上三叠系、侏罗系分布在坳陷的北部单斜带,白垩系分布在北部单斜带和克拉苏—依奇克里克构造带部分背斜的核部。三叠系、侏罗系残余厚度在南天山山前达到最大,三叠系达1600m,侏罗系则达2000m,向南厚度逐渐减薄,最终在塔北隆起上尖灭。根据地震剖面解释,在秋里塔格构造带的三叠系、侏罗系较薄,或无沉积,表明秋里塔格构造带前中生界基底可能存在一个低幅度的古隆起。白垩系全区分布广泛,可向南延伸到塔北隆起,最大残余厚度出现在克拉苏构造带的克拉5井附近,达1600m,而不是北部单斜带,表明白垩纪时沉积中心向南迁移(何光玉等,2006)。

综合现有资料,中生界三叠系、侏罗系最大残余厚度出现在南天山山前,白垩系最大残余厚度出现在克拉苏构造带。根据地震资料解释的库车坳陷三叠系、侏罗系和白垩系剖面上的层序结构显示,三叠系、侏罗系的原始沉积厚度中心可能位于现今南天山山前甚至以北,而白垩系的原始沉积厚度中心相对南移。

### 三、新生代地层及其分布

库车坳陷新生界与下伏地层之间为明显的角度不整合接触,古近系可以覆盖在白垩系不同层位及侏罗系之上,甚至直接覆盖在前中生界或盆地基底之上。新生界层序内部也包含有2~3个不整合面,不同层序的厚度与岩性的横向变化也很明显,沿着区域构造走向与倾向上均存在较大的差异。

1. 古近系

在库车坳陷北部边缘古近系发育有底砾岩,与下伏白垩系呈平行不整合接触或低角度不整合接触。古近系在库车坳陷西部阿瓦特地区分为塔拉克组($E_{1-2}t$)、小库孜拜组($E_2x$)和阿瓦特组($E_3a$)3个岩石地层组;中、东部地区分为库姆格列木群($E_{1-2}km$)和苏维依组($E_{2-3}s$)两个岩石地层组,盆地区内部地震剖面解释一般参照中、东部地区的划分方案。塔拉克组下部红色粉砂岩、泥岩,上部石膏层、白云岩。小库孜拜组为黄红、灰绿泥岩、页岩和石膏。阿瓦特组为黄红色砂质泥岩夹砂岩。库姆格列木群为下部灰褐色粉砂岩、砂砾岩,中部膏盐岩,上部灰白色盐岩夹灰褐色泥岩。苏维依组岩性主要为褐色泥岩、粉砂质泥岩、砂岩。古近系总体厚度约1000m,但是由于库姆格列木群膏盐岩层发生了明显的流动变形,其厚度横向变化十分明显,在克拉苏构造带、秋里塔格构造带局部厚度可以达到3000m以上。

2. 新近系

库车坳陷的新近系划分为吉迪克组($N_1j$)、康村组($N_{1-2}k$)和库车组($N_2k$)3个岩石地层组。吉迪克组的岩性横向变化大,在库车坳陷西部以红色泥岩、粉砂岩、泥质粉砂岩为主,北部边缘局部有底砾岩,与下伏古近系为角度不整合或平行不整合接触;在库车坳陷东部依奇克里克则含有厚层膏盐岩。康村组为黄红色砂岩、泥岩互层,与吉迪克组为整合接触。库车组为灰黄色砂岩、粉砂岩、砾岩互层,北部边缘局部有底砾岩,厚度变化大,具有与库车坳陷挤压构造变形的生长地层层序厚度变化特征,最大地层厚度位于拜城凹陷轴线,可达到5000m以上,在库车坳陷内部与下伏吉迪克组、康村组一般为整合接触。

3. 第四系

包括广泛分布,经过一定程度胶结成岩的西域组($Q_1x$)和主要沿着现代河流及两侧分布的松散沉积层。西域组主要粗碎屑岩,灰色、褐色砾岩、砂岩及粉砂岩,在北部边缘广泛发育有底砾岩,厚度变化大,具有与库车坳陷挤压构造变形的生长地层层序厚度变化特征,向斜或洼陷槽部厚度大,背斜或构造带核部厚度明显减小,与下伏库车组普遍为超覆角度不整合接触。

古近系库姆格列木群残余厚度有两个特点:其一,厚度变化较大,在克拉苏构造带和却勒—西秋构造带下方厚度巨大,最大厚度超过3000m,拜城凹陷下方较薄;其二,沿着走向岩性变化大,巨厚的膏盐岩层向东减薄,在东秋里塔格缺失。这种厚度变化一方面是由于构造挤压引起膏盐岩层的塑性流动,另一方面是原始沉积厚度的变化(邬光辉等,2006;余一欣等,2008)。苏维依组厚度较稳定,一般300m左右。库姆格列木群和吉迪克组膏盐岩层的变化,说明古近纪时盐湖位于库车坳陷的中西部,新近纪时则出现在库车坳陷的东部。另外巨厚的膏盐岩层,一方面由于后期构造运动引起,另一方面原始沉积厚度的变化也不可忽视。

新近系吉迪克组分布有两个特征:其一,在库车坳陷中西部分布广泛而稳定与下伏苏维依组、上覆康村组均为整合接触,厚600~700m,为砂岩和泥岩;其二,在东秋里塔格地区岩性为泥岩、膏盐岩,由于构造挤压厚度变化大。康村组岩性由北而南逐渐变细,厚度较稳定约1500m左右,在克拉苏构造带和秋里塔格构造带背斜的核部有减薄的趋势。库车组岩性由北而南逐渐变细,厚度变化大,在拜城凹陷沉积巨厚,可达5000m,而在克拉苏构造带和秋里塔格构造带背斜处较薄或缺失,与下伏康村组整合接触,与上覆西域组角度不整合接触。西域组分布于背斜的两翼及向斜处,在背斜核部缺失。

苏维依组、吉迪克组在库车中西部稳定的分布,说明当时处于构造稳定期;康村组在背斜核部减薄,说明当时已经出现南北向的构造挤压,只是不强烈。库车组、西域组开始全面的构造挤压,拜城凹陷地层的生长现象,表明库车组至西域组沉积时期的沉积中心向南迁移,说明构造变形有向南传递的特点。

# 第二节 区域构造特征

库车坳陷是塔里木盆地北部的一个负向构造单元。塔里木盆地的基底具有克拉通性质,盆地周边则被不同时期的褶皱造山带环绕,库车坳陷位于南天山造山带山前地带(图2-5)。

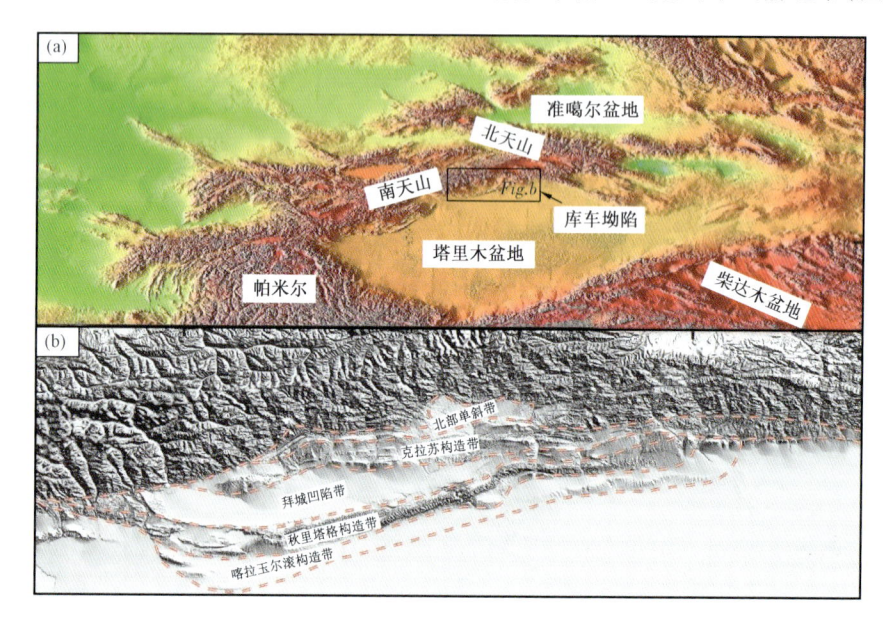

图2-5 天山及周缘大地构造单元DEM(a)和库车坳陷DEM及构造带划分(b)

## 一、区域大地构造背景

中国中西部地区漂浮在古大洋中一系列大大小小的陆块在元古宙—早古生代经历从南向北的漂移和聚敛后向北拼贴在欧亚大陆板块南缘(张恺,1991;贾承造,1997)。其中,晚石炭世—早二叠世古亚洲洋的消亡与中晚三叠世古特提斯洋东段的关闭,直接控制了中国由多个小型克拉通板块拼贴形成的统一大陆(贾承造等,2003,2005)。秦岭洋、金沙江洋和昆仑洋消亡,扬子板块与华北板块、中咱微板块与扬子板块、羌塘微板块和塔里木板块等相继碰撞拼合,导致了古特提斯造山带东段的古海西—印支期造山带的形成(包括秦岭造山带、昆仑山造山带和龙门山等造山带)。塔里木、华北、扬子、羌塘等小型克拉通的碰撞拼合,组成一个广阔的由多个小克拉通陆块和海西—印支期造山带组成的"镶嵌式"陆壳结构(肖序常等,1991;潘桂棠等,1997;贾承造等,2001;杨树锋等,2002),其动力学机制主要为大陆碰撞造山作用(A型俯冲)和大洋俯冲造山作用(B型俯冲)。由多个小型克拉通陆块拼贴形成的中国大陆经历了中生代特提斯北缘盆地群的沉降和充填后,奠定了新生代陆内构造变形的基底结构和大陆板块构造格局的地质基础。

中国西北部表现为造山带与盆地相间的大地构造格局(图2-6),广泛发育挤压背景下的陆内沉积盆地。塔里木盆地是在前震旦系结晶基底基础上发育的一个多旋回叠合、复合盆地

(何登发等,1998,2004,2005;方世虎等,2004;庞雄奇等,2012),周围被天山、西昆仑山和阿尔金山环绕,是我国最大的含油气盆地。

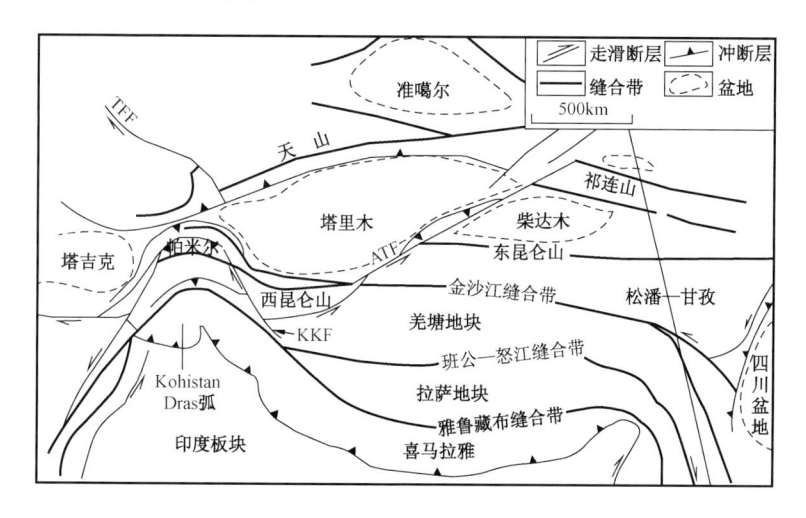

图 2-6 中国中西部区域构造纲要图(据 Yin A 等,1998,简化修改)

塔里木盆地发育在太古宙—古、中元古界的结晶、变质基底之上,中、晚志留世—泥盆纪,塔里木盆地表现为中昆仑岛弧与塔里木大陆板块碰撞,在盆地南缘造成与库地早古生代缝合线有关的周缘前陆构造背景,形成塔里木板块对中昆仑岛弧的古"A 型俯冲"作用及相应的周缘前陆盆地和古前陆冲断带(贾承造,1997,2004;魏国齐等,2000)。二叠纪,塔里木盆地表现为中天山岛弧与塔里木北缘岩浆弧发生弧陆斜向碰撞,导致塔里木板块北缘对中天山岛弧的大规模"斜向型"俯冲作用,使古生代南天山洋最终消亡,形成古天山褶皱带;早二叠世,塔里木盆地发生大规模海退,盆地主体成为隆起剥蚀区,中二叠世的塔里木盆地是一个向西倾斜的盆地,东部主要为隆起剥蚀区(何登发等,2005)。塔里木盆地中、新生代的演化主要受古特提斯洋的碰撞闭合和新特提斯的形成、演化及消亡的控制,受欧亚板块南缘的板块拼合作用的直接影响(贾承造,1997,2004)。晚二叠世—三叠纪,塔里木盆地南缘的羌塘地体与塔里木大陆板块碰撞,盆地南缘造成弧后前陆构造背景,盆地及邻区整体处于挤压环境,盆地的沉积范围最小,晚二叠世的弧后前陆盆地偏于西南地区,三叠纪盆地发育在库车前陆地区及盆地中部。侏罗纪—古近纪,塔里木盆地受新特提斯洋的形成与消亡的直接影响。早、中侏罗世在区域弱伸展背景下形成了一系列断陷盆地,晚侏罗世—早白垩世,拉萨地块与欧亚板块沿班公湖—怒江缝合带发生碰撞(Allen 等,1994;Jolivet 等,2001)。塔里木盆地表现为侏罗系与白垩系之间的区域平行不整合;晚白垩世 Kohistan-Dras 岛弧与拉萨地块发生碰撞,导致南天山隆升剥蚀和山前盆地上白垩统的普遍缺失(贾承造等,2003)。始新世末印度板块与欧亚板块碰撞并持续向北推移,新近纪末—早更新世全面碰撞拼贴(Molnar 和 Tapponnier,1975;Yin 等,1998),使侏罗纪—早古近纪原已夷平的晚古生代和三叠纪天山、昆仑山、阿尔金山等造山带迅速隆升,塔里木盆地处于区域挤压构造环境。

中国中西部众多小型克拉通、陆块的聚敛拼合的结果是在克拉通前陆形成冲断构造,主要分布在广阔的环青藏高原的弧形地带,均位于造山带与盆地之间的结合部位(图 2-7)。对于这些具有明显特征的前陆冲断带,前人进行了大量研究工作(罗志立,1991;Graham 等,1993;Hendrix 等,1994;刘和甫等,1994;刘和甫和梁慧社,1994;Lu 等,1994;刘和甫,1995;罗志立等,1995;何登发,1996;贾承造等,2000;张光亚等,2002;郑俊章,2004;何登发和贾承造,

2005)。这些冲断构造带总体具前陆冲断带的结构、变形和沉积特征,其形成亦与大陆岩石圈的挤压挠曲作用有关,但是其形成过程与典型的前陆盆地相关冲断构造带也有差异(罗志立,1984;Graham 等,1993;Hendrix 等,1994;刘和甫等,1994;Lu 等,1994;李景明等,2006)。

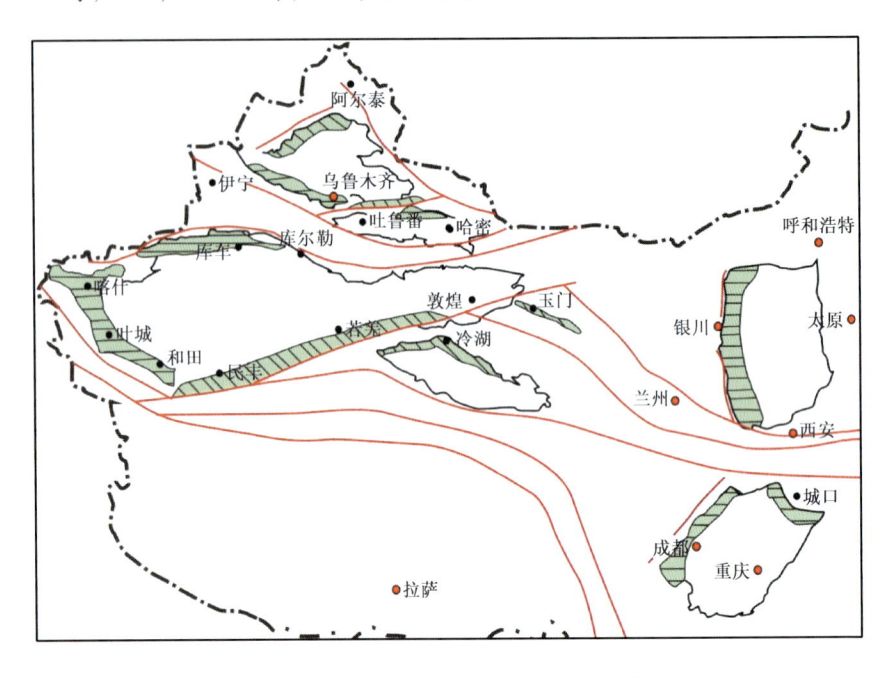

图 2-7 中国中西部前陆冲断带分布示意图

## 二、库车坳陷与周边构造单元的关系

塔里木盆地是一个多旋回的叠合盆地,不同地质时期的盆地性质、构造—沉积特征有明显的差异,同一地质时期不同构造部位的构造—沉积特征也有所不同(李维锋等,1999;黄泽光等,2003;金之钧等,2004;焦志峰等,2008)。按照现今盆地基底的起伏及盆地层序结构一般将塔里木盆地划分为 9 个次级构造单元(图 2-8):库车坳陷、北部坳陷、西南坳陷、塘古坳陷、东南坳陷、塔北隆起、巴楚隆起、塔中隆起、塔东隆起(贾承造,1997,2004)。其中,库车坳陷位于盆地北部边缘,总体上是一个充填巨厚中、新生代沉积层为特征的沉积坳陷,在平面上表现为中部宽、向东西两段收敛的 NNE 向狭长条带。库车坳陷北部边界线总体上呈略向北突出的弧形,坳陷中充填的中、新生代沉积地层在北部边缘明显表现为向盆地倾斜的单斜层,中段尤其清晰,在地质露头上也多见中生代地层翘起剥蚀或新生代地层向南天山山麓超覆尖灭的现象,地表露头难见山前断裂带的迹象。但是,从南天山山麓出露的大量石炭系—二叠系变质岩与钻井证实库车坳陷内部发育巨厚的中、新生代地层来看,库车坳陷北部边缘与南天山隆起区之间存在结构复杂的山前断裂构造带。库车坳陷南部边界线总体上呈 NEE 走向略向南呈弧形突出,中、新生代地层向塔北隆起逐渐减薄,或部分层序尖灭,总体上称过渡关系。但是,塔北隆起上发育有连续性良好的古生代地层,而库车坳陷大部分区域的古生代地层发生了强烈的变形变质,难以在地震剖面上追踪对比。库车坳陷西端与南天山山麓地带的柯坪隆起过渡,在地表也看不到明显的断层接触迹象;东端与南天山山麓地带之间可能被存在 NWW 向的基底断裂带与库鲁克塔格隆起分隔,但是地表露头上的接触关系也比较模糊。

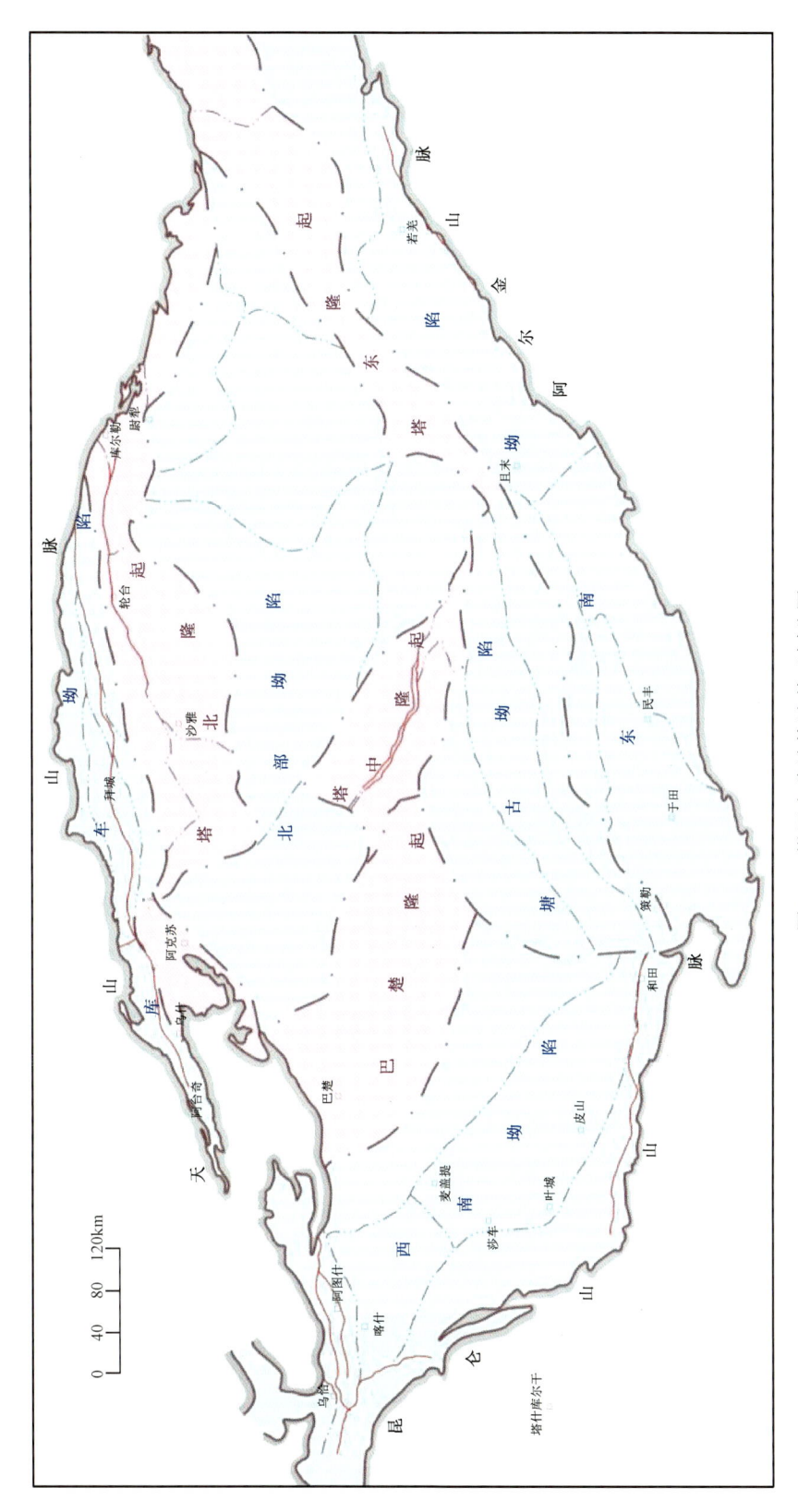

图2-8 塔里木盆地构造单元划分图

库车坳陷的北部单斜带与南天山南缘相连,其接触关系复杂,不同学者有不同的认识。有代表性的观点大致有两种:一种观点认为山前断裂带是一种低角度的逆冲断层系,强调新生代时期南天山山体向南逆冲在山前巨型逆冲推覆系统的下盘依然存在属于原地系统的中生代地层,部分中生代地层可向北延伸到南天山内部( 等,1997;卢华复等,1999;施泽进等,1999;田作基等,1999;刘志宏等,2000)。另一种观点认为山前断裂带可能是高角度的逆冲断裂或走滑逆冲断裂带,中生代地层在山前翘起成单斜,南天山山麓地带不存在被逆掩的低角度逆断层下盘的中生代地层(王清晨等,2004;漆家福等,2009)。图2-5是王清晨等(2004)提出的两种解释性动力学模型,大致表现了这两种观点关于库车坳陷与南天山的盆山结构关系的差异。南天山与库车坳陷的构造作用方式不同,形成的盆地边缘的接触方式也会有显著的差异。山前主逆冲断层以中、低角度向盆地逆冲其上盘的构造增生楔向盆地中的沉积层楔入、并将沉积层卷入到构造增生楔中。

塔北隆起是塔里木盆地中晚古生代以来的一个继承性古隆起,可能缺失部分晚古生代、中生代地层,但是与库车坳陷的边界也是模糊的,很难用确切的构造线来定义。总体上看,库车坳陷的三叠系、侏罗系和白垩系向塔北隆起逐渐减薄或尖灭,而且塔北隆起上的晚古生代、中生代地层向南至北部坳陷方向又逐渐加厚。在区域地震剖面上,库车坳陷南部表现为构造变形微弱、向塔北隆起过渡的构造斜坡带,似乎并没有区域性断裂分隔。但是,中、新生代沉积盆地的基底在库车坳陷与塔北隆起可能属于不同的性质,塔北隆起有可以追踪的、变形轻微的古生代地层,而库车坳陷则可能是发生了强烈褶皱变质的前中生代地层。此外,新生代沉积层在库车坳陷发育的库姆格列木群膏盐岩层向南至塔北隆起也变薄并逐渐尖灭,新生代构造变形向南至塔北隆起也明显渐弱。

## 第三节 区域构造演化

库车坳陷处于塔里木盆地北部边缘。塔里木盆地和南天山之间的盆山构造演化对库车坳陷中、新生代沉积盆地的形成有重要影响(李曰俊等,2001;李忠等,2003;能源等,2012)。塔里木盆地的基底于新元古代完成克拉通化,属于罗迪尼亚(Rodinia)古陆的一部分(贾承造等,2004;徐备等,2008)。震旦纪—古生代,塔里木克拉通和华北(中朝)克拉通类似,周边被大洋盆地包围,北侧与西伯利亚克拉通大陆之间发育广阔古亚洲洋,南侧与冈瓦纳大陆之间发育广阔的特提斯洋,并且南北两个大洋的"开"与"合"动力系统对塔里木古生代盆地的演化过程有重要的影响。塔里木克拉通与北侧的伊犁—中天山、准噶尔等陆块之间的天山洋是古亚洲洋的一部分。古亚洲洋最终在晚古生代末期关闭,形成延绵数千千米的海西期造山带,将塔里木克拉通、华北(中朝)克拉通和伊犁—中天山、准噶尔等原来分布在古亚洲洋中的微陆块、地块等与西伯利亚克拉通焊接在一起,形成统一的中国北方大陆(Yin等,1998;任纪舜等,1999;李曰俊等,2001;何登发等,2005;Jiang等,2014;Klend等,2015)。因此,海西运动是具有划分区域构造演化阶段的重要构造运动,将塔里木盆地与南天山隆起之间"盆—山"构造演化划分为前海西期和后海西期两个阶段。

### 一、震旦纪—古生代区域构造演化

1. 震旦纪—古生代

塔里木克拉通和南天山洋之间的"陆—洋"相互作用至少经历过两次"开"与"合"的动力

学过程(图 2-9)。在震旦纪—早古生代,南天山洋发生扩张(图 2-9a)。震旦纪时期塔里木克拉通发生板内裂陷,克拉通北部边缘的裂陷作用分离出的一些微小陆块在古亚洲洋中漂移。古生代随着南天山洋的海底扩展,位于南天山南部边缘的库车地区由克拉通边缘的裂陷盆地演化成为被动大陆边缘盆地,主要发育碳酸盐岩沉积。塔北地区地壳减弱程度相对轻微,古生代塔北地区可能属于水下隆起,塔里木地台盆地和库车地区被动大陆边缘盆地的沉积层向隆起上超覆。

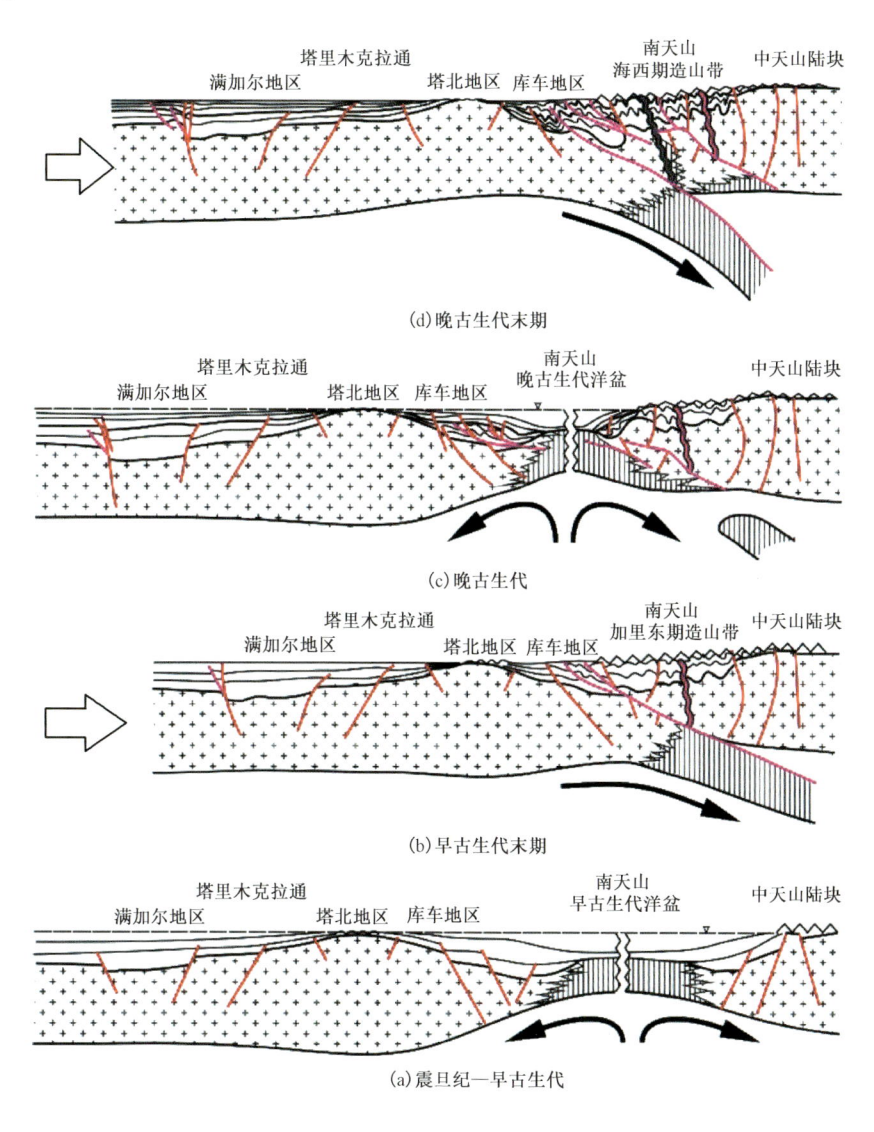

图 2-9 塔里木盆地北部—南天山古生代区域构造演化示意图

2. 早古生代末期

南天山洋洋壳向中天山陆块之下俯冲,并最终导致洋盆关闭,形成了加里东期造山带(图 2-9b)。库车地区位于南天山造山带山前地带,受加里东期造山作用影响,库车地区的震旦系—古生界发生了挤压构造变形。

### 3. 晚古生代

区域裂陷作用致使南天山加里东造山带裂陷形成新的南天山洋盆(图2-9c)。在晚古生代南天山洋扩张过程中,位于南天山南部边缘的库车地区再一次又裂陷盆地演化成为被动大陆边缘盆地,以碎屑岩沉积为主。塔北地区在晚古生代保持古隆起状态,遭受不同程度的剥蚀,为库车被动陆缘盆地和塔里木克拉通内坳陷盆地提供物源。

### 4. 晚古生代末期

南天山洋壳向中天山岛弧发生俯冲,陆弧碰撞形成海西期造山带(图2-9d)。库车地区受海西期造山作用影响又一次发生了挤压构造变形,南天山海西期造山带向塔里木克拉通北部逆冲的前锋至少达到现今库车坳陷的内部。晚古生代末期的海西期造山作用将塔里木克拉通以及被天山洋盆包裹的伊犁—中天山、吐哈等微型陆块(或岩浆弧、岛弧)与准噶尔陆块等拼贴在一起,形成统一的中国北方大陆。造山作用不仅导致沉积在古天山洋及其边缘的古生界发生强烈的冲断褶皱和热变质,还使造山带发生岩浆侵入和喷发,最终在重力均衡作用下形成了地形上的古天山山体和山前前陆盆地。

## 二、中、新生代区域构造演化

古生代末期海西运动使塔里木陆块与北侧的中山天、吐哈、准噶尔等陆块拼贴在一起,形成了地质上的天山海西期褶皱造山带和地形上的古天山山体隆起。古天山隆起经过造山后的地壳均衡和地表地质作用,构造活动性逐渐渐弱,地貌上的山地也逐渐夷平。然而,塔里木陆块南侧的特提斯洋的动力过程对新形成的统一的中国北方大陆内部的构造演化依然有重要的影响。在中生代以前,塔里木与南天山的关系是克拉通陆块与洋盆的相互作用,而中、新生代时期塔里木与南天山的关系是大陆板块内部不同构造单元的关系,其区域大地构造演化主要是受塔里木克拉通南侧的板块边缘构造活动及新生统一的中国北方大陆岩石圈板块内部和底部热作用、重力均衡作用的影响而发生的陆内构造过程。因此,中、新生代时期塔里木盆地与南天山隆起之间的盆山构造演化过程与前中生代有显著的差异,导致库车坳陷的构造格局和构造样式发生重大改变(纪云龙等,2003)。图2-10示意性的表示了塔里木盆地北部—南天山隆起区中、新生代区域构造演化。

海西期造山运动形成的古南天山在南侧发育同构造期的前陆盆地,这一前陆盆地应该位于库车以北地区(图2-10a),但是在中生代时期伴随着造山带的热作用衰减而发生造山后塌陷和区域性伸展(图2-10b)。整个中生代时期,中国北方大陆表现为弱引张构造环境。库车与南天山地区以区域伸展构造变形为主,发育正断层和走滑正断层(图2-10c)。白垩纪晚期,可能受塔里木克拉通南侧的特提斯洋关闭引起的远程挤压作用影响(丁道桂等,1997),南天山地区有一次区域性热隆升,其影响范围可能一直波及到库车、塔北地区(图2-10d)。古近纪—中新世,库车和南天山地区的区域构造演化可能主要受均衡作用控制,南天山以区域隆升为主,库车地区则发育区域坳陷,沉积膏盐岩和碎屑岩(图2-10e)。南天山地区在上新世以来,受印度板块与欧亚大陆板块碰撞的影响,库车坳陷构造活动强烈(邓云山等,2004),山前地区发生强烈收缩变形(图2-10f)。

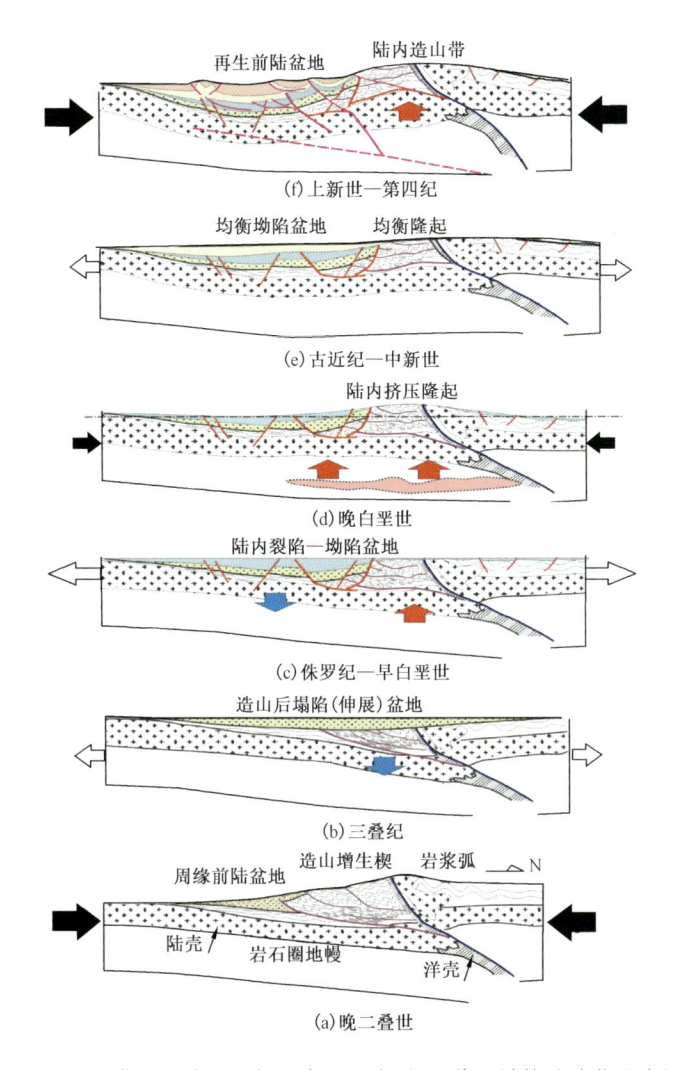

图 2-10 塔里木盆地北部—南天山中、新生代区域构造演化示意图

# 第三章　库车坳陷构造几何学分析

　　库车坳陷的总体走向为 NEE 向,地面地质露头显示的中、新生代地层发生的褶皱和断层的构造线方向也主要为 NE 向、NNE 向和近 EW 向。但是卫星影像显示的地形地貌和地面地质图显示的露头分布特征都清楚地显示库车坳陷中部相对较宽、向东西两侧明显变窄,并且沿着构造走向呈"藕节式"分段。其中,坳陷西段的主体沉降—沉积单元称为乌什凹陷,中部的的主体沉降—沉积单元称为拜城凹陷,东段的主体沉降—沉积单元称为阳霞凹陷。在库车坳陷北部边缘,地面露头的沉积地层总体上表现为向盆地倾斜的单斜岩层。沉积地层以中、新生界,局部包括少量的上二叠统,不整合在下二叠统火山岩和石炭系变质岩之上。经过 20 多年的油气勘探,大量钻井资料基本证实了库车坳陷在地震剖面上具有成层连续反射结构的沉积地层主要是中、新生界。但是,由于地表条件复杂目前获得的地震资料仍然难以确认盆地深层结构要素的几何特征,导致对中、新生代盆地结构有不同的认识。

## 第一节　库车坳陷的区域构造解释模型

　　综合分析各种地质地球物理资料包含的关于盆地构造要素的信息,建立一个合理的解释性模型,对于认识库车坳陷的结构是十分必要的。许多学者在野外考察、地震资料解释基础上分析了库车坳陷构造变形基本特征,提出各种不同的构造解释模型。这些模型在解释库车坳陷结构和中、新生界构造变形方面总体上可以分为两类,一类是盖层滑脱的收缩构造变形模型,一类是基底卷入收缩构造模型。前者强调库车坳陷作为前陆盆地主要是盖层卷入收缩构造变形,后者认为库车坳陷地壳与南天山的相互挤压不仅使盆地盖层发生收缩构造变形,也可以导致基底断裂发育,甚至成为控制盖层收缩变形的重要构造要素。

### 一、构造建模的基础资料

　　库车坳陷充填的主要沉积层为中、新生界中,侏罗系中下部发育有一套区域性含煤岩层,古近系底部(库姆格列木群,主要分布在库车坳陷中、西部)和新近系底部(吉迪克组,主要分布在东部)发育有厚度不等的膏盐岩和含膏盐泥岩岩层,其他地层为以砂泥岩互层为主的碎屑岩层。这些沉积岩层不仅岩性和厚度的横向变化明显,还包含多个区域性、局部的不整合面。在地面地质图(图3-1)中,南天山由强烈变形、变质的古生界和震旦系组成,局部有中生界沉积层不整合在古生界之上。由南天山山脚向库车坳陷内部地面依次出露变质基底岩层、石炭系—二叠系、三叠系、侏罗系、白垩系、古近系、新近系和第四系等,内部虽有小型褶皱,总体上则构成一个向盆地倾斜的单斜构造带。

　　在库车坳陷北部边缘,地面地质露头显示一系列中、新生界表现为 NEE 向—近 EW 向的褶皱构造。其中,背斜相对紧闭,核部或陡翼发育逆冲断层,向斜相对宽缓。与山前单斜带褶皱过渡的强变形带称为克拉苏—依奇克里克构造带,有两排紧闭背斜和 2~3 条逆冲断层构成(图3-2a)。地面出露的背斜核部地层由北向南分别为白垩系、古近系,背斜翼部地层倾角普遍在 60°以上。向南的构造变形明显减弱,也是库车坳陷新近系、第四系的沉积中心,称为拜

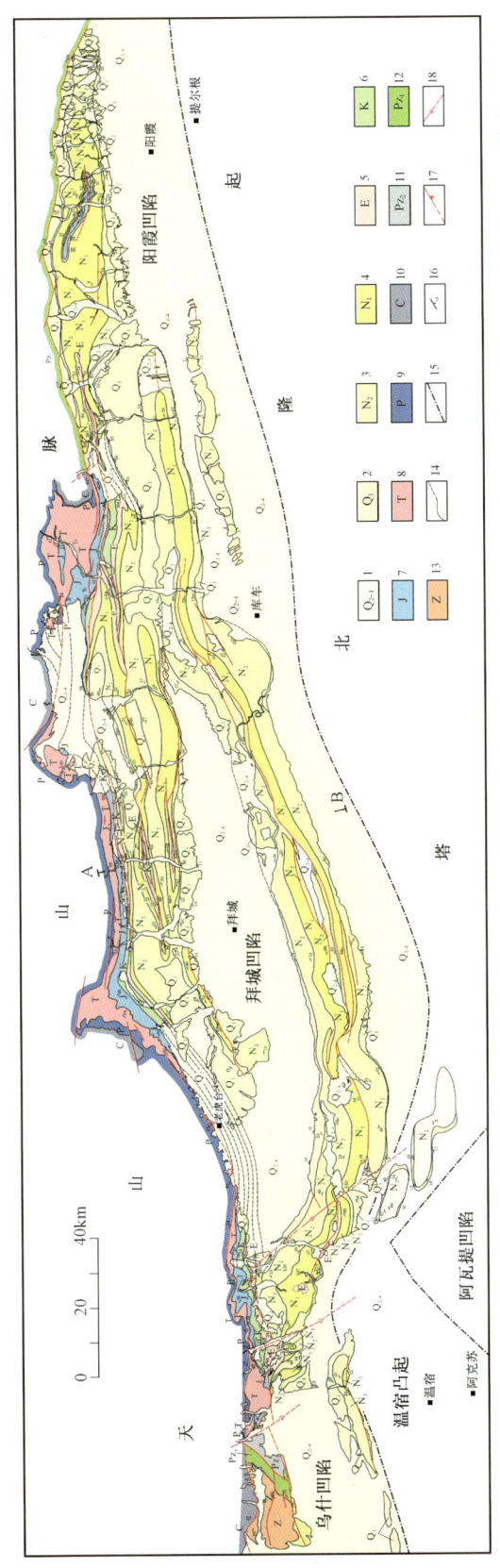

图3-1 库车坳陷地面地质略图（据塔里木油田资料简编）

1—第四系上、中部沉积层；2—第四系下部，西域组；3—上新统，库车组为主；4—中新统，虚线为隐伏在表层沉积层之下的地质界线；5—古近系，虚线为隐伏在表层沉积层之下的地质界线；6—白垩系；7—侏罗系；8—三叠系；9—二叠系；10—石炭系；11—上古生界；12—下古生界；13—震旦界系；14—地质界线；15—构造单元边界线，大致圈定库车坳陷范围；16—岩层产状，短桩为岩层倾向，数字表示倾角，实线为地面出露，虚线表示隐伏在表层沉积层之下的断层迹线；17—逆冲断层，三角指向断层倾向，实线为地面出露的断层迹线，虚线表示隐伏在表层沉积层之下的断层迹线；18—走滑断层，箭头指示断层走滑运动向，实线为地面出露的断层迹线，虚线表示隐伏在表层沉积层之下的断层迹线。

城凹陷。在地面地质图上，拜城凹陷也是一个宽缓的近 EW 向向斜构造，其南部还发育有一个近 EW 向—NEE 向复式背斜构造带，称为秋里塔格构造带(图 3-2b)。秋里塔格构造带在地面出露并卷入褶皱和逆冲断层变形的主要是新近系和第四系，背斜翼部岩层产状普遍可以高达 70°以上，局部甚至发生倒转。在平面上，秋里塔格构造带呈向南凸出的弧形弯曲，向东延伸与克拉苏—依奇克里克构造带合并在一起，包裹着拜城凹陷并将拜城凹陷与库车坳陷东段的阳霞凹陷分隔开来。

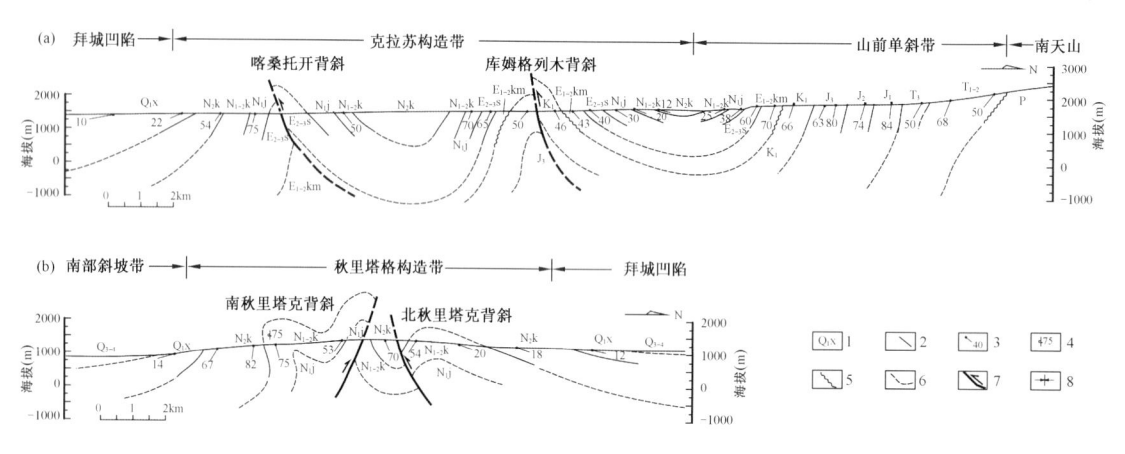

1—地层代号；2—地层界线；3—地面地层倾向与倾角；4—倒转的地层产状；5—不整合面；
6—推测地质界线及构成的构造形态；7—逆冲断层，虚线为推测的逆冲断层延伸迹线；8—构造单元大致分界线

图 3-2 库车坳陷横穿克拉苏构造带和秋里塔格构造带的地面地质剖图(剖面位置大致沿图 1 中 A—B 线)

地震勘探表明地表出露的中、新生界沉积岩层在构造变形相对弱的情况下可以获得较好的层状反射，但是受地表地形、岩性横向变化和复杂构造变形的影响，复杂构造带的地震资料品质相对较低。如图 3-3 所示，在二维区域地震剖面上可以清楚地解释出新生界沉积岩层构成宽缓向斜的拜城凹陷，但是拜城凹陷南北两侧褶皱冲断构造带的反射信息杂乱，依据反射信息难以解释岩层构造变形，特别是构造带的深层结构特征。近年在克拉苏构造带完成了三维地震勘探，虽然地震资料品质有所改善(图 3-4)，也只能解释中生界构造变形的轮廓。横穿山前单斜带及克拉苏构造带的 CEMP(连续电磁剖面法)剖面(图 3-5)显示浅表层中、新生界之下的盆地基底有明显的起伏，高电阻率的基底与低电阻率的沉积盖层在山前构成近直立的接触带。依据现有的地质地球物理资料，地表观测到的褶皱、逆冲断层等构造的构造带的深层结构依然存在多种不同的解释方案，需要综合多方面地质信息来建立合理的构造模型来指导对深层构造的解释。

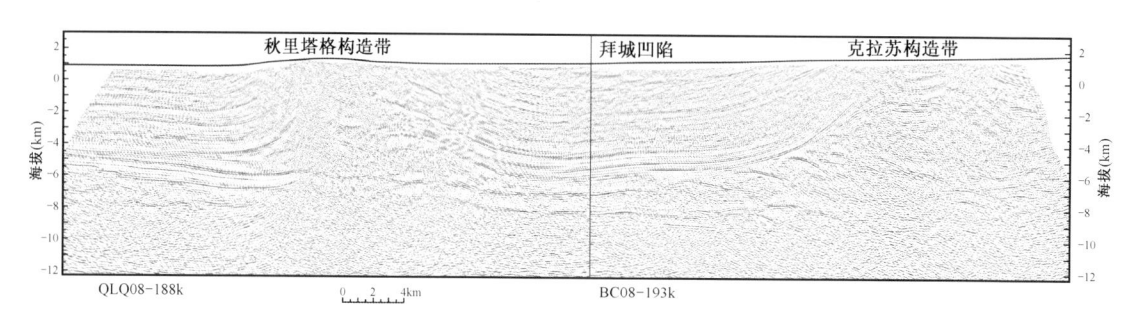

图 3-3 库车坳陷二维区域地震剖面图

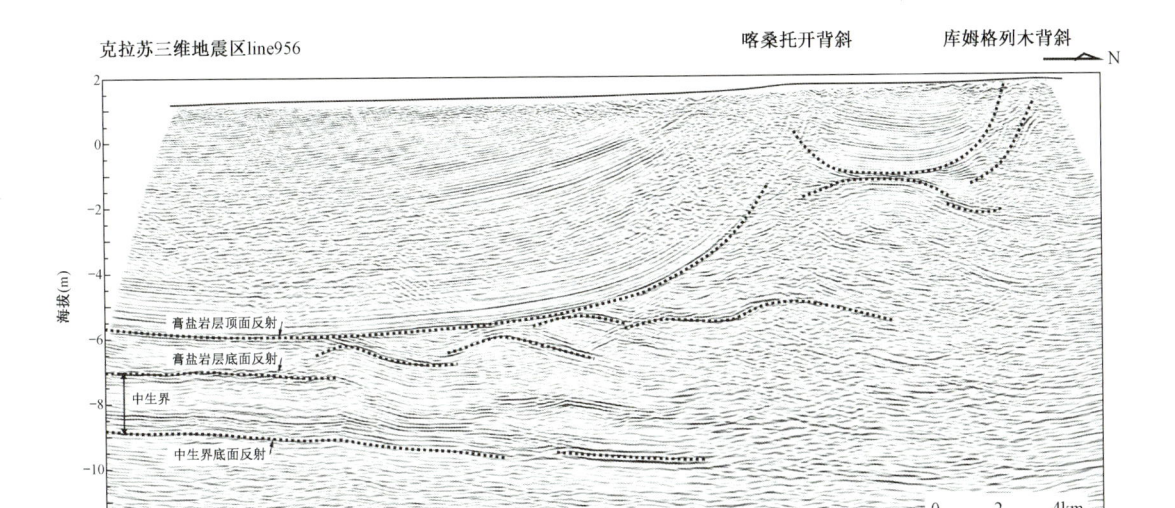

图 3-4　库车坳陷克拉苏构造带三维地震剖面图

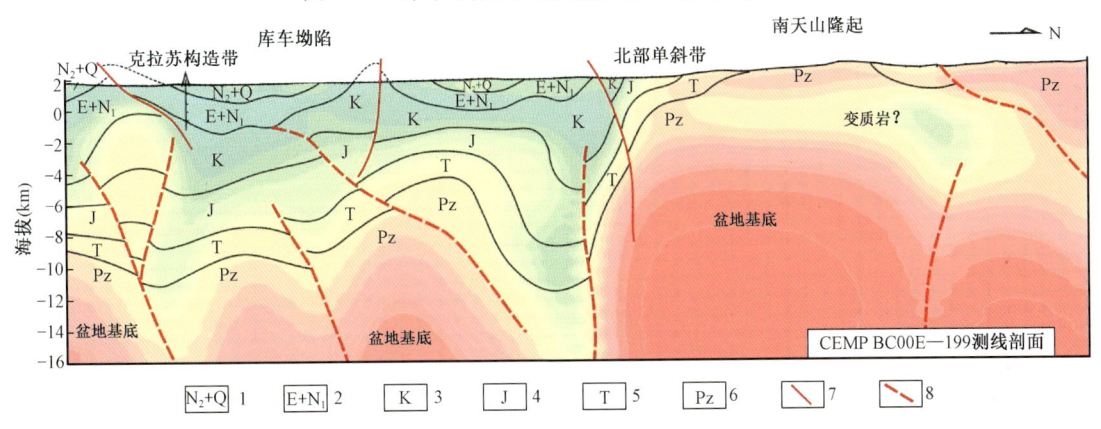

1—上新统(库车组)和第四系(主要是西域组);2—中新统和古近系(包括康村组、吉迪克组、苏维依组和库姆格列木群);
3—白垩系;4—侏罗系;5—三叠系;6—古生界;7—地表有出露的断层;8—根据电性特征解释的断层,深层的基底卷入断层;
充填颜色谱冷色至暖色表示电阻率有低至高的变化

图 3-5　库车坳陷北部山前构造带 CEMP 剖面及其构造解释图(据中国石油物探局五处资料,略修改)

## 二、两种区域构造解释模型

无疑,库车坳陷的构造变形主要是在喜马拉雅期南天山造山作用下形成的。流行的观点是区域挤压作用导致库车坳陷地壳向南天山下发生 A 型俯冲,南天山在挤压隆升过程中向前陆方向侧向扩展,使库车坳陷发生类似于前陆盆地式的薄皮冲断褶皱构造变形,并使库车坳陷发生前陆盆地式的构造沉降—沉积,自南天山山前向库车坳陷,至塔北隆起构成一个完整的前陆盆地系统。按照前陆盆地系统概念来解释库车坳陷的构造变形,浅表层的新生界的变形主要是滑脱褶皱或逆冲断层及相关褶皱,深层的中生界的变形为薄皮逆冲断层构成的叠瓦构造、双重构造及其相关褶皱,它们通过沿着沉积岩层底面、侏罗和古近系底部等软弱岩层中发育的顺层断层(或低角度断层)连锁在一起,构成从南天山山前向库车坳陷内部的薄皮冲断褶皱带。近几年来,克拉苏构造带油气勘探成果表明,至少在克拉苏构造带以北的盆地基底已经卷入到冲断褶皱变形中(漆家福等,2009,2010),对库车坳陷薄皮收缩构造解释模型提出了质疑。图 3-6 以库车坳陷中段的地面地质资料、地震剖面和 CEMP 资料为依据建立的两个解释模型。

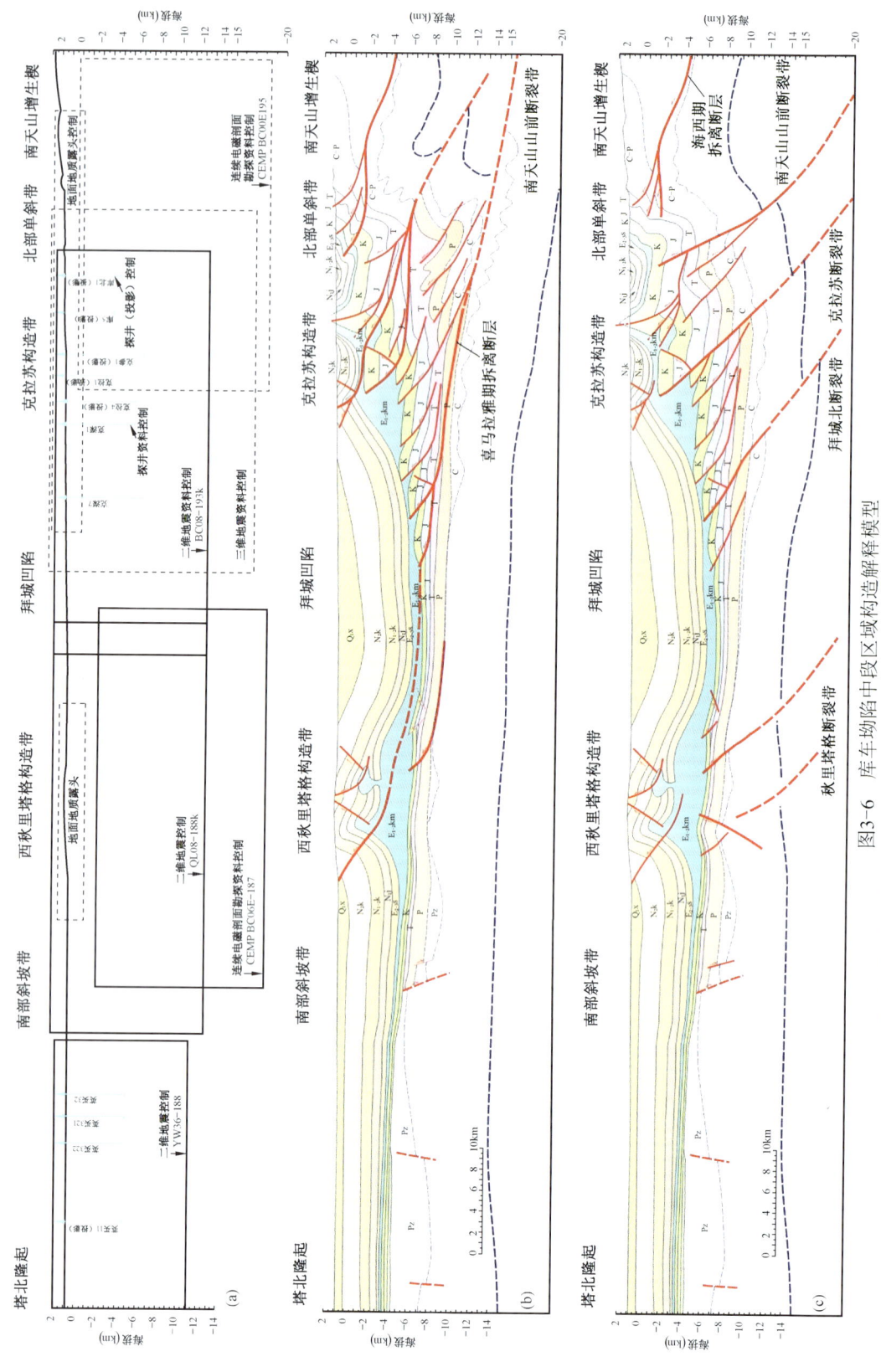

图3-6 库车坳陷中段区域构造解释模型

(a)剖面解释模型利用的地质—地球物理资料分布；(b)薄皮收缩构造模型；(c)分层收缩构造模型

图 3-6b 所示模型可称为薄皮收缩构造模型,强调从南天山山脚向南 50~80km 宽度范围内的构造变形是沿着区域性拆离断层之上的冲断褶皱变形楔,盆地内部主要是盖层滑脱的收缩构造变形。拆离断层在盆地边缘进入基底,在克拉苏构造带主要沿着侏罗系含煤地层发育,在克拉苏构造带南侧大致沿着库姆格列木群盐岩层顺层滑动,向南一直影响到拜城凹陷之南的秋里塔格构造带在库姆格列木群膏盐岩层之上发生收缩变形,而盐下层基本不变形。图 3-6c 所示模型可称为基底卷入的分层收缩构造模型,强调盖层滑脱的浅表层褶皱冲断变形与深层基底卷入冲断褶皱的分层叠置,认为库车坳陷的收缩变形是地壳或者岩石圈尺度整体挤压作用下发生分层不协调收缩的结果。两个解释模型都认为膏盐岩层等软弱岩层可能导致发育滑脱断层,但是薄皮收缩构造模型强调区域拆离断层之下的沉积岩层或盆地基底基本没有卷入收缩构造变形,而基底卷入的分层收缩构造模型强调沿着软弱岩层发育的滑脱断层只是导致构造变形分层,引起盖层变形与基底变形不协调,并不存在区域性的拆离断层。

受软弱岩层顺层滑脱的影响,库车坳陷以新生界为主的浅表层构造与以中生界为主的深层构造的构造变形样式有明显的差异。图 3-6 所示的构造模型解释浅表层的新生界以褶皱变形为主,并在岩层强烈褶皱部位发育逆冲断层,深层的中生界以逆冲断层为主,并发育断层相关褶皱。因此,可以将以新生界为主的浅表层构造称为褶皱冲断构造变形层,以中生界为主的深层构造称为冲断褶皱构造变形层。图 3-6 所示的两个模型对浅层次褶皱冲断构造变形的解释基本上是一致的,但是对深层冲断褶皱变形的解释有较大分歧。分歧之一,薄皮收缩构造模型认为库车坳陷沉积地层的变形是受自山前向盆地逆冲的拆离断层控制,拆离断层上盘系统发生较强烈的冲断褶皱,而拆离断层的下盘系统基本上不变形或仅为弱变形;基底卷入分层收缩构造模型认为库车坳陷多条基底卷入的高角度逆冲断层,基底逆冲断层的位移不仅导致基底收缩,也影响上覆沉积地层的变形,沉积盖层的强变形带叠置在基底卷入冲断褶皱变形带之上。分歧之二,薄皮收缩构造变形模型山前地带的中生界发生薄皮冲断褶皱导致构造加厚,有较大的收缩量,盆地基底可能沿着拆离断层发生 A 型俯冲到南天山之下;基底卷入分层收缩构造模型认为膏盐岩层之下的中生界并没有因为收缩而导致加厚,只是基底卷入的高角度逆冲断层使其抬升,且盆地基底没有大规模向南天山之下发生 A 型俯冲。

## 三、关于构造模型合理性的讨论

依据地面露头剖面结构不难判断,库车坳陷浅表层的褶皱变形向深层会滑脱消失。克拉苏构造带的两排紧闭背斜构造中,北部的背斜应该在侏罗系滑脱,南部的背斜或在古近系底部滑脱。秋里塔格构造带的紧闭背斜也会在古近系滑脱。图 3-3 和图 3-4 所示地震剖面显示的新生界底部库姆格列木群膏盐岩层有明显的局部加厚、减薄现象,拜城凹陷轴部相对减薄,其南北两侧明显加厚,拜城凹陷的向斜也在库姆格列木群膏盐岩层中滑脱。考虑到岩层能干性对构造变形的影响,库姆格列木群膏盐岩层或侏罗系煤系地层成为浅表层褶皱冲断构造变形层的滑脱层是可能的。因此,地面露头与地震资料的约束使图 3-6 所示构造解释模型中对浅表层构造变形的解释应该是合理的和可靠的。

图 3-6 所示的库车坳陷的两种构造解释模型深层的构造变形样式不同,收缩构造变形量有明显的差异。库车坳陷的库车组、西域组表现为同构造变形期生长地层结构特征,由此判断收缩构造变形是在上新世以来发育的。因此,至少新生界底部库姆格列木群顶面和底面的收缩量应该大致相等。库车坳陷不同部位的收缩变形量可能存在差异,以新生界库姆格列木群膏盐岩层之上的岩层长度计算出的库车坳陷中段新生界褶皱冲断构造的收缩量多为 12~

15km(见本书第四章)。按照薄皮收缩构造模型(图3-6b),克拉苏—依奇克里克构造带深层中生界发育大量薄皮逆冲断层导致中生界多次重复叠置在一起,依据岩层长度平衡测算的库车坳陷库姆格列木群底面及中生界的收缩量显然要大于与浅层新生界的滑脱褶皱和逆冲断层形成的收缩量。同一剖面上测算出的中生界、新生界的收缩量存在差异有两种可能的解释。一种解释是浅表层褶皱冲断构造与深层冲断褶皱构造之间存在巨大的滑脱,在山前单斜带发育大致顺层的反冲断层,并构成中生界楔状双冲构造的被动顶板断层,上盘部分新生界被剥蚀而导致测算的新生界(或库姆格列木群顶面)收缩量较小,反向顺层滑脱的逆冲断层的收缩变形量并没有计算在浅表层褶皱冲断构造的收缩量变形中。另一种可能的解释是深层中生界收缩变形量包含有中生代时期的收缩变形,中生代的收缩变形与新生代晚期的收缩变形的叠加使依据中生界岩层长度计算的收缩变形量明显大于依据新生界岩层长度计算的收缩变形量。在分层收缩构造模型中(图3-6c)克拉苏—依奇克里克构造带深层的逆冲断层部分是基底卷入的,中生界的逆冲重复造成的收缩变形量与浅表层新生界褶皱冲断造成的收缩变形量基本相当,只是不同构造变形层收缩变形量在不同构造带的分配不一致,膏盐岩层的顺层流变传递和协调不同构造层的应变分配。

库车坳陷北部单斜带的地面地质露头并没有发现有大型反冲断层或顺层断层发育,区域地质资料也不支持在库车坳陷在中生代发生过大规模收缩构造变形。因此,库车坳陷浅层褶皱冲断构造变形层收缩量可以用来约束深层冲断褶皱变形层的构造模型。利用图3-6中的库姆格列木群($E_{1-2}km$)顶面层长计算出的浅层褶皱冲断构造的收缩量为12.5km,如果用这一收缩量约束库姆格列木群($E_{1-2}km$)之下中生界的收缩变形,按照变形前后剖面面积平衡原理可以推算深层冲断褶皱构造在山前地带的拆离面为海拔之下20~26km(图3-7)。库车坳陷中生界厚度总体上是自南向北增厚的。在山前的北部单斜带根据地面露头宽度和地层产状测算的中生界累计地层厚度可达到4800~5400m,而在构造变形相对弱的拜城凹陷地震剖面上解释的中生界厚度仅1000~2000m。按收缩量12.5km计算,中生界的收缩的剖面面积(约62.5km²)不足以平衡基准线之上溢出的剖面面积(图3-7,水平基准面之上溢出面积为170km²,倾斜基准面之上的溢出面积为204km²)。因此,在克拉苏构造带以北的收缩构造变形应该影响到中生界之下,部分在中生界发育的逆冲断层应该切割到盆地基底中,图3-6c的解释模型更为合理。反之,按照"薄皮收缩构造模型"山前带倾斜基准面之上的溢出面积全为中生界,拆离断层面位于基准面之下5km,那么中生界的收缩量应该为34~41km。

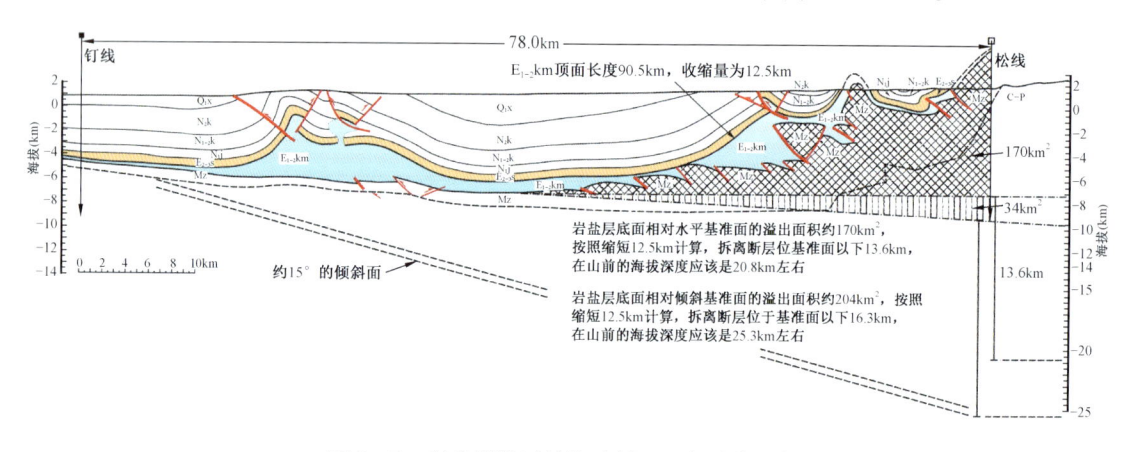

图3-7 库车坳陷区域构造剖面面积平衡图解

图 3-7 的图解给出的结论是,图 3-6 中关于库车坳陷两种构造模型不仅在构造几何学上存在差异,在运动学上的理解也相差深远。同样地,对库车坳陷构造变形的动力学过程的理解也不尽相同。图 3-6b 所示的薄皮收缩构造模型强调区域性拆离断层对库车坳陷沉积层构造变形的控制,认为在晚新生代区域挤压作用下塔里木板块发生 A 型俯冲,隆升的南天山造山带的侧向扩展对库车坳陷沉积盖层施加水平挤压力。薄皮收缩构造变形主要发生在拆离断层之上的岩层中,拆离断层之下基本不发生收缩构造变形,而是受造山楔构造的垂向负荷作用而发生挠曲变形。图 3-6c 所示的分层收缩构造模型强调造山带对库车坳陷地壳,甚至整个岩石圈的侧向挤压作用,盆地区的收缩构造变形从山前带向盆地内部、从地表向深层逐渐减弱。分层收缩构造变形模型中的滑脱断层或滑脱层并不是区域性拆离断层,而是导致构造分层的软弱层,收缩变形过程也不是前陆地区地壳向造山带之下发生 A 型俯冲,山前坳陷或再生前陆盆地的形成与造山楔的垂向负荷作用没有直接关系。

库车坳陷新生代收缩构造变形模型实际上包含有对再生前陆盆地动力学机制的不同理解。薄皮收缩构造变形模型是按照典型前陆盆地的动力学过程理解再生前陆盆地与板内造山带的盆山耦合,在动力学上强调库车坳陷地壳向南天山造山带之下发生 A 型俯冲,南天山相对于库车坳陷沿着低角度拆离断层发生剪切变形,导致库车坳陷沉积盖层发生收缩构造变形,南天山以及拆离断层之上盖层收缩构造变形楔状体的负荷作用致使库车坳陷挠曲下陷,控制库车再生前陆盆地的形成。然而,从现今地貌和库车坳陷上新世以来的沉积充填上看,南天山隆起与库车坳陷的沉降没有直接关系,南天山相对高的部位对应于库车坳陷西段,而且库车坳陷沿着盆地轴向的结构有明显差异性明显,上新世以来的沉积充填相对厚的部位位于库车坳陷中段的拜城凹陷。分层收缩构造变形模型认为库车坳陷的收缩构造变形是塔里木克拉通与南天山水平挤压作用的结果。相对软弱的南天山(包括海西期增生楔)在晚新生代受区域挤压作用发生收缩变形而隆升,并诱导盆山过渡带发育基底卷入的高角度逆冲断层。受岩层能干性等因素影响,库车前陆地区受区域挤压作用发生分层收缩构造变形,沉积层中的盐岩层等软弱岩层在挤压收缩变形中起重要的分层滑脱,基底和沉积盖层构成不协调的收缩构造变形。在分层收缩构造变形模型中,由于前陆地壳并没有向造山带发生 A 型俯冲,造山带山体的垂向负荷作用与再生前陆盆地在成因上没有直接关系。

周缘前陆盆地是在大洋板块俯冲导致洋壳消减后发生陆—陆碰撞过程中形成的,先前和俯冲的大洋岩石圈连接在一起的被动大陆边缘,甚至克拉通板块向增生楔和先前仰冲的大陆板块之下发生 A 型俯冲,压在 A 型俯冲带之上的仰冲板块及增生楔的负荷作用使俯冲的大陆板块发生挠曲变形形成了周缘前陆盆地。板块从 B 型俯冲逐渐演化到 A 型俯冲形成周缘前陆盆地过程中的构造动力包括岩石圈底部软流圈热流动的拖曳力、(由板块扩张引起)板块运动产生的后推力和俯冲板块的重力等,其中软流圈热流动的拖曳力可能占主导地位。但是,再生前陆盆地形成过程中,岩石圈底部软流圈热流动的拖曳力不再是主要动力,也没有俯冲板块的重力。驱动板内造山作用及再生前陆盆地形成的主要是板块运动从板块边缘传递到板块内部的远程挤压作用力。远程挤压作用力本身是通过克拉通岩石圈传递到板块内部,使早期的造山带发生再造山,因此,克拉通板块就不一定要向造山带发生 A 型俯冲。

南天山是一个多旋回造山带,在山前地带相应发育多旋回的前陆盆地。海西期南天山洋关闭过程中形成的造山带和前陆盆地与喜马拉雅期形成的南天山板内造山带和再生前陆盆地在动力学过程上应该有所差异。如图 3-8a 所示,海西期前陆盆地形成过程中大陆岩石圈的 A 型俯冲主要驱动力包括软流圈流动对上覆岩石圈的拖曳力(图 3-8a 中的 $F_1$)、已经俯冲到软流圈中的大洋岩石圈的牵引力(图3-8a中的$F_3$)以及板块运动过程中产生的对俯冲大陆岩石圈的推力(图3-8a中的$F_2$)。正是这样的动力系统才可能导致增生楔的形成并仰冲到克拉通之上(即所谓的A型俯冲)形成前陆盆地。喜马拉雅期再生前陆盆地的动力系统要简单得多,它主要是板块边缘板块相互作用(例如俯冲、碰撞、抑或扩张)产生的板块运动对岩石圈板块的侧向挤压力,传递到板内引起先存的造山带发生再造山作用,也可能存在岩石圈内部的热活动或软流圈下降流产生的对岩石圈的动力作用(图3-8b)。印度板块与欧亚板块碰撞产生向北的推挤力主要是通过刚性的塔里木板块传递到天山地区(图3-8b中的$F_2$),也可能引起软流圈向北流动(图3-8b中的$F_1$),但是软流圈流动对岩石圈的拖曳力显然不可能导致塔里木板块向北运动的主要动力。另一方面,天山地区经过中生代和古近纪长期的岩石圈再造,塔里木与南天山、中天山已经称为统一的板块,只是南天山的岩石圈刚度相对较小。也正是由于南天山的岩石圈刚度相对较小才导致受印度板块向北与欧亚板块碰撞过程中发生陆内再造山作用。

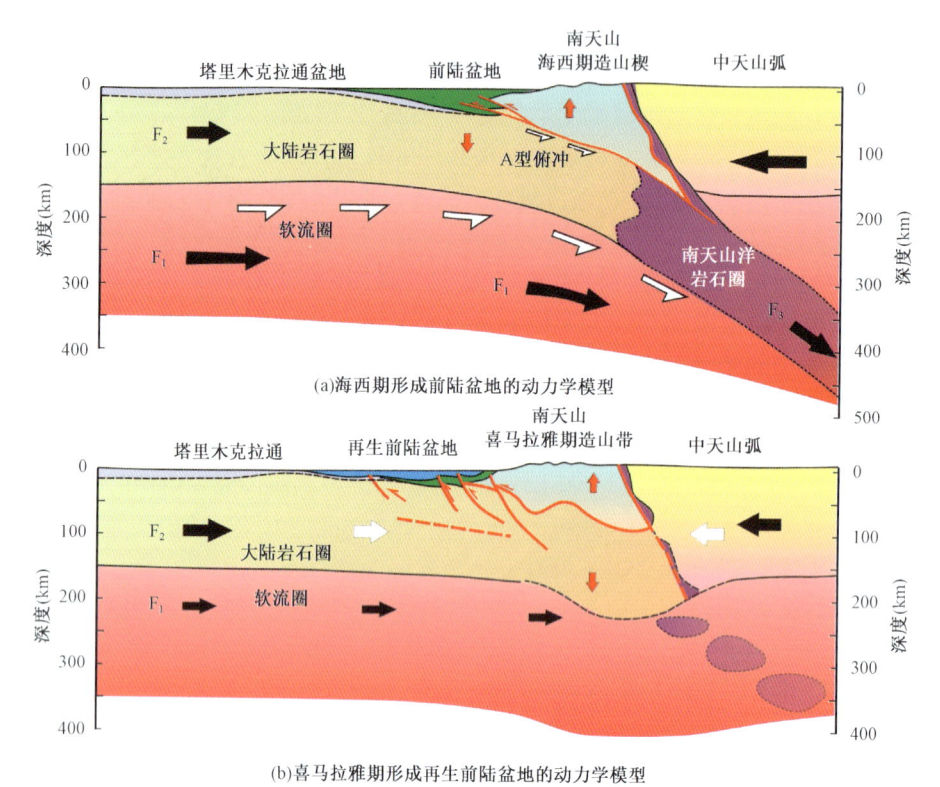

图3-8 南天山山前海西期前陆盆地与喜马拉雅其再生前陆盆地动力学模型

图3-8中(a)与(b)在盆山过渡带的应力场特征有根本差异。海西期前陆盆地的盆山过渡带是沿着拆离断层的斜向剪切力主导的应力场,喜马拉雅期再生前陆盆地是近水平挤压力和再造山带隆升在盆山过渡带的高角度倾斜的斜向剪切作用主导的应力场。前者有利于发育盖层滑脱的薄皮收缩构造,后者可能导致发育基底卷入的厚皮收缩构造变形。海西运动中关闭和形成的南天山造山楔在印支—燕山运动中还发生过多次不同性质地壳变形的改造,在晚新生代印度板块向北推挤欧亚板块引起区域挤压作用中总体上表现为一个区域性软弱构造带发生强烈的收缩构造变形。其中,盆山结合面是一个陡倾斜或近直立的挤压性构造面,来源于喜马拉雅碰撞造山作用的区域挤压力通过塔里木克拉通传递到库车坳陷与南天山地区,南天

山造山带与库车前陆地壳或岩石圈之间受侧向挤压力而发生收缩构造变形。按照这一动力学模型,库车坳陷在晚新生代的区域构造变形现象更适合采用图2b所示的几何结构来解释,即库车坳陷在喜马拉雅期形成的收缩构造变形包含有大量基底卷入逆冲断层,而不仅仅是盖层滑脱逆冲断层和滑脱褶皱。

## 第二节　库车坳陷区域剖面结构特征

图3-6所示的两种构造模型都表明库车坳陷具有自南向北的构造分带现象。在综合分析地震剖面、地面露头、CEMP剖面等资料解释的基础上编制的横穿库车坳陷的不同构造部位的区域构造剖面总体上更符合图3-6c所示的基底卷入分层收缩构造模型,但是盆地剖面结构特征和各构造带的变形样式沿着盆地走向具有明显的差异性。按照图3-6c所示解释模型,根据地面露头、地震剖面和CEMP剖面等资料综合解释编制出横穿库车坳陷构造走向的17条区域构造剖面,剖面位置如图3-9所示,剖面结构如图3-10所示。以下通过这些区域构造剖面描述不同区段的坳陷结构特征。

### 一、库车坳陷西段剖面结构

如图3-10中的剖面1、剖面2所示,库车坳陷西段的山前单斜带很窄,若干向北倾斜的基底卷入式逆冲断层组构成了乌什凹陷北侧与南天山之间的强变形带。在地面露头上,可以看到泥盆系或寒武系向南逆冲到三叠系之上,甚至可以看到前寒武系基底直接逆冲到白垩系、古近系之上。地震剖面显示乌什凹陷内部的变形相对弱,南部边缘受陡倾、近直立的断裂带限制与称为温宿凸起的基底凸起分隔。在平面上,乌什凹陷是一个窄长条的凹陷,从西至东走向由NE向逐渐转变为NEE向、近EW向,西端以走滑逆冲断层带与柯坪凸起分隔,东端过渡带库车坳陷中段的拜城凹陷。乌什凹陷南侧的温宿凸起是一个基底凸起,凸起上覆的沉积盖层主要是新近系,表明从古生代到新生代早期具有继承性隆升特征。温宿凸起南部边缘也是以一条近直立的基底断层与称为阿瓦提凹陷的沉积凹陷分隔,与北部边缘的近直立的基底断层不同是南部边缘的基底断层在剖面上显示具有高角度正断层特征。温宿凸起南侧的阿瓦提凹陷与北侧的乌什凹陷比较,中、新生代沉积凹陷的基底有明显的差异。阿瓦提凹陷不仅充填有相对连续的中、新生代地层,还发育有成层性较好、变形微弱的古生代地层。乌什凹陷充填的中、新生代地层相对较厚,但是前中生界可能是强烈变形和变质的古生界。因此,将温宿凸起与乌什凹陷之间的近垂直的基底断裂带作为库车坳陷西段南侧的边界断裂是合理的。

温宿凸起不仅缺失古生代地层,大部分区域也缺失中生界、古近系,均匀成层分布的新近系可以直接覆盖在前寒武系基底之上。地震剖面上温宿凸起南北两侧的边界基底断裂控制了中生代、古近纪的沉积,向上可以一直切割到新近系、第四系。温宿凸起两侧断裂带中的基底主干断层由凸起向凹陷一侧陡倾斜,与分支断裂构成花状构造样式,并显示具有多期活动特征。从剖面结构看早期具有正断层或走滑正断层性质,晚期具有逆冲断层或走滑逆冲断层性质,利用和改造了早期的边界正断层。温宿凸起北侧与乌什凹陷相邻的基底断裂带表现为走滑挤压性质,但深层的早期正断层未受影响,或只发生了轻微的反转;南侧与阿瓦提凹陷相邻的基底断裂带表现为走滑正断层或正断层性质,剖面上表现出典型花状构造样式。温宿凸起内部也能解释出一条被新近系覆盖的近直立的小型基底走滑正断层,印证了温宿凸起边界断裂带在中生代至新生代早期具有走滑正断层性质。

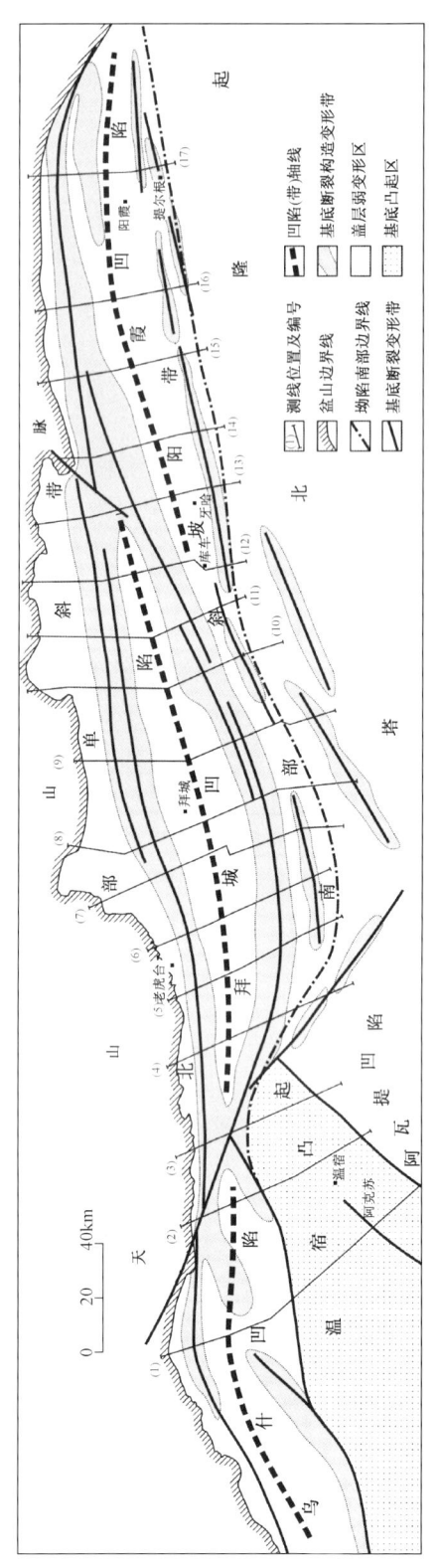

图3-9 库车坳陷区域构造剖面位置图

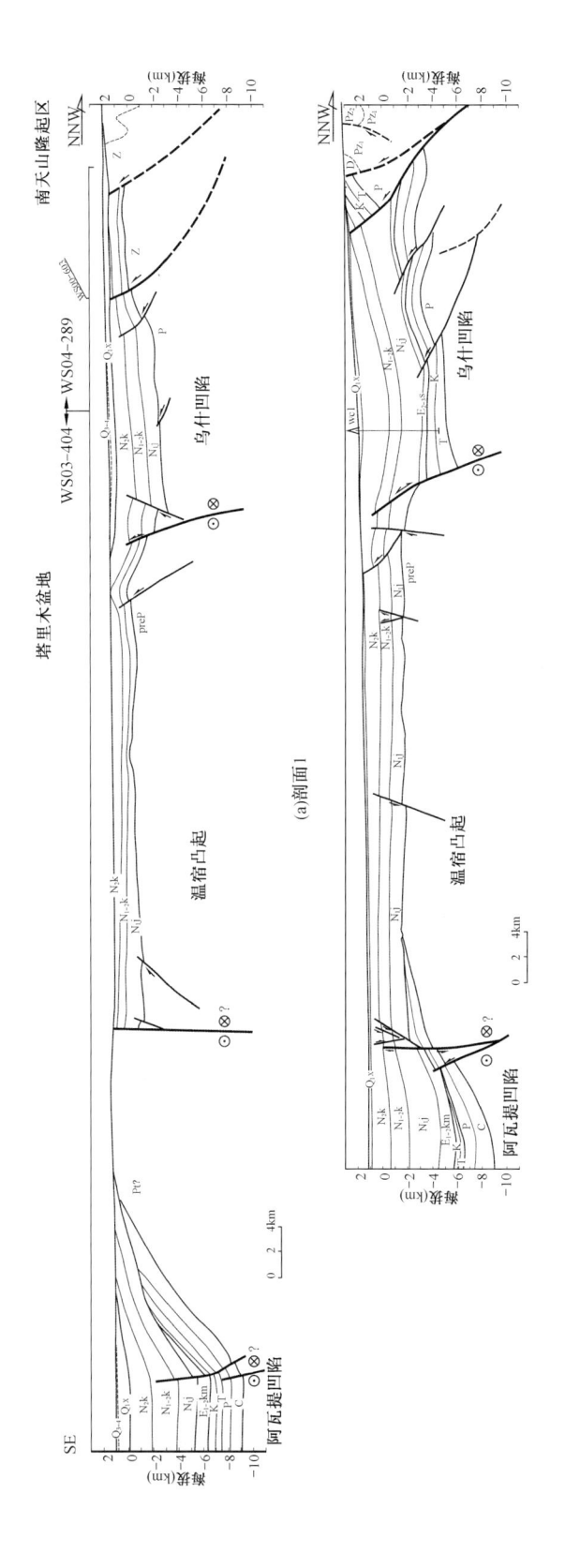

图3-10 横穿库车坳陷的区域构造剖面

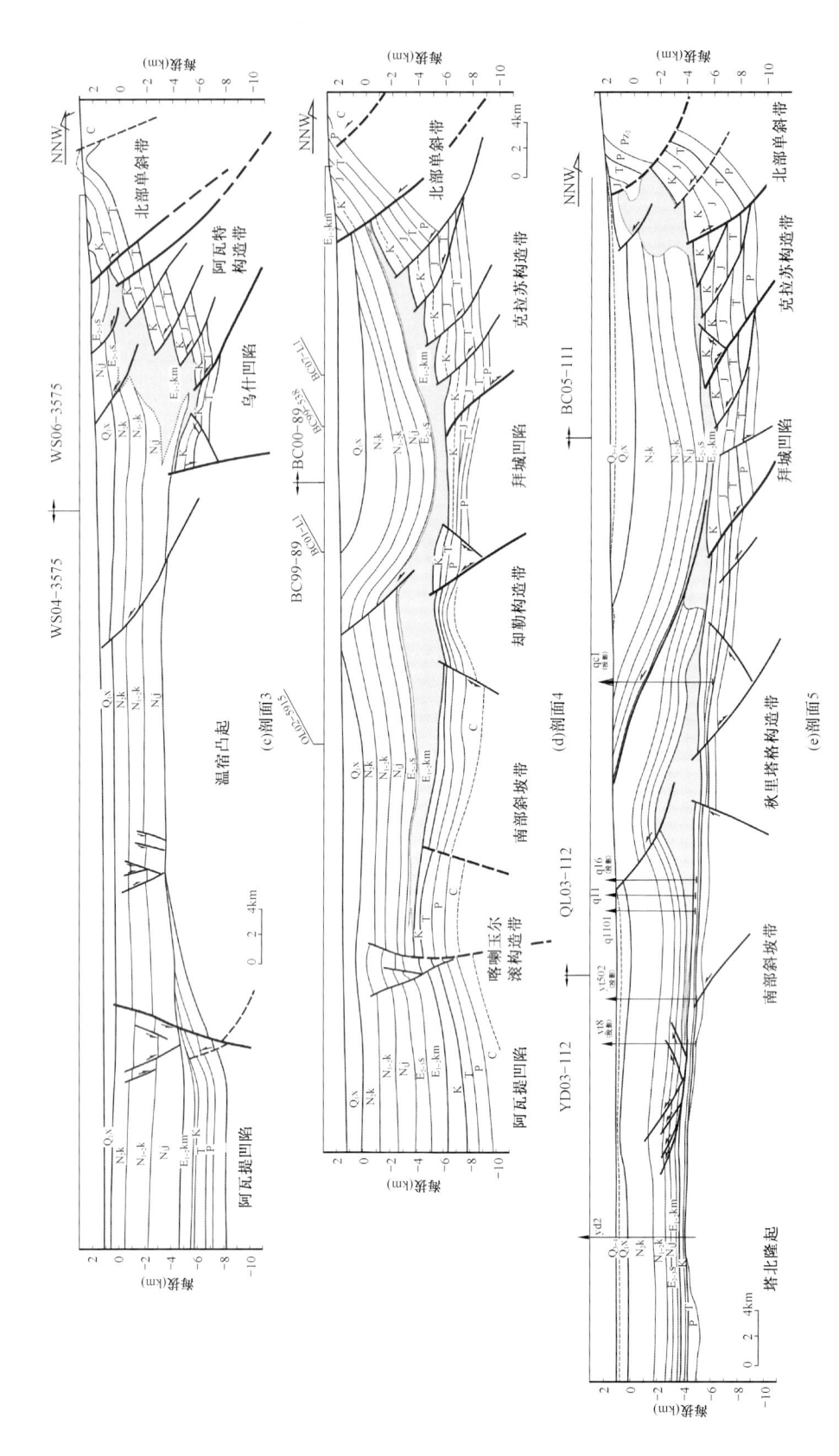

图3-10 横穿库车坳陷的区域构造剖面（续1）

图3-10 横穿库车坳陷的区域构造剖面（续2）

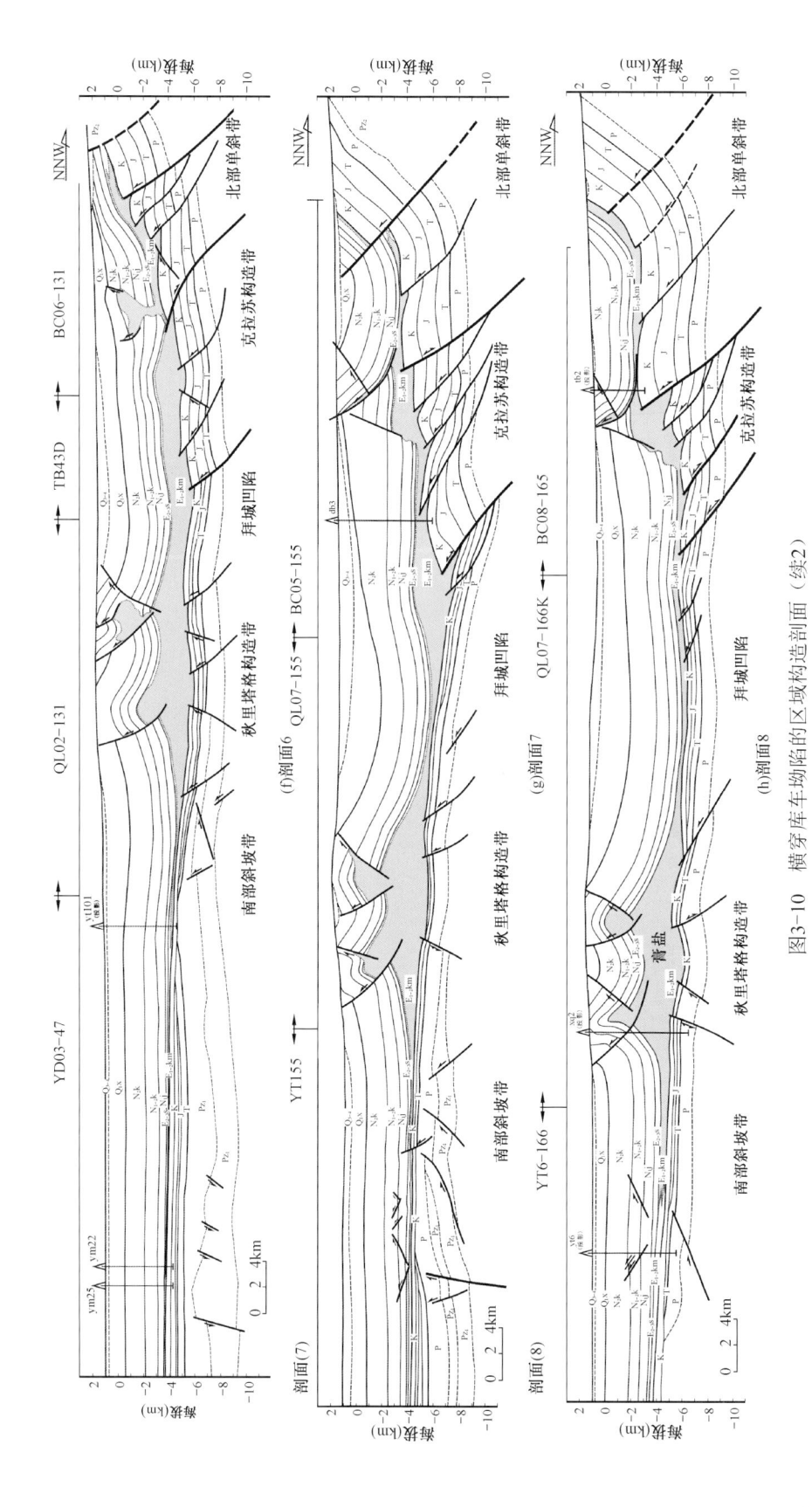

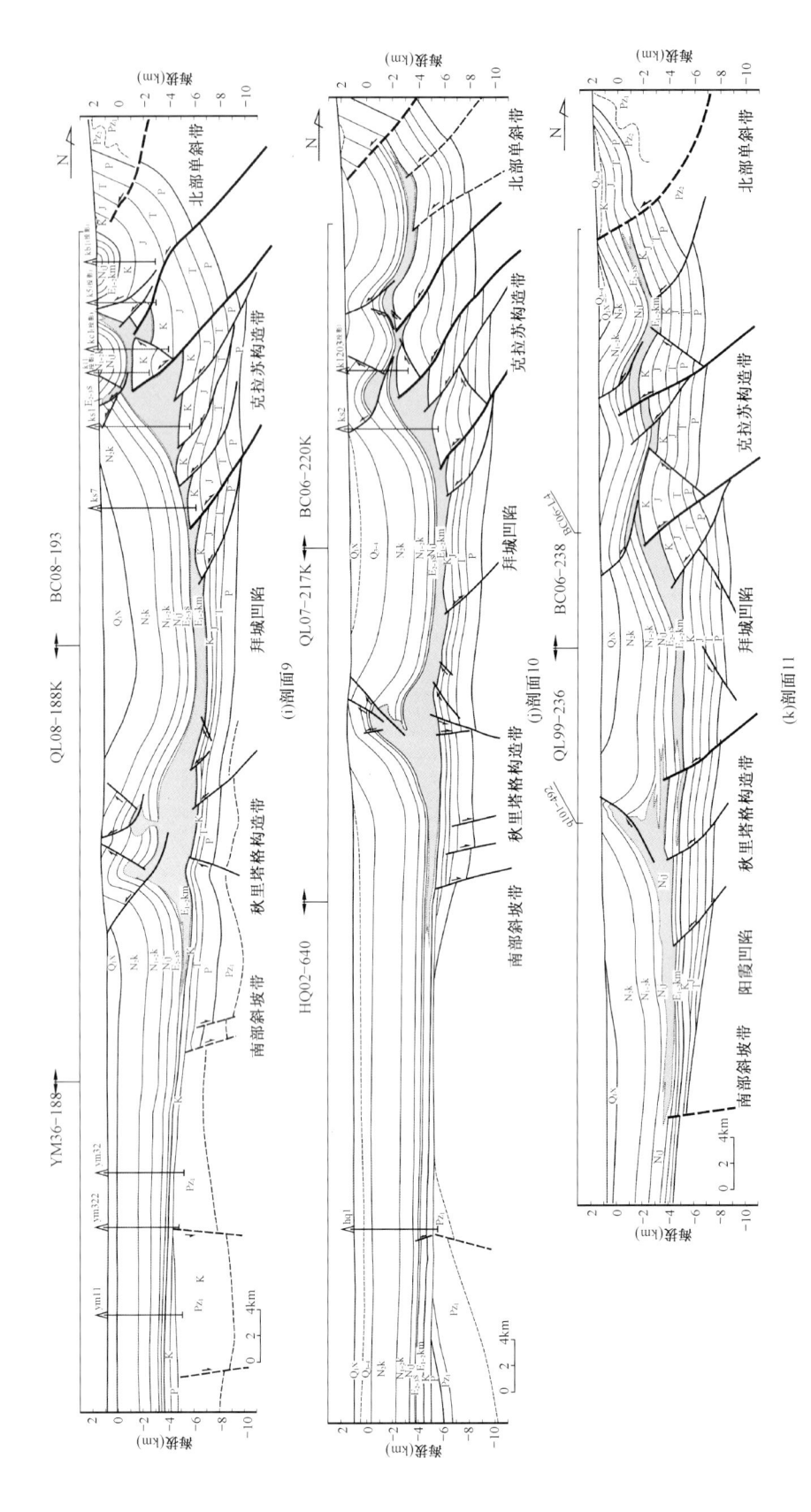

图3-10 横穿库车坳陷的区域构造剖面（续3）

图3-10 横穿库车坳陷的区域构造剖面（续4）

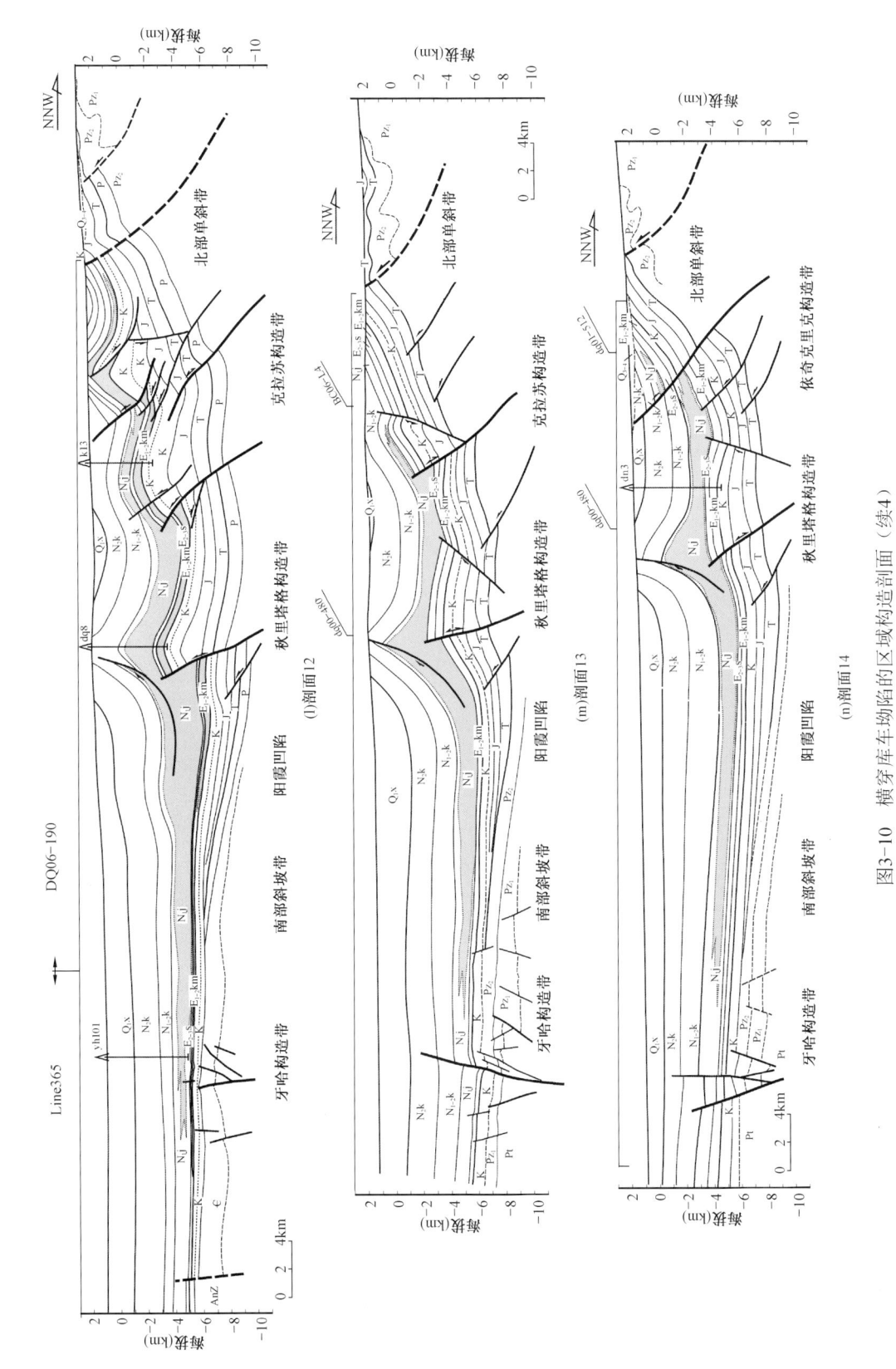

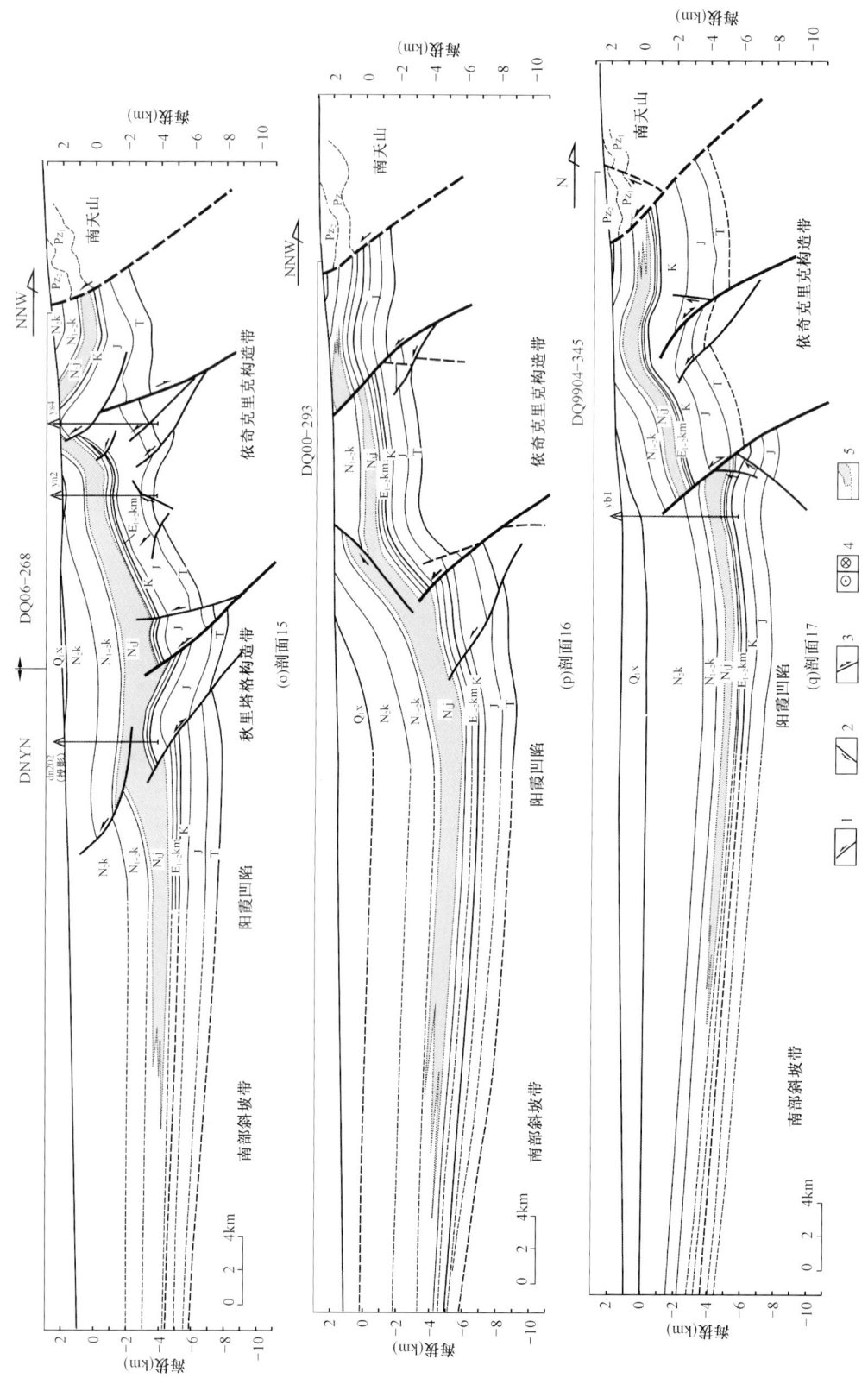

图3-10 横穿库车坳陷的区域构造剖面（续5）

1—逆冲断层，粗线表现为主干断层，虚线表示推测断层；2—正断层；3—反转断层，早期正断层后期发生逆冲断层位移；4—走滑断层，⊙表示向观察者而来，位于左侧的符号表示左旋，带问号的符号表示为推测走滑断层；5—膏盐岩层（发育在库姆格列木群和吉迪克组中）

乌什凹陷北部边缘与南天山之间以逆冲叠瓦扇接触,靠近山前的主干逆冲断层角度,向北切割到造山带内部,而部分逆冲断层将前二叠系盆地基底岩层逆冲到新近系库车组或第四系西域组止。在盆地边缘的地面露头上也可以看到海西期褶皱被后期发育的逆冲断层破坏,显示强烈的基底卷入式挤压构造变形特征。

乌什凹陷内部充填的中、新生代地层厚6000~7000m。乌什凹陷西段岩层的能干性差异相对较小,变形相对较弱,发育向北倾斜的基底逆冲断层及其相伴的宽缓背斜构造。乌什凹陷东段发育有古近系库姆格列木群膏盐岩层,岩层能干性差异明显,构造变形也明显较西部强烈,发育被膏盐岩层分隔叠置的基底逆冲断层和盖层冲断褶皱两个变形层。值得注意的是无论乌什凹陷内部还是北部边缘的挤压构造变形带,其中部分高角度基底断层在剖面上都具有正反转断层特征,即早期具有正断层位移,晚期具有逆冲断层位移。

## 二、库车坳陷中段剖面结构

库车坳陷中段的拜城凹陷在平面上呈长轴近东西向延伸的透镜状,周边被强变形带包裹。拜城凹陷深陷区变形相对较弱,北侧边缘为向北弧形突出的山前单斜构造带,向南至拜城凹陷深洼区的边缘为近EW向延伸的强构造变形带;南侧边缘为略向南弧形突出的却勒—西秋里塔格强构造变形带,再向南为向北缓倾的南部斜坡构造带逐渐过渡到塔北隆起。拜城凹陷西侧被NW向走向喀拉玉尔滚构造带与乌什凹陷、温宿凸起分隔,东侧被NEE向走向的东秋构造带与阳霞凹陷分隔。这些强变形带多显示挤压或走滑挤压构造变形特征,但是结构特征各异,并都表现出具有多期不同性质的基底断裂带背景。

图3-10中的剖面3是位于拜城凹陷西端与乌什凹陷过渡部位的构造剖面(剖面位置见图3-9)。剖面显示库车坳陷北部边缘发育一系列为向北倾斜的逆冲断层和相关褶皱构成的冲断褶皱带,称为阿瓦特构造带。阿瓦特构造带南侧是拜城凹陷深凹陷区,再向南是陡倾的基底逆冲断层及其相关构造组成的却勒构造带。阿瓦特构造带明显具有两各变形层,基底逆冲断层向上扩展至古近系库姆格列木群膏盐岩层消失,构成逆冲叠瓦扇构造。盐上层发育薄皮逆冲断层和相关褶皱变形,盐岩层向上可以刺穿到新近系中,并成为盐上层薄皮逆冲褶皱构造的滑脱层。却勒构造带中库姆格列木群膏盐岩层表现为隐刺穿,形成底辟背斜构造。盐岩层在背斜核部相对加厚,盐上层背斜南翼被薄皮逆冲断层破坏,逆冲断层向下在盐岩层中滑脱。在地震剖面上,瓦尔特构造带和却勒构造带中的一些高角度主干基底断层具有正反转断层特征。根据侏罗系、白垩系厚度及相关反射界面追踪解释出的深层断层为正断层性质,根据盐下层界面追踪解释的断层为逆冲断层性质。在却勒构造带,甚至还可以解释出一些尚未反转的早期正断层,它们可以一直切割到盐岩层底界面。

图3-10中的剖面4至剖面12是横穿库车坳陷中段的区域构造剖面(剖面位置见图3-9),其基本格局与图3-6c解释模型类似,库姆格列木群膏盐岩层导致收缩构造具有分层变形特征。库车坳陷北部边缘出露强烈变形和变质的石炭系—二叠系,向盆地内部地表自北向南依次为三叠系、侏罗系、白垩系、古近系和新近系,构成向盆地倾斜的单斜带,第四系可以超覆在中生界、古近系和新近系之上。再向南,是一条强变形带与拜城凹陷轴部深陷带分隔,拜城凹陷南侧是一条强变形带。拜城凹陷北侧的强变形带称为克拉苏构造带,南侧的强变形带称为西秋里塔格构造带。地震剖面解释的强变形带均表现为分层构造变形特征,而且沿着走向自西向东构造特征发生明显变化。图3-10中的剖面5至剖面7显示的克拉苏构造带西段库姆格列木群盐岩层发育刺穿底辟,盐上层构造变形不明显,盐下层表现为基底卷入逆冲

断层构成的叠瓦扇构造,称为博孜构造。图3-10中的剖面8显示的克拉苏构造带中段在地表浅层发育一个盖层滑脱的背斜构造,称之吐孜玛扎背斜;盐岩层发生隐刺穿和刺穿底辟;深层发育一系列向北倾斜的基底卷入逆冲断层,构成叠瓦扇构造,称为大北构造。图3-10中的剖面10显示的克拉苏构造带东段的构造,与克拉苏构造带西段的构造有显著差异。克拉苏构造带东段在地表及浅层发育两排大致平行的背斜,北部的背斜称为库姆格列木背斜,以白垩系为核,南部的背斜称为喀桑托开背斜,以古近系为核,向西延伸与吐孜玛扎背斜断续相连成为近EW向背斜带。克拉苏构造带东段盐岩层盐下层发育有基底卷入的高角度逆冲断层,其下盘发育中低角度逆冲断层构成楔状叠瓦扇,盐岩层发育穿刺底辟和强烈的流动变形,分隔上下两个不同特征的构造变形层。

地震资料解释的构造剖面显示库姆格列木群盐岩层在拜城凹陷是一个区域性的滑脱层,使从北部边缘的克拉苏构造带到南部边缘西秋里塔格构造带盐上层与盐下层的构造变形表现出分层不协调性变形特征。位于克拉苏构造带和西秋里塔格构造带之间的拜城凹陷深洼带的轴线偏向北侧,盐上的新生界表现为一个北深南浅的不对称向斜构造,盐下的中生界则表现为被若干基底断层切割的、向北倾斜的斜坡构造。深洼带充填巨厚的中、新生界,其中库车组和第四系西域组具有同构造期沉积充填特征,厚度变化明显。拜城凹陷较乌什凹陷和阳霞凹陷的规模更大,充填的中、新生界厚度也明显较大,中生界底面埋深最大可达13000m左右。

图3-10中剖面4至剖面9显示的西秋里塔格构造浅表层总体上表现为以库姆格列木群盐岩层为核的滑脱褶皱,盐下层发育有中—高角度基底断层,但是自西向东的构造变形特征也有变化。秋里塔格构造带盐上层滑脱背斜并发育破冲断层。西段主要表现为北缓南陡的宽缓背斜,南翼发育破冲断层;中段为近对称的箱状背斜,南被两翼均发育破冲断层,南倾和北倾断层夹持的盖层断块形成冲起构造;东段为南缓北陡的背斜,北翼发育破冲断层。秋里塔格盐下层发育多条断距较小的基底断层,以相向倾斜的对冲组合为主,在西段表现为近直立的走滑断层带特征。依据隐约可解释出的盐下层中生界的分布,认为西秋构造带以北区域中生界总体由南向北增厚,向南至塔北隆起附近三叠系、侏罗系较薄或缺失,白垩系可能超覆到塔北隆起之上。塔北隆起与西秋里塔格构造带之间的中、新生界总体上表现为向北缓倾的斜坡构造,称为南部斜坡带。从切割盐下层的基底断层与地层的交切关系看,部分高角度基底断层在中生代甚至新生代早期可能属于正断层或走滑正断层,在新生代晚期发生逆冲反转位移。

### 三、库车坳陷东段剖面结构

库车坳陷东段的阳霞凹陷与中段的拜城凹陷在平面上都是呈长轴近东西向延伸的透镜状,周边被强变形带包围的,但是在不同结构单元的构造变形表现上也有明显差异。其一,山前单斜带、冲断褶皱带构成的北侧强变形带相对较窄;其二是深洼带南侧不发育冲断褶皱或滑脱褶皱带,而是基底断裂带,变形强度也名县比拜城凹陷南侧的西秋里塔格构造带弱一些;其三是深洼带相对较浅,库姆格列木群明显减薄,而且不发育盐岩层,新近系吉迪克组发育盐岩层。

图3-10中剖面13、剖面14是阳霞凹陷与拜城凹陷过渡部位的构造剖面(剖面位置见图3-9)。阳霞凹陷与拜城凹陷之间被一个由NEE向延伸的为东秋里塔格构造带分隔,后者是西秋里塔格构造带向东延伸部分。阳霞凹陷北侧的依奇克里克构造带是克拉苏构造带向东的延伸。南侧的东秋里塔格构造带在地表表现为背斜构造,东秋8井揭示吉迪克组膏盐岩段1400余米,库姆格列木群无膏盐岩段,表明东秋里塔格构造带是库车坳陷阳霞凹陷库吉迪克

组膏盐岩层与拜城凹陷姆格列木群膏盐岩层的转换过渡部位。阳霞凹陷的吉迪克组膏盐岩发生类似拜城凹陷库姆格列木群盐岩层的韧性流动变形,使盐上层、盐下层发生分层变形,盐上层以褶皱变形为主形成滑脱背斜,盐下层发育基底卷入的逆冲断层。

图 3-10 中的剖面 15 至剖面 17 显示了阳霞凹陷自西向东构造样式的结构变化。阳霞凹陷北部边缘的单斜带较窄,很快过渡到依奇克里克构造带,后者是由 2~3 条高角度向北倾斜的基底卷入逆冲断层及其相关构造变形构成的强变形带。并且,吉迪克组盐岩层自西向东逐渐减薄,构造样式也相应变化。在阳霞凹陷西段盐岩层较厚,导致盐上层、盐下层具有分层不协调变形,盐下层发育高角度的逆断层或走滑逆冲断层,盐上层发育薄皮的反冲断层和滑脱褶皱。在东段盐岩层减薄后盐上层和盐下层的构造变形逐渐协调起来,基底断裂可以一直切割到盐上层中,或盐上层表现为盐下层断块上的披覆构造变形,盐岩层的滑脱不明显。阳霞凹陷深洼带的深度也较拜城凹陷浅,侏罗系底面埋深最大达到 9000m 左右。南侧边缘为一斜坡构造带,也发育有基底断裂。

库车坳陷充填的中、新生代层序不仅厚度分布极不均匀,而且岩性也随时空变化而发生显著变化。对比图 3-10 中的区域构造剖面可以看出,库车坳陷中段拜城凹陷充填的中、新生界明显大于西段的乌什凹陷和东段的阳霞凹陷。乌什凹陷相对薄的库姆格列木群延伸到拜城凹陷后厚度显著增大,并且岩性由以砂泥岩为主变为以膏盐岩层为主。在乌什凹陷和拜城凹陷过渡部位的,拜城凹陷巨厚的库姆格列木群膏盐岩层发生刺穿底辟侵入到吉迪克组甚至更新的地层中,并在拜城凹陷发育大量刺穿和未刺穿的盐丘构造。新近系的吉迪克组在阳霞凹陷为厚度明显增大,岩性由以砂泥岩为主变为以膏盐岩层为主。在阳霞凹陷,吉迪克组膏盐岩层也发生了不同程度的底辟变形。库车坳陷发育的库姆格列木群和吉迪克组的膏盐岩层都构成上覆盖层构造变形的滑脱层,并使盐上层与盐下层发生不协调构造变形,表现出分层构造变形特征。盐上层褶皱和逆冲断层向下延伸多在膏盐岩层中滑脱,盐下层的大部分断层向上扩展则在膏盐岩层中尖灭消失,不同构造层的构造变形样式、构造组合特征有显著差异。

## 第三节 库车坳陷不同构造层的构造变形组合

库车坳陷充填的主要沉积地层包括中、新生界,但是中、新生界层序并不是连续的,普遍缺失上白垩统,或者说残留的白垩系是不完整的,新生界与中生界之间在大部分区域为平行不整合接触。古近系底部的库姆格列木群在拜城凹陷为巨厚的膏盐岩层,新近系底部的吉迪克组在阳霞凹陷也是膏盐岩层。这些膏盐岩层及区域不整合面的存在导致新生界与中生界及盆地基底在构造变形组合上存在差异,膏盐岩层使新生界与中生界的变形不协调,构造变形具有分层性。图 3-10 所示的区域剖面结构展示了库车坳陷不同区段浅表层构造与深层构造虽然发生分层收缩变形,但是它们之间也存在内在关联。图 3-11 是以区域构造剖面为基础,并综合地面地质图、不同区块的油气勘探构造图等资料编制的库车坳陷断裂与构造变形带分布图。以下通过图 3-11 来进一步分析和讨论不同构造层的构造组合特征。

### 一、新生界构造层(盐上层)构造变形组合

从图 3-1 所示的库车坳陷地面地质略图可见,库车坳陷地表大部分区域被第四系覆盖,但是在坳陷边缘及坳陷内部的强变形带也有更老的地层直接出露地表。库车坳陷北部边缘不同区段出露的前中生代基底岩层不尽相同,西段以震旦系、下古生界和泥盆系为主,中段以石

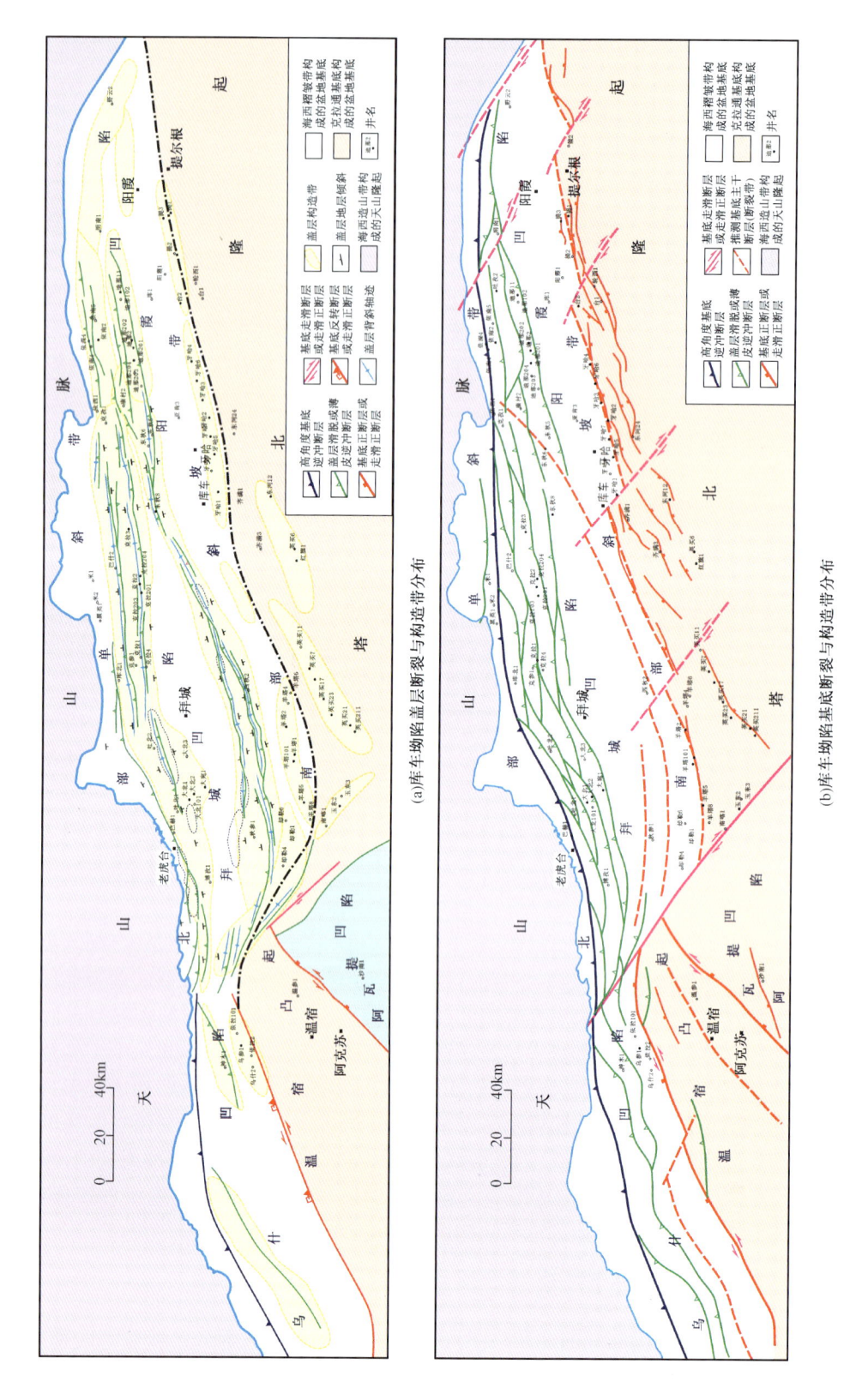

图3-11 库车坳陷断裂与构造带分布图

(a) 库车坳陷盖层断裂与构造带分布

(b) 库车坳陷基底断裂与构造带分布

炭系—二叠系为主,东段以志留系、泥盆系为主。进入盆地区,出露的中、新生界总体上向盆地倾斜,自北而南依次由老变新,形成坳陷北部的单斜构造带。坳陷北部的单斜构造带与盆地边缘出露的基底岩层之间主要为不整合接触,局部也可见基底岩层向南逆冲在中、新生界之上,但是地表没有出露断距巨大的边界断层(带)。库车坳陷内部的强变形带主要由紧闭背斜及沿背斜轴向延伸的破冲断层组成,但是坳陷不同构造部位的强变形带中卷入褶皱的岩层不尽相同。库车坳陷中、东段的北部出露中、新生界构成的近 EW 向延伸的三排背斜带。北部山前第一排背斜比较宽缓,核部出露三叠系,依据地震剖面解释背斜向深层延伸是以基底隆起为核;第二排背斜(库姆格列木背斜)带两翼陡倾,核部出露的最老岩层为白垩系,依据地震剖面解释背斜核部在中生界底面或侏罗系中滑脱;第三排背斜(喀桑托开背斜)核部出露的最老岩层为古近系,依据地震剖面解释背斜核部在古近系底部库姆格列木群膏盐岩层中滑脱;库车坳陷南部的秋里塔格背斜带在地表出露的最老岩层为新近系康村组,依据地震剖面解释背斜核部在古近系底部库姆格列木群膏盐岩层中滑脱。库车坳陷卷入褶皱的地层由北向南总体上是依次变新的,在库姆格列木背斜带及以南区域,褶皱变形主要发育在新生界中,库姆格列木群膏盐岩层构成了褶皱向下延伸的滑脱层。库车坳陷地面地质略图中也有一些切割中、新生界的断层直接出露地表,这些断层多表现为逆冲断层性质,主要发育在背斜核部或核翼转折部位,与褶皱轴迹平行延伸。结合地震剖面解释,可见逆冲断层与紧闭的背斜共生,并随着背斜滑脱而滑脱,属于背斜的破冲断层,与紧闭背斜一起构成新生界构造层的强变形带。

图 3-11a 是综合地面地质资料和地震剖面解释成果编制的库车坳陷浅表层构造纲要图,由总体走向为 NEE 向的褶皱和逆冲断层构成环绕库车坳陷三个次级凹陷的深洼区的弧形强变形带。其中,拜城凹陷北部的克拉苏构造带和南部的秋里塔格构造带相对较宽,乌什凹陷南北的强变形带相对较窄,阳霞凹陷北部的强变形带较宽,而南侧的强变形带不甚明显。不同构造部位的新生界强变形带的构造样式有所不同。

库车坳陷北部边缘,中、新生代地层向南倾斜形成单斜构造,并可以见到有部分向北倾斜的基底逆冲断层切割到中、新生界盖层中。拜城凹陷北部的克拉苏构造带,中、新生界发育相对紧闭的背斜和相对宽缓的向斜构造,背斜变形还多伴随有破冲断层发育(图 3-12)。尽管新生界褶皱叠置在中生界冲断褶皱之上,仍不难看出新生界褶皱变形在库姆格列木群中滑脱。

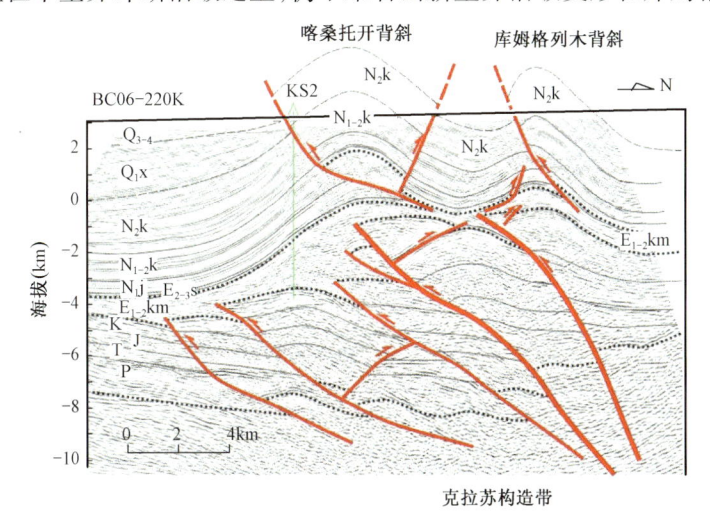

图 3-12 克拉苏构造带中段地震剖面构造解释图

中生界发育以基底卷入逆冲断层及其相关褶皱变形为主,褶皱相关宽缓,与新生界的紧闭褶皱有明显差异。新生界背斜的翼部也发育有逆冲断层,但从地震解释剖面显示的褶皱—冲断组合关系可以看出这些逆冲断层是新生界在渐进褶皱作用过程中发育的从背斜核部向翼部逆冲的破逆断层,与切割中生界的基底卷入逆冲断层并不直接连接在一起。

秋里塔格构造带在地表表现为 1~2 排背斜,在地震剖面上可以看到库姆格列木群膏盐岩层形成一个大型的盐丘构造,构成上覆新生界复式背斜的核部及滑脱层,盐下层变形相对较弱(图 3 – 13)。盐上层新生界的褶皱也伴生发育由核部向翼部逆冲的破冲断层。对比图 3 – 12 和图 3 – 13 不难看出,克拉苏构造带盐上层背斜总体上比西秋里塔格构造带盐上层背斜更加紧闭,更加规则。这可能是由于克拉苏构造带的盐岩层厚度相对西秋里塔格构造带薄一些,因此盐岩层在背斜滑脱过程中的底辟作用相对弱一些。

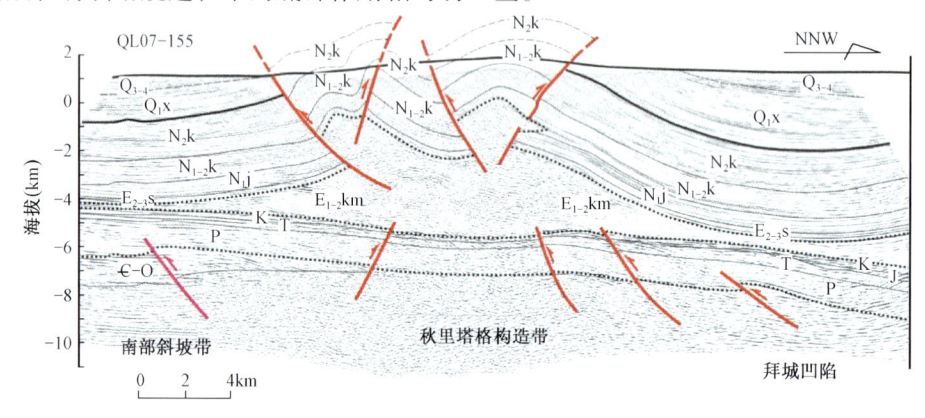

图 3 – 13　西秋里塔格构造带地震剖面构造解释图

## 二、中生界构造层(盐下层)构造变形组合

库车坳陷地面地质图中(图 3 – 1),中生界直接出露在库车坳陷中段的北部边缘。中生界岩性以含煤碎屑岩为主,不整合在石炭系—二叠系或更老的地层之上,岩层产状总体上向南倾斜,构成库车坳陷北部单斜构造带。在西段的乌什凹陷和东段的阳霞凹陷,北部边缘地表见第四系直接超覆到前中生界盆地基底之上,地震资料和重磁资料解释第四系覆盖区的中生界也总体上向南倾斜,并被若干与盆地边界走向大致平行、向盆地逆冲的高角度逆冲断层破坏,构成盆地边缘的逆冲断阶带。库车坳陷中段的北部单斜构造带也发育有若干逆冲断层,但是单条断层的逆冲位移较小,并没有破坏单斜岩层层序上的总体连续性。北单斜带也已看作是拜城凹陷北部宽缓复式向斜的北翼,其南翼逐渐过渡到克拉苏构造带。在克拉苏构造带以北区域,地面出露的中生界构成宽缓的向斜和相对紧闭的背斜构造。克拉苏构造带以南地表基本没有中生界出露,但是在地震剖面上可以看到洼陷区中生界的变形与地面出露的中生界的变形有所不同。

图 3 – 11b 是显示了基底断裂及中生界构造变形带的分布特征。中生界构造层的构造变形特征与新生界构造层类似,环绕库车坳陷三个凹陷的深洼区分布的弧形强变形带,与新生界强变形带上下叠置在一起。所不同的是,中生界强变形带以断裂变形为主,且不同强变形带的构造样式差异明显。

库车坳陷北部的单斜构造带的中、新生界的构造变形基本上是协调一致的,但是克拉苏构造带的中、新生界强变形带的构造变形是不协调的。克拉苏构造带的中生界中发育有两种类型的逆冲断层及相关褶皱变形,一类是由深层向上切割中生界的基底逆冲断层及其相关褶皱,另一类是切割中生界并在中生界内部软弱岩层或中生界底面滑脱消失的盖层滑脱断层及其相关褶皱。基底逆冲断层多为中—高角度倾斜,向下切割至盆地基底中,向上切割中生界至新生界底部的库姆格列木群膏盐岩层或吉迪克组膏盐岩层中消失,在膏盐岩层较薄或缺失的盆地北部边缘的基底断层也可以一直切割新生界至地表附近。这类基底断层或许具有走滑逆冲性质,从断层两盘的中生界厚度对比关系看部分高角度基底断层可能属于反转断层。中生界中的盖层滑脱断层的倾角相对低,或呈铲式形态,多发育在中—陡倾斜的基底逆冲断层的下盘,具有叠瓦逆冲构造或双重逆冲构造样式(图3-12和图3-14)。与中生界内部或底部滑脱的低角度逆冲断层或铲式逆冲断层相关的褶皱规模较小,多表现为蛇头式半背斜或断背斜,与中—高角度基底逆冲断层相关的褶皱规模相对较大,可以是反转正断层上盘的反转背斜,或是基底断层上盘断块的披覆背斜。中生界的背斜可以与上覆新生界的背斜叠置在一起,但中生界背斜明显比上覆新生界背斜宽缓一些(图3-14和图3-15)。

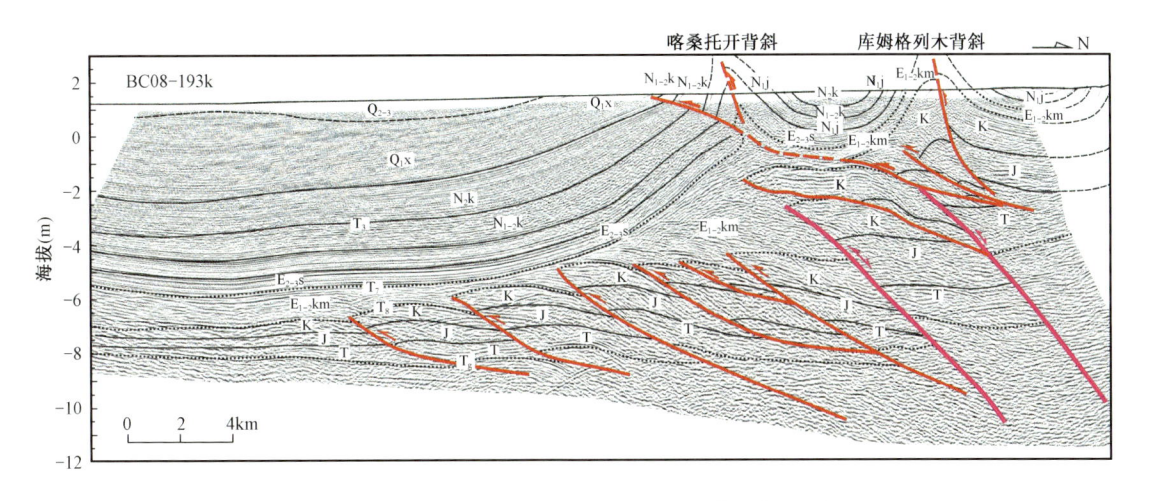

图3-14 克拉苏构造带中段地震剖面构造解释图

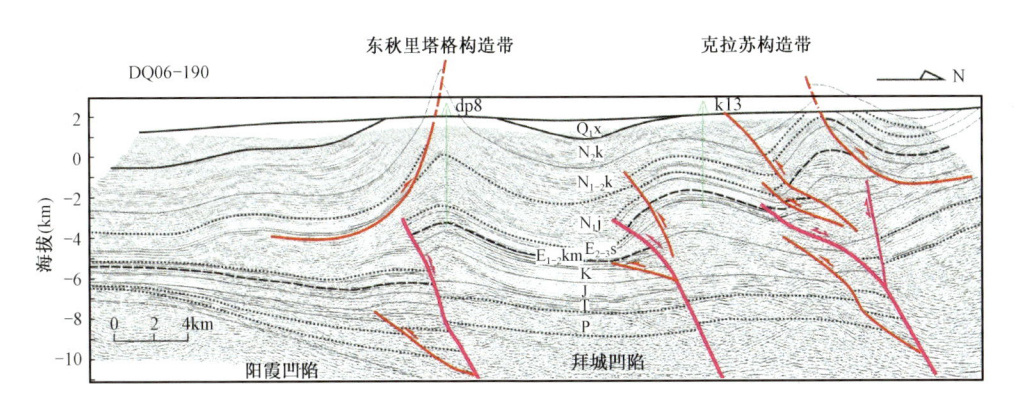

图3-15 克拉苏构造带东段地震剖面构造解释图

秋里塔格构造带的中生界相对较薄,发育中—高角度倾斜的基底断层及与基底断块隆起相关的披覆背斜,基本不发育盖层滑脱的断层及褶皱构造(图3-2)。秋里塔格构造带切割中生界的基底断层主要是位移较小的逆冲断层,也有部分断层可能是早期的正断层发生反转活动(图3-15)。

### 三、基底构造

库车坳陷北部边缘出露的前中生界盆地基底岩层包括上古生界、下古生界、震旦系和前震旦系。上古生界以碎屑岩为主，下古生界以碳酸盐岩为主，均发生了强烈变形和一定程度的变质。震旦系原岩以碎屑岩为主，发生了中—深变质，前震旦系为混合岩化的结晶基底。这些前中生界在库车坳陷内部的地震剖面上基本不能形成成层性反射，表明前中生界受海西运动、加里东运动影响发生了变形、变质作用。图3-16是东方地球物理公司物化探事业部2003年根据重磁勘探编制的基底结构图，显示了基底岩性及主要断裂的分布。在库车坳陷西段和中段的盆地基底主要由上古生界构成的海西期褶皱带组成，库车坳陷东段主要由下古生界构成的加里东褶皱带组成，库车坳陷南侧的温宿凸起、塔北隆起等由前震旦系结晶基底组成。不同性质的盆地基底之间发育有基底断裂，与中、新生界构造层发育的强变形带的分布基本一致，说明基底构造对盖层的变形有重要影响。

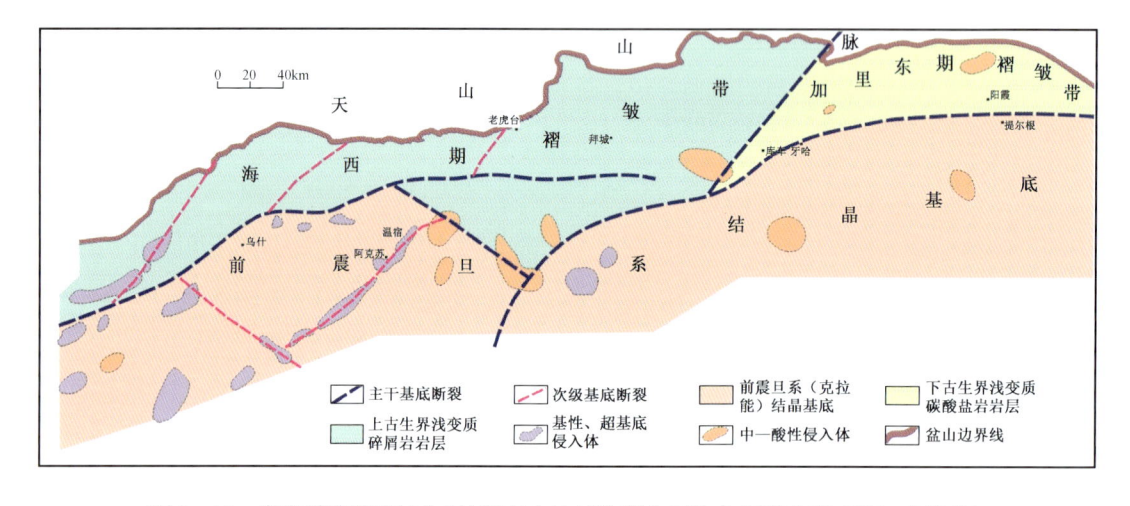

图3-16 库车坳陷基底结构图（据东方地球物理公司物化探事业部，2003，略修改）

图3-16所示的基底结构图表明，库车坳陷是发育在前中生界褶皱带之上的中、新生代沉积坳陷，而这些褶皱带是古南天山洋关闭过程中塔里木克拉通陆块与中天山（岛弧？）地块碰撞作用的产物。地面地质研究表明，南天山中轴线分布有大量超基性岩、基性岩，是塔里木陆块与中天山地块之间的缝合带位置，南天山南坡及山前地带分布的古生界属于南天山洋关闭形成的增生楔的一部分。根据现今库车坳陷盆地基底岩性及断裂分布特征可以推断，在古生代南天山洋发育时期库车坳陷属于塔里木克拉通陆块的北部大陆边缘的一部分。南天山洋是古亚洲洋的一部分，早古生代末期的加里东运动一度使南天山洋关闭，在晚古生代时期南天山洋再次打开，晚古生代末期的海西运动最终关闭。古亚洲洋是塔里木克拉通、华北克拉通与西伯利亚克拉通之间在新元古代至古生代发育的广阔大洋，洋内散布有若干微型陆块、地块等，并在演化过程中有多次开合，最终在晚古生代末期关闭，将塔里木克拉通与中天山地块、准噶尔陆块等焊接在一起成为统一的欧亚大陆的一部分。塔里木克拉通北部大陆边缘古生代的构造—沉积演化十分复杂，伴随着南天山洋的开合经历了由被动大陆边缘和主动大陆边缘多次转化的演化过程。这一复杂构造演化过程或多或少会在库车坳陷基底构造中留下印记，并对中、新生代沉积坳陷次级构造单元的分布及南北分带、东西分段、垂向分层的构造格局有重要影响。

# 第四节 库车坳陷次级构造单元划分

## 一、次级构造单元划分原则及边界特征

库车坳陷是南天山山前沉积坳陷,属于塔里木盆地的组成部分,主要充填中、新生代地层。库车坳陷北部边缘与南天山之间并没有明显的边界断层,中、新生代地层不整合在前中生界基底之上。一些区段第四系超覆在下伏中、新生界及盆地基底之上,而大部分区段受南天山隆升的影响,中、新生界在盆地边缘直接出露而遭受剥蚀,地层产状向盆地倾斜。因此,库车坳陷北部边界应该以中、新生界的剥蚀尖灭线为边界。库车坳陷中充填的中、新生界沿着山前坳陷相对较厚,向南逐渐减薄,过渡到在古生代处于隆起状态的塔北隆起。因此,南部边界应该考虑中生界地层厚度的减薄程度以及基底构造变形特征。参照目前塔里木油田勘探部署采用的构造单元划分方案及构造单元名称,本文将库车坳陷可进一步划分为 7 个次级构造单元,即:北部单斜带、克拉苏—依奇克里克构造带、乌什凹陷、拜城凹陷、阳霞凹陷、秋里塔格构造带、南部斜坡带。图 3-17 展示了各次级构造单元及主要构造区带的分布。各次级构造单元的边界有些是由作为划分性构造面区域性断裂构成,有些则是地层减薄带、构造变形带为标志。

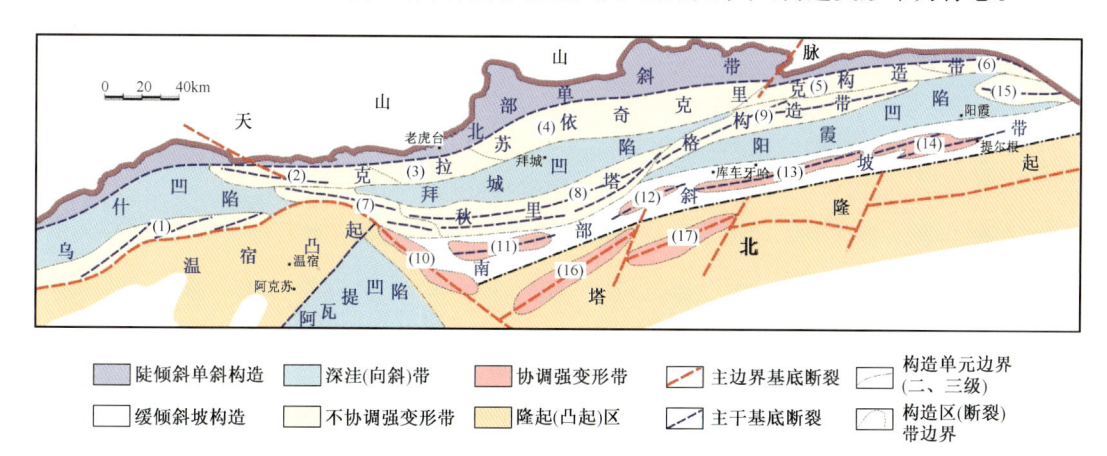

(1)古木别孜区带;(2)吐孜阿瓦特构造带;(3)博孜—大北区带;(4)克拉苏区带;(5)依奇克里克区带;(6)吐格尔明区带;(7)却勒区带;(8)西秋里塔格区带;(9)东秋里塔格区带;(10)喀拉玉尔滚区带;(11)羊塔断裂带;(12)大尤都斯断裂带;(13)牙哈断裂带;(14)提尔根断裂带;(15)阳霞区带;(16)英买力断裂带;(17)红旗断裂带

图 3-17 库车坳陷构造单元分布图

库车坳陷北部边缘与温宿凸起、阿瓦提凹陷、塔北隆起相邻,不同区段的边界线性质有所不同。库车坳陷西段的南部边缘以 NE—NEE 走向的陡倾断裂带与柯坪—温宿凸起带分隔,中段、东段的南部边缘与塔北隆起没有明确的边界断裂,是以被位移不大的若干基底断裂破坏的缓斜坡带过渡形式与塔北隆起相连。但是,依据重磁资料解释的塔北隆起与库车坳陷的基底性质有明显差异,可能存在一条区域性基底断裂。塔北隆起的基底是前震旦系结晶基底,在古生代时期塔北隆起是塔里木克拉通北部边缘的继承性隆起,而库车坳陷的基底是古生界变形—变质基底,在古生代库车坳陷是塔里木克拉通北部边缘与南天山洋的过渡部分,受南天山洋多旋回"开"—"合"影响发育大陆边缘盆地,发生过强烈而复杂的构造变形。从图 3-16 所示的基底结构图看,库车坳陷中段、东段的南部边缘似乎应该以大致沿着羊塔断裂带、大尤都

— 57 —

斯断裂带、牙哈断裂带和提尔根断裂带分布的基底断裂带为边界线。考虑到库车坳陷的中、新生界层序是向塔北隆起超覆的,虽然在中、新生代基底断裂仍有轻微的构造活动并引起盆地盖层变形,但是基本没有控制库车坳陷的沉积充填。因此,仍然以缓斜坡过渡带形式表达库车坳陷与塔北隆起的结构关系比较合理。

库车坳陷内部的次级构造单元总体上都呈 NNE 向带状展布,自北向南为北部单斜带、克拉苏—依奇克里克构造带、呈"莲藕式"串联在一起的中轴凹陷带、秋里塔格构造带以及南部斜坡带。其中,乌什凹陷、拜城凹陷和阳霞凹陷构成的中轴凹陷带中充填的中、新生界厚度较厚,向南北边缘逐渐减薄。库车坳陷内部构造单元的划分主要是依据中、新生界的构造变形特征,总体上表现出强变形带分隔弱变形域的构造格局。克拉苏—依奇克里克构造带和秋里塔格构造带为强变形带,乌什凹陷、拜城凹陷和阳霞凹陷等为弱变形域,背斜单斜带、南部斜坡带的构造变形程度中等,也是由一个强变形带向弱变形域或另一个强变形带过渡的构造单元。图 3-17 所示的库车坳陷内部各构造单元之间的界线实际上是模糊的,但是各构造单元在构造变形强度、变形样式有明显差异,中、新生界残留厚度、甚至岩性特征也有一定差异。克拉苏—依奇克里克构造带和秋里塔格构造带两个强变形带环绕拜城凹陷分布,并将拜城凹陷与周边构造单元分割开来。这些构造强变形带有一定的宽度,因此,将其作为独立的构造单元划分出来。

强变形的构造带与相对弱变形的构造域的厘定标准是相对的,彼此之间也往往是逐渐过渡的。库车坳陷内部的构造变形主要是在晚新生代喜马拉雅构造运动中形成的挤压构造变形,并且具有分层变形特征,不同构造层的强变形带与弱变形域的位置不完全重叠在一起。从前文讨论的库车坳陷剖面结构和平面构造组合特征可以看出,不同构造层强变形带之间还是有密切联系,一些规模较大的基底断裂控制了盖层强变形带的形成。

由于库车坳陷总体上体现出分层收缩构造变形特征,因此坳陷内部各次级构造单元的边界在不同层次可能相同,也可以不同,甚至边界位置也会有些差异。总体上是由断裂带和翼间角较小的紧闭背斜等构成的强变形带,分隔着断块、宽缓向斜等弱变形域;由盐岩层、煤系地层等软弱岩层发生顺层剪切滑脱形成的强变形层,分隔基底构造层、能干岩层等弱变形层。变形强度有从北向南、由深及浅、自中段向两侧渐弱。反映现今库车前陆盆地的构造格架总体上是晚新生代南天山对库车前陆盆地的挤压作用体制下形成的,山体负荷、基底断裂、盐岩层等对盆地结构有重要影响。

## 二、各次级构造单元基本特征

库车坳陷内部的次级构造单元总体上都呈 NNE 向展布,自北向南划为北部单斜带、克拉苏—依奇克里克构造带、呈"莲藕式"串联在一起的乌什凹陷、拜城凹陷和阳霞凹陷。凹陷周边为构造强变形带,中部残留的中、新生界厚度较厚,与周边构造单元中、新生界的边界线总体上表现为挤压构造变形特征,发育一系列的逆冲断层和线性褶皱,构成环绕深洼区的强变形带。各次级构造单元内部、特别是强变形带内部发育由基底断裂、盖层断层基底相关褶皱构成的构造区带。

1. 北部单斜带

位于天山山前,东西长约 280km,南北宽 5~15km,呈西窄东宽不规则的条带状,为中、新生界向南倾斜的单斜构造。从南天山山脚的库车坳陷边缘向坳陷内部,地表出露的地层依次为三叠系、侏罗系、白垩系、古近系、新近系、第四系。部分区段第四系可超覆在中生界及古近系之上。在库车坳陷中段，北部单斜带在地表出露较宽，地层产状从盆地边缘的中—高角度倾斜至盆地内部逐渐减缓为中—低角度倾斜，局部因发育小型褶皱使岩层产状发生急剧变化。从库车坳陷中段向东、向西延伸，单斜带宽度急剧变窄，甚至在地表没有中生界直接出露，但是地震剖面上显示被第四系覆盖的中、新生界总体上仍然具有向南倾斜的单斜岩层构造特征。在盆地边缘发育有逆冲断层的区段，地表露头表现为第四系直接覆盖到盆地边缘，或古生界直接逆冲在新生界之上。地震剖面上显示逆冲断层下盘的中生界依然为向南陡倾的单斜构造（图3-10）。单斜带出露的中、新生界中，除局部的新近系、第四系表现为超覆或退覆尖灭外，多表现为翘倾剥蚀尖灭，并不是原始的沉积边界。单斜带内也有若干与构造带走向近一致、向北倾斜的逆冲断层，甚至发育一些向盆地倾斜的正断层，但是多数断层的位移并不很大，未完全破坏该构造带的延续性。

2. 克拉苏—依奇克里克构造带

克拉苏—依奇克里克构造带位于北部单斜带南侧，东西长约300km，南北宽10~20km，是一个由紧闭褶皱、逆冲断层等构造的强变形带。地震剖面显示强变形带在深、浅层构造变形明显不协调，中生界中的煤系地层和新生界膏盐岩层使强变形带的构造变形具有分层特征。浅层构造变形以盖层滑脱的褶皱变形为主，发育褶皱伴生的破冲断层；深层构造变形以断裂变形为主，包括中—高角度的基底逆冲断层和盖层滑脱逆冲断层，并发育断层相关褶皱变形。综合分析深浅层构造特征可以将该构造强变形带分为东西两段，西段位于拜城凹陷北缘，称为克拉苏构造带，东段位于阳霞凹陷北缘，称为依奇克里克构造带。克拉苏构造带还可以分为吐孜阿瓦特、博孜—大北和克拉苏三个构造区带。吐孜阿瓦特、博孜区带在浅层的构造变形相对简单，发育小规模的盐刺穿及相关变形，深层以若干向北倾斜的逆冲断层构成叠瓦扇构造。大北、克拉苏构造区带在地表表现为两排近东西向展布的线状褶皱。北部的背斜带自西向东包括库姆格列木背斜、巴什基奇克背斜、坎亚背斜等，地表出露背斜核部由白垩系、古近系组成。南部的背斜带包括吐孜玛扎背斜、喀桑托开背斜、吉迪克背斜等，地表出露背斜核部由古近系、新近系组成。依奇克里克构造带也可以分为依奇克里克和吐格尔明两个区带，在地表自西向东发育有依奇克里克、吐孜洛克和吐格尔明三个背斜。其中，依奇克里克背斜轴向为近EW向，是克拉苏背斜带向东的延伸部分，出露的背斜核部主要由白垩系；吐孜洛克背斜和吐格尔明背斜的轴向为NW—NWW向，沿阳霞凹陷东北部边缘斜列，吐孜洛克背斜核部出露中新统吉迪克组，吐格尔明背斜核部出露白垩系。从背斜形态、产状不断看出，克拉苏—依奇克里克构造带在地面出露的背斜向深层延伸都会发生滑脱或脱顶。地震剖面解释成果显示（图3-10中剖面3至剖面17），北部背斜带的滑脱层为侏罗系或三叠系煤系地层，南部背斜带的滑脱层为古近系底部的库姆格列木群膏盐岩层。浅表层背斜总体上表现为北缓南陡的不对称形态，在背斜陡翼或核部发育有逆冲断层，这些逆冲断层多数随着背斜滑脱而滑脱，属于褶皱破冲断层。强变形带深层发育的断裂带沿构造带走向也有差异。西段的深层断裂带中的主干基底断层为中—高角度向北倾斜的逆冲断层，上盘构造简单，发育的分支断层、次级断层较少，下盘则发育一系列中—低角度向南逆冲的分支断层，构成楔状叠瓦构造。东段的深层断裂带中的主干基底断层为高角度向北倾斜的逆冲断层，上下盘均发育有分支断层，构成花状构造样式，显示基底断层具有走滑逆冲断层活动特征。

### 3. 中轴凹陷带

如图3-17所示，乌什凹陷、拜城凹陷、阳霞凹陷沿着库车坳陷中轴线串联或小角度斜列，可以简称为中轴凹陷带。中轴凹陷带是一个负向构造带，沉积了巨厚的中、新生代地层，相对于两侧的构造强变形带（克拉苏—依奇克立克构造带和秋里塔格构造带）是一个构造变形相对较弱的区域，但是浅表层次与中深层次的构造变形也表现出分层变形。在拜城凹陷，新生界构造层总体上表现为一个宽缓向斜，库姆格列木群膏盐岩层在向斜核部明显减薄，中生界构造层表现为向北缓倾的斜坡，并有少量基底逆冲断层切割到中生界构造层中。在阳霞凹陷，新近系—第四系表现为宽缓的向斜，吉迪克组盐岩层在向斜核部减薄，盐下层相对简单，表现为向北缓倾的斜坡。这些构造变形特征表明膏盐岩层等软弱岩层在构造变形中有顺层流动，导致岩层厚度的横向变化，同时也可以发生顺层滑动。这些软弱岩层在构造变形中是一个强变形层，既是上覆岩层褶皱的滑脱层，也是下伏岩层逆冲断层位移向上逐渐消减的顶板层，被动地分隔和联系上下强硬岩层的构造变形。在乌什凹陷，中、新生界的软弱岩层相对较薄，沉积盖层内部以及基底构造层的变形都很微弱，表现为受南北两侧强变形的断裂带限制的压陷断块构造。乌什凹陷南缘北缘有发育有向南逆冲的断裂带，相当于克拉苏—依奇克里克构造带或北部单斜带向西的延伸，但因该断裂带较窄没有进一步划分出来，将其划归为北部单斜带的组成部分。乌什凹陷南部边缘也发育有不宽的断裂带，部分分支断层甚至延伸到乌什凹陷内部，并诱导中、新生界发生变形，如图3-17中的古木别兹区带。

### 4. 秋里塔格构造带

秋里塔格构造带为向南弧形突出的强变形构造带，可分东、中、西三段。西段为却勒构造带，浅表层发育有NWW向延伸的亚克里克背斜和米斯坎塔克背斜等，中段为西秋里塔格构造带，浅表层发育有NEE向延伸的南秋里塔格背斜和北秋里塔格背斜两排线性延伸的背斜；东段为东秋里塔格构造带，浅表层发育有NEE向延伸的库车塔吾背斜和东秋里塔格背斜等。这些背斜在地表出露地层包括苏维依组、吉迪克组、康村组和库车组等，没有白垩系出露。却勒构造带位于拜城凹陷西南边缘，是分隔拜城凹陷与乌什凹陷的强变形构造带，浅表层背斜沿着NW—NWW向斜列，地震资料显示背斜在库姆格列木群膏盐岩层中滑脱，而盐下层发育有高角度基底逆冲断层或走滑逆冲断层。西秋里塔格构造带在地表表现为近EW向线性延伸的1~2排背斜，背斜核部出露新近系吉迪克组、康村组，两翼产状陡倾，并发育有破冲断层。地震剖面显示，西秋里塔格浅表层背斜为箱状背斜或轴面共轭的双轴背斜形态，总体上为近对称或北缓南陡，向深层在库姆格列木群膏盐岩层中滑脱，膏盐岩层在背斜核部加厚，并且局部有膏盐岩层向上刺穿的现象。东秋里塔格构造带是分隔拜城凹陷与阳霞凹陷的强变形带，在地表为NEE向线性延伸的背斜。地震剖面显示，东秋里塔格背斜总体上表现为南缓北陡的紧闭背斜形态，库姆格列木群膏盐岩层构成的背斜核部规模自西向东逐渐减小，并最终被吉迪克组膏盐岩层区带，也由局部刺穿现象。秋里塔格构造带浅表层背斜形态及轴面产状沿走向的变化显著，枢纽起伏。显示膏盐岩层参与褶皱变形的同时发生了底辟作用。在地震剖面上，秋里塔格构造带盐下层总体上为向北缓倾的基底，并发育2~3条自基底切割进入膏盐岩层的中—高角度基底逆冲断层。基底断层组合样式沿着构造带走向发生明显变化，西秋里塔格构造带为对冲式组合为主，东秋里塔格以向北同向倾斜的断层组合为主，且断层倾角更陡直（图3-10中剖面4至剖面14）。

5. 南部斜坡带

位于西秋里塔格构造带和阳霞凹陷南侧,是库车坳陷与塔北隆起过渡的宽缓斜坡带。南部斜坡带内地层平缓,中、新生界由北向南逐渐减薄,构造变形微弱,局部发育 NEE 向宽缓的盖层背斜构造,包括亚肯、库车等。斜坡带南部边缘发育有一系列 NEE 向基底断裂及相关构造变形带,包括羊塔克、英买、红旗、牙哈等构造带。这些基底断裂带中的单条断层规模不大,以中—高角度切割到中生界甚至新生界底部,剖面上表现出较小的逆冲位移或正断层位移。从基底断裂在平面延伸及其与伴生构造的组合分析,这些基底断裂或多或少具有走滑位移分量。

## 三、次级构造单元"强弱相间"的分布格局

库车坳陷位于南天山山前,总体走向与南天山一致。盆地内部各次级构造单元走向总体上也是沿着盆山边界线分布,而且内部构造单元的变形总体上是自北而南减弱,体现了南天山与库车坳陷在成因上存在内在联系。但是,坳陷内部构造变形自南天山向盆地方向减弱不是线性的,而是表现为"强弱相间"阶梯式减弱。库车坳陷中段在北部边缘南天山山脚广泛出露已经发生强烈变形的石炭系—二叠系,从南天山山脚至塔里木盆地库车坳陷内部的地质露头为依次变新的中、新生代地层,构成向南倾斜的单斜构造。山前单斜构造带南侧的克拉苏—依奇克里克构造带是近 EW 向冲断褶皱构造带。再向南的中轴凹陷带的构造变形明显减弱,也是新近系、第四系的沉积中心,分为乌什凹陷、拜城凹陷和阳霞凹陷。在地面地质图上,拜城凹陷也是一个宽缓的近 EW 向向斜构造,构造变形相对较弱。其南侧发育由新生界构成的近 EW 向—NEE 向褶皱和逆冲断层构成的秋里塔格构造带是较强变形带,但是变形强度较拜城凹陷北侧的克拉苏构造带相对减弱。库车坳陷充填的中、新生界有两套重要的软弱岩层,即侏罗系含煤岩层(三叠系也包含有较厚的泥岩)和古近系下部库姆格列木群含膏盐岩层,其中库姆格列木群膏盐岩层还发生底辟变形,局部甚至形成了膏盐岩火山。油气勘探资料表明库车坳陷内部卷入褶皱构造变形的新近系—第四系具有同构造期生长地层特征,地面出露的背斜构造向深层有在库姆格列木群膏盐岩层或侏罗系含煤岩层中滑脱消失的迹象,但是深层的盆地基底也有明显的起伏,似乎也卷入构造变形。基于上述地质现象,对库车坳陷结构可以有多种不同的解释模型。最有影响的模型是盖层滑脱的薄皮收缩构造模型,它强调从南天山山脚向南 50~80km 宽度范围内的构造变形是沿着盆地基底或侏罗系含煤地层的区域性拆离断层之上的冲断褶皱变形楔(图 3-6b),拆离断层卷入的基底收缩变形位于克拉苏构造带南侧,向南拆离断层在沉积盖层内部顺层延伸,或沿着库姆格列木群盐岩层顺层滑动通过拜城凹陷达到秋里塔格构造带。薄皮收缩构造变形模型认为库车坳陷新生代地层的变形都是受自山前向盆地逆冲的拆离断层控制,强弱相间的构造变形特征主要是由膏盐岩层的分布控制的,强变形带主要发育在拆离断层上盘系统中,而拆离断层的下盘系统基本上不变形或仅为弱变形。但是,依据多方面的油气勘探资料解释和编制的库车坳陷基底构造图显示"强弱相间"的构造格局可能一直影响到盆地基底。图 3-18 是库车坳陷中段的剩余重力影像图,强变形带表现为线性的高重力异常,而弱变形域表现为块状、浑圆状的低重力异常。但起伏是显而易见的。线性高重力异常显示的强变形带不仅因为强烈变形表现为基底隆升,更有可能意味着沿着这些强变形带分布的基底断裂带有岩浆侵入。因此,图 3-6c 所示的盆地盖层与基底的"分层收缩构造模型"对现有勘探资料的解释更加合理。"分层收缩构造模型"强调库车坳陷的收缩变

形是地壳或者岩石圈尺度整体挤压作用下发生收缩变形的结果,膏盐岩层等软弱岩层可能导致局部发育滑脱断层并引起盖层与基底不协调收缩变形,但并不存在区域性的拆离断层,区域挤压作用下一些先存基底断裂带(或构造薄弱带)的逆冲(或走滑逆冲)位移才是控制盖层冲断褶皱变形的主要因素。

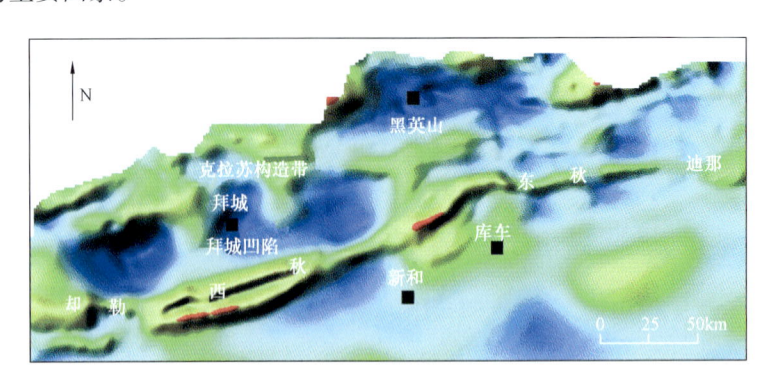

图3-18 库车坳陷前陆盆地重力异常(据东方地球物理勘探公司资料编)

分层收缩变形模型认为库车坳陷中强弱相间的构造变形特征与基底的结构有关,晚新生代南天山与库车坳陷的相互挤压作用不仅使南天山发生强烈收缩变形而隆升,也使库车坳陷地壳中的一些构造薄弱带发生错动,形成强变形带。不仅山前断裂带是一条基底卷入的高角度逆冲断裂带,克拉苏构造、秋里塔格构造带的变形也受先存基底构造薄弱带控制,只是由于膏盐岩层等滑脱层的存在导致盖层变形与深层断裂带的变形不协调。

晚新生代印度板块向北推挤欧亚板块引起区域挤压作用,挤压力通过塔里木板块传递到库车坳陷与南天山地区,南天山洋在海西运动中关闭和形成的增生造山楔又在印支—燕山运动中发生过多次伸展、收缩变形,因此,在晚新生代区域挤压作用下塔里木板块发生A型俯冲是值得怀疑的。在塔里木陆块与南天山相互挤压过程中,南天山山体的形成并非是刚体隆升,而是在区域挤压作用下发生收缩变形的区域构造单元,山体表面隆升的同时山体根部发生坳陷,阻挡了相对刚性的塔里木克拉通向南天山下俯冲,并导致库车坳陷发生收缩构造变形。在盆山之间地壳尺度的整体挤压作用下,受地壳内部结构不均一和岩石力学性质差异的影响,库车坳陷发生"强弱相间"的分层收缩构造变形,但是沉积盖层与盆地基底之间、沉积盖层内部各层序之间构造变形是相互呼应的。

现今的库车坳陷具有东西分段、南北分带、垂向分层的结构特征。其中,挤压作用或剪切作用形成的强变形带、变形层分隔弱变形域、弱变形层。在平面上,强变形的构造带环绕弱变形构造域分布。乌什凹陷、拜城凹陷和阳霞凹陷等弱变形域被山前断裂带、克拉苏—依奇克里克构造带、秋里塔格构造带等强变形带包裹。在剖面上,软弱岩层的构造变形比能干岩层的构造变形更强烈,沉积盖层的构造变形比基底层的构造变形更强烈。图3-19是以横穿库车坳陷中段的区域地震剖面为基础简化的构造剖面模型,展示强变形带、弱变形域自北而南相间分布和强变形层分隔弱变形层的基本特征。南天山山前、克拉苏构造带和秋里塔格构造带属于强变形带,山前单斜带、拜城凹陷和南部斜坡带属于弱变形域;库姆格列木群膏盐岩层、侏罗系煤系地层属于强变形层,被膏盐岩层、煤系地层分隔的砂岩、砂砾岩等碎屑岩层及其刚性基底属于弱变形层。无论强变形带还是弱变形域,同类构造的变形强度有从北向南、由深及浅、自中段向两侧逐渐渐弱,反映现今库车坳陷构造格架总体上是晚新生代时期南天山对库车坳陷的挤压作用体制下形成的,山体负荷、基底断裂、盐岩层等对盆地结构有重要影响。

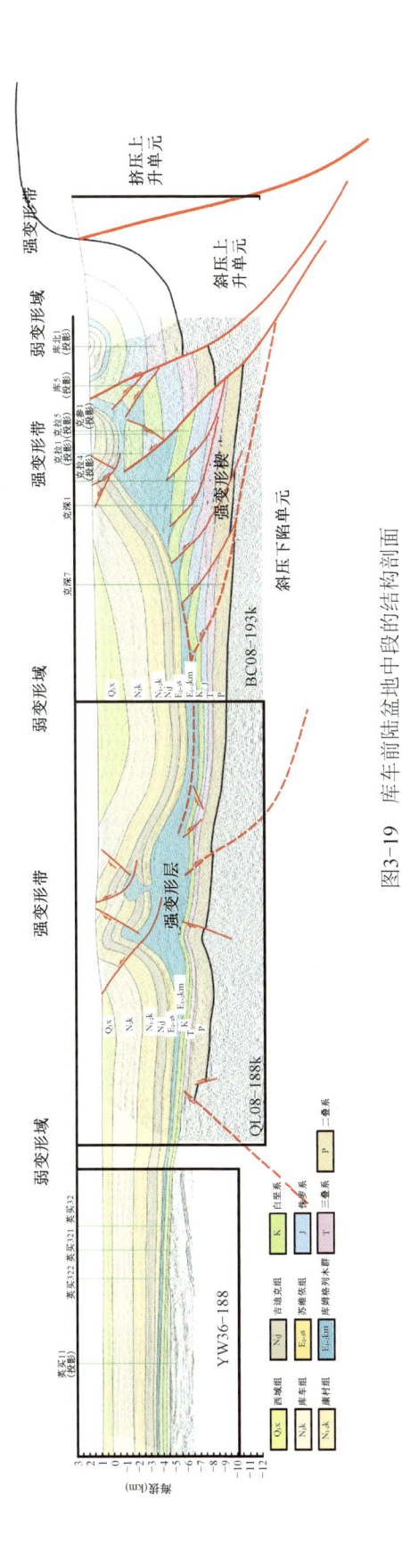

图3-19 库车前陆盆地中段的结构剖面

库车坳陷的岩石圈或地壳整体受挤压,膏盐岩层等软弱岩层在盆地盖层与基底整体挤压作用下使不同能干性的岩层发生解耦,表现出分层构造变形特征。能干岩层在变形中其主导作用,盐上层和盐下层的变形方式各不相同。横穿库车前陆盆地的区域剖面上,克拉苏构造带、秋里塔格构造带盐上层、盐下层收缩量并不一致。克拉苏构造带盐上层的收缩量小于盐下层的收缩量,秋里塔格构造带盐上层的收缩量大于盐下层的收缩量,但从整个库车前陆盆地来看盐上层和盐下层的变形量总体上是平衡的,库姆格列木群膏盐岩层以被动变形方式来传递上下层之间的构造应变,成为顺层分布的变换构造。

库车坳陷"强弱相间"的收缩构造格局受岩层能干性、先存构造等控制。在区域挤压作用下,刚性基底块体和沉积盖层中的能干岩层抵抗变形的能力强,最终表现出的构造变形相对弱,而韧性基底、先存基底断裂带和沉积盖层中的软弱岩层抵抗变形的能力弱,最终表现出的构造变形相对强烈。同为沉积盖层,为何在克拉苏—依奇克里克构造带和秋里塔格构造带发生强烈变形?这可能受到两个因素影响。其一是盖层厚度、岩性的变化,特别是膏盐岩层的分布的影响;其二是基底构造、特别是基底断裂带分布的影响。

库车坳陷"强弱相间"的分层收缩构造模型不仅是根据盆地结构、构造变形组合等特征建立的几何学特模型,也有构造运动学、动力学方面的内涵。其一,强调区域挤压作用导致的收缩构造变形发生在地壳,甚至整个岩石圈;其二,考虑山前带是早期的增生楔在晚新生代区域挤压中而形成强变形带;其三,南天山在挤压收缩变形中隆升可能诱导盆山过渡带发育基底卷入的高角度逆冲断层;其四,受岩层能干性等因素影响基底和不同层次的盖层之间发生不协调的收缩变形,沉积层中的盐岩层等软弱岩层在挤压收缩变形中起重要的分层滑脱作用;其五,认为中生代或前中生代发育基底断层对晚新生代构造变形有重要影响,一些早先存的基底卷入高角度正断层可能在区域挤压过程中发生反转或逆冲走滑位移,并控制盖层收缩构造的形成。

# 第四章  库车坳陷主要区带构造建模

库车坳陷构造变形复杂、构造样式多变(魏国齐等,1998;胡学平,1999;刘志宏等,2001;杨明慧等,2002;何光玉等,2004;徐振平等,2009)。受构造变形、岩性变化和地表起伏等因素影响,库车坳陷一些强变形构造带的地震反射品质较低,不同研究者对同一构造带的解释模型不同,得出的构造变形样式也会相差甚远(刘志宏等,1999;陈剑等,2002;管树巍等,2003,2010;汪新,2005;汤良杰等,2006;漆家福等,2009)。库车坳陷的强变形构造带多是油气勘探的重要区带,因此,对构造样式模型的理解直接关系到油气勘探目标评价。

## 第一节  构造样式模型

### 一、构造样式基本模型

库车坳陷的强变形带总体上都表现为在近南北向挤压作用下发生的收缩构造特征(贾东等,1997;金文正等,2007)。在结构特征方面与经典前陆冲断带既有共性,也有其特有的特性,其构造变形具有明显的"分带性、分段性和分层性"。所谓"分带性",是指从造山带向盆地区发育有多排由逆冲断层和褶皱构成的强变形带,不同带的构造变形特征具有明显的差异。所谓"分段性",是指无论盆地内部的构造单元还是同一构造带沿着走向被一些横向、斜向的断层或构造变形带分隔,而且不同区段的构造变形既有联系,也有差异。所谓"分层性",是指不同层次构造层的构造变形表现出不协调性、差异性。构造分层性主要受岩层能干性影响,不同岩性的岩层在挤压作用下形成的收缩构造变形样式有明显差异(孙家振等,2003;何春波,2009;李艳友等,2012)。其一是不同层次构造层经历的构造变形过程不同,其二是区域性不整合面、软弱岩层在变形中起滑脱层作用,盆地基底、盖层甚至盖层内部不同构造层的构造样式不同,表现出分层性。库车坳陷充填的中、新生界的岩性在横向上和纵向上都有明显的差异,沉积岩层自下而上至少包含有3个软弱岩层(面)。其一是沉积层与盆地基底之间的界面,其二是侏罗系的煤系地层(也包括三叠系内部的泥岩层),其三是古近系底部库姆格列木群膏盐岩层(也包括新近系底部吉迪克组膏盐岩层)(康志宏等,1998;赵文智等,1998;金文正等,2007;何登发等,2009)。特别是库车坳陷中段古近系底部发育有较厚的膏盐岩层,对构造变形有显著的影响(张振生等,2001;张明山等,2002;邬光辉等,2006;余一欣等,2007,2008)。

在区域性侧向挤压作用下,地壳结晶基底和上覆沉积岩层会同时发生收缩构造变形,但是受岩层能干性差异的影响不同构造层的岩层变形行为有所不同(金文正等,2007;漆家福等,2009;夏义平等,2009)。能干性岩层(构造层)可以传递应力,并主导岩层的收缩构造变形方式(纵弯褶皱或逆冲断层),相对软弱岩层成为构造滑脱层(面),岩层能干性的差异最终导致收缩构造变形表现出分层性特征(汤良杰等,1992;孙家振等,2003;李艳友等,2012)。在地面地质图中,库车坳陷的强变形带多表现为紧闭的背斜,并发育有逆冲断层。地震剖面上可以观测到,地表出露的背斜构造向深层发生滑脱,但是在滑脱层之下的岩层的变形仍然很复杂。

图 4-1 是在根据地震资料解释的库车坳陷中段剖面结构基础上概念性的表现了库车坳陷岩层能干性及其构造变形样式的关系。

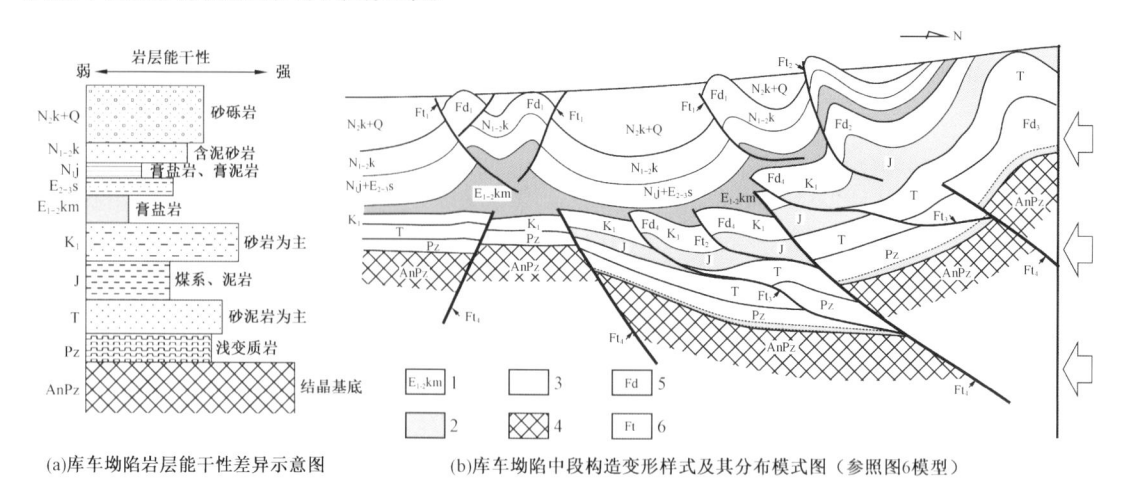

(a)库车坳陷岩层能干性差异示意图　　(b)库车坳陷中段构造变形样式及其分布模式图(参照图6模型)

1—地层代号;2—软弱岩层,易滑脱层(面);3—相对能干沉积岩层;4—结晶岩基底或变质岩基底;5—褶皱类型:Fd$_1$—以库姆格列木群膏盐岩层为核的滑脱背斜,Fd$_2$—以侏罗系煤系岩层为核的滑脱背斜,Fd$_3$—以古生界变质沉积岩层为核的滑脱背斜,Fd$_4$—与薄皮逆冲断层形态变形或位移变化相关的沉积岩层褶皱;6—断层类型:Ft$_1$—滑脱背斜相关、在库姆格列木群膏盐岩层中消减的破冲断层,Ft$_2$—滑脱背斜相关、在侏罗系中消减的破冲断层,Ft$_3$—在沉积层滑脱、消减的薄皮逆冲断层,Ft$_4$—基底卷入逆冲断层或正反转基底断层

图 4-1　库车坳陷岩层能干性与分层收缩构造样式示意图

图 4-1 展示的背斜构造样式分为四种类型:其一是在古近系底部的库姆格列木群膏盐岩层中滑脱的背斜构造,卷入背斜变形的主要是新生界(图 4-1 中的 Fd$_1$);其二是在侏罗系煤系地层中滑脱的背斜构造(图 4-1 中的 Fd$_2$),卷入背斜变形的岩层包括中、新生界;其三是以古生界沉积岩层或前石炭系变质岩为核的背斜构造(图 4-1 中的 Fd$_3$),所有沉积岩层卷入背斜变形,甚至与盆地基底之间的滑脱褶皱作用也不明显;其四是与在沉积层中发育的薄皮逆冲断层几何形态变形和位移变化相关的背斜构造(图 4-1 中的 Fd$_4$),以断弯背斜为主,或是断弯背斜—断展背斜的过渡形式。通常将第一类、第二类背斜视为断滑背斜,认为它们是在沿着软弱岩层发育的顺层断层上盘发育的、随着断层位移减小而形成的背斜构造。在理论上,是能干岩层控制着构造变形,因此,沿着软弱岩层发育的顺层断层也可以理解为上覆滑脱背斜的相关断层。图 4-1 展示的逆冲断层样式也分为四种类型。第一类和第二类是分别与在库姆格列木群膏盐岩层滑脱的背斜构造和在侏罗系煤系地层中滑脱的背斜构造相关的逆冲断层(图 4-1 中的 Ft$_1$ 和 Ft$_2$),它们往往在紧闭的背斜翼部发育,斜切陡倾斜或倒转的背斜翼部岩层,向深层在背斜核部滑脱或尖灭,属于褶皱相关断层(陈剑等,2007;邬光辉等,2007),或称为破冲断层;第三类断层是主要发育在沉积岩层中的薄皮逆冲断层;第四类是从沉积岩层向下切割到盆地基底的逆冲断层,通常为中高角度断层。

## 二、盐上层构造样式

库车坳陷盐上层主要是指库姆格列木群膏盐岩层之上的新生界,这些岩层在新生代晚期区域挤压作用下发育以膏盐岩层为滑脱层的收缩构造变形(邬光辉等,2003;汤良杰等,2007)。表 4-1 简要归纳了库车坳陷盐上层的各种构造变形样式,其中以滑脱褶皱构造变形为主,多数逆冲断层也是与褶皱变形相关的破冲断层。此外,由于库姆格列木群在苏维依组、吉迪克组以及康村组沉积时期还发生过盐底辟构造变形,盐上层发育与底辟作用相关的构造变形。

表 4-1 盐上层构造样式

| 构造样式 | | 基本特征 |
|---|---|---|
| 褶皱 | 紧闭背斜宽缓向斜 | 紧闭背斜、宽缓向斜构成的滑脱褶皱,例如,克拉苏构造带浅表层褶皱,依奇克里克构造带浅表层褶皱 |
| | 驼峰状复背斜 | 以膏盐岩层为核部的滑脱箱状背斜转折端下凹,使背斜形态表现为驼峰状,两翼岩层可倒转,例如,秋里塔格构造带浅表层褶皱 |
| | 盐底辟相关褶皱 | 库姆格列木群膏盐岩层底辟作用形成的褶皱构造,包括隐刺穿核上覆背斜,如大腕齐盐上背斜,和刺穿底辟核的围岩褶皱变形,如大北盐刺穿相关褶皱 |
| | 蛇头状背斜 | 与铲式逆冲断层或走滑逆断层相关的背斜,转折端圆弧状不对称,多为半背斜或断背斜,如却勒构造带、乌什凹陷南部边缘的背斜构造 |
| 断层 | 紧闭背斜相关破冲断层 | 褶皱过程中调节岩层不同部位应变的断层,以背斜陡翼破冲断层为主 |
| | 盐底辟相关断层 | 膏盐岩层向上刺穿形成的核边缘断层及上覆岩层中发育的断层,可以是正断层,如大北地区盐底辟相关断层;也可是逆冲断层,如却勒—西秋构造带的盐底辟相关断层 |
| | 箱状背斜相关冲起构造 | 在箱状背斜两翼的逆冲断层共轭相对发育,使背斜核部冲起,如却勒—西秋构造带浅表层驼峰状复背斜两翼的共轭断层 |
| | 撕裂断层 | 与构造带走向高角度相交的横向、斜向断层,具有调节两侧收缩变形作用,例如,拜城凹陷与阳霞凹陷过渡带的横向断层 |
| | 走滑逆断层、走滑正断层 | 具走滑分量的逆冲断层,例如,乌什凹陷与拜城凹陷过渡带的斜向断层;具走滑分量的正断层,例如,喀喇玉尔滚构造带盖层中发育的正断层 |

1. 褶皱

库车坳陷盐上层构造变形以褶皱为主(汪新等,2010)。克拉苏—依奇克里克构造带和却勒—西秋构造带的盐上层发育一系列紧闭的褶皱总体上构成复式背斜构造带,克拉苏—依奇克里克构造带与北部单斜带之间发育相对宽缓的向斜构造,拜城凹陷、阳霞凹陷也可以视为宽缓的向斜。

克拉苏—依奇克里克构造带内部的单个背斜多表现为近 EW 向线性延伸的紧闭背斜,两翼倾角为 60°~80°,具有南陡北缓、轴面近略向北倾的不对称背斜特征。背斜两翼、特别是陡翼可发育破冲断层。背斜带之间的向斜相对宽缓,两翼倾角为 20°~60°,充填的库车组和西域组具有生长地层结构特征。在库姆格列木群为膏盐岩层并且有一定厚度情况下,紧闭背斜向下延伸会在膏盐岩层滑脱,例如克拉苏构造带南部的背斜;在库姆格列木群为碎屑岩或膏盐岩层相对较薄的情况下,紧闭背斜向下延伸会在侏罗系煤系中滑脱,例如克拉苏构造带北部的背斜;在卷入褶皱的岩层中包含有一定厚度的软弱岩层的情况下,也可以形成顶厚背斜,例如,依奇克里克构造带在背斜顶部吉迪克组明显加厚,甚至背斜在吉迪克组滑脱。地震资料解释,克拉苏构造带北侧相对南侧强烈抬升,南侧的拜城凹陷发育有巨厚的具有生长地层结构的库车组和西域组,表明褶皱变形主要发生在上新世以来的新构造运动时期。

却勒—秋里塔格构造带在地表表现为南北两个背斜带,背斜由西段的 EW 走向向东过渡为 NEE 走向,呈一向南突出的弧形。地面露头分布显示,秋里塔格构造带由南北两排背斜构造,沿走向向东西两侧延伸逐渐合并为一排背斜构造。在剖面上,两排背斜构成驼峰状,北部背斜北陡南缓,轴面略向南倾,南部背斜南陡北缓,轴面略向北倾。地震资料解释表明,卷入背斜变形的地层为新生界,核部为库姆格列木群膏盐岩层,背斜在膏盐岩层底部滑脱。背斜翼部或核部发育有纵向的破冲断层,或分别沿着南北两排背斜陡翼发育的两条倾向相反的逆冲断层构成共轭逆冲断层系统。背斜顶部受一定程度的剥蚀,但总体形态依然清晰可见。根据生长地层厚度分析,秋里塔格构造带新生界背斜构造的发育时间要略晚于克拉苏构造带,同沉积褶皱变形主要为发生在库车组沉积的晚期至西域组沉积时期。

由紧闭背斜和宽缓向斜构成的滑脱褶皱是在区域挤压作用下发生的纵弯褶皱,它们的滑脱层是一个顺层的剪切带或滑脱断层带,甚至这些滑脱褶皱也可以理解为区域性滑脱断层的相关褶皱。从断层与褶皱在成因上的联系看,虽然滑脱褶皱与滑脱断层可以是互为因果,但是能干岩层的褶皱变形应该起主导作用。在挤压作用下,能干岩层也可以发生逆冲断层变形,并且由于断层形态和位移变化而导致断层两盘(通常是上盘)地层发生褶皱变形。库车坳陷盐上层也发育有大量断层,其中多数断层是调节褶皱变形的,也有一些规模较大的逆冲断层和走滑逆冲断层,它们多表现为铲式断层形态,其上盘受断层形态影响而发生蛇头状断背斜。

除了与挤压作用形成的褶皱外,库车坳陷还发育有与库姆格列木群膏盐岩层底辟有关的褶皱(陈书平等,2003,2004;汤良杰等 2003a,2003b,2004a,2004b;余一欣等,2006;梁顺军等,2010)。库姆格列木群膏盐岩层在吉迪克组沉积时期就在上覆岩层差异负荷及与上覆岩层密度导致形成的浮力驱动下发生底辟作用(尹宏伟等,2001;余一欣等,2008),形成隐刺穿的枕状盐丘和刺穿的蘑菇状、脊状盐丘,并使盐上层发生核顶背斜和边缘向斜等不同形式的褶皱构造变形(余一欣等,2005;汪新等,2009;唐鹏程等,2010)。这种褶皱也可以归纳到盐底辟构造样式中(表 4-2)。

表 4-2 库车坳陷盐岩层构造变形样式类型

| 盐构造类型 | | 构造样式 | 基本特征 |
|---|---|---|---|
| 盐底辟构造 | 隐刺穿盐构造 | 盐垅(盐枕) | 上凸下平,剖面呈凸镜状,延伸较长的称为盐垅,较短可称为盐枕,近圆形的也可称为盐穿 |
| | | 泄盐谷(泄盐坑、泄盐洼地、盐焊接) | 上凹下平,盐岩层流走减薄呈谷地或洼坑状,如果盐岩层流失使上下层黏在一起可称为泄盐漏洞或盐焊接 |
| | 刺穿盐构造 | 盐堤(盐墩) | 向上刺穿,高宽比小,顶部圆滑平坦,较长延伸的称为盐堤,较短可为盐墩 |
| | | 盐墙(盐柱) | 向上刺穿,高宽比大,较长延伸的称为盐墙,较短可称为盐柱 |
| | | 盐脊(盐塔) | 向上刺穿变窄,较长延伸的称为盐脊,较短可称为盐塔 |
| | | 盐火山(潜盐火山) | 向上刺穿并溢出地表称为盐火山,后期被沉积岩层不整合覆盖称为潜盐火山 |
| 盐底辟相关构造 | 盐底辟相关褶皱 | 盐背斜 | 往往是顶厚背斜,或底面滑脱的背斜 |
| | | 盐向斜(边缘凹陷) | 宽缓、圆滑的向斜 |
| | | 不协调褶皱 | 盐上层和盐下层构造不协调导致夹持在中间的盐岩层称为不协调褶皱 |
| | | 龟背构造 | 盐刺穿之间或单个盐刺穿侧面的地层形成的上凸下凹的透镜状构造,底辟核旁边为边缘凹陷 |

| 盐构造类型 | 构造样式 | 基本特征 |
|---|---|---|
| 盐底辟相关构造 | 盐底辟相关断层 | 冲断盐席（冲断盐背斜） | 逆冲上盘沿断面呈席状的盐岩层称为冲断盐席，上盘断背斜核部的盐岩层可称为冲断盐背斜 |
| | | 冲断盐楔（逆掩盐爪） | 逆冲断层下盘受断面限制呈楔状的盐岩层称为冲断盐楔，逆冲断层掩盖的盐岩层可称为逆掩盐爪 |

### 2. 断层

库车坳陷盐上层的断层多数是沿着褶皱轴向岩层的纵向断层，也发育少量横向、斜向断层。从成因上分析，断层作用可以引起褶皱变形，褶皱作用可以引起断层的发育，两者的相互关系取决于能干岩层在地应力作用下的主导变形方式。能干岩层的变形方式除与本身的脆韧性有关外，还受变形时的温压条件、应变速率、流体和孔隙压力以及先存构造等各种因素影响。当能干岩层表现出较大脆性的情况下，地应力作用使岩层内部的应变相对集中形成断层，并且在断层递进变形过程中受断层形态、位移变化的影响而导致断层两盘（通常是上盘）发生相关褶皱变形。当能干岩层表现出较大韧性的情况下，地应力作用使岩层内部的应变相对分散而形成褶皱，并且在褶皱递进变形过程中发育断裂来调节岩层不同部位的应变。Mitra（2002）将纵弯褶皱作用下能诱导形成的不同形式的逆冲断层归纳为如图 4-2 所示的 4 类 8 型，它们既可以发育在褶皱的翼部，也可以发育在褶皱核部，但是都是在褶皱变形中起调节应变的作用，因此，称为褶皱相关断层。

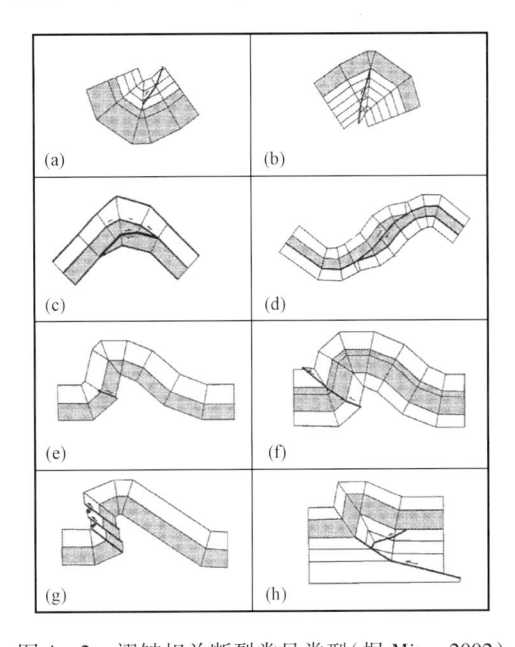

图 4-2 褶皱相关断裂常见类型（据 Mitra，2002）
(a)向斜核部向缓翼逆冲的逆断层；(b)背斜核部沿缓翼向核部逆冲的逆断层；(c)沿转折端内弧楔入的逆断层；(d)沿翼部楔入的逆断层；(e)前翼内弧破冲断层；(f)前翼破冲逆断层；(g)前翼破冲逆断层组；(h)核部反冲断层

库车坳陷盐上层沿着紧闭背斜轴向发育的纵向断层多属于褶皱相关断层（邬光辉等，2007），包括沿缓翼向核部逆冲的逆断层、背斜前翼发育的破冲断层及由核部向缓翼逆冲的反向断层等多种构造样式，少见楔入逆冲断层。从断层的逆冲位移和延伸长度看，克拉苏构造带盐上层背斜前翼破冲断层规模较大，反向断层规模相对小；却勒—秋里塔格构造带盐上层在对称滑脱褶皱变形的基础上，背斜前翼、后翼均发育逆冲断层，构成共轭逆冲断层组。共轭逆冲断层规模不大，两条相向倾斜的逆冲断层的位移可以不相等，随着滑脱背斜形态变化而变化，而且沿着走向有此消彼长的趋势，断层向上多逆冲到地表，向下消减在库姆格列木群膏盐岩层。西秋里塔格构造带的浅表层两排背斜构成的驼峰状滑脱复式背斜向东至东秋里塔格构造带逐渐变为一排背斜，共轭逆冲断层组也逐渐由向北倾斜的单条逆冲断层取代。

库车坳陷盐上层还发育有一些与膏盐岩层刺穿有关的逆冲断层（周新桂等，1999）。膏盐岩层向上刺穿引起上覆岩层发生褶皱和逆冲断层，甚至沿着膏盐岩层发生较大规模的走滑逆冲断层,在地震剖面上具有较大的视逆冲位移量。例如,沿着却勒构造带米斯坎塔格背斜东翼发育的却勒塔格逆冲断层,在库姆格列木群膏盐岩刺穿基础上将上覆苏维依组、吉迪克组和康村组逆冲到库车组之上,剖面上的视逆冲位移达到 10km 以上(图 4-3)。一些研究者认为却勒塔格逆冲断层为逆冲断层,并将其作为库车坳陷薄皮收缩构造的重要依据。实际上,却勒塔格逆冲断层的走向为 NWW 向,地震测线并不垂直构造走向,剖面上显示的逆冲位移量只是视位移量,而且在平行的其他地震测线上可见这种视逆冲位移量迅速减小。另一方面,却勒构造带的背斜构造与喀拉玉尔滚构造带的背斜构造是沿着 NW 向呈右阶斜列,反映分隔乌什凹陷和拜城凹陷的 NW 向区域性基底断裂发生右旋走滑位移。因此,发育在盐上层的 NWW 向的却勒塔格断层也应该具有右旋走滑位移分量,属于走滑逆冲断层。喀拉玉尔滚构造带盖层中还发育有一些与喀拉玉尔滚构造带斜交的走滑正断层,它们的位移较小,向深层收敛在基底断裂带中,与基底断裂构成花状构造样式。

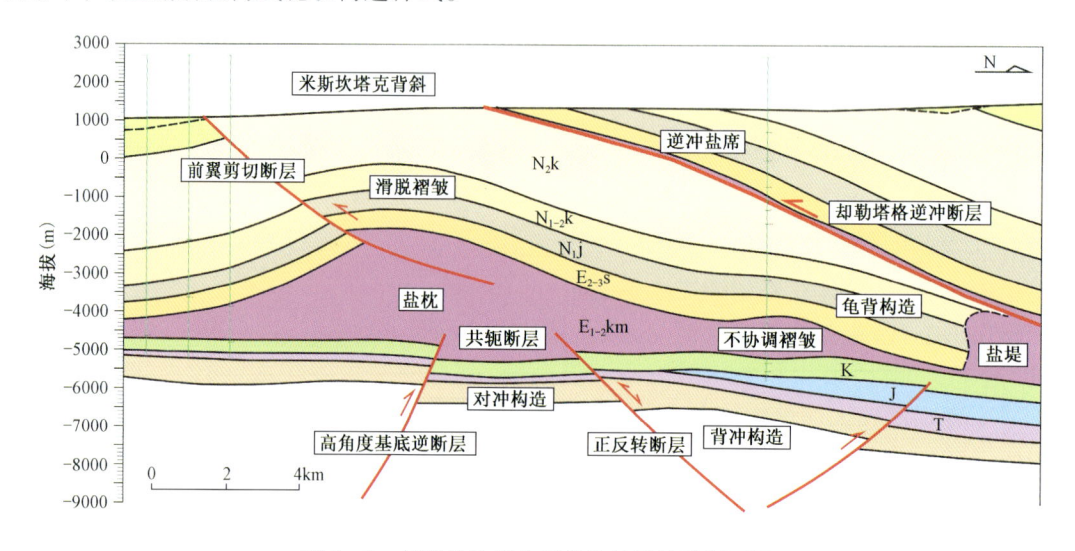

图 4-3 却勒构造带典型构造地震地质剖面图

### 三、盐岩层构造样式

盐岩密度小,韧性强,在上覆岩层负荷作用下可以发生柔流褶皱和底辟作用(邬光辉等,2006),在地应力作用下也常常发育韧性剪切作用,表现出塑性变形特征(胡剑风等,2004)。盐岩层在构造变形中属于软弱岩层,与相对强硬的能干岩层相间时常常构成能干岩层变形的滑脱层(沈军等,2006;陈书平等,2007)。较厚的盐岩层在上覆岩层负荷作用下或区域地应力作用下常常可以顺层流动,导致盐岩层在一些地区拉伸减薄而另一些地区褶皱增厚(汤良杰等,2007),并形成卸盐洼陷和隐刺穿底辟构造。盐岩层也常常刺穿岩层形成刺穿底辟构造(谢会文等,2011)。图 4-4 是根据地震资料和钻井资料编制的库车坳陷膏盐岩层厚度分布图。在拜城凹陷的膏盐岩层属于古近系库姆格列木群,在阳霞凹陷的膏盐岩层属于新近系吉迪克组,在拜城凹陷与阳霞凹陷过渡带这两层膏盐岩层还叠置在一起。库姆格列木群膏盐岩层现今沿克拉苏构造带、却勒—西秋构造带和大宛齐厚度巨大,可达 2000m 以上(最厚可达 3000m 以上),而在拜城凹陷轴部厚度只有几百米,南部斜坡带则逐渐减薄尖灭。吉迪克组膏盐岩层现今在依奇克里克构造带及阳霞凹陷轴部相对较厚,向东、向南逐渐减薄尖灭。膏盐岩层现今厚度分布的不均一,既有原始沉积厚度不均匀的原因,也有后期构造变形的原因,甚至盐岩层在沉积后发生柔流形成盐底辟构造和在滑脱褶皱核部加厚（唐鹏程等，2012），是导致现今盐岩厚度分布不均的主要原因。

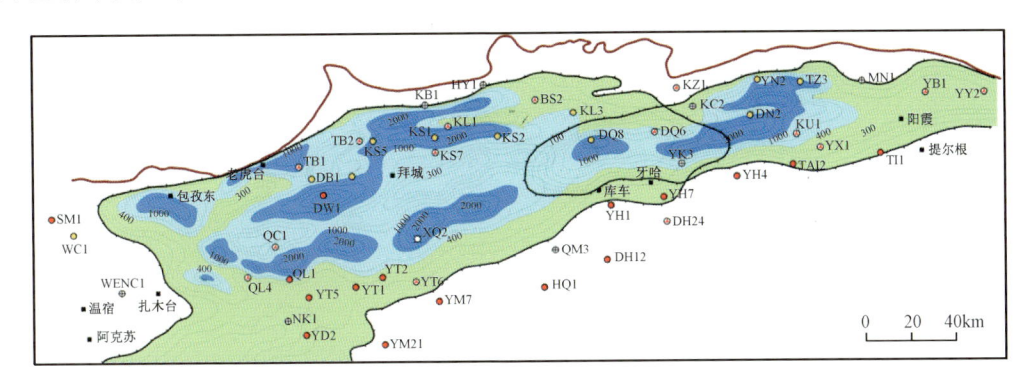

图 4-4 库车坳陷膏盐岩厚度分布图（据何登发等，2009）

膏盐岩层的变形有两种机制，一是在上覆负荷压力和与上覆岩层密度差驱动下发生底辟作用，二是在侧向挤压驱动下相对能干的盐上层、盐下层发生收缩构造变形中发生弯流、柔流褶皱作用。前者可以形成盐底辟构造，后者可以在背斜核部或脱顶部位、逆冲断层下盘等构造变形过程中的低应力区加厚。尽管要严格区分这两种类型的变形是十分困难的，但是从盐岩层构造变形与盐上层、盐下层构造变形的关系上依然可以找到区分这两种机制构造变形的一些标志。依据盐岩层与上覆岩层的关系盐底辟构造还可以分为隐刺穿、刺穿两类，而依据盐岩层在区域收缩构造变形中表现的形态特征亦可以分为褶皱相关盐构造变形和逆冲断层相关盐构造变形（表 4-2）。盐岩层受上覆岩层负荷及与上覆岩层密度导致的影响由高压力区向低压力区流动，并产生由垂向的差异作用力，使上覆岩层发生横弯褶皱变形。盐岩层聚集加厚的部位形成隐刺穿盐垛、盐枕构造，盐上层构成以盐岩层为核的背斜，盐岩层流失的部位形成泄盐谷，甚至盐岩层全部流失使盐上层与盐下层"焊接"在一起，盐上层构成宽缓的向斜（汤良杰等，2003）。盐岩层的底辟作用是相对缓慢的地质过程，并可能记录在同变形期的沉积层序结构上，表现为顶薄背斜和槽厚向斜构造。盐垛、盐枕等隐刺穿的膏盐岩层在上覆岩层差异负荷及与上覆岩层密度倒置产生的浮力作用下向上运动可以刺穿上覆岩层形成盐蘑菇、盐墙、盐脊等刺穿的盐底辟构造，并导致盐上层发生相关构造变形。在侧向挤压作用下膏盐岩层也会参与盐上层、盐下层的收缩构造变形，表现为被动的韧性变形特征，由相对能干的盐上层、盐下层在收缩构造变形中形成的高应力区向低应力区流动。

现今主要分布在拜城凹陷及周边构造带的库姆格列木群膏盐岩层既发育有底辟构造变形也发育有收缩构造变形，而分布在阳霞凹陷及周边构造带的吉迪克组膏盐岩层主要发育收缩构造变形，鲜见底辟构造变形。这可能与膏盐岩层的厚度、岩性及埋深有关。从层序记录上看，库姆格列木群膏盐岩层在吉迪克组沉积时期就开始发生底辟作用，之后在库车组和西域组沉积时期的区域挤压作用使膏盐岩层的构造变形进一步复杂化。吉迪克组膏盐岩层的底辟作用不明显，主要是在库车组和西域组沉积时期发生收缩构造变形，在背斜核部和逆冲断层下盘加厚。库姆格列木群膏盐岩层形成的隐刺穿盐丘多分布在拜城凹陷周边，并成为后期挤压背斜的核部。刺穿底辟构造主要分布在拜城凹陷西部、北部边缘。如图 4-5 所示，在盐刺穿底辟核的顶部和周围往往发育有正断层或逆冲断层，而上覆地层由于盐岩流走而下陷，形成边缘凹陷，或随着膏盐岩层从隐刺穿底辟到刺穿底辟的核部形态变化使上覆岩层显示上凸下凹的龟背构造。

— 71 —

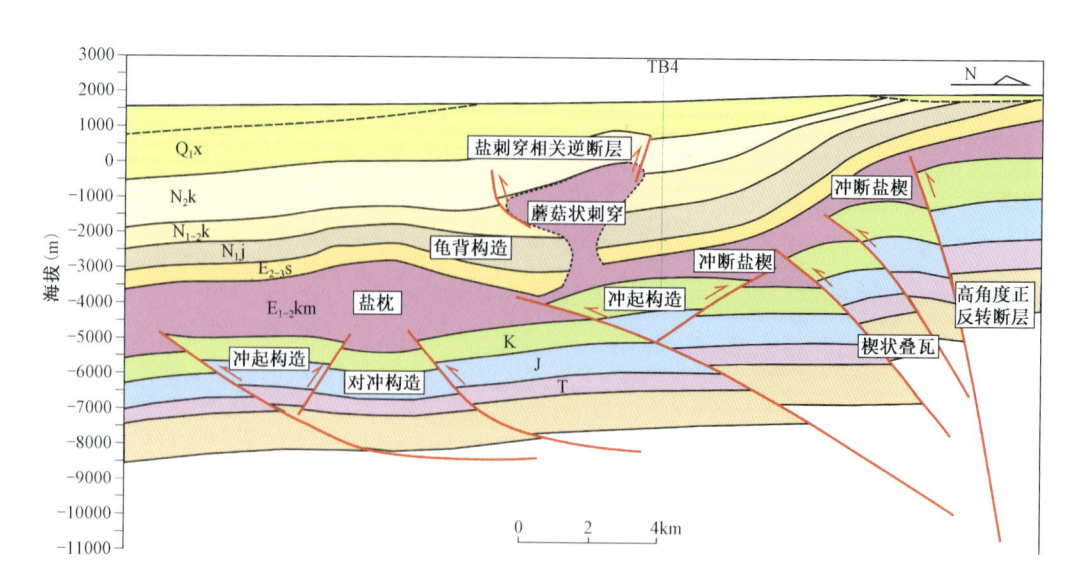

图 4-5　克拉苏构造带地震剖面解释的盐底辟构造样式

盐刺穿的方式与盐岩层的分布和构造环境有关。Hudec(2007)认为盐刺穿构造发育有 6 种方式(图 4-6),并且由于盐底辟的驱动力不同而表现出的盐构造形态有较大的差异。库车坳陷在古近纪至中新世是相对稳定、甚至弱伸展的构造环境,在古近纪早期沉积的库姆格列木群膏盐岩层在渐新世、中新世就发育有底辟构造。这一时期膏盐岩层的构造变形主要受上覆岩层负荷作用控制,形成的刺穿底辟属于主动刺穿,或者剥蚀刺穿,分布在膏盐岩层原始沉积凹陷的边缘或基底古隆起部位,剖面上可见膏盐岩层刺穿上覆岩层侵入到吉迪克组、康村组内部,部分刺穿底辟可以刺穿到康村组顶部。上新世以来,受新构造运动影响,库车坳陷处于区域挤压构造环境。膏盐岩层与盐上层、盐下层一起发生收缩构造变形,早期的底辟构造形态发

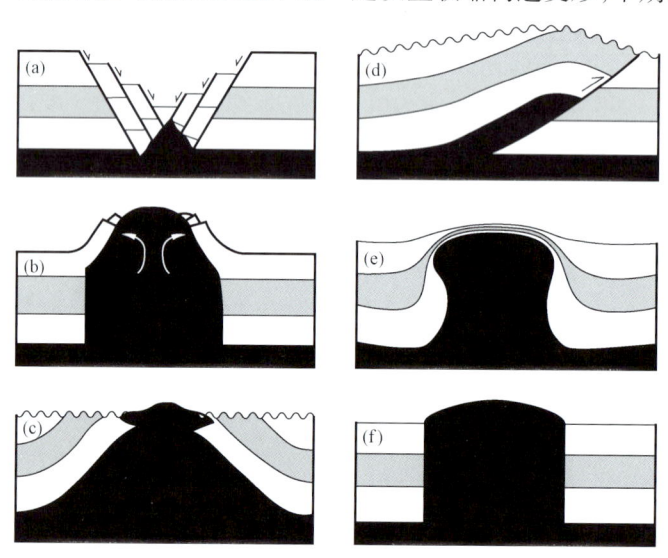

图 4-6　盐刺穿的 6 种方式(据 Hudec M. R. 等,2007)

(a)响应刺穿,由于上覆层伸展、断块滑动引起的地堑底部的底辟;(b)主动刺穿,盐岩底辟刺穿上覆层,并使两侧的上覆层抬升、旋转;
(c)剥蚀刺穿,由于上覆岩层被剥蚀掉而形成的底辟;(d)逆冲断层刺穿,由于逆冲断层作用在断层上盘引起的底辟;
(e)韧性刺穿,上覆层韧性变薄;(f)被动刺穿,若底辟刺穿了上覆层并出露地表,就会形成被动刺穿底辟

生变化,并发育沿着逆冲断层的刺穿现象。毫无疑问,膏盐岩层是易发生韧性流变的岩层,可能发生复杂的构造变形。无论是受上覆岩层负荷差异影响发生底辟作用还是在区域挤压作用下发生收缩变形,膏盐岩层的变形都会反映在上覆岩层的构造变形或同构造期沉积作用上。苏维依组上部、吉迪克组和康村组等在底辟核周边的沉积层序结构记录了底辟作用过程,但是膏盐岩层向下楔入到盐下层逆冲断层下盘程冲断盐楔则是挤压收缩构造变形的重要证据。因此,可以将库车坳陷的膏盐岩层的构造变形分为渐新世—中新世主动变形和上新世—第四纪被动变形两个阶段。

将古近纪到中新世库姆格列木群膏盐岩层的底辟过程视为"主动变形",意即库姆格列木群膏盐岩层的底辟构造主要是受上覆岩层的差异负荷及盐岩层与上覆岩层的密度倒置产生的浮力控制的。膏盐岩层的底辟构造是由早期的隐刺穿逐渐发展为刺穿的,初期形成的隐刺穿底辟核上覆岩层遭受剥蚀或同变形期的沉积厚度相对薄,而有利于隐刺穿底辟向刺穿底辟演化。膏盐岩层刺穿上覆岩层向上侵位达到与上覆岩层在静岩压力、密度等方面新的平衡状态,所以说这一变形过程是膏盐岩层的主动变形过程。一些区域,盐的底辟作用可能发展到隐刺穿或许已经达到暂时的平衡状态就停止活动了,如却勒—西秋构造带的中部和拜城凹陷内部;而另一些盐刺穿的区域,在上新世的晚期由于地层的沉积速率大于盐向上的底辟速率,刺穿底辟活动也逐渐停止,如却勒—西秋构造带西部的却勒区段和克拉苏构造带的西部的刺穿底辟构造。阳霞凹陷及周边分布的吉迪克组膏盐岩层是在中新世沉积的,所以基本上没有发生底辟作用。

上新世到第四纪库车坳陷处于构造挤压环境,这一期间膏盐岩层的变形主要是由构造挤压引起的。由于盐上层、盐下层相对于膏盐岩层而言均为能干岩层,它们主导着构造变形,膏盐岩层则在盐上层、盐下层主导的收缩构造变形中发生"被动变形"。膏盐岩层在挤压作用下可"被动"参与盐上层和盐下层的褶皱冲断变形,主要有四种变形方式(图4-7):其一是盐上层褶皱的滑脱层,在背斜核部加厚;其二是盐上层、盐下层发生协调褶皱变形,夹持在能干岩层之中的膏盐岩层成为褶皱中的顶厚褶皱层;其三是盐上层发生逆冲断层,膏盐岩层沿着断层面楔入断层上盘向上逆冲,构成断层上盘相关背斜或半背斜的核部,甚至可以刺穿上覆岩层;其四是盐下层发生逆冲断层,膏盐岩层沿着断层面楔入断层下盘。上新世到第四纪,库车坳陷盐上层总体以褶皱变形为主导,盐下层则以逆冲断层变形为主。拜城凹陷及周边构造带盐上层、盐下层发生不协调构造变形,库姆格列木群膏盐岩层称为滑脱层,分隔盐上层和盐下层的构造变形。而阳霞凹陷及周边构造带吉迪克组膏盐岩层的盐上层、盐下层发生协调的褶皱变形,吉迪克组膏盐岩层则在协调褶皱中成为顶厚褶皱层,并构成局部盐上层逆冲断层的滑脱层。库车坳陷盐上层也发育逆冲断层,多数逆冲断层是褶皱相关断层,向下延伸在膏盐岩层中随着褶皱滑脱而尖灭。在早期刺穿盐底辟构造基础上,上新世—第四纪的挤压作用也可导致一些盐底辟核继续向上刺穿,或在盐上层发育逆冲断层。这些逆冲断层向下在盐刺穿底辟核部尖灭,向上可以直接逆冲到地表,盐岩沿逆冲断层面呈席状分布,甚至被断层带至地表,形成冲断盐席。盐下层的逆冲断层包括两类,一类是在基底滑脱的薄皮逆冲断层,一类是倾角较陡、切割到盆地基底的高角度逆冲断层。后者更易导致膏盐岩层在断层下盘楔入。高角度逆冲断层上盘断块冲入盐岩层中,在断层下盘形成一个呈楔状的低压区,盐岩在此聚集形成冲断盐楔。盐上层的冲断盐席分布在克拉苏构造带和却勒—西秋构造带。盐下层的冲断盐楔主要分布在克拉苏构造带,并以高角度基底卷入逆冲断层下盘的盐楔最具代表性,而却勒—西秋构造带由于盐下逆冲断层位移小,盐楔不甚明显。

(a)盐滑脱背斜

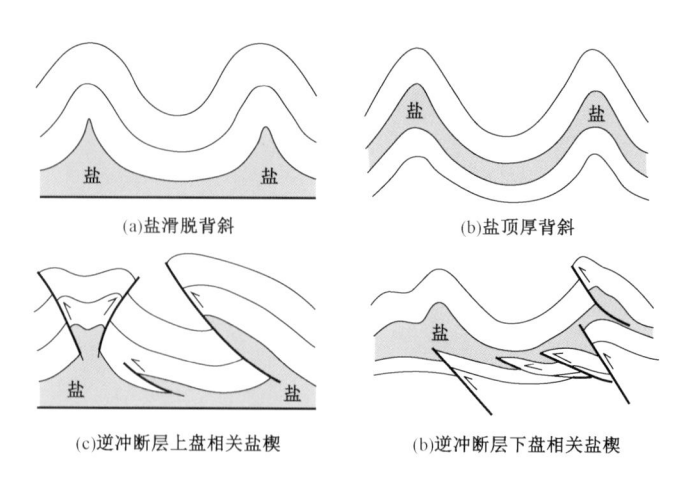

(b)盐顶厚背斜

(c)逆冲断层上盘相关盐楔

(b)逆冲断层下盘相关盐楔

图 4-7　库车坳陷膏盐岩层构造样式模型

## 四、盐下层构造层构造样式

库车坳陷库姆格列木群膏盐岩层的盐下层发育的沉积岩层主要为中生界和上二叠统。这些岩层在库姆格列木群膏盐岩层沉积前经历了侏罗纪—白垩纪的裂陷伸展变形和白垩纪末期的区域性隆升,导致中生界厚度分布的不均一,但是大部分区域库姆格列木群与下伏下白垩统仍保持平行不整合接触。盐下层的构造变形比盐上层更加复杂,包括在中新世—第四纪形成的以逆冲断层为主的收缩构造、早期的伸展构造受逆冲断层改造形成的反转构造以及调节不同区段构造变形的走滑构造(吴晓智等,2010;)。表 4-3 简要列举了库车坳陷盐下层的构造样式基本特征。

表 4-3　库车坳陷盐下层构造样式类型及其基本特征

| 构造样式 | | 基本特征 |
| --- | --- | --- |
| 收缩构造 | 叠瓦扇构造 | 多条同向倾斜的逆冲断层向上终止于盐岩层,向下收敛在含煤地层或盆地基底面上,构成叠瓦扇,向下收敛在基底断层上者呈楔状,为楔状叠瓦扇 |
| | 双重构造 | 沿库姆格列木群底部形成顶板断层,含煤地层或盆地基底为底板断层,及夹持期间的分支断层组成 |
| | 冲断三角带 | 两条逆冲断层相向逆冲,公共下盘下陷,或伴生向斜变形 |
| | 冲起构造 | 两条逆冲断层背向逆冲,公共上盘冲起,或伴生背斜变形 |
| | 逆冲断层相关褶皱 | 薄皮逆冲断层上盘随着断层面形态变化、位移消减发生褶皱,主要包括断弯褶皱和断展褶皱,少见断滑褶皱 |
| | 披覆背斜 | 基底卷入高角度逆冲断层上盘沉积岩层发生以基底断块为核的背斜构造 |
| 反转构造 | 正反转构造 | 晚期发育的逆冲断层利用或部分利用早期发育的正断层,表现为上逆下正的断层位移特征 |
| | 负反转构造 | 晚期逆冲断层在早期正断层上盘半地堑中发育,逆冲断层下盘留下有早期正断层上盘的沉积层 |
| 走滑构造 | 正花状构造 | 近直立的主干走滑断层与倾斜的分支断层构成"Y"形破裂带,在剖面上分支断层多表现为正断层视位移 |
| | 负花状构造 | 近直立的主干走滑断层与倾斜的分支断层构成"Y"形破裂带,在剖面上分支断层多表现为逆断层视位移 |

1. 收缩构造样式

库车坳陷盐下层的收缩构造变形以逆冲断层为主要构造要素,构成如表4-3所示的不同样式的收缩构造。其中,多数逆冲断层均向北倾斜,构造变形强度由南天山向库车坳陷呈阶梯式减弱,库车坳陷北部克拉苏—依奇克里克构造带构造变形强烈、构造样式复杂多变,却勒—西秋构造带构造变形相对较弱、构造样式相对简单。

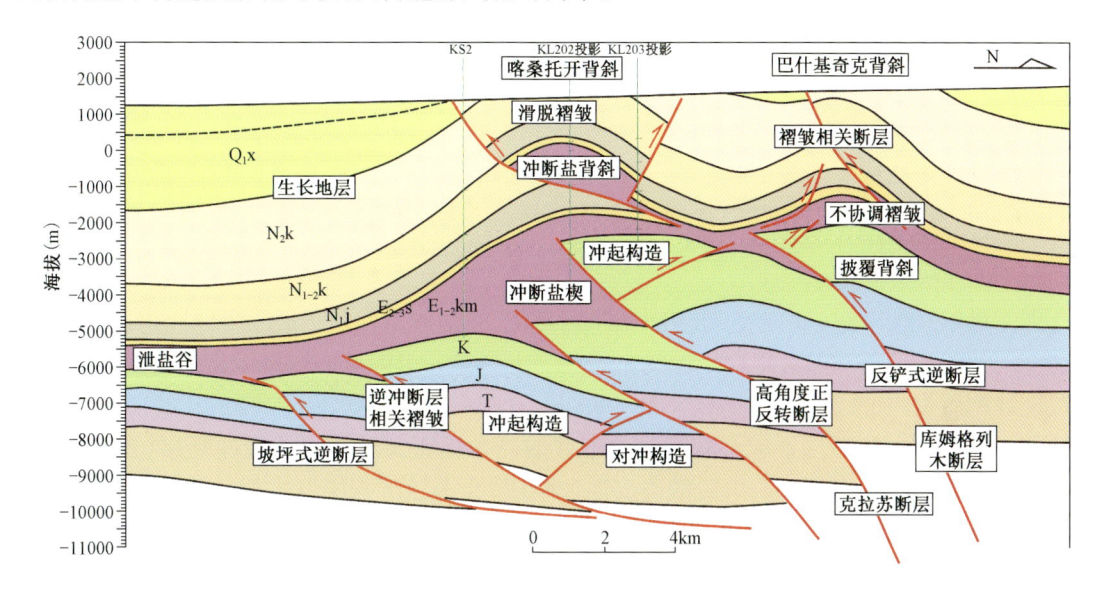

图4-8 克拉苏构造带地震剖面解释的盐下层收缩构造样式

库车坳陷克拉苏—依奇克里克构造带在盐下层中发育的高角度或反铲式逆冲断层规模较大,向下切割了盆地基底,位移大、延伸长,属于盐下层构造的主干逆冲断层。一些规模较小的逆冲断层在剖面上构成包括叠瓦扇构造、双重构造、对冲构造和背冲构造等构造样式。逆冲叠瓦扇构造是指多条同向倾斜的逆冲断层向下收敛合并为一条规模较大的逆冲断层的逆冲断层组合,逆冲双重构造是指多条逆冲断层向上、向下均合并为一条近规模较大的断层逆冲断层组合,属于典型的薄皮冲断构造。库车坳陷盐下层发育有多条向北倾斜的逆冲断层,它们向上延伸在库姆格列木群膏盐岩层中消减,向下延伸在含煤地层或盆地基底面滑脱合并为一条断层,构成逆冲叠瓦扇构造。逆冲断层在库姆格列木群膏盐岩层中消减,也可视为沿着膏盐岩层形成顶板断层,故也可以称为逆冲双重构造。这些薄皮的冲断构造多发育在基底卷入的高角度逆冲断层下盘,并且其底板断层向北延伸可能被基底卷入的高角度逆冲断层截止或限制。库车坳陷盐下层的逆冲断层多向北倾斜,显示收缩构造变形由南天山倒向库车坳陷,但是也发育有一些反冲断层,与顺冲断层相向逆冲使公共下盘下陷构成逆冲三角构造,或背向逆冲使公共上盘上升构成冲起构造。

克拉苏—依奇克里克构造带发育有2~3条基底卷入的高角度逆冲断层。这些断层切割中生界并向上延伸在库姆格列木群膏盐岩层中尖灭,或在盐上层的滑脱背斜核部消减。断层上盘的中生界受逆冲断层位移和断层面形态影响形成宽缓的半背斜或断背斜,紧闭褶皱构成的薄皮收缩构造叠置在基底卷入逆冲断层构成的厚皮收缩构造之上,库姆格列木群膏盐岩层或侏罗纪煤系地层将浅表层的构造变形与深层构造变形分割开来。在中生界中发育的薄皮冲断构造主要分布在克拉苏—依奇克里克构造带南侧,与北侧基底卷入的高角度逆冲断层一起构成了由南天山向库车坳陷逆冲的构造楔。北部单斜带新生界与中生界之间的滑脱并不明显,是基底卷入的高角度逆冲断层导致构造楔增生的结果。南天山与库车坳陷之间的挤压作用造成的收缩应变并非全部集中在克拉苏—依奇克里克构造带,在却勒—西秋构造带的盐下层也发育有基底卷入的逆冲断层,这些逆冲断层的位移较小,多以共轭逆冲断层形式出现,构成三角带构造或冲起构造。

库车坳陷中生界在以逆冲断层为主导,断层上盘的断块也发生了相应的褶皱变形,褶皱分为逆冲断层相关褶皱与披覆褶皱两类。可能是由于岩层能干性较强的原因,褶皱变形的幅度普遍不大,尤其是却勒—西秋构造带。逆冲断层相关褶皱在理论上包括断弯褶皱、断展褶皱、断滑褶皱及其组合样式,库车坳陷中生界以断弯褶皱居多,断展褶皱偶有发现,未发现沿含煤地层滑脱的断滑褶皱。披覆褶皱主要分布于克拉苏构造带的北侧,两条高角度基底卷入断层(克拉苏断层和库姆格列木断层)逆冲位移大,其上盘早期为披覆褶皱变形,后期被断层冲破。

2. 反转构造样式

库车坳陷在侏罗纪—白垩纪处于引张构造环境,裂陷作用使盐下层发生伸展构造变形,发育切穿同裂陷期地层和前裂陷期地层的正断层。上新世—第四纪区域挤压作用又使盐下层发生以逆冲断层为主的收缩构造变形。部分晚期发育的逆冲断层利用了早期的正断层面发生反转位移(郭卫星等,2010),形成切割到盆地基底的高角度正反转断层或逆冲断层(漆家福等,2009),也发育一些在沉积层中滑脱的薄皮逆冲断层,并诱导沉积层发生相关褶皱(何光玉等,2003;漆家福等,2009;郭卫星等,2010)。晚期挤压构造环境发育的逆冲断层与早期裂陷环境发育的正断层之间可能存在多种叠加方式,构成不同样式的反转构造(图4-9)。克拉苏构造带地震剖面上显示的一些向北倾斜的高角度断层应该是图4-9a或图4-9c所示的正反转断层,断层上部将白垩系逆冲到库姆格列木群盐岩层之上,断层下部切割盆地基底的逆冲位移迅速减小或者表现为正断层位移,断层上盘的侏罗系—白垩系厚度明显比下盘厚。在大北、博孜构造的地震剖面上可以见到图4-9b所示的反转构造样式,盐下层薄皮逆冲断层在侏罗系滑脱,但是逆冲断层之下仍有残留的正断层。克拉苏—依奇克里克构造带在侏罗纪—白垩纪很

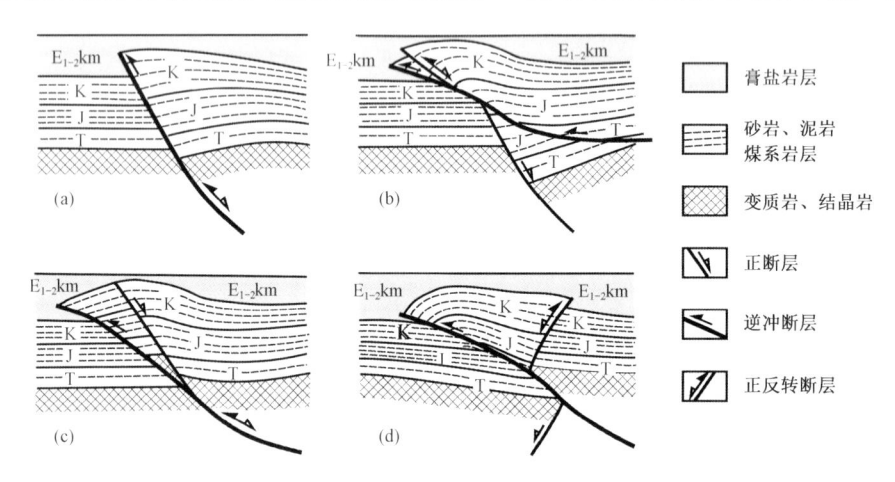

图4-9 早期伸展后期挤压形成的构造样式

(a)晚期逆冲断层完全利用早期正断层反转;(b)晚期逆冲断层在早期正断层上盘,利用早期正断层上部反转;
(c)晚期逆冲断层在早期正断层下盘,利用早期正断层根部反转;(d)晚期逆冲断层切割早期正断层,早期正断层上部反转
$E_{1-2}km$—库姆格列木群;K—白垩系,主要为下白垩统;J—侏罗系;T—三叠系

可能是一个由一系列向北倾斜的正断层构成的断裂带,断裂带北侧的侏罗系—白垩系相对较厚。喜马拉雅运动的挤压变形利用或部分利用这些正断层的断层面发生逆冲或走滑逆冲位移,形成了盐下层的收缩构造变形。盐下层的正反转断层表现为两个特点:其一,通常是高角度基底卷入断层;其二,在反转过程中易在断层下盘形成捷径断层。克拉苏构造带北侧的克拉苏断层和库姆格列木断层表现为正反转断层(图4-9b、c),且反转位移大。当晚期逆冲断层沿着先存正断层上部可能受到破坏而难以识别,但必然存在一些反转的盲区。在克拉苏构造带南侧的地震剖面上,仍然能够解释出一些向北倾斜的正断层,正断层上盘为小型的半地堑,多条向北倾斜的正断层组合成阶梯式正断层。

却勒—西秋构造带也应分布有正反转断层,只是由于同构造期的沉积作用以及晚白垩世的剥蚀作用使侏罗系—白垩系残留厚度较小,在地震剖面上较难识别早期正断层,主要表现为高角度逆冲断层将盆地基底逆冲到库姆格列木群之上。

有三方面的因素导致库车坳陷中生界发育正反转断层。其一,侏罗纪—白垩纪发育的同生正断层的走向(近东西向)和晚新生代喜马拉雅运动的区域挤压方向(近南北向)近垂直;其二,切割中生界的先存正断层是构造软弱部位,力学性质(内聚力、摩擦系数)比围岩弱,其重新活动甚至比产生新的逆冲断层需要的差应力更小(图4-10);其三,盆山之间相对垂直升降作用在山前地区产生高角度向隆起区倾斜的逆冲剪切带,一些先存的向南天山倾斜的正断层易于被迁就利用而发生逆冲位移形成正反转断层。库车坳陷在侏罗纪—白垩纪发育的正断层可能有不同的产状,但是在晚新生代时期的区域挤压作用是由南天山向库车坳陷逐渐减弱的,向北倾斜的正断层更容易发生构造反转,形成如图4-9a、b、c所示的反转构造样式,向南倾斜的正断层在晚新生代的区域挤压过程中也有可能形成如图4-9d所示的反转构造样式。

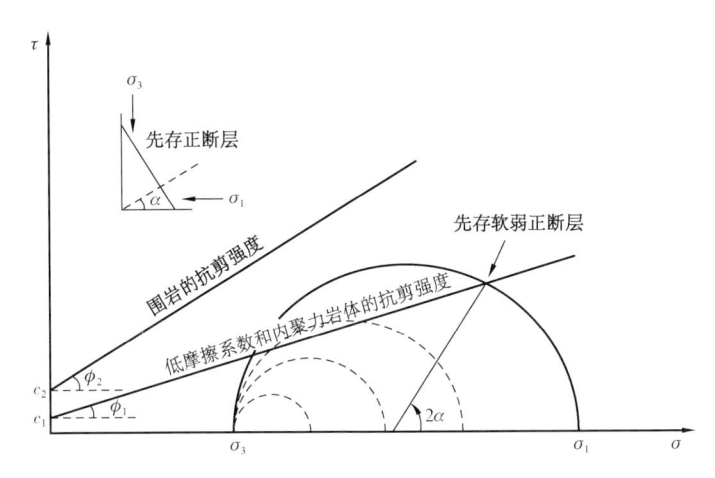

图4-10 先存正断层反转的摩尔应力圆
由于$\varphi_1<\varphi_2$、$c_1<c_2$,先存正断层重新活动比产生新断层需要的差应力小

### 3. 走滑构造样式

库车坳陷的走滑构造包括两类。一类是与晚新生代区域挤压方向斜交的基底断裂在区域挤压作用下发生走滑逆冲位移或逆冲走滑位移而形成的走滑构造带,例如沿着克拉苏构造带中的一些横向断层发生走滑或逆冲走滑活动,在冲断褶皱变形系统中具有调节作用;另一类是中、新生代构造演化过程中一些高角度基地断层发生走滑、正走滑或逆冲走滑活动,例如沿着温宿凸起、玉尔滚构造带、秋里塔格构造带等发育的基底走滑断层,导致沿着基底断裂带发生

局部构造反转。在克拉苏构造带南侧的地震剖面上,仍然能够解释出一些向北倾斜的正断层,正断层上盘为小型的半地堑,多条向北倾斜的正断层组合成阶梯式正断层。库车坳陷中段的东西边界均为走滑断裂带,且内部各个区段的收缩变形量也不尽一致,走滑断层应该有较广泛的分布。由于地震剖面上走滑断层识别困难,目前识别出的中生界走滑断层只有两处,分别位于却勒—西秋构造带西部南侧的喀拉玉尔滚构造带(图4-11)和却勒—西秋构造带的东部(图4-12),这些断层均切入基底,并显示了一定的花状形态(吴晓智等,2010)。

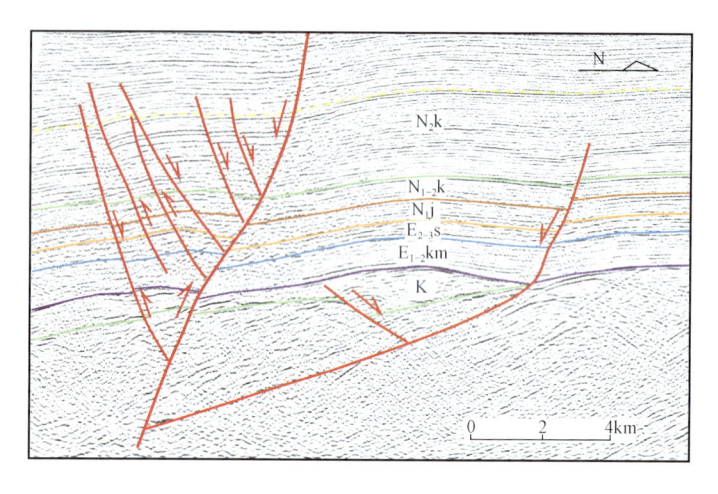

图4-11 测线BC00-71(局部)上的花状走滑构造

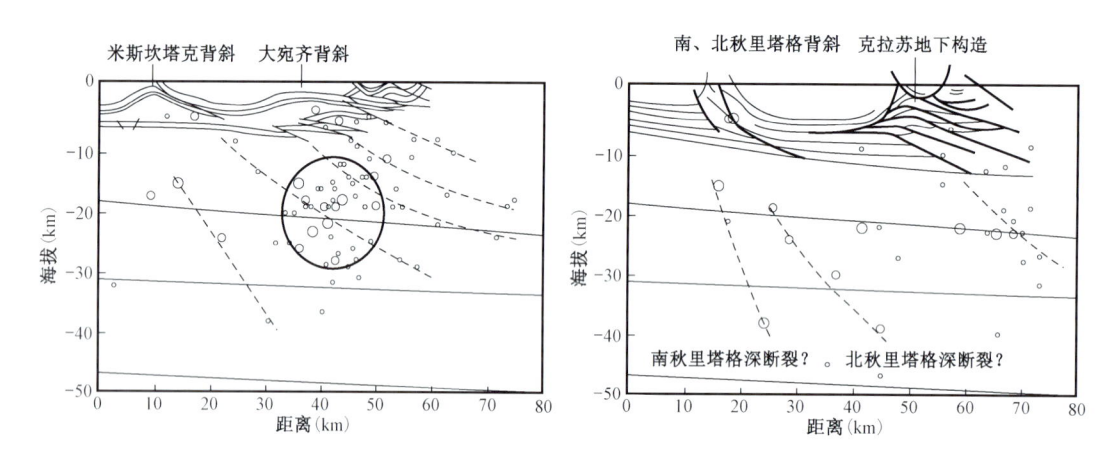

图4-12 库车坳陷浅部构造与地震震中分布剖面图(据刘洁等,2004)

盐下层的逆冲断层包括两类,一类是在沉积层基底面滑脱的薄皮逆冲断层,一类是基底卷入的逆冲断层。在前中生代构造变形过程中,盆地基底发育有一些高角度断层。中、新生代构造变形过程中的部分断裂利用了前中生代形成的基底断层面再活动。地震资料的解释表明,在克拉苏构造带与却勒—西秋构造带存在高角度的基底卷入逆冲断层。地震震中的分布也表明,克拉苏构造带与却勒—西秋构造带发育基底断裂(图4-12),而并非是盖层滑脱变形模式认为的基底基本不变形。基底断层主要有两类:逆冲断层和走滑断层。大部分基底断层显示为逆冲断层,而却勒—西秋构造带西部和东部的基底断层表现为逆冲走滑断层。基底断层直接影响了中生界的构造变形,并进而影响了盐岩层与盐上层的变形。

## 第二节 主要区带(强变形带)构造模型

克拉苏—依奇克里克构造带和却勒—秋里塔格构造带是库车坳陷的两条强变形带。受构造位置、地层岩性和厚度等因素影响,同一构造带不同区段的构造样式有一定的差异(汤良杰等,2006;雷刚林等,2007;商国玺等,2008)。

### 一、克拉苏构造带

克拉苏自西向东可以分为吐孜阿瓦特、博孜、大北、克深、克拉3等5段,不同区段的构造变形样式既有相似之处,也有一定的差异。

#### 1. 吐孜阿瓦特区段

吐孜阿瓦特区段位于克拉苏构造带西端,克拉苏构造带向东伸入乌什凹陷逐渐消失。吐孜阿瓦特区段处于库车坳陷西段与中段的衔接部位,构造变形样式复杂多变(王安国等,2013)。图4-13是吐孜阿瓦特区段的地震剖面解释图,可以看出受膏盐岩层的影响构造分层变形现象十分明显。以古近系膏盐岩为界,可以划分为盐上层与盐下层两套变形系统。盐上层表现为一个宽缓的向斜,向斜前缘发育大断距逆冲断层,断层向下在盐岩层内滑脱。盐岩层变形则主要表现为流动加厚特征,有两种流动方式:一种是沿大断层向地表流动,表现为盐岩底辟构造样式,另一种是沿地层内侧向挤出,表现为楔入型构造。两种流动方式表明该构造段盐岩的沉积演化具有多期性,在后期构造运动过程中表现出复杂的变形样式。

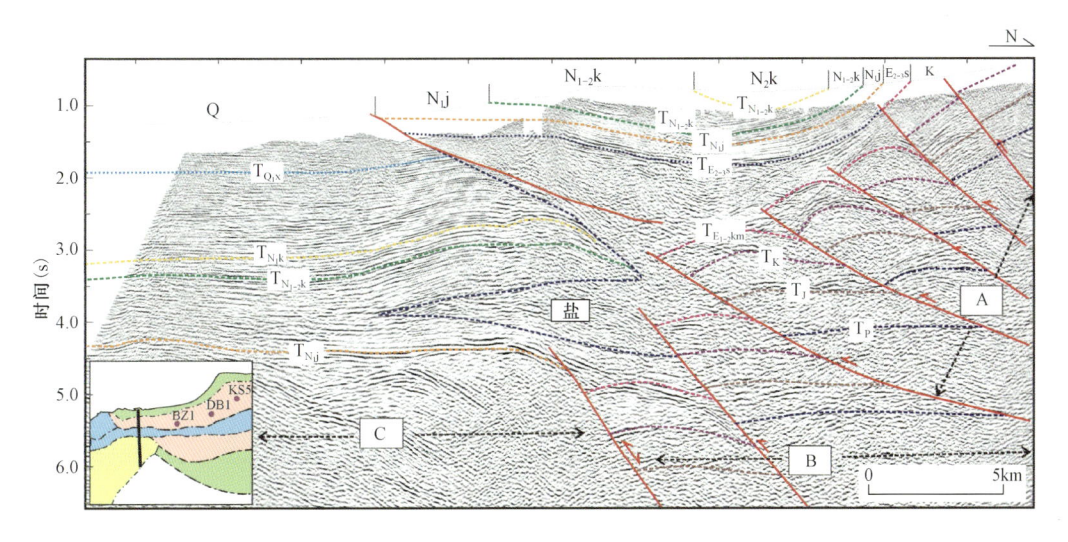

图4-13 吐孜阿瓦特构造带典型地震剖面图

盐下层构造变形主要为一系列逆冲叠瓦断层及相关褶皱构造样式,受逆冲断层的影响,目的层白垩系顶面的埋深自7000m抬升至地表。盐下层向北倾斜的逆冲断层总体上构成一个楔状叠瓦扇,后缘的逆冲断层倾角较大,并明显切割到盆地基底,为基底卷入型高角度逆冲断层;前缘的逆冲断层倾角较低,具有盖层滑脱逆冲断层特征;内部的逆冲断层则介于基底卷入和盖层滑脱之间,且逆冲断层倾角也由南向北由逐渐增大的趋势。盐下层构造可以划分为3个变形区,其中在地表逆冲断层前缘为温宿古隆起变形区(图4-13中的C区),该区域构造变形稳定,盐岩不发育,盐下层发育古隆起构造。通过与温宿凸起地层对比,古隆起北部边缘在中生界沉积时期的边界断层表现为伸展正断层特征,后期在挤压作用下发生反转形成逆冲褶皱构造(图4-13中的B区)。至盆地边缘新生代地层表现为冲断褶皱变形,一系列切割基底的逆冲断层将中生界逆冲到古近系之上,构成基底卷入的逆冲叠瓦构造,并引起中生界发生断层相关褶皱变形(图4-13中的A区)。中生界的厚度及切割中生界的逆冲断层断距变化较小,逆冲断层向上切割到古近系膏盐岩层中消失,但是收缩构造变形一直影响到盐上层,反映了晚期构造变形特征。

图4-14是穿过吐孜阿瓦特区段的一条区域地震剖面。剖面北侧发育一条基底逆冲断层,将中生界冲出地表。盐上层北部是以古近系膏盐岩为核形成的冲断滑脱褶皱,形成冶克奇根背斜和库鲁科尔背斜。剖面中部地层近水平,变形轻微。剖面南部受走滑作用影响形成花状构造,剖面上分支断层显示高角度、小位移量的正断层和逆断层。膏盐岩岩层发育收缩构造变形,形成冲断盐背斜、冲断盐楔、盐向斜等。盐下层北部中生界较厚,抬升强烈,发育4条基底卷入的逆冲断层,其中南侧的断层为主断层,组合成叠瓦构造,断层上盘为有利的构造圈闭。剖面中部对应温宿突起,中生界缺失,发育数条基底逆冲断层,组合为冲起构造。剖面南部中生界较薄,受走滑作用影响发育基底走滑断层,剖面中显示为逆断层。

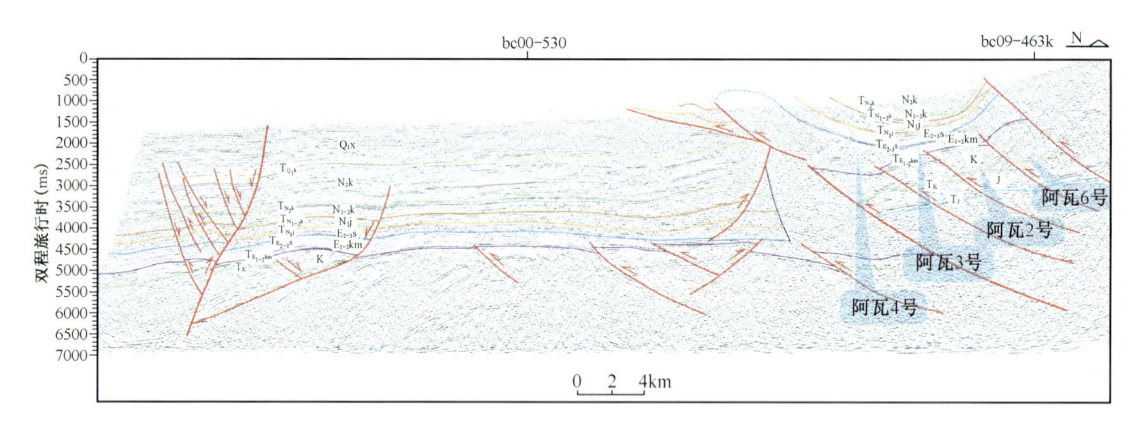

图4-14 地震测线 BC00-71 构造解释图

图4-15穿过吐孜阿瓦特区段的 CEMP 剖面,可解释出一系列的基底卷入逆冲断层,深部岩层的变形与浅层岩层的变形明显不协调,表明膏盐岩层在构造变形中发生滑脱。CEMP 剖面的构造解释与地震资料的解释具有一致性,说明地震资料的解释是合理的。

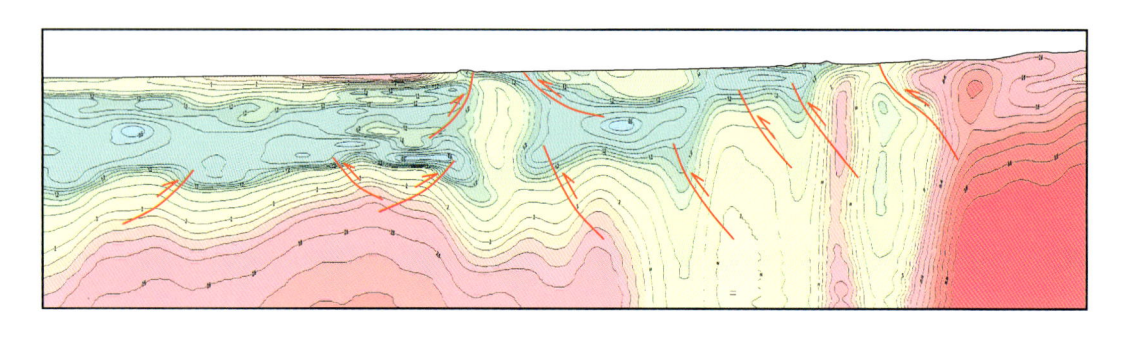

图4-15 CEMP 剖面 BZD04E-085 构造解释图

抽取吐孜阿瓦特区段的三条地震剖面解释结果可以看出构造变形样式沿着走向有一定变化(图4-16)。盐上层北部克拉苏构造带为冲断的滑脱褶皱,中部无明显的构造变形,自西向东滑脱背斜与向斜幅度减小,至BC00-82剖面处克拉苏构造带盐上层的褶皱已过渡为单斜构造,而秋里塔格构造带的背斜明显,为冲断的滑脱褶皱,其破冲断层向东可与却勒塔格逆冲推覆断层相联系。盐岩层在西部与中部发育冲断盐背斜、盐向斜,在盐下层主干逆冲断层下盘形成大型冲断盐楔,至BC00-82剖面处秋里塔格构造带为一大型盐枕。盐下层由4条向北倾斜的逆冲断层组合成叠瓦构造,南侧主干逆冲断层的位移量向东减小。总体上,影响构造样式变化有两个主要因素:其一是库车坳陷中段广泛发育的库姆格列木群膏盐岩层向西至吐孜阿瓦特区段减薄尖灭;其二是NW向的喀拉玉尔滚走滑断裂带在吐孜阿瓦特区段与克拉苏构造带交切。吐孜阿瓦特区段在南部的断层和背斜均为NNW向雁列式展布,与喀拉玉尔滚走滑断裂带有一定的成因联系。

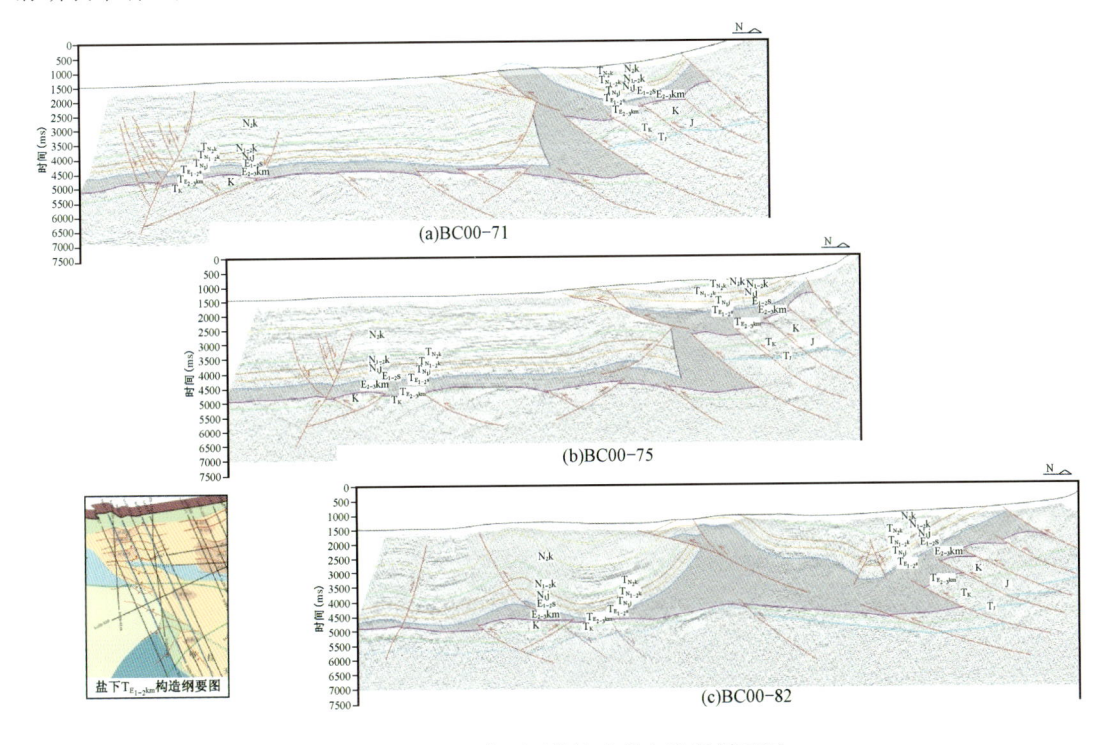

图4-16 吐孜阿瓦特构造联合地震剖面图

## 2. 博孜区段

博孜区段位于克拉苏构造带西段,地表被第四系覆盖,仅在北部出露古生界、元古宇等盆地基底岩层。横穿博孜区段的地震剖面显示的结构特征与吐孜阿瓦特区段有类似之处,盐上层与盐下层构造明显不协调(图4-17)。盐上层发育两套生长地层,一套是库车组,地层厚度向北部减薄,另一套为苏维依组,地层厚度向北增厚。生长地层的变化反映了盐上层构造活动的差异性,苏维依组沉积时期博孜构造带表现为南高北低,沉积地层北部较厚,而库车组沉积早期生长地层即开始发育,表明北部盐岩底辟体逐渐隆升引起了构造反转。博孜1井钻探发现自康村组至西域组发育多套厚层砾岩,也证明了盐岩在新近系沉积中期即开始活动,第四系沉积时期盐底辟体活动减弱停,西域组沉积地层厚度均匀,受北部断层影响,西域组内仍发育大套砾岩层。

— 81 —

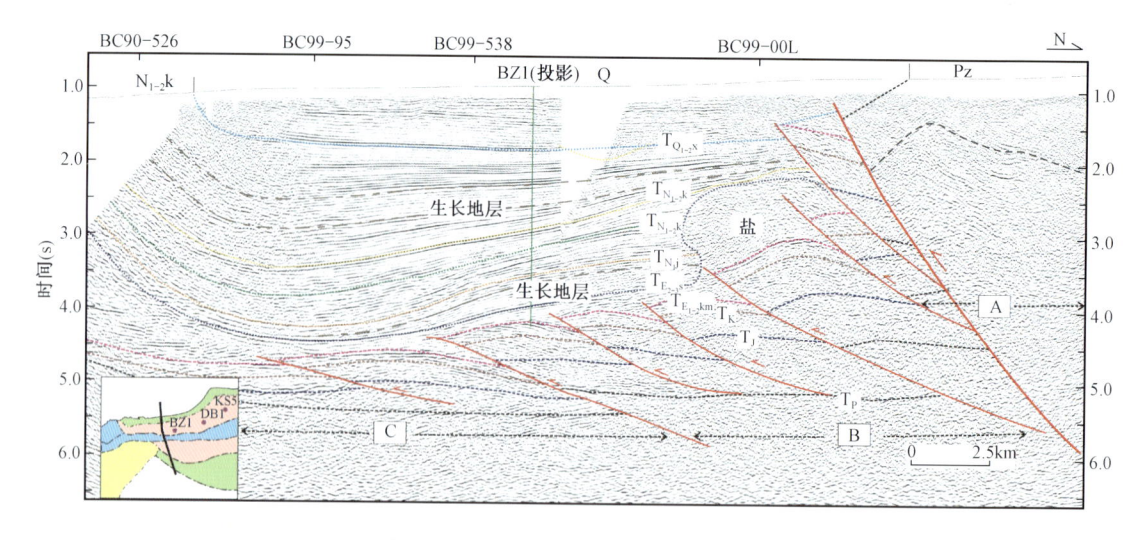

图 4-17 博孜构造带典型地震剖面图

地震剖面中盐上层为向南倾斜的单斜层,北部在盐堤基础上发育一条逆冲断层向上切割至西域组内部,并诱导西域组发生相应的褶皱变形。博孜区段盐岩层厚度较薄,顶底时间差大约为 200ms,但是在北部克拉苏断层下盘发育有盐底辟体,膏盐岩层显著增厚。盐岩层为盐上层构造变形的滑脱层并发生底辟变形和收缩变形,南部形成盐丘构造,北部形成刺穿盐墙构造,在逆冲断层下盘形成冲断盐楔。盐下层北侧为两条高角度的基底卷入逆冲断层,向南则发育数条铲式的逆冲断层,这些铲式断层可能利用了侏罗系含煤地层或盆地基底等软弱面,其根部向北延伸则受基底卷入的高角度逆冲断层限制或切割,总体上这些向北倾斜的逆冲断层构成了楔状叠瓦扇。

如图 4-17 所示,博孜区带盐下层以向北倾斜的逆冲断层为主,由南向北逆冲断层倾角逐渐增大,总体上构成楔状逆冲叠瓦扇。自北向南也可以分为三个构造带,后缘发育基底卷入的高角度逆冲断层,其上升盘基底强烈抬升出露至地表,古生界及中生界均遭受剥蚀,称为 A 带。基底卷入的高角度逆冲断层的下盘发育一系列低角度向北倾斜的分支断层,构成楔状叠瓦构造。靠近克拉苏断层的分支断层虽然倾角较低,但是也切割到基底岩层中,称为 B 带。低角度基底卷入断层切割的断块内可以发育滑脱断层及相关褶皱。远离克拉苏断层的南部的分支断层以低角度盖层滑脱逆冲断层为主,称为 C 带。低角度逆冲断层在中生界底部或侏罗系煤系地层中滑脱,并导致中生界发育低幅度断层相关褶皱构造。中生界厚度向南逐渐减薄,向北则受逆冲断层影响而逐渐抬高。

图 4-18 是横穿博孜区带的 CEMP 剖面,北部可解释出 3 条高角度的基底卷入逆冲断层,其中北侧的断层将中生界逆冲至地表,另 2 条则在膏盐岩层中尖灭,向南则可能存在低角度的逆冲断层。CEMP 剖面上的构造特征与地震资料的解释模型是互相符合的。

图 4-19 是根据横穿克拉苏构造带博孜区段地震剖面解释结果编制的联合剖面图。剖面最北侧南天山山前发育一条向北倾斜的基底逆冲断层为克拉苏断层,断层将中生界冲出地表,地面露头上可见侏罗系和三叠系。盐上层总体为向南倾斜的单斜构造,南侧为拜城凹陷向斜;在北部发育一条小型向北倾斜的逆冲断层,断层向上切割至西域组底部,向下终止于盐岩层中;在剖面北部的刺穿盐墙南侧,苏维依组等地层厚度变化形成了龟背构造,其形成是由于早期盐隐刺穿、刺穿,而盐体周围地层沉降,形成了相对厚的沉积,这也表明盐岩在古近纪、新近

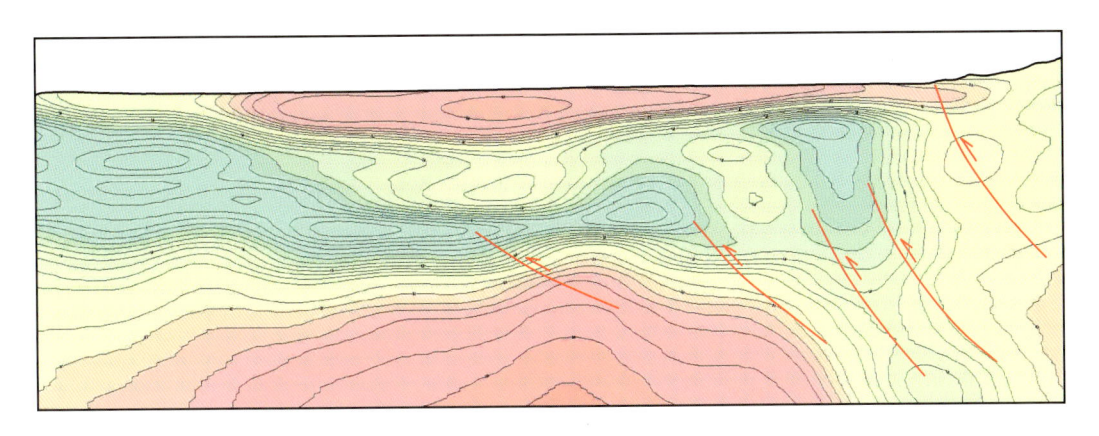

图4-18 横穿博孜区段的CEMP剖面(BZD04E-105)构造解释图

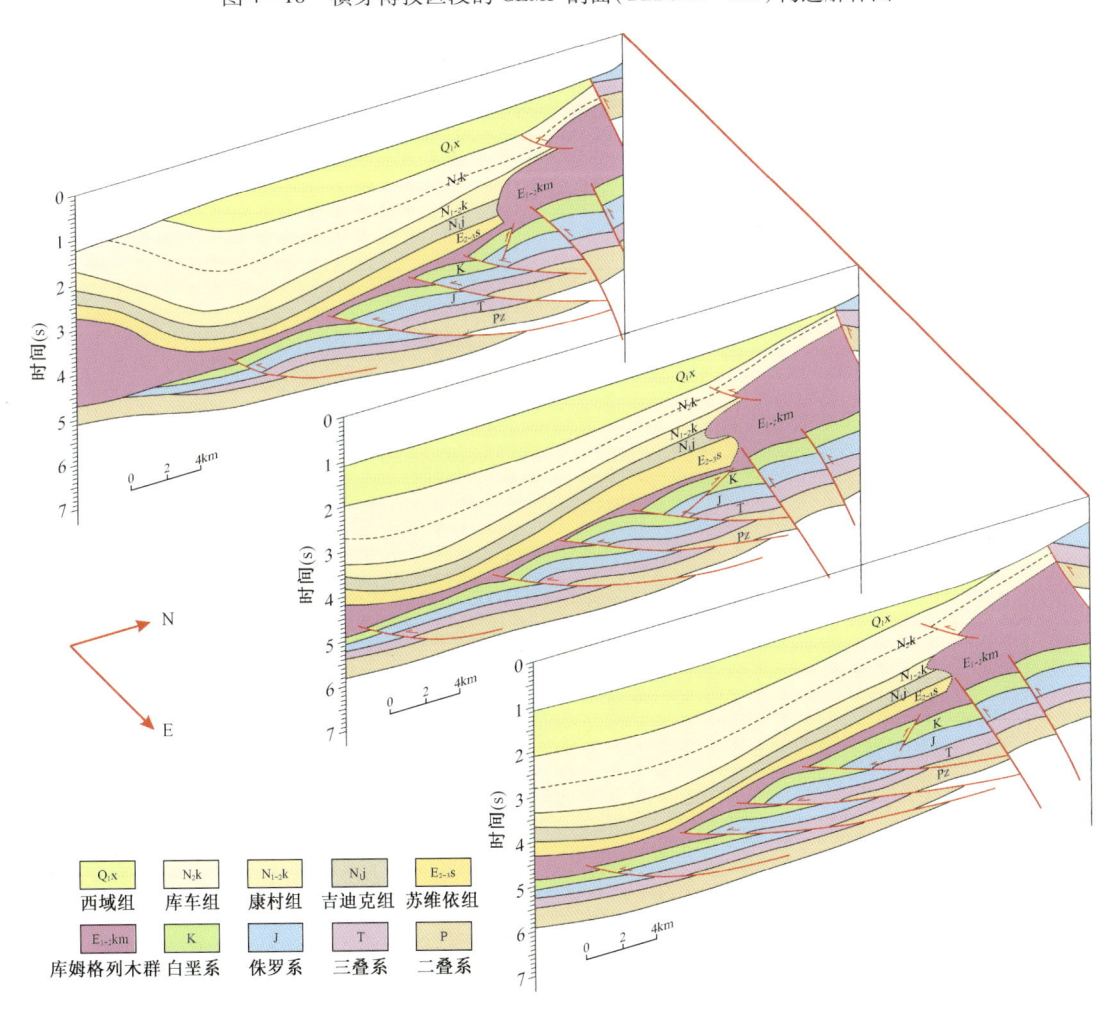

图4-19 克拉苏构造带西部联合地震剖面构造解释图

纪都是有活动的,只是新近纪以来受构造挤压活动更强烈而已。盐岩层为盐上层构造变形的滑脱层,并发生底辟变形和收缩变形,北部形成刺穿盐墙构造,在盐下层逆冲断层下盘盐岩聚集形成小的冲断盐楔,向南与却勒—西秋接界处形成盐枕构造。盐下层总体为由若干向北倾斜的逆冲断层构成的楔状叠瓦构造,北侧发育两条高角度基底卷入逆冲断层,向南发育多条沿盆地基底滑脱的铲式逆冲断层,这些断层根部向北延伸则受基底卷入的高角度逆冲断层限制或切割。

### 3. 大北区段

大北构造段位于克拉苏构造带中部,构造变形强烈,分带变形特征明显。自大北段开始,克拉苏构造带在地表出现大规模的线性延伸的褶皱带。其中在大北段,地表出现 SWW—NEE 走向的吐孜玛扎背斜,背斜走向与南天山边界一致。

结合地震剖面(图4-20)可以发现,吐孜玛扎背斜南端发育大型逆冲断层,断层向上突破地表,向下在盐层内滑脱。平面上该断层延伸长度近60km,自西向东走向由 NE 向转为近 EW 向。在背斜出露地区,地表断层较易识别,背斜消失处,断层多隐伏于第四系之下。以盐上吐孜玛扎断层为界,盐上层可划分为两个变形区带。北部为一个大型向斜构造。两侧均以逆冲断层为界。南部受盐岩层变形影响,表现为双背斜构造特征,受背斜形成演化的影响,背斜两翼发育典型生长地层。生长地层反映构造变形的时间主要为库车组沉积中晚期。与博孜构造带相比,该区盐层内发育南北两个盐加厚构造,其中南部大宛齐盐丘的规模明显大于吐孜玛扎断层下盘盐底辟构造。根据生长地层可以判断,北部盐底辟活动时间早于南部北大宛齐盐丘,从吉迪克组沉积时期底辟体即开始发育。

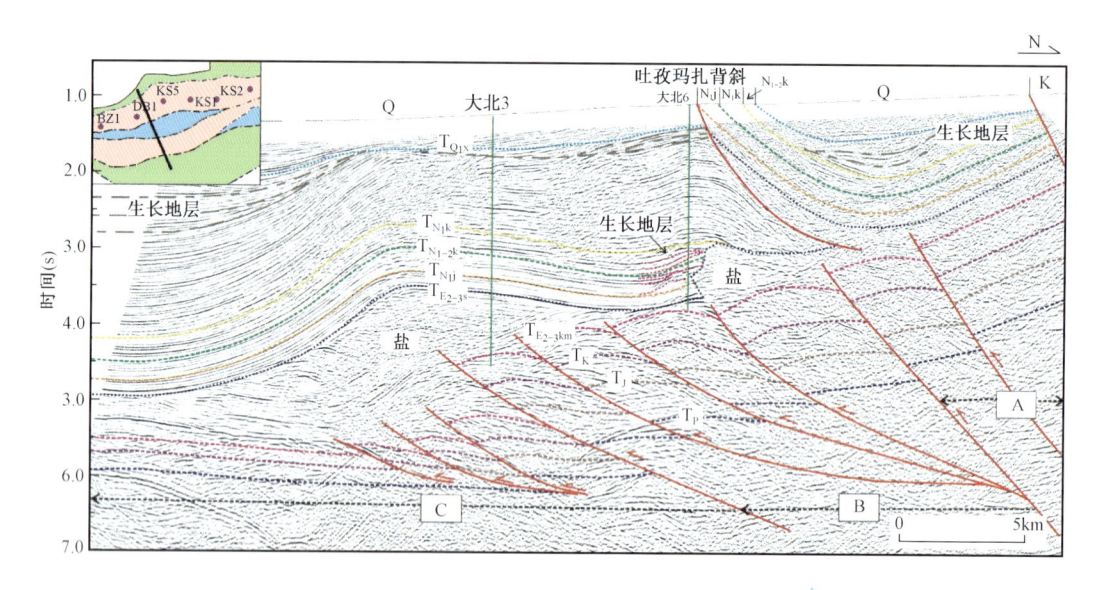

图4-20 大北构造段地震解释剖面

大北区段盐下层发育的一系列冲断构造内含有丰富的天然气资源,目前已确认包括大北3、大北1、大北201在内的一系列含气构造。这些构造均分布于吐孜玛扎背斜带以南的盐下构造层内。大北区段盐下层仍然可以划分为3个变形带,其中B带与C变带较好识别,根据断层断距及基底面的连续性即可判断,而A带与B带的分界则较为模糊。与博孜区段不同的是,大北区段盐下层构成楔状叠瓦构造的逆冲断层系中后缘划分A带和B带界线的高角度基底断层的逆冲断距较小,而划分B带和C带的断层的逆冲断距相对较大,并且在C带之上发育大宛齐盐丘。通过区域构造对比可以认为,从博孜区段到大北区段分隔A带、B带的基底卷入型高角度断层的逆冲位移沿着走向逐渐减小,而分隔B带、C带的基底卷入型断层的逆冲位移沿着走向逐渐增大。诚然,博孜区段、大北区段中分隔构造带断层不一定是同一条基底断层,但是基底断层逆冲位移此消彼长的呼应关系表明它们在运动学上有密切联系。最近在大北—克深连片三维地震资料解释中发现,大北区段分隔 A 带、B 带的基底断层向东延伸逆冲位移又逐渐变大,与克深区段的克拉苏断层连接在一起。

依据地震剖面解释结果编制的克拉苏构造带大北、吐北区段的联合地震剖面(图 4 – 21)可以看出构造样式沿着构造走向有一定的变化。西侧剖面北部较靠近南天山山前,发育一条基底卷入的北倾逆冲断层,露头上断层以北新生界、中生界依次出露,其他两条剖面向北延伸少未揭示该断层。盐上层北侧总体表现为冲断的滑脱褶皱,以及在该逆冲断层下盘由于盐体刺穿底辟引起新生界的"上拱";在吐孜玛背斜南翼发育主破冲断层,北翼发育小型的反向断层;东侧的剖面在吐孜玛扎背斜北部发育有库姆格列木背斜,其北翼受反冲断层破坏;南侧向拜城凹陷方向发生宽缓的褶皱变形,新生界库车组和西域组生长地层显示了沉积中心向南迁移的特征。盐岩层发育底辟构造和收缩构造变形,由于盐刺穿造成其上地层上拱并形成盐堤,在剖面南侧靠近拜城凹陷发育有大型的盐枕,其他盐构造样式有冲断盐背斜(克拉苏中部)、冲断盐楔(克拉苏中部、北部)、冲断盐席(吐孜玛扎背斜下方)。

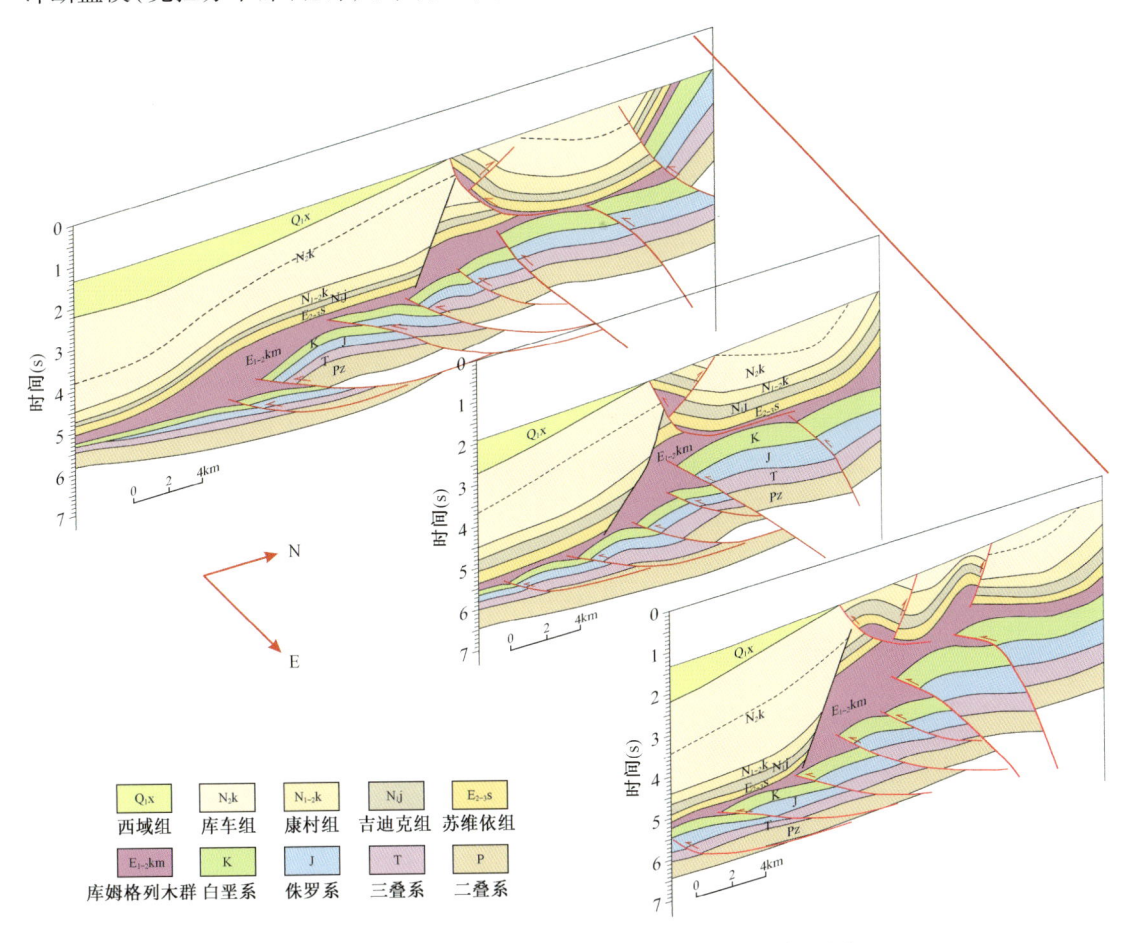

图 4 – 21　克拉苏构造带中部联合地震剖面构造解释图

### 4. 克深区段

克深区段位于克拉苏构造带的中东部,是克拉苏构造带的主体部分,自西向东还可以划分为克深 5、克深 1、和克深 2 号三个小段,每小段在南北向上又分布有若干构造圈闭。

克深 5 构造段构造位置特殊,从地表露头来看克深 5 井位于地表线性背斜带的过渡部位,西侧吐孜—玛扎背斜为 NE 走向,而东侧库姆格列木背斜为近 EW 走向。背斜的数量也发生明显变化,由西侧地表单背斜逐渐转变为东侧的双背斜构造。地震剖面显示(图 4-22),克深 5 井区附近盐岩层仍然较厚,与大北构造段不同的是,该段发育两套盐岩聚集体,主要位于克拉苏断层之上。生长地层显示,盐底辟构造在康村组沉积时期开始发育。受盐底辟作用影响,地表形成了喀桑托开背斜与库姆格列木背斜。该段构造具有明显的构造转换特征(杨明慧等,2004;边海光等,2011),库姆格列木背斜前缘的断层已开始发育。

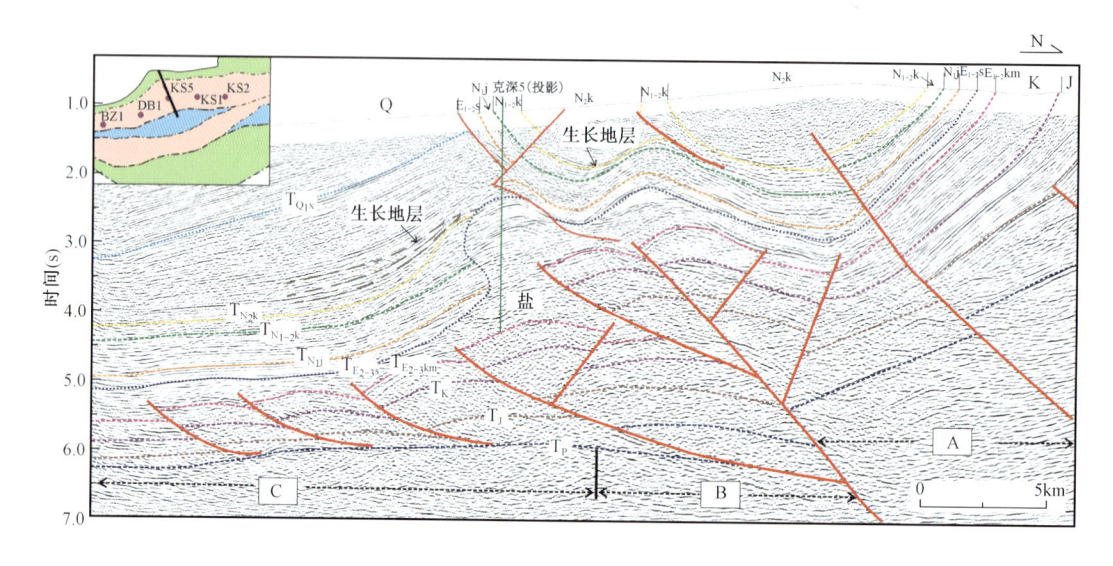

图 4-22 克深 5 构造段地震解释剖面

克深 1-2 构造段位于克拉苏构造带中东部,地表地质图显示,该构造段构造主体呈近 EW 走向,地表主要表现为一排单斜带及两排线性褶皱带,分别为北部库姆格列木背斜带及南部喀桑托开背斜带。其中库姆格列木背斜带核部出露中生界,而喀桑托开背斜核部仅出露古近系。地震剖面显示(图 4-23),该构造段变形特征与克深 5 构造段较为相似。北部单斜带构造样式主要为受大断裂控制的逆冲断层及相关褶皱变形,其中中生界形成的大规模冲起构造控制了盐上层的构造变形。过黑英 1 井地震剖面显示北部单斜带为明显的基底卷入变形构造。其中中生界,甚至古生界卷入至克拉苏断裂带上盘变形,地层为向北部抬升呈单斜构

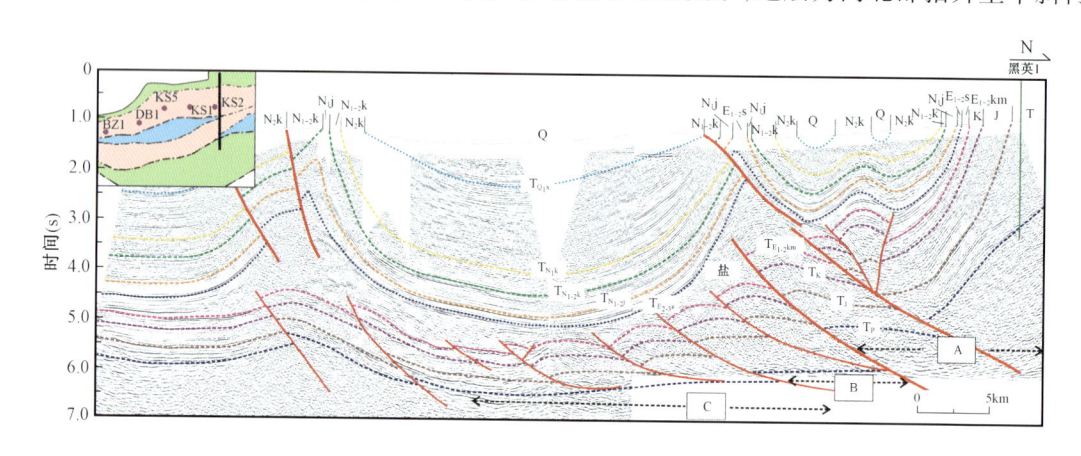

图 4-23 克深 1-2 构造段地震解释剖面

造,而克拉苏断裂带下盘中生界及古生界则表现为褶皱背斜构造,整体产状较平缓,与北部单斜带相比差异变形明显。

克深区段盐下层依然是以向北倾斜的逆冲断层构成的楔状叠瓦扇为基本特征,与大北、博孜区段比较,叠瓦逆冲断层的分布范围更大,可以一直延伸至拜城凹陷中南部。向秋里塔格构造带,中生界逐步抬升,在巨厚盐岩层下发育基底卷入逆冲构造,局部形成断层相关褶皱构造样式。此外,楔状叠瓦扇后缘的基底卷入断层(克拉苏断层)位移较大,倾角更陡,上盘发育反向倾斜的分支断层,显示具有走滑位移分量特征。在平面上,克拉苏断层上盘发育的分支断层与主断层锐角斜交,夹持的断块形成冲起背斜沿着主干断层旁侧斜列,显示整个构造带具有扭压变形特征。但是,克深区段的构造分带现象依然明显,A 带基底卷入变形特征明显,自北部以单斜为主的构造样式转变为克拉苏断裂的走滑构造。B 带为低角度基底卷入式逆断层,与克拉苏断层交于盆地深部。C 带在该区域变形特征明显,一系列在基底面之上滑脱的逆断层间发育断层相关褶皱背斜。

图 4-24 是横穿克深区段的 CEMP 剖面。可以看到,克拉苏北侧发育基底卷入高角度逆冲断层,并将中生界逆冲至地表,向南盐下的断层具有产状变缓顺层滑脱的趋势;盐上以古近系膏盐岩为滑脱层形成滑脱背斜,与地震资料的解释模式相符合。

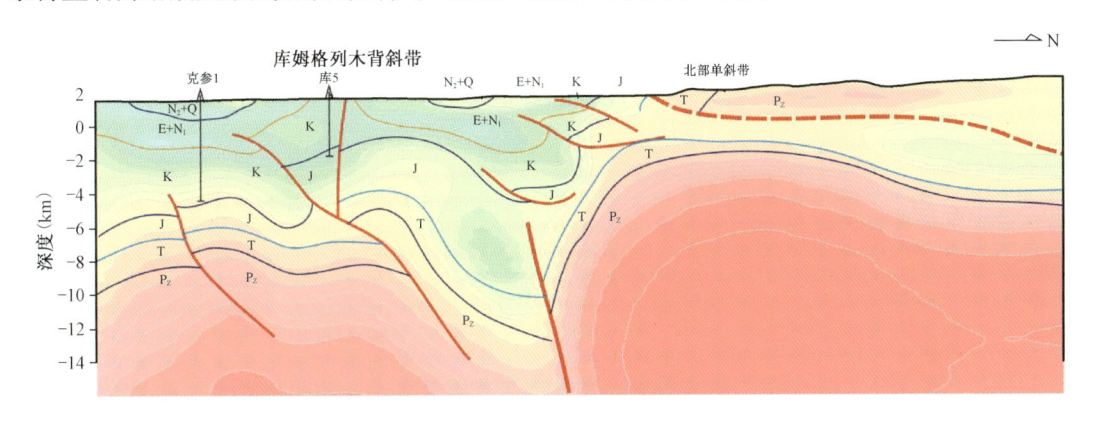

图 4-24 CEMP 剖面 BC00E-195 构造解释图

图 4-25 是依据地震剖面解释编制的克拉苏构造带克深区段的构造联合剖面,盐上层北部总体表现为两个冲断的滑脱背斜(南侧的喀桑托开背斜和北侧的库姆格列木背斜)夹一向斜,背斜形态近对称,背斜的南翼均受逆冲断层破坏;在南侧的喀桑托开背斜南翼主破冲断层下方,发育一条低角度的次级逆冲断层;沿走向东部的剖面上,南侧的喀桑托开背斜北翼发育一条反向逆冲断层;南部新生界较厚,库车组和西域组生长地层显示了沉积中心向南迁移的特征。盐岩层发育收缩构造变形,在高角度基底卷入逆冲断层下盘由于断层位移量大,发育一大型冲断盐楔,其他盐构造样式有冲断盐背斜(喀桑托开背斜下方)、盐向斜、冲断盐席(破冲断层下方)和泄盐谷(南侧靠近拜城凹陷处)。盐下层总体为由若干向北倾斜的逆冲断层构成的楔状叠瓦扇构造,北侧为两条高角度、位移量大、基底卷入的逆冲断层,断层上盘反冲断层发育;向南发育多条产状较缓、顺层滑脱并向主干断层收敛的逆冲断层,断层上盘背斜形态明显,为良好的构造圈闭,在一些断层的上盘有反向断层发育。

5. 克拉3区段

克拉3区段位于克拉苏构造带东部,是克拉苏构造带与库姆格列木群膏盐岩层厚度急剧减薄的部位,钻井揭示盐岩厚度仅有400m。因此该构造段表现为整体变形特征,分层性减弱。自北向南构造变形强度逐渐减弱。北部单斜带地表发育明显的向斜构造,地震剖面显示(图4-26),向斜内部发育生长地层。生长地层指示北部单斜带构造变形始于古近纪早期。中生界及古生界则为向北部抬升的单斜构造。

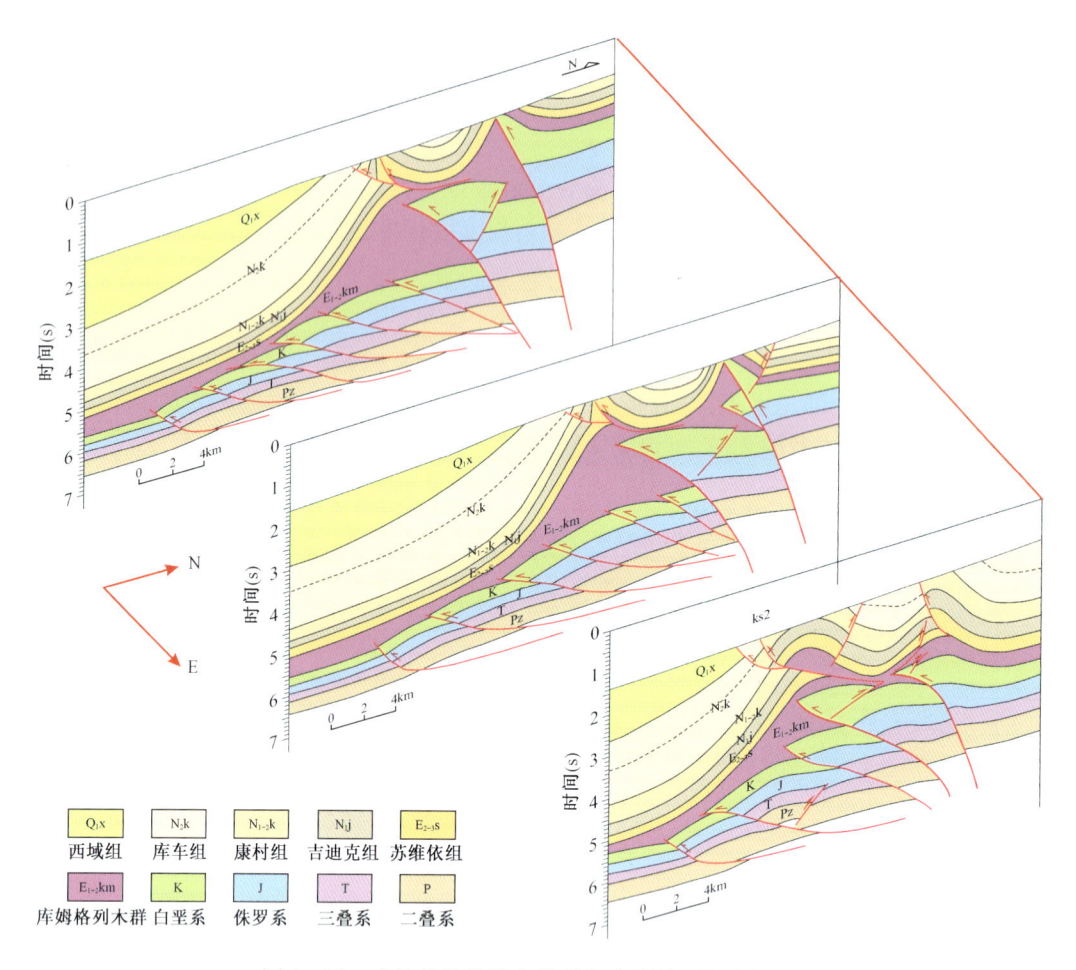

图4-25 克拉苏构造带东部联合地震剖面构造解释图

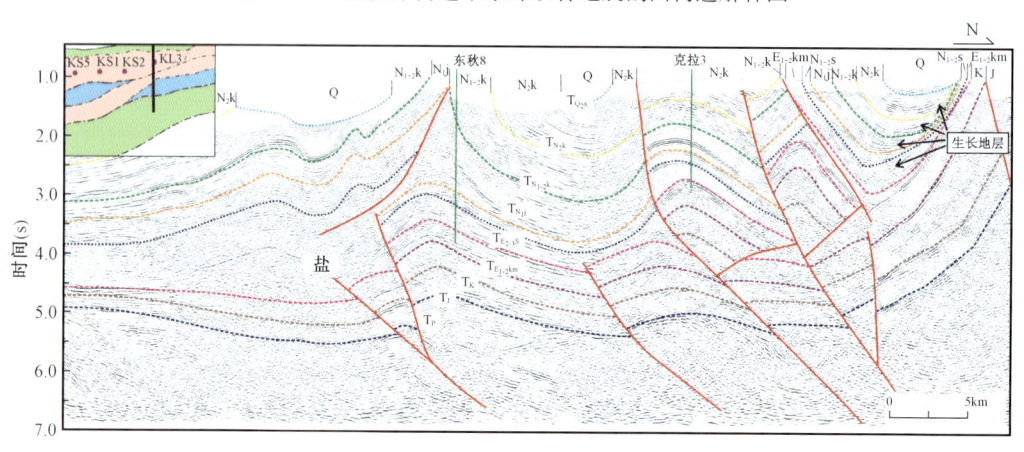

图4-26 克拉3构造段地震解释剖面

克拉3号构造受南北两侧大幅度断层控制,整体表现为冲起构造特征,中生界—新生界均卷入冲起构造之中。克拉苏断层下盘,盐上层为向斜构造,而盐下层则发育局部褶皱构造。

东秋构造带由于盐岩层的发育,仍表现出分层收缩现象,盐上层为向北冲起的单斜,局部受盐岩流动影响发育背斜构造,中生界向南部逐渐减薄至尖灭,受古构造影响明显。

克拉3构造带受克拉苏构造带东部边界影响,构造变形更加复杂,其中北部克拉苏断裂带分支断层发育,具有走滑扭动变形性质。

总之,克拉苏构造带是在南天山挤压应力作用下表现出统一的收缩变形特征,但是构造变形样式沿着构造带有明显的变化。根据盆山变形体系及各主要构造段构造剖面特征。克拉苏构造带可以统一化为三个变形带。分别是A为高角度基底卷入变形区、B为低角度基底卷入变形区及盖层滑脱变形区、C为盖层滑脱变形区。图4-27的联合剖面展示了各带构造样式的基本变化规律。

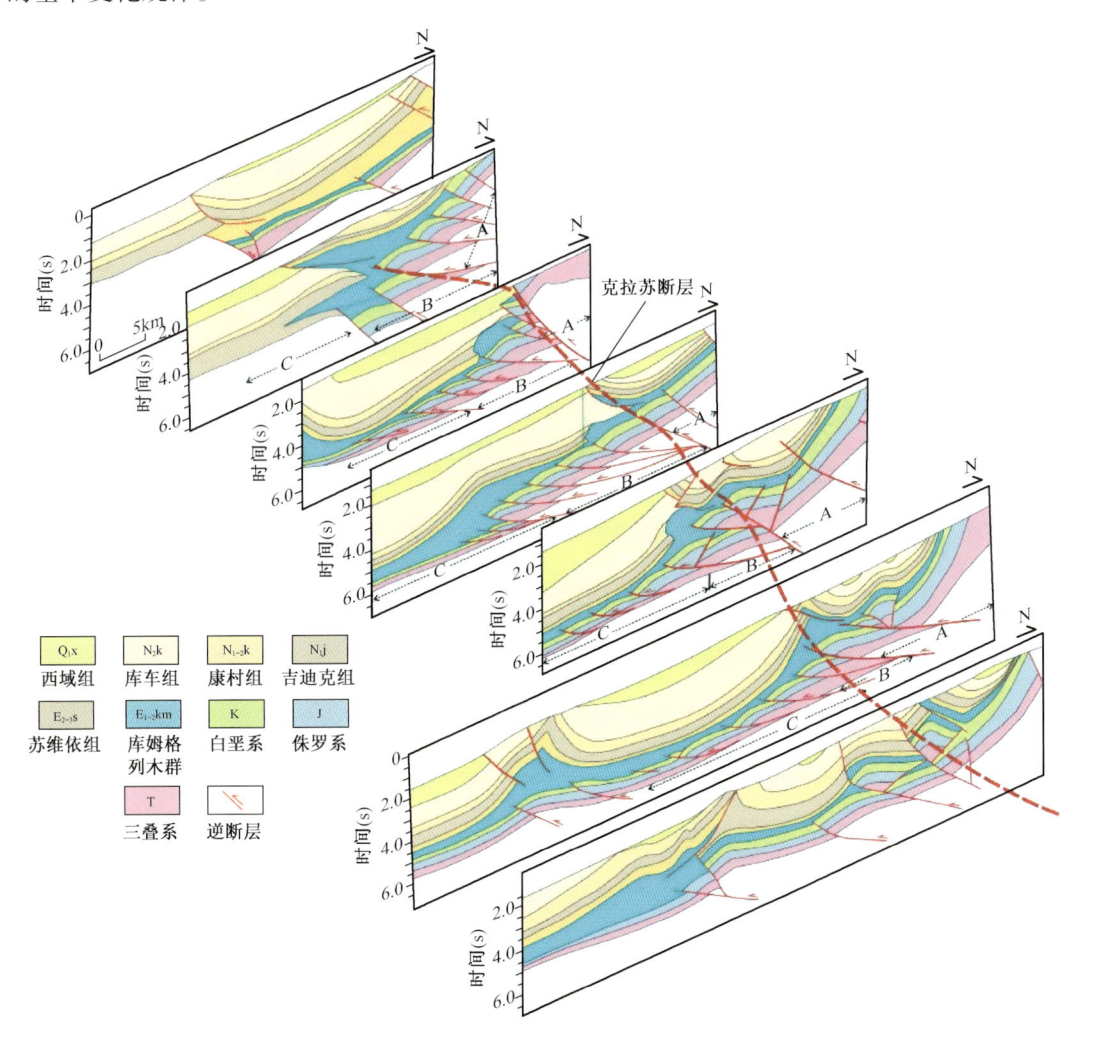

图4-27 库车坳陷南北向结构剖面图
A—高角度基底卷入变形区;B—低角度基底卷入变形区;C—盖层滑脱变形区

在统一应力场作用下,受各种构造因素的影响,克拉苏构造带还是表现出了较强的分段特征。各段间构造变形差异表现在盐上层、盐岩层及盐下层变形样式及地层分布的差异。

通过区域大剖面对比,克拉苏构造带构造变形具有以下特征。

(1)构造分层性:在含厚层盐岩及厚层泥岩等塑性层的构造带,剖面上表现出明显的分层变形特征。以塑性层为界,可以分为盐上、盐层及盐下层等多个构造层。

(2)构造分带性:受基底滑脱层及先存构造的影响,自北向南可以将构造带划分为多个变形区。以克拉苏断裂带为界,其上盘为高角度基底卷入变形区,下盘则划分为低角度基底卷入变形区及盖层滑脱变形区。目前所发现的含油气构造主要位于低角度基底卷入变形区。

(3)构造分段性:自西向东,库车坳陷可以划分为西部凹陷、中部凹陷及东部凹陷,结合盐层分布、基底分布,库车坳陷可以划分为西部狭窄基底无盐盆地、中部宽阔基底含盐盆地及东部狭窄基底含盐盆地。克拉苏构造带自西向东可以继续划分为阿瓦特构造带、博孜构造带、大北—克深5构造带、克深1—2构造带及克拉3南构造带。根据变形特征可以划分为阿瓦特—走滑扭动构造带、博孜—盖层滑脱构造带、大北双盐湖变形构造带、克深1—2单盐湖变形构造带及克拉3基底卷入构造变形带。

## 二、秋里塔格构造带

秋里塔格构造带是拜城凹陷南部边缘的强变形带(陈楚铭等,1999;陈建波等,1999;金文正等,2009),盐上层表现为以库姆格列木群膏盐岩层为核的褶皱带,盐岩层明显加厚,局部发育刺穿底辟构造,盐下层发育基底卷入中—高角度逆冲断裂或反转断层(金文正等,2007)。自西向东可以划分为却勒、西球1-4、西球10、东球8等4个区段,不同区段的构造样式既有相似之处,也有明显变化(管树巍等,2003;苗继军等,2004,2005;王清华等,2004;杨明慧等,2006;余一欣等,2007)。

1. 却勒区段

图4-28是横穿却勒区段的BC06-109测线地震剖面构造解释模型。盐上层为破冲滑脱褶皱和逆冲推覆体,却勒塔格冲断层向南逆冲在米斯坎塔克背斜的北翼、逆冲推覆体之下的米斯坎塔克为破冲滑脱褶皱,破冲断层北倾发育在背斜南翼。盐岩层发育底辟构造和收缩构造变形,剖面中部为早期底辟形成的盐堤,后期受上覆却勒塔格冲断层及下伏基底断层破坏,形成冲断盐席和冲断盐楔;剖面南部为一大型盐枕,后期受到破冲断层的影响。盐下层数条切入基底的逆冲断层组合成背冲构造、对冲构造,却勒5号构造圈闭位于背冲构造形成的冲起的断块上。

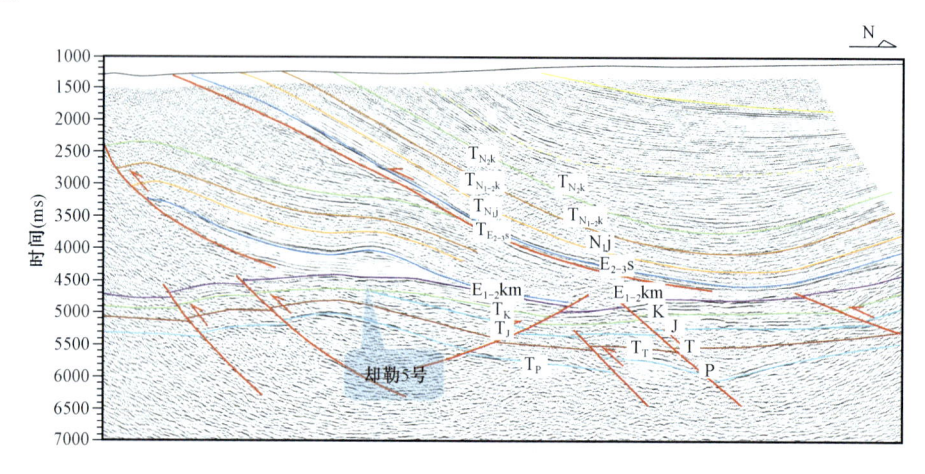

图4-28 地震测线BC06-109构造解释图

图 4-28 的构造解释从平衡地质剖面的角度来看是不平衡的,盐上层逆冲断层位移造成的收缩量明显大于盐下层逆冲断层位移量,这主要是却勒构造受到较强烈的走滑作用影响的缘故。一方面盐上层的却勒塔格冲断层可能为走滑逆冲断层,另一方面由于地震剖面与逆冲断层走向不垂直而造成盐上层逆冲断层有巨大位移的假象。此外,盐下层断层走向与盐上层断层走向也不一致,盐下层断层也可能具有一定的走滑位移分量,导致在剖面上观测盐上层的收缩量远远大于盐下层的收缩量。

图 4-29 是横穿却勒区段的 CEMP 剖面的构造解释,可以看出盐上层与盐下层构造变形是不协调的,盐下层发育陡倾的基底卷入断层,盐上层则发育沿着库姆格列木群膏盐岩滑脱的低角度逆冲断层,膏盐岩层局部加厚构成盐上层背斜的核部。CEMP 剖面反映的却勒区段的剖面构造特征与地震资料基本一致,可以相互印证。

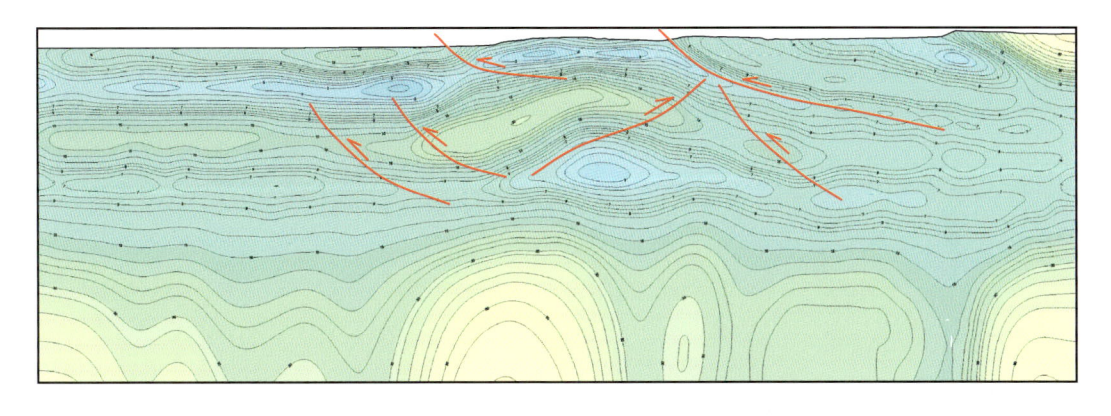

图 4-29　CEMP 剖面 BC06E-112 构造解释图

图 4-30 是根据地震资料解释结果编制的联合剖面图,可以看出沿着却勒区段走向的构造样式有一定的变化。盐上层构造总体特征表现为两点:其一,由却勒塔格逆冲断层引起的推覆构造,推覆体地层向北倾斜,其中库车组和西域组显示出明显的地层生长现象;其二,推覆体下盘为断层冲破的米斯坎塔克背斜。盐上层与逆冲断层有关的滑脱褶皱,包括米斯坎塔克背斜及其北翼上以古近系膏盐岩为滑脱面的逆冲推覆岩体,推覆体沿却勒塔格逆冲断层向南逆冲在米斯坎塔克背斜北翼之上;逆冲推覆体总体为北倾的单斜样式,其下的米斯坎塔克背斜表现为典型的破冲滑脱褶皱,滑脱面为古近系膏盐岩。盐岩层的变形特征也表现为两点:其一,剖面北侧早期盐刺穿形成盐堤,后期水平挤压过程中在盐刺穿处诱导了却勒塔格逆冲断层的发育;其二,剖面南侧米斯坎塔克背斜下方为大型的盐枕构造。盐岩层发育盐墙、盐枕构造和沿断层面分布的冲断盐席;盐墙刺穿了苏维依组、吉迪克组和部分康村组,是早期盐刺穿的结果,在后期挤压过程中,却勒塔格逆冲断层正是利用该软弱部位而发育;在挤压作用和差异负荷的影响下,盐岩聚集在背斜核部形成盐枕构造,晚期由于挤压作用增强及拜城凹陷处盐岩供应不足,造成了盐上褶皱的断层突破,破冲断层位移不大。盐下层主要发育基底卷入的逆冲断层,由向北倾斜和向南倾斜的逆冲断层组成的背冲构造和对冲构造,断层相关褶皱不发育,以断块为主,只是由于断层下盘的牵引引起断层上盘轻微的褶皱变形。在盐墙下部北倾逆断层上、下盘地层厚度的变化,说明其早期可能为正断层,后期挤压过程中重新活动而形成正反转断层。沿着构造走向,却勒 5 构造的冲起断块向东规模变小,逐渐过渡为却勒 3 构造。

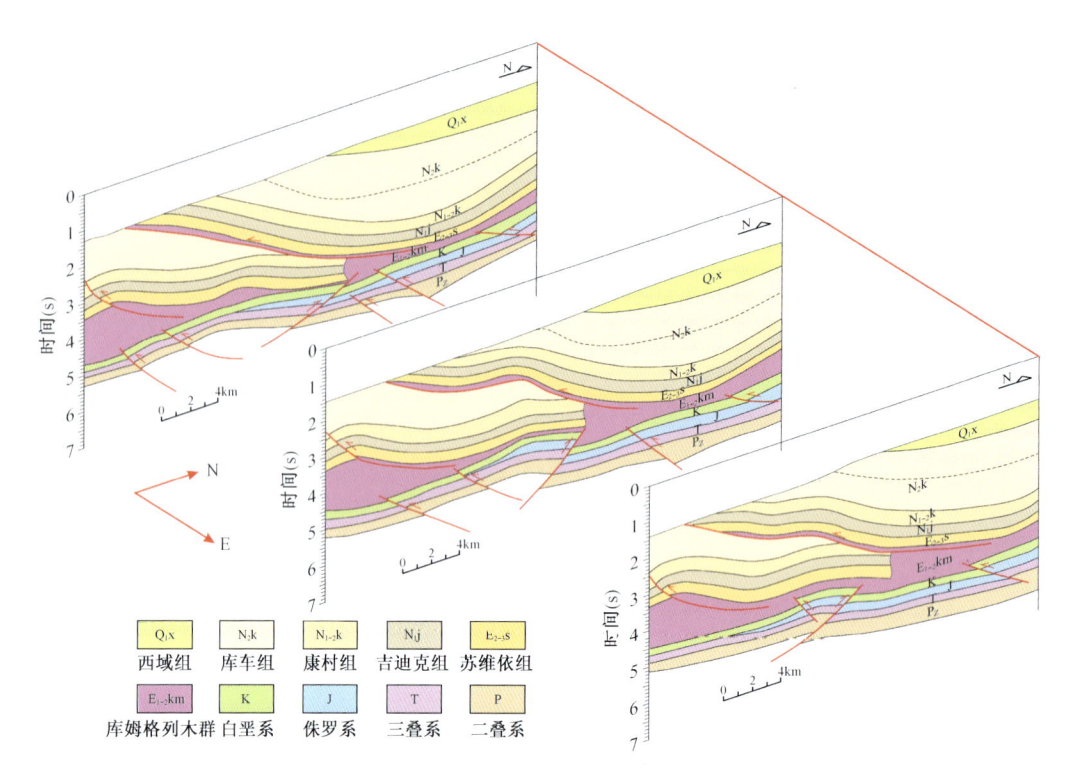

图 4-30　却勒区段地震剖面构造解释图

## 2. 西秋 1-4 构造

西秋 1-4 构造位于西秋里塔格构造带中部，西为却勒区段，东邻西秋 10 构造，北为拜城凹陷，南接羊塔克断裂构造带。西球 1-4 区段在地面地质图包括南秋里塔格背斜和北秋里塔格背斜，背斜形态基本对称，轴面近直立，地表出露有吉迪克组、康村组和库车组等。

依据地震剖面结合其他地质信息综合分析建立的西秋 1-4 区段的解释模型如图 4-31 所示。剖面中盐上层为破冲的滑脱褶皱，根据近对称的褶皱形态推测破冲断层向北倾斜和向

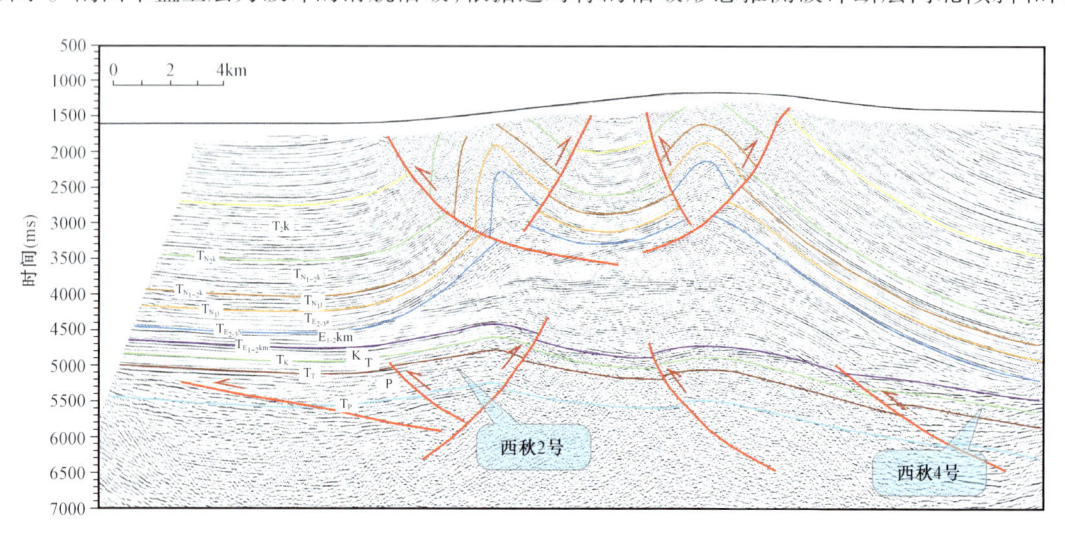

图 4-31　地震测线 QL07-171K 的构造解释图

南倾斜都有可能,现今比较确定的是南秋里塔格背斜为两条背冲断层形成的冲起构造,北秋里塔格背斜南翼的北倾断层是确定的,但反向断层是否存在还需进一步落实,但从出露的地层情况来看反向断层是存在的。盐岩层发育收缩构造和底辟构造变形,总体为在大型岩枕基础上由于逆断层的活动形成了两个刺穿盐体,剖面北侧发育盐向斜,盐岩在浅层背斜下方加厚明显。这种厚度变化一方面是古近系膏泥岩沉积相对较厚,另一方面是新近纪以来的构造挤压使盐岩从拜城凹陷方向运移而来。盐下层构造的主控因素是一条北倾逆断层和一条南倾逆断层形成的对冲构造,断层的断距不大,但上盘地层有明显的背斜形态;西秋2号位于南侧的断背斜上,北侧发育一条产状较缓的向北倾斜的逆断层,断层上盘为西秋4号构造。

图4-32是横穿西球1-4区段的CEMP剖面。剖面中主要显示为低阻层,而高阻层的基底埋藏相对深,基底的起伏变化暗示存在切入基底的逆冲断层,这些断层对盐下层的构造变形具有控制作用。浅层发育两条在膏盐岩层中滑脱的逆冲断层,深层存在基底卷入的相对高角度的逆冲断层,整体上组合成对冲构造,与地震资料上的解释模型相互支持。

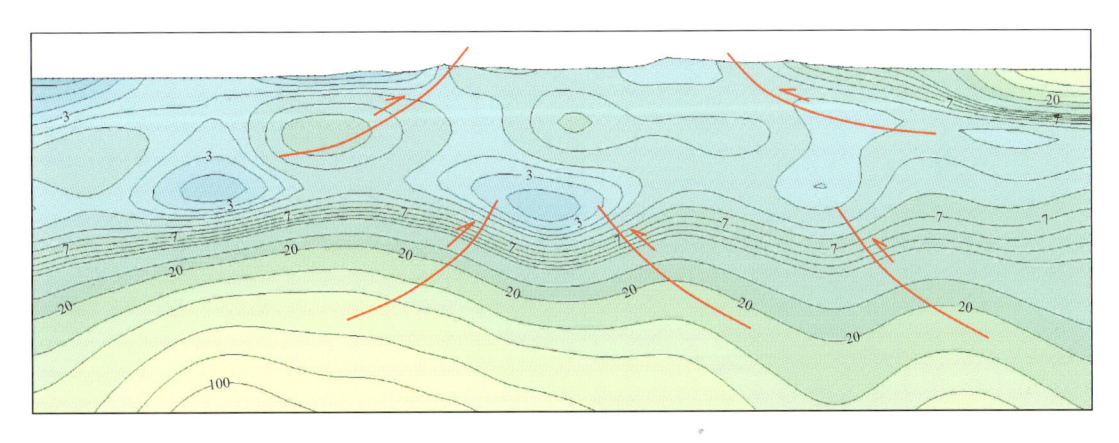

图4-32 横穿西球1-4区段的CEMP剖面BC06E-171构造解释图

图4-33是依据横穿西球1-4区段的3条地震剖面解释结果编制的联合剖面图,可以看出构造样式在走向上的变化。盐上层总体表现为两个断层冲断的滑脱背斜,两个背斜的南北两翼均被逆冲断层冲破,组合成冲起构造和逆冲三角构造,走向上盐上层整体形态变化不大,破冲断层的位移有一定的变化。盐岩层为一大型的盐枕构造,盐枕上方发育两个由逆冲断层形成的刺穿盐体,北侧拜城凹陷方向发育泄盐谷,盐上、盐下地层在局部可能直接接触,形成盐焊接。盐下层控制性的构造为两条相背倾斜的逆冲断层(北倾、南倾逆断层)组成的对冲构造,自西向东断层上盘的背斜形态更加明显,可能为良好的油气圈闭。

由于盐下层逆冲断层的位移量不大,断层上盘形成的构造圈闭的幅度可能都不大。西秋2号构造在时间域剖面上圈闭规模与闭合高度均较大,但考虑到盐岩层地震波速引起的地层"上拉"现象,在深度域剖面上闭合高度可能并不大;而西秋4号构造在时间域剖面上并无明显的背斜形态,通过变速成图发现其可能仍具有一定的闭合高度,加上其圈闭面积较大,可能为有利的勘探目标。

3. 西秋10区段

西秋10构造位于西秋里塔格构造带西部,西侧为西秋1-4构造,东侧邻近东秋里塔格构造带,北为拜城凹陷,南接塔北隆起。西球10区段对应于地面地质图中南秋里塔格背斜和北秋里塔格背斜的东段,自西向东背斜褶皱变形强度减弱且相距靠近,最终北秋里塔格背斜消

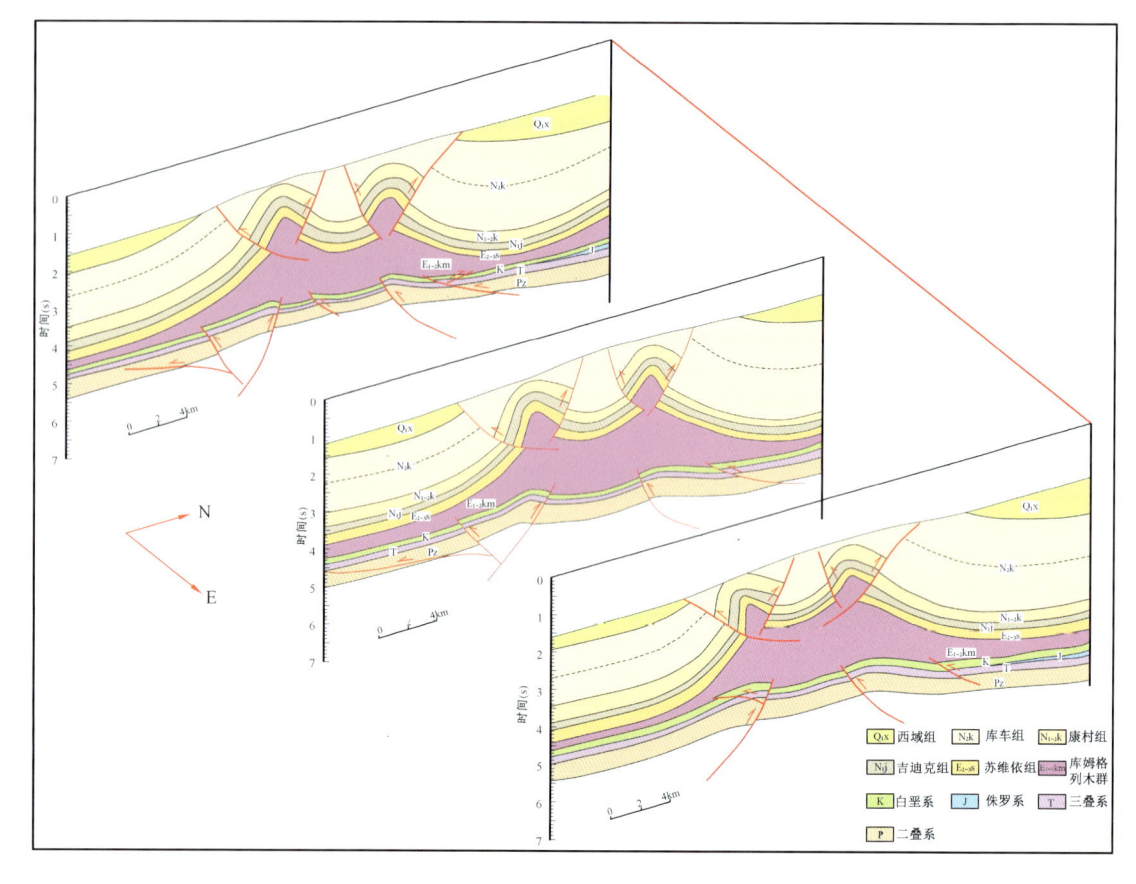

图4-33 西秋1-4区段地震资料构造解释联合剖面图

失,仅有南秋里塔格背斜,出露有康村组、库车组等。

依据地震剖面结合其他地质信息综合分析建立的西秋10区段的解释模型如图4-34所示。秋里塔格构造带盐上层总体为破冲的滑脱褶皱,共发育3条断层其中南侧的南倾逆断层为主干断层,北侧的两条断层浅层北倾的为顶板断层、深层南倾的为底板断层,这两条断层及其所夹持的断块共同构成了"三角式双重构造"。盐岩层发生收缩构造和底辟构造,构造样式有冲断盐席、冲断盐楔和盐背斜等。盐下层南高而北低,发育3高角度基底卷入的逆冲断层,这三条断层控制了南侧中生界的抬升,断层上盘有一定的褶皱变形,为可能的构造圈闭。地表背斜走向的变化、盐下高角度的逆断层等现象,暗示本区段可能受走滑逆冲作用的影响。

图4-35是横穿西球10区段的CEMP剖面。剖面中新生界主要显示为低阻层,而高阻层的基底埋藏相对深,基底的起伏变化暗示存在切入基底的逆冲断层,这些断层控制了盐下层的构造变形。浅层可以解释出一条向北倾斜的逆冲断层和一条向南倾斜的逆冲断层,深层三条向南倾斜的逆冲断层引起盐下层及基底的起伏变化,支持地震资料的解释模型。

图4-36是依据地震资料解释结果编制的横穿西球10区段的联合剖面图,可以看出构造样式沿着走向有一定的变化。盐上层在西段为两个断层冲断的滑脱背斜,背斜核部受剥蚀、两翼地层生长现象明显;自西向东北秋里塔格背斜幅度变小直至消失,发育冲断滑脱背斜和由顶板断层、底板断层及中间的断块组成的"三角式双重构造"。盐岩层西段发育大型盐枕构造和一个小型的刺穿盐体;中、东段发育冲断盐席和冲断盐背斜,东段还发育规模不大的"塔松状"

刺穿盐体；拜城凹陷方向则发育泄盐谷构造，盐岩向南北两侧运移，但未使盐上、盐下地层直接接触。盐下层西段发育对冲构造和一个小的冲起构造；中、东段发育高角度的逆冲断层，这些断层可能具有一定的走滑位移量。盐下层逆冲断层的上盘具有一定的背斜形态，可能为有利的构造圈闭。根据项目的解释方案，南侧的西秋 8 号构造可能比西秋 10 号构造更具勘探价值，原因是控制西秋 8 号构造的南倾逆断层在走向上各剖面均显示了一定的逆冲位移量，其上盘必定具有背斜的形态，而西秋 10 号构造不受逆冲断层的控制，其背斜形态是否存在还是疑问。

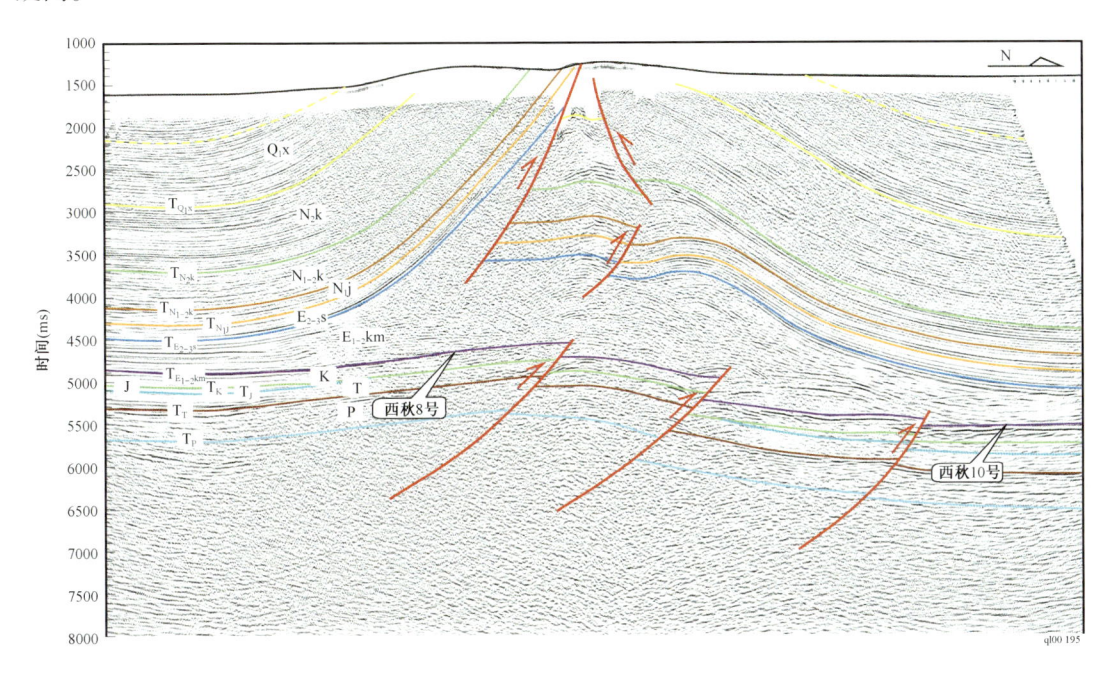

图 4-34 地震测线 QL00-195 构造解释图

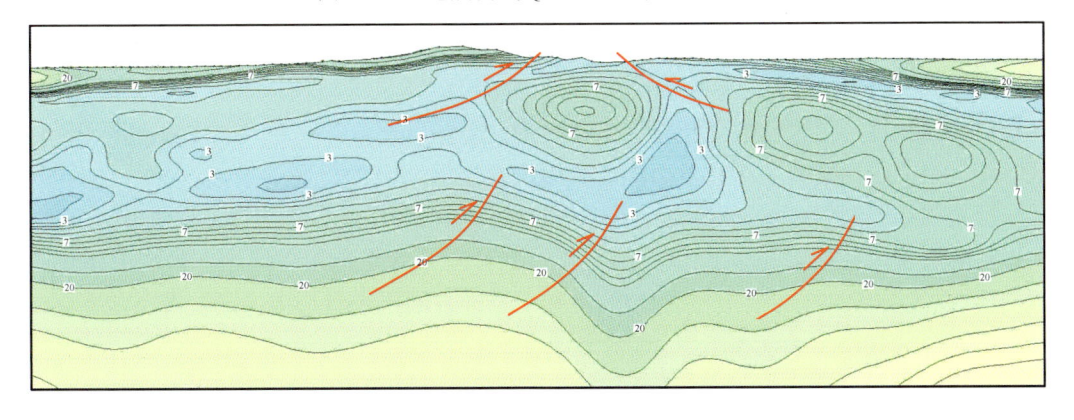

图 4-35 CEMP 剖面 BC06E-195 构造解释图

4. 东秋 6-8 构造

东秋 6-8 构造位于东秋里塔格构造带西部，北侧为克拉苏构造带与依奇克里克构造带的转换部位，南侧为阳霞凹陷。地面地质图显示东球 6-8 区段由北而南发育四排背斜：坎亚肯背斜、巴什基奇克背斜、喀桑托开背斜和吉迪克背斜、库车塔吾背斜和东秋里塔格背斜。北侧

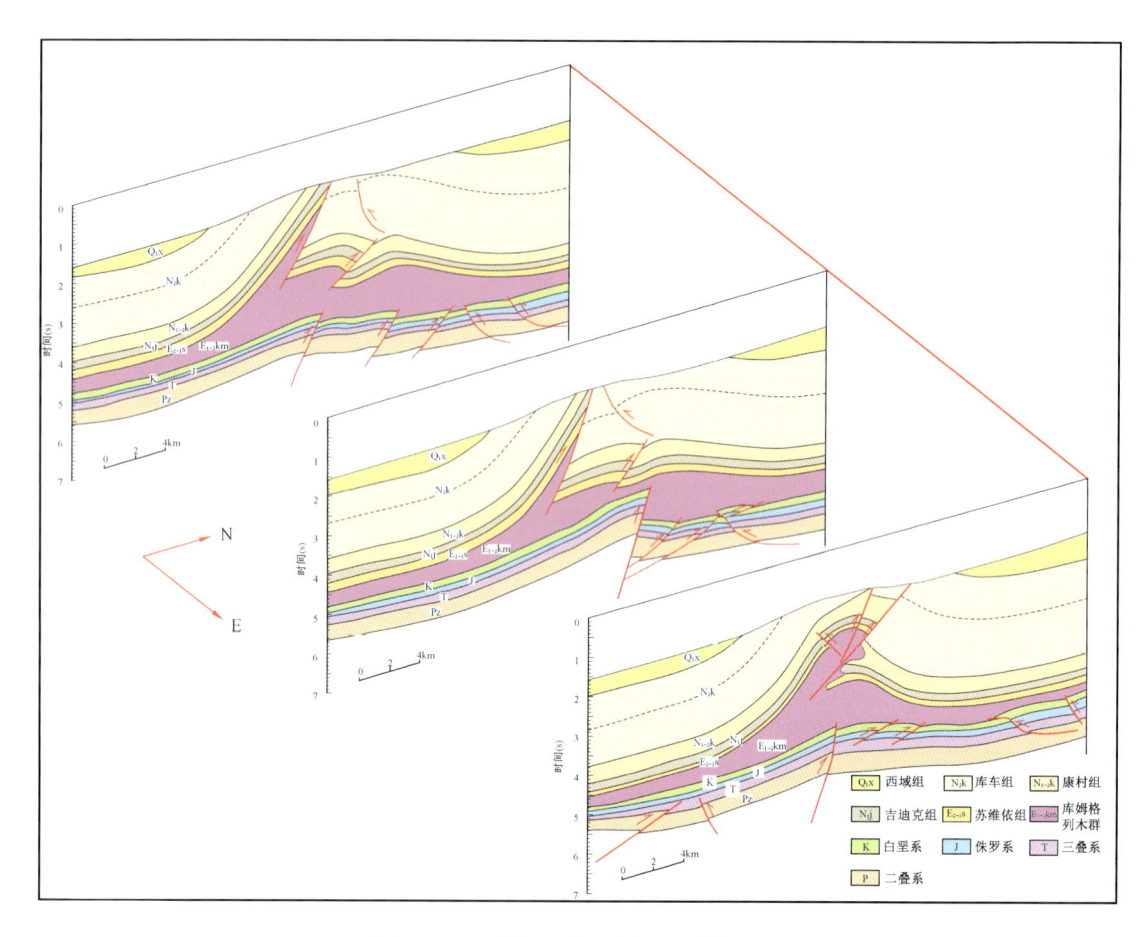

图 4-36 西秋 10 构造联合地震剖面图

的坎亚肯背斜和巴什基奇克背斜出露有中生界,南侧的两排背斜有吉迪克组和康村组出露。

依据地震剖面结合其他地质信息综合分析建立的东秋 6-8 区段的解释模型如图 4-37 所示。东秋 6-8 区段发育吉迪克组膏盐岩,剖面中对应秋里塔格构造带位置膏盐岩层较厚,而北侧对应克拉苏构造带位置膏盐岩层较薄。剖面总体以发育基底卷入的高角度逆冲断层为特征。盐上层南侧以吉迪克组膏盐岩为滑脱层发育断层冲破的滑脱褶皱,破冲断层南倾并发育在东秋里塔格背斜的南翼;北侧由于膏盐岩层较薄盐上层构造形态与盐下层具有相似性,一些浅层的断层可能和深层的断层相相连,也可能在侏罗系含煤地层中终止。盐岩层发生收缩构造变形,在浅层背斜核部聚集形成盐丘,在盐下层逆冲断层下盘形成冲断盐楔。盐下层构造

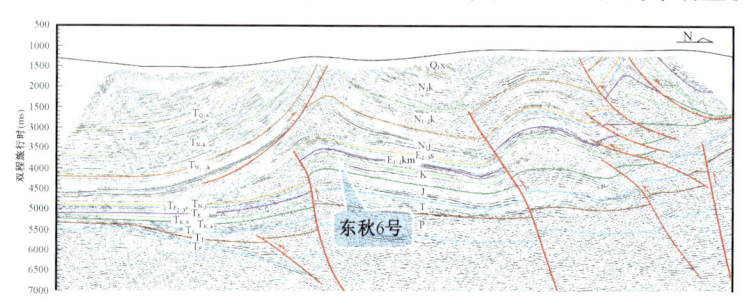

图 4-37 地震测线 DQ03-222 构造解释图

变形以基底卷入逆冲断层为特点,这些断层向上或终止于膏盐岩层中,或终止于侏罗系含煤地层中,甚至断至地表,其中位于南侧的基底断层向上终止于吉迪克组膏盐岩中,断层上盘具有较好的背斜形态,东秋6号、东秋8号构造均位于该构造单元上。

图4-38是横穿东球6-8区段的三条地震剖面解释图,盐上层为滑脱褶皱,南侧的滑脱背斜的南翼变形后期被断层冲破。盐岩层发生收缩构造变形,形成盐丘、逆冲盐席、冲断盐楔和不协调褶皱等。盐下层发育若干向北倾斜的高角度基底卷入逆冲断层,断层上盘具有明显的背斜形态,南侧秋里塔格构造带位置处基底逆冲断层在东段和西段逆冲位移量较大(断层上盘对应东秋6号、东秋8号构造),而中段位移量小。

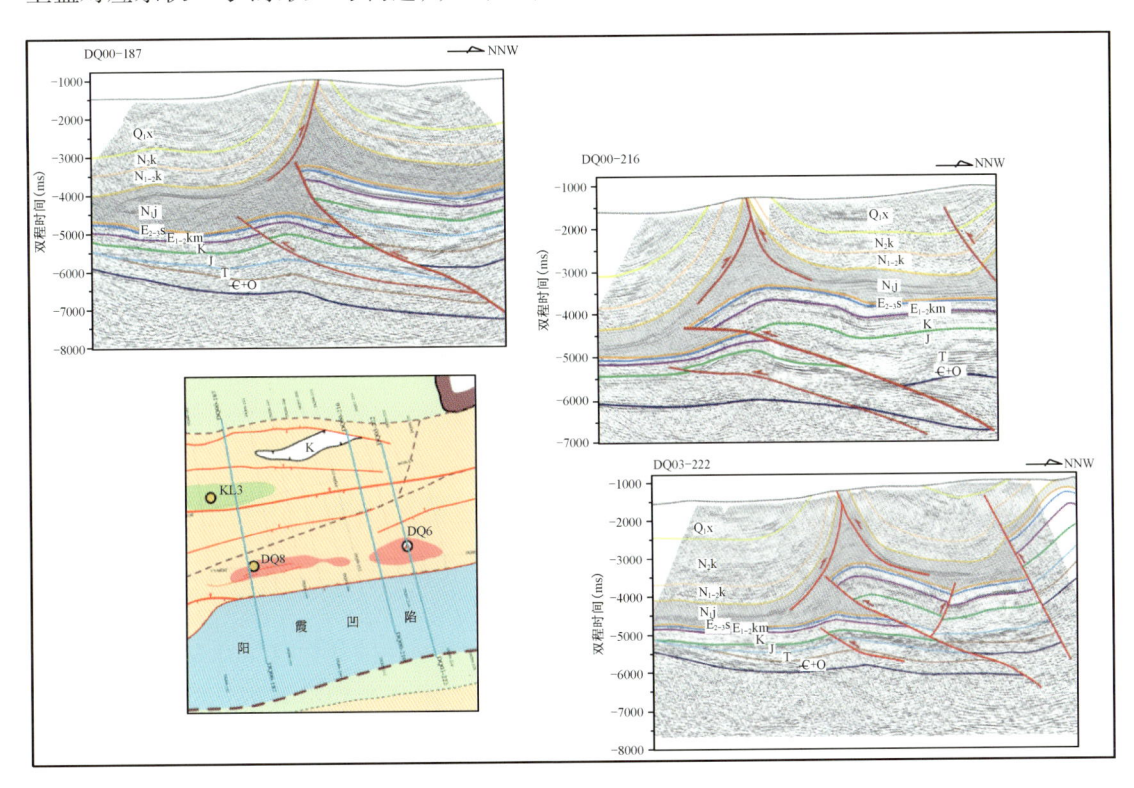

图4-38 东秋6-8构造联合地震剖面图

总之,秋里塔格构造带的构造样式沿着走向是逐渐变化的。盐上层背斜在却勒、西秋1-4区段的地震剖面上,盐上层和盐下层都显示了近对称的构造形态,这种构造往往具有共轭剪切的性质。盐上层总体构造形态为两个近对称的滑脱背斜(南、北秋里塔格背斜)夹一个向斜,背斜两翼均受逆冲断层破坏,这些断层由于倾向相反,组合形态有对冲构造和背冲构造。盐岩层总体上为一大型盐枕,在盐枕上方由于逆冲断层的活动形成了两个刺穿盐体;盐岩在浅层背斜下方加厚明显,这种厚度变化一方面是古近系膏盐岩沉积相对较厚,另一方面是新近纪以来的构造挤压使盐岩从拜城凹陷方向运移而来。盐下层总体为向北倾斜和向南倾斜的基底卷入逆冲断层组合而成的对冲构造,逆冲断层倾角较大而断距较小,其上盘地层褶皱幅度不大,沿走向上发育一些次级逆冲断层,这些断层倾角相对小,有的具顺层滑脱性质。沿着构造带走向向东至西秋10区段,盐下层的基底断层多具有一定的走滑性质,盐上层受其影响构造变形复杂。地震剖面显示盐上层构造变形复杂,总体上为一个构造倒向北的冲断滑脱背斜(南秋里塔格背斜),破冲断层南倾,在其下盘有一低幅度的背斜,其核部被逆冲断层破坏;该背斜应为逐渐消失的北秋里塔格背斜,所以在地表露头上仅显示了南秋里塔格背斜,沿走向东侧的剖面上,北秋里塔格背斜完全消失。盐岩层在浅层背斜下方聚集加厚明显,该区段中、西部早期为一盐枕,后期挤压过程中盐枕被褶皱的破冲断层破坏,形成冲断盐席、冲断盐背斜,在盐下层逆冲断层下盘发育有冲断盐楔;该区段东部早期盐刺穿形成盐墙,盐墙刺穿了苏维依组、吉迪组和康村组,在库车组沉积时期停止活动。盐下层构造以一条向南倾斜、高角度、基底卷入的走滑逆冲断层为主导,断层在该区段中部逆冲位移较大;主干断层下盘发育次级逆冲断层,沿走向自西向东次级断层规模逐渐减小,并在深部向主干断层收敛,显示了花状构造的特征。

# 第三节 不同层次、不同构造带构造变形的关系

库车坳陷不同层次、不同构造带的构造变形存在内在的联系,总体上体现出在整体挤压作用下形成的强弱相间、分层叠置的收缩构造变形模型。不同层次、不同构造带的构造变形具有各自鲜明的特征,在成因上又有内在的联系(王子煜,2002;陈书平等,2003;汤良杰等,2008),盐上层、盐岩层与盐下层的构造变形"三位一体",北部单斜带、克拉苏构造带和秋里塔格构造带遥相呼应。

## 一、盐岩层与盐上层构造的关系

### 1. 盐岩层提供了盐上层褶皱变形的条件

由于古近系库姆格列木群厚层膏盐岩层的存在,库车坳陷中段盐上层以褶皱变形为主导(谢会文等,2011),使库车坳陷逆冲楔形体具有脆—塑性特征(王子煜,2002)。逆冲楔的构造变形是以断层为主导还是以褶皱为主导,一般与岩层性质的差别有关,或者说与不同强度岩层的厚度与分布有关。褶皱带通常在强硬岩层之下存在厚层塑性的盐岩或泥岩滑脱层,而冲断带通常缺少厚层的塑性滑脱层且岩层的力学性质较均一。盐上层以褶皱变形为主导,而非断层为主导,这与盐岩层的存在是密不可分的(万桂梅等,2007,2008)。

### 2. 盐底辟与盐上层变形的关系

古近纪—中新世盐岩层底辟构造发育的部位是构造软弱的部位,在上新世以来的挤压作用下容易引起应变集中,即隐刺穿底辟与刺穿底辟部位,在后期的挤压变形过程中优先发育褶皱与逆冲断层。图4-39很好说明了先存的盐底辟构造对后期挤压变形的影响,图4-39中早期的盐刺穿部位主要发育逆冲断层,由于盐上层较薄,在盐底辟的部位并没有形成明显的褶皱,只是在"泪滴体"上方有轻微的褶皱变形。研究区内,克拉苏构造带的中西部和却勒—西秋构造带的东部,在早期盐刺穿的基础上发育有冲断的褶皱变形;却勒—西秋构造带西部早期可能就存在盐枕,后期在盐枕基础上盐上层褶皱变形,盐枕规模增大;却勒—西秋构造带西部在早期盐刺穿部位发育有却勒塔格逆冲断层。

### 3. 盐上层变形与盐岩层构造样式的关系

盐上层在褶皱为主导的变形过程中,引起盐岩层的塑性流动,在局部增厚或减薄,形成不同的盐岩层构造样式。盐上层变形对盐岩层构造样式的影响具体表现为两点。其一,盐上层褶皱,在背斜核部脱顶部位盐岩聚集形成盐枕,在向斜槽部挤压部位盐岩流走形成泄盐谷、盐

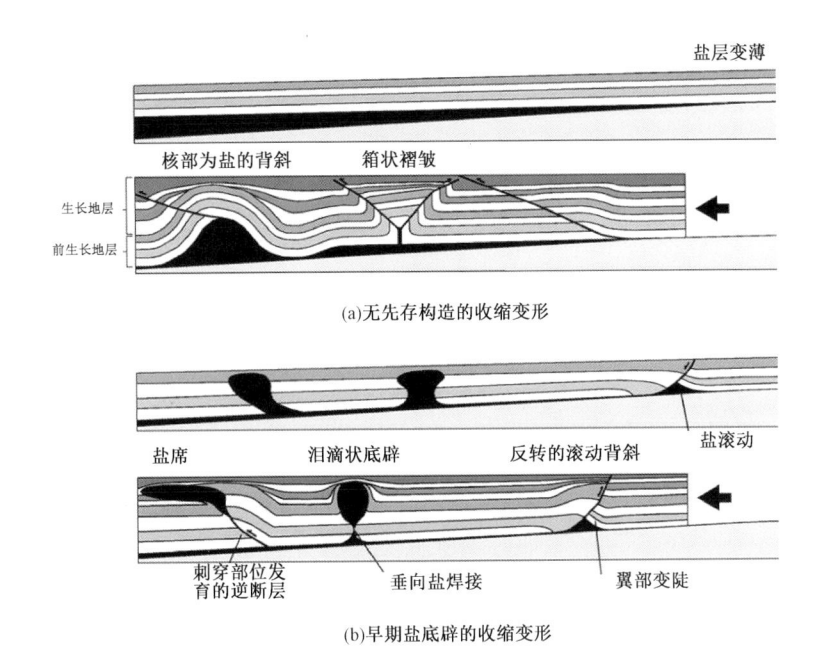

图 4-39　早期盐底辟对后期挤压变形的影响(据 Hudec M R 等,2007)

焊接。其二,盐上层冲断,褶皱变形为主导的基础上发育的逆冲断层,往往使盐岩层形成冲断盐背斜;而逆冲断层为主导的情况下,沿断层面通常形成冲断盐席。

## 二、盐下层与盐岩层构造的关系

盐下层与盐岩层构造的关系表现为:盐下层的逆冲断层引起盐岩层的加厚与减薄,盐岩层则被动地吸收盐下层的逆冲位移。在盐下逆冲断层的下盘呈楔状的低压区,引起盐岩的聚集形成冲断盐楔;而逆冲断层的上盘盐岩流走,形成不协调褶皱。盐下逆冲断层引起的冲断盐楔,在克拉苏构造带的克深区段最具规模,由于高角度克拉苏断层大位移量的逆冲,形成的冲断盐楔厚达 2~3km;却勒—西秋构造带的冲断盐楔由于盐下断层位移量小而不具规模。

## 三、盐下层与盐上层构造的关系

盐上层的褶皱变形并非是根据其自身的性质来完成的。根据褶皱主波长理论,褶皱的初始主波长与褶皱层的厚度成正比,与介质的黏度比有关。如果库车坳陷盐上层是按照其自身的性质进行褶皱变形的话,背斜与向斜的分布应该是相对均匀的。然而,拜城凹陷宽约25km范围内只发育了一个向斜,而克拉苏构造带与却勒—西秋构造带宽约10km 的范围内却发育了两个背斜带。褶皱波长的变化仅从盐上层自身是难以解释的,正是由于盐下层的构造诱导了盐上层的变形,导致盐上层没有按照其自身的波长进行褶皱变形。

盐下层与盐上层构造的关系主要表现为两个方面:其一,盐下层构造与盐上层构造具有对应关系,盐下层的构造变形诱导和影响了盐上层的变形(张君劼等,2004)。其二,盐上层褶皱变形过程中,在向斜处的同沉积作用抑制了盐下层构造的发育,在背斜处的剥蚀作用则加剧了盐下层构造的发育。

盐下层与盐上层的构造具有较好的对应关系:其一,从库车坳陷地震震中的分布来看,克拉苏构造带与却勒—西秋构造带的背斜带在深层均发育基底断裂;其二,从解释的地震剖面来看,克拉苏构造带影响中生界沉积的两条基底断层(克拉苏断层与库姆格列木断层)与地表的两个背斜带相对应,却勒—西秋构造带盐下层的对冲构造对应盐上层的两个背斜带,并具有共轭剪切的特征。总体上,库车坳陷在"整体挤压"的背景下,发育基底断裂的克拉苏构造带与存在低幅度古隆起的却勒—西秋构造带盐下层首先发生构造变形,构造变形通过盐岩层进一步诱导了盐上层的褶皱变形。

## 四、北部强变形带与南部强变形带的关系

库车坳陷在地面地质图上环绕拜城凹陷有两个主要由新生界组成的背斜构造带,即北部的克拉苏—依奇克里克构造带和南部的秋里塔格构造带。在地表出露上,中、新生界表现为紧闭的背斜和宽缓的向斜,而且与紧闭背斜相伴发育一些逆冲断层。根据地面地质资料不难判断地面的背斜构造向深层会发生滑脱,但是背斜核部岩层及滑脱深度可能会有所差异。综合地质—地球物理资料解释的剖面结构特征,表明浅表层沉积岩层表现出的紧闭背斜的核部可以是库姆格列木群膏盐岩层,也可以是侏罗系煤系地层,甚至也有三叠系卷入褶皱变形。浅层相对能干的沉积岩层形成的褶皱构造在软弱岩层中发生滑脱,或与深层构造不协调叠置在一起,深层相对能干性沉积岩层也表现出逆冲断层和褶皱构造变形,一些规模较大的断层还切割盆地基底形成基底卷入的冲断断块构造。

库车坳陷沉积岩层形成的滑脱褶皱变形总体上表现为软弱岩层在背斜核部加厚,及在向斜槽部减薄的特征。在南天山山前,背斜核部为沉积岩层底部岩层或二叠系,向库车坳陷内部逐渐变为侏罗系煤系岩层、库姆格列木群膏盐岩层,滑脱深度也逐渐减小。浅层中、新生界发育的紧闭褶皱可以诱导形成相关的逆冲断层,在深层中生界沉积层中也可发育薄皮逆冲断层,并导致沉积岩层形成断层相关褶皱。但是,背斜滑脱深度自山前向盆地逐渐减小并不是在区域性拆离断层面上发育的薄皮收缩构造的表现。在库车坳陷还观测到一些切割到结晶岩基底或变形—变质岩基底中的高角度逆冲断层。基底卷入的逆冲断层不仅发育在盆地边缘的山前地带,也发育在盆地内部,而且薄皮逆冲断层往往发育在高角度逆冲断层下盘。图4-1所示的构造样式模型强调软弱岩层导致发生分层不协调的收缩构造变形,其上、下岩层出现差异变形。由于不同构造部位软弱岩层厚度变化导致紧闭背斜滑脱地层差异和滑脱深度的不同。库车坳陷的软弱岩层(面)的分布是不均匀的,而且受南天山隆升、盆地基底在中生代或前中生代发育的基底断层的影响(温声明等,2006;李曰俊等,2008;漆家福等,2009),即使是同一岩层在不同区域表现的收缩构造变形样式也会有差异。在库姆格列木群膏盐岩不发育或较薄的地区,浅层沉积岩层发生的褶皱可以一直影响到侏罗系甚至沉积岩层基底。在山前地带,甚至发育以石炭—二叠系浅变质岩为核的背斜。

库车坳陷的收缩构造变形强度总体上有从造山带向前陆方向减弱的趋势(周新桂等,1999;黄泽光等,2002,2003;汤良杰等,2006),并表现出构造倒向前陆的基本特征。这可能受两个因素影响,其一是受前新生代多期区域构造作用的影响位于塔里木克拉通边缘的库车坳陷的地壳强度总体上是向南天山造山带逐渐减弱的,其二是南天山造山带受挤压作用发生"压扁"而隆升(李艳友等,2012),导致盆山过渡带在挤压收缩变形基础上叠加了垂直的或斜向的剪切作用,而前陆地区克拉通地壳向造山带挤入也会产生水平剪切作用(基底摩擦)。但是不同的区域构造解释模型对各种样式构造的分布的描述是有差异的:薄皮收缩构造模型将库姆格列木膏盐岩层作为盆地区的主要拆离滑脱层,在秋里塔格构造带可能仅仅是盐上层发

生收缩变形,在克拉苏构造带卷入变形的也主要是中、新生界沉积岩层;分层收缩变形模型不仅强调构造变形的分层,还强调不同层次强变形带的叠加和相互影响。盆山过渡带可能会由于造山带的强烈收缩变形而隆升并诱导垂向的或斜向的剪切变形,发育一些高角度逆冲断层,一直切割到盆地盖层中或影响到盆地盖层的收缩构造变形样式。盆地区内部也可能会由于软弱岩层厚度较薄而不表现出构造分层性。另一方面,构造变形首先是发育在构造薄弱带和软弱层,一些先存构造薄弱带的构造变形强度更大,并将收缩变形产生的应变自盆地基底向盆地盖层不同层次传递,紧闭的盖层褶皱叠置在基底逆冲断层之上形成强变形带(余海波等,2015)。

如果库车坳陷中的中、新生界发生薄皮收缩构造变形,发育的区域性拆离断层在拜城凹陷沿着库姆格列木群膏盐岩层分布,那么中生界的构造变形主要集中在克拉苏构造带,秋里塔格构造带深层的中生界及基底都没有卷入收缩构造变形。目前的油气勘探资料表明,秋里塔格构造带深层的中生界及基底仍有收缩构造变形,库姆格列木群膏盐岩层导致构造分层,并使盐上层构造变形与盐下层构造变形不协调。图4-1所示的收缩构造样式模型中,膏盐岩层等软弱岩层和沿着先存基底构造薄弱带发育的基底逆冲断层是发生强烈剪切变形和收缩变形的构造部位。其中,一些高角度的基底逆冲断层成为分隔不同构造单元的主干断层,它们可能是先存的基底卷入高角度正断层在区域挤压过程中发生反转或逆冲走滑位移的结果(郭卫星等,2010)。高角度逆冲断层上升盘和下降盘的构造样式有明显差异,断层上盘的沉积岩层多形成披覆背斜,下盘则发育一系列同向倾斜的低角度逆冲断层和相关褶皱。因此,深层的构造变形可能影响到前陆地区更大的范围。即使在秋里塔格构造带,膏盐岩层之下也可能发育有冲断褶皱等收缩构造变形,它们可以形成不同样式的构造圈闭(万桂梅等,2007),是深层天然气勘探的重要目标。

受岩层能干性影响,库车坳陷具有分层构造变形特征(刘志宏等,2000;孙家振等,2003;王月然等,2009;徐振平等,2009)。特别是库车坳陷中段,库姆格列木群膏盐岩层之上的新生界的构造变形样式与膏盐岩层之下的中生界的构造变形样式有很大的差异(齐英敏等,2004;汤良杰等,2003;何春波,2009)。

# 第五章　库车坳陷中、新生代构造演化

位于天山南侧的库车坳陷与南天山在构造演化上存在必然的内在联系。现今的天山主要是在新生代晚期形成的,但是,古生代末期天山洋盆关闭形成的碰撞造山带之后至新天山形成前还经历了复杂的区域构造演化过程。库车坳陷充填的沉积层表明其属于中、新生代陆相盆地,但是中、新生界层序内部包含的多个不整合面表明库车坳陷又是中、新生代不同时期的沉积盆地叠加的结果。古生代末期的海西运动形成的南天山造山带是塔里木陆块与其北侧的中天山陆块(岛弧?)、吐哈陆块等焊接在一起,但是,塔里木陆块南侧的特提斯洋在古生代末期并没有关闭,中、新生代洋盆的动力学过程与塔里木克拉通南部边缘的演化紧密联系在一起,并且影响到塔里木陆块与南天山海西褶皱增生楔之间的盆—山构造作用,也是库车坳陷形成和演化的动力学原因。因此,尽管库车坳陷中、新生代构造演化属于板块内部盆—山构造作用的响应,本质上还是板块构造作用引起的区域构造事件的反映。中、新生代不同时期的构造事件引起盆地构造应力环境的变化和盆地性质的变化,同构造沉积的地层受应力环境的影响发生不同的构造变形,记录了构造应力环境和盆地的性质。后期的构造变形叠加在早期的变形之上,使盆地的构造特征、构造样式复杂化。库车坳陷中、新生代构造演化可以概括为两点:第一,新南天山是在海西末期完成造山运动形成的古天山基础上于晚新生代受印度板块与欧亚大陆板块碰撞形成的,而在中生代、新生代早期(古近纪—中新世)库车地区的地壳构造运动主要与塔里木陆块南侧特提斯洋演化及海西期南天山造山后的构造作用有关;第二,根据中、新生界层序记录库车坳陷中、新生代盆地至少可以划分为三叠纪、侏罗纪—早白垩世、古近纪—中新世、上新世—第四纪等4期,不同时期的沉积—构造特征有明显的差异,反映出不同时期盆地性质、构造作用特征有所不同;第三,受先存基底断裂、盐岩层分布等因素影响,库车坳陷不同区域在中、新生代不同时期的构造演化,特别是晚新生代挤压作用形成的构造变形样式存在差异性。

## 第一节　中、新生代构造演化阶段

### 一、构造变形期在沉积层序上的反映

利用同一地震剖面上同相轴埋深的对比可以简便地确定地层分层界线及分析构造演化阶段与期次。图5-1是BC06-238测线地震剖面上两口人工井W1和W2同一同相轴埋深差异随深度的变化图。图中曲线的横坐标为W1井和W2井同一同相轴在地震剖面上的时间差值($\Delta t$),纵坐标为W1井各同相轴在地震剖面上的双程走时(TWT)。显然,井间同相轴时差点的连线呈倾斜的层位是生长地层,而斜率变化的转折点是不整合面的反映。

从图5-1可以看出,$T_{N_2k}$界面是一个划分构造演化阶段或期次的重要界面。$T_{N_2k}$界面以上是同构造活动期的生长地层,而$T_{N_2k}$界面之下至$T_{E_{2-3}s}$界面之间地层的厚度变化不大,是构造活动相对平静的时期。

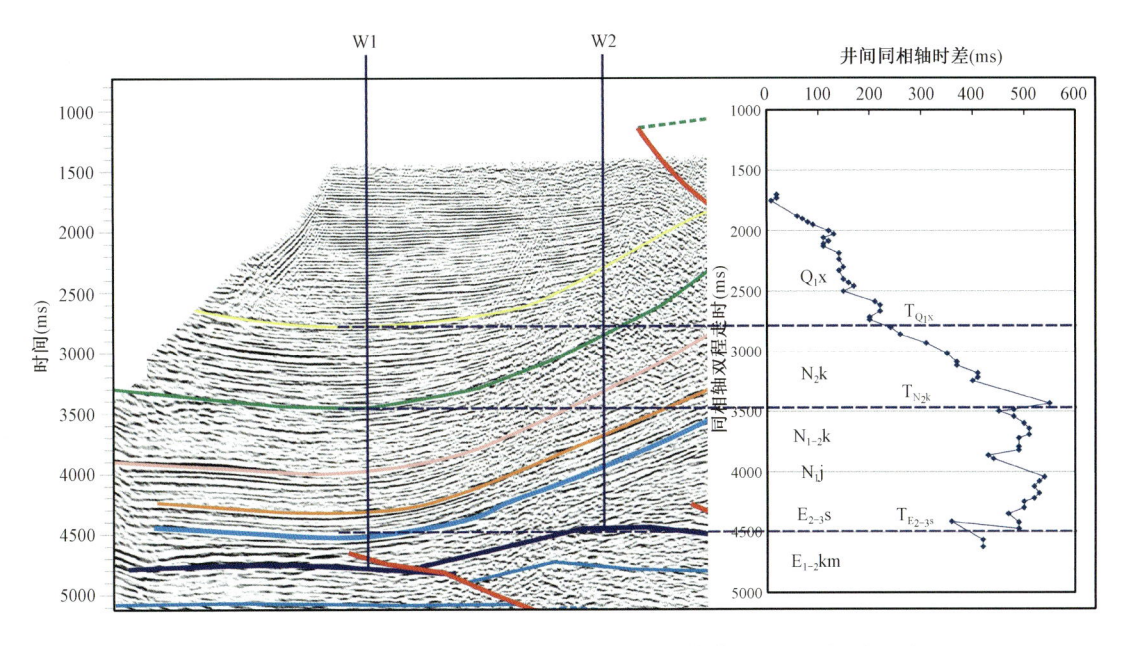

图 5-1　BC06-238 测线地震剖面上的两人工井井间地层埋深对比图

图 5-2 是 BC00-99 测线地震剖面上两口人工井 W1 和 W2 同一同相轴埋深差异随深度的变化图。图中 $T_{N_2k}$ 界面仍然是斜率变化的转折点，但 $T_{N_1j}$ 界面也是一个重要的构造演化阶段界线，$T_{N_2k}$—$T_{N_1j}$ 之间的井间同相轴时差值随着深度渐增，而 $T_{N_1j}$—$T_{E_{2-3}s}$ 之间的井间同相轴时差值随着深度渐减。库姆格列木群膏盐岩层是古近系底部地层，它现今的厚度分布极不均匀，在盐下层楔状逆冲叠瓦扇顶部明显加厚。那么，库姆格列木群地层厚度分布的差异单纯是后期构造变形造成的，还是有原始厚度分布不均匀的因素，是分析克拉苏构造带古近纪构造演化过程必须面对的问题。从现今钻井揭示和地面出露的库姆格列木群岩性来看，克拉苏构造带不同区段存在差异，这意味着其原始沉积环境有差异，因而原始厚度分布也会有差异。前人编

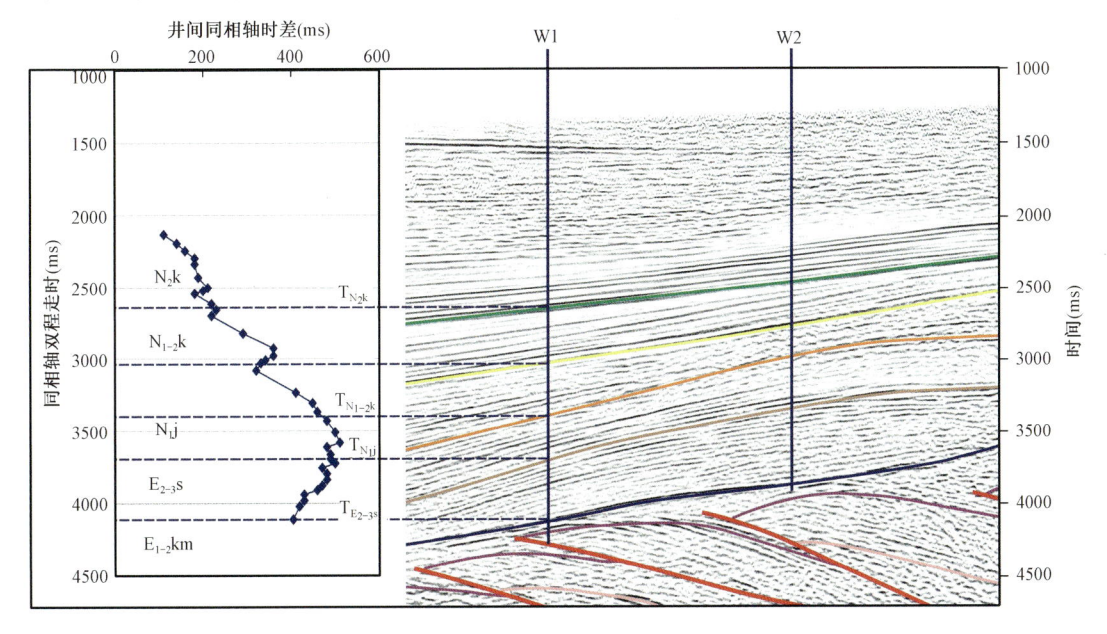

图 5-2　BC00-99 测线地震剖面上的两人工井井间地层埋深对比图

制的膏盐岩层区域分布图表明地层厚度总体上自克拉苏构造带向北至北部单斜带逐渐减小，厚度中心及相对纯的膏盐岩层分布在大宛齐—吐北一带。库姆格列木群之上的苏维依组的沉积厚度和岩相资料也表明沉积盆地的边缘位于盆山过渡部位，盆地中心位于克拉苏构造带以南的拜城凹陷。

从库车坳陷区域层序结构及沉积相变化也可以看出新生代地层内部存在多个不整合面。林畅松等(2002)将库车坳陷古近—新近系划分为库姆格列木群—苏维依组、吉迪克组、康村组—库车组三个构造层序，每一层序都是由水进—水退层序构成的沉积旋回(图5-3)。图5-3所示的层序结构暗示库车坳陷北侧的南天山在吉迪克组沉积时期就开始隆升，但显著的隆升也是在康村组—库车组以及西域组沉积时期。卢华复等(1999)、刘志宏等(2000)和汪新等(2002)根据与逆冲断层相关的同生褶皱的地层年龄判断库车坳陷自北而南的变形时间是逐渐变新的，克拉苏构造带的变形主要是在康村组沉积时期开始的。综合各方资料和观点，可以认为克拉苏构造带在康村组沉积时期开始明显的水平挤压变形，但是在吉迪克组沉积时期该构造带就开始发育盐岩层底辟构造变形。

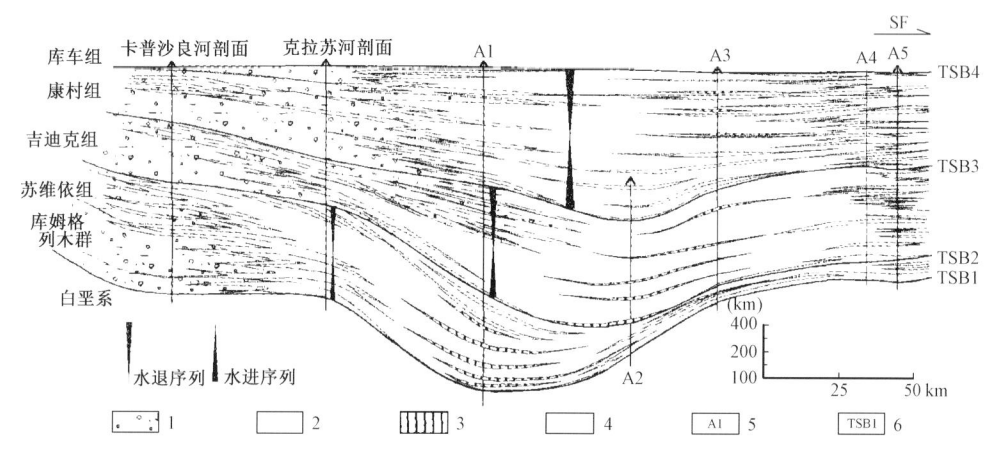

(1)冲积扇/扇三角洲砾岩、砂砾岩沉积；(2)辫状河/河流—三角洲含砾砂岩、砂岩沉积；(3)石膏层；
(4)湖泊干盐湖—潟湖含膏质泥岩、泥岩、砂泥层沉积；(5)钻井代号；(6)构造层序界面

图5-3 从库车坳陷北缘到南部前隆斜坡带古近—新近系沉积断面(据林畅松等，2002)

## 二、库车坳陷中、新生代构造应力环境

塔里木盆地是在前震旦系结晶基底基础上发育的一个多旋回叠合、复合盆地。但是对库车坳陷中、新生代盆地性质还存在一定的争议。贾承造等(1997)认为，库车坳陷三叠纪属于古天山山前的前陆盆地，侏罗纪—古近纪属伸展断陷盆地，而新近纪以来属于再生前陆盆地；何登发等(2005)认为库车坳陷晚二叠世—三叠纪属"早期前陆盆地"，侏罗纪—白垩纪属伸展性质的"过渡断陷阶段"，古近纪以来属"晚期前陆盆地"；王招明等(2008)认为库车坳陷三叠纪属周缘前陆盆地，侏罗纪为伸展断陷盆地，白垩纪—古近纪为弱伸展坳陷盆地，新近纪—第四纪为再生前陆盆地。虽然不同的学者对库车坳陷中、新生代不同时期的盆地性质看法不一，但是，对库车坳陷大的演化阶段的认识总体上是一致的。即主要经历了晚二叠世—三叠纪以及新近纪以来的两个挤压构造应力场作用阶段和其间的引张构造应力场作用阶段。所不同的是不同的学者对不同应力场体制变化的时间界限认识有所差异。但随着研究的深入和资料的丰富，一些认识也逐渐趋向一致。即三叠纪盆地是发育在古天山山前的前陆盆地；侏罗纪—白垩纪盆地造山后的伸展引起的断陷、坳陷盆地；古近纪盆地处于相对稳定的构造环境，无明显

的伸展或挤压作用；新近纪盆地是发育在新天山山前的陆内前陆盆地。

库车坳陷地层的接触关系也反映了不同期次的构造运动。盆地中主要的不整合面有：三叠系与二叠系(或盆地基底)之间(T/P)，侏罗系与三叠系之间(J/T)，白垩系与侏罗系之间(K/J)，古近系与白垩系之间(E/K)，新近系与古近系之间(N/E)，及第四系与新近系之间(Q/N)，其中较为明显的不整合面为J/T、K/J、E/K、Q/N。

对库车坳陷中、新生代盆地构造应力环境的变化，一些学者分别从断层与节理、岩石的声发射记忆和岩石磁组构等方面进行了研究。张明利等(2004)根据岩石磁组构分析了库车坳陷中、新生代古构造最大主压应力的方向，结果显示：印支期构造应力场的最大主压应力方向为近SN向，燕山中期构造应力场的最大主压应力方向为NNW向，燕山晚期—喜马拉雅中晚期构造应力场的最大主压应力方向为近SN向。张明利等(2004)又根据岩石声发射实验，分析了中、新生代地表有效最大主压应力的大小，印支期、燕山中期构造挤压作用相对较弱(分别为35MPa、30MPa)，燕山晚期至喜马拉雅期构造挤压作用逐渐增强(燕山晚期约为60MPa，喜马拉雅早期约为80MPa，喜马拉雅中期约为50MPa，喜马拉雅晚期约为100MPa)。

曾联波(2004)根据岩石声发射实验，对库车坳陷新生代以来的地表最大有效应力值分析结果显示：喜马拉雅早期为47.7MPa，喜马拉雅中期为66.5MPa，喜马拉雅晚期为80.6MPa，新构造运动阶段为55～80MPa。表明喜马拉雅运动阶段构造挤压逐渐增强，喜马拉雅运动的晚期($Q_1$)是库车坳陷构造挤压最强烈时期。

王清晨等(2004)通过对中、新生代地层中断层和节理的分析，研究了库车坳陷中、新生代区域构造应力场特征。结果显示：白垩纪—古近纪区域隆升引起近SN向的伸展作用，最大主压应力为垂向；中新世为NNW-SSE向的构造挤压；上新世—第四纪为NW-SE向的构造挤压。根据应力场的变化，图5-4构造变形一栏中应引起EW向断层的右行走滑。

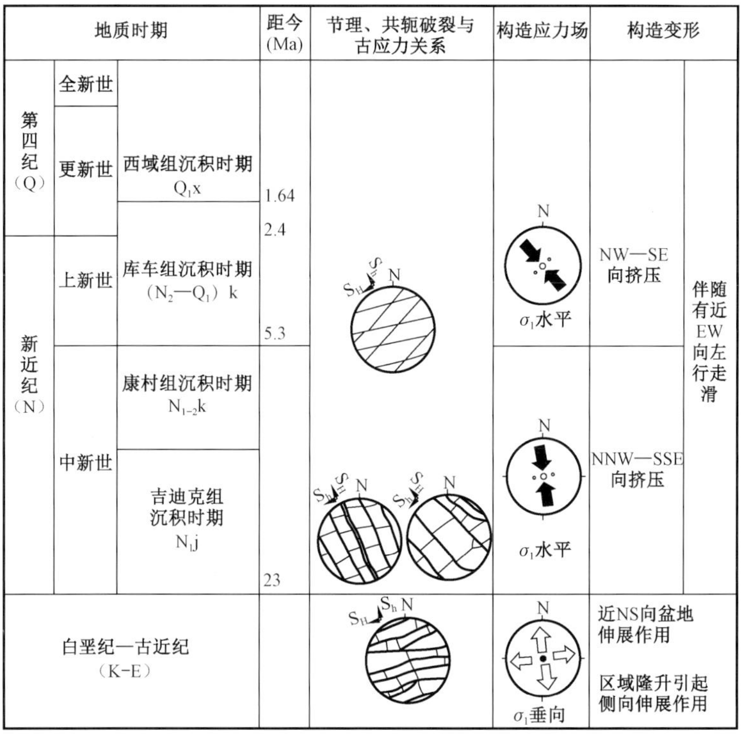

图5-4 库车坳陷中、新生代构造应力场特征(据王清晨等，2004)

库车坳陷中、新生代经历了多期的构造运动,不同时期构造应力场特征不同,而后期的构造运动对之前发育的构造进行了改造;即使同一构造运动期内,在盆地的不同部位发育的构造样式也有较大的差别,不同构造部位反映的构造应力场特征也有较大差别。所以,不同学者由于实验样品或观察地点不同,导致所取得的古应力场特征的认识不同也就不难理解。根据地震剖面上所反映的构造特征,结合区域资料及前人研究成果,认为后两者和笔者掌握的资料比较一致,故倾向于后两者对古构造应力场的认识。

### 三、库车坳陷中、新生代构造变形量

库车坳陷的构造解释模型表明中、新生代地层的收缩构造变形主要是在上新世以来发生的,是印度板块与欧亚板块碰撞过程在库车坳陷的响应。更粗略地估计,库车坳陷的收缩变形无疑是发生在新近纪—第四纪。对于具体的变形时间以及在区域挤压作用下的递进变形过程,一些学者利用生长地层、地层沉降速率和磷灰石裂变径迹等方法进行了研究。

卢华复等(1999)、刘志宏等(2000)和汪新等(2002)根据新生界的生长地层、生长三角,认为在克拉苏构造带形成时间为康村组—库车组沉积时期(16.9—5.3Ma),拜城盆地中的大宛齐背斜为库车组沉积时期(6—5Ma或9—5Ma),却勒—西秋构造带为库车组至西域组(5.3—1.8Ma)。

阎福礼等(2003)应用地层回剥方法分析了库车坳陷中、新生代构造沉降特征。沉降曲线显示:早三叠世—中三叠世库车坳陷处于构造挤压环境;晚三叠世—早侏罗世库车坳陷处于由挤压向伸展过渡阶段;早侏罗世—晚侏罗世库车坳陷表现为水平伸展;晚侏罗世—早白垩世库车坳陷构造活动强烈,具有快速沉积的特点;古新世—渐新世(65—25Ma)构造活动平稳、沉积缓慢;中新世—更新世(25—1.6Ma)构造挤压强烈。

杨树峰等(2003)利用磷灰石裂变径迹技术研究了南天山的隆升和去顶作用过程,认为南天山在中新世(25—17Ma)开始发生快速隆升,根据地温梯度得到的隆升速率为138.8—198.8m/Ma。

张仲培等(2003)利用野外露头上小尺度构造特征及其相互叠加、切割关系,分析了克拉苏构造带新生代构造演化阶段,认为中新世康村组沉积时期(12—5Ma)为NNW-SSE向挤压作用,盐上层的构造变形经历了三个阶段:平行层面的挤压缩短作用阶段、弯滑与弯流褶皱作用阶段和逆冲断层改造作用阶段,库车组沉积后大规模的挤压变形可能基本结束。

印度板块与欧亚板块碰撞的挤压应力通过"刚性"的陆块向北传递,在岩石圈薄弱的部位首先表现出挤压变形。南天山增生楔是不同陆块的拼贴部位,也是岩石圈相对软弱的部位,在中新世开始收缩变形而隆起形成新天山,挤压作用在中新世晚期开始向库车坳陷传递,并总体上表现出由北向南发育收缩构造变形的递进变形特征。克拉苏构造带由于靠近南天山受其变形影响,加上发育一些中生界的基底断层,构造变形时间相对早。却勒—西秋构造带也处于基底相对软弱的部位,随着挤压应力的增强开始发生收缩变形。

由于厚层膏盐岩层的存在,不同层次的构造变形明显不同。盐上层总体以发育褶皱为主导的收缩变形为特征,在局部早期盐刺穿的部位则发育逆冲断层为主导的收缩变形。盐下层发育以断层为主导的收缩变形,克拉苏构造带盐下层相对软弱构造变形强烈,却勒—西秋构造带盐下层构造变形弱。盐岩层在早期底辟的基础上进一步活动,这一时期是盐岩层底辟构造发育的第二阶段。该阶段盐岩层的底辟主要是由构造挤压引起的,另外库车组和西域组不均匀的沉积引起的差异负荷也起到了重要作用。这一时期的盐底辟最终导致盐岩层分布极为不均。

库车坳陷中段的地质剖面具有以下特点:其一,库车坳陷中段在收缩变形过程中,不同层次的构造变形量应该是基本平衡的,换言之,盐上构造层不会通过膏盐岩层滑脱面向北侧南天山或南侧塔北隆起传递较大的位移量,以达到与深层构造变形的平衡;其二,根据克拉苏构造带与却勒—西秋构造带的解释模型,克拉苏构造带盐上层的收缩变形量应小于盐下层的收缩变形量,而却勒—西秋构造带盐上层的收缩变形量应大于盐下层的收缩变形量;其三,由于库车坳陷中段的东西边界均为走滑断裂带,在靠近东西边界的横剖面上,统计出来的收缩变形量应为"异常",只具有参考价值,而不能反映构造变形量;其四,库车坳陷新生代以来由构造平静期逐渐转变为构造挤压期,新沉积的地层长度应小于下伏地层的长度,换言之,新生界由下而上收缩变形量应逐渐变小。

表5-1至表5-6为库车坳陷中段区域地质剖面地层长度与平衡分析的数据表,这些南北向剖面自西向东依次排列,并横穿克拉苏构造带与却勒—西秋构造带。表中统计了西域组底面($T_{Q_1x}$)、库车组底面($T_{N_2k}$)、康村组底面($T_{N_{1-2}k}$)、吉迪克组底面($T_{N_1j}$)、苏维依组底面($T_{E_{2-3}s}$)、库姆格列木群底面($T_{E_{1-2}km}$)、白垩系底面($T_K$)、侏罗系底面($T_J$)和三叠系底面($T_T$)等地层界面。其中侏罗系和三叠系由于在个别剖面的却勒—西秋构造带上缺失,其底面未予统计;西域组在一些背斜带上缺失,其底面统计结果有一定误差。BC07-109+QL03-112剖面由于靠近西部边界喀拉玉尔滚大型走滑断裂带,受走滑作用影响,计算结果(表5-1)不反映构造变形量,仅具有参考价值。

表5-1 BC07-109+QL03-112剖面数据及平衡分析表

| | 层长度(m) | | | 收缩量(m) | | | 收缩率(%) | | |
|---|---|---|---|---|---|---|---|---|---|
| | 却勒—西秋 | 克拉苏 | 总计 | 却勒—西秋 | 克拉苏 | 总计 | 却勒—西秋 | 克拉苏 | 总计 |
| 基准面 | 32700 | 21925 | 54625 | | | | | | |
| $T_{Q_1x}$ | 36750 | 22400 | 59150 | 4050 | 475 | 4525 | 12.39 | 2.17 | 8.28 |
| $T_{N_2k}$ | 49750 | 22550 | 72300 | 17050 | 625 | 17675 | 52.14 | 2.85 | 32.36 |
| $T_{N_{1-2}k}$ | 50350 | 22575 | 72925 | 17650 | 650 | 18300 | 55-98 | 2.96 | 35-50 |
| $T_{N_1j}$ | 50575 | 22650 | 73225 | 17875 | 725 | 18600 | 54.66 | 5-31 | 34.05 |
| $T_{E_{2-3}s}$ | 50300 | 22725 | 73025 | 17600 | 800 | 18400 | 55-82 | 5-65 | 35-68 |
| $T_{E_{1-2}km}$ | 33625 | 24700 | 58325 | 925 | 2775 | 3700 | 2.83 | 12.66 | 6.77 |
| $T_K$ | 33075 | 25775 | 58850 | 375 | 3850 | 4225 | 1.15 | 17.56 | 7.73 |
| $T_J$ | | 25625 | 25625 | | 3700 | | | 16.88 | |
| $T_T$ | | 25625 | 25625 | | 3700 | | | 16.88 | |

表5-2 BC06-131+TB4-3D+QL02-131剖面数据及平衡分析表

| | 层长度(m) | | | 收缩量(m) | | | 收缩率(%) | | |
|---|---|---|---|---|---|---|---|---|---|
| | 却勒—西秋 | 克拉苏 | 总计 | 却勒—西秋 | 克拉苏 | 总计 | 却勒—西秋 | 克拉苏 | 总计 |
| 基准面 | 30700 | 30625 | 61325 | | | | | | |
| $T_{Q_1x}$ | 34775 | 30850 | 65625 | 4075 | 225 | 4300 | 15-27 | 0.73 | 7.01 |
| $T_{N_2k}$ | 37925 | 31325 | 69250 | 7225 | 700 | 7925 | 25-53 | 2.29 | 12.92 |
| $T_{N_{1-2}k}$ | 38625 | 31825 | 70450 | 7925 | 1200 | 9125 | 25.81 | 5-92 | 14.88 |
| $T_{N_1j}$ | 39100 | 31900 | 71000 | 8400 | 1275 | 9675 | 27.36 | 4.16 | 15.78 |

续表

| | 层长度(m) | | | 收缩量(m) | | | 收缩率(%) | | |
|---|---|---|---|---|---|---|---|---|---|
| | 却勒—西秋 | 克拉苏 | 总计 | 却勒—西秋 | 克拉苏 | 总计 | 却勒—西秋 | 克拉苏 | 总计 |
| $T_{E_{2-3}s}$ | 37825 | 32075 | 69900 | 7125 | 1450 | 8575 | 25-21 | 4.73 | 15-98 |
| $T_{E_{1-2}km}$ | 31375 | 36400 | 67775 | 675 | 5775 | 6450 | 2.20 | 18.86 | 10.52 |
| $T_K$ | 31450 | 35725 | 67175 | 750 | 5100 | 5850 | 2.44 | 16.65 | 9.54 |
| $T_J$ | | 35125 | | | 4500 | | | 14.69 | |
| $T_T$ | 31575 | 34250 | 65825 | 875 | 3625 | 4500 | 2.85 | 11.84 | 7.34 |

表5-3 BC05-155+QL07-155K剖面数据及平衡分析表

| | 层长度(m) | | | 收缩量(m) | | | 收缩率(%) | | |
|---|---|---|---|---|---|---|---|---|---|
| | 却勒—西秋 | 克拉苏 | 总计 | 却勒—西秋 | 克拉苏 | 总计 | 却勒—西秋 | 克拉苏 | 总计 |
| 基准面 | 31725 | 33100 | 64825 | | | | | | |
| $T_{Q_{1x}}$ | 35025 | 33750 | 68775 | 3300 | 650 | 3950 | 10.40 | 1.96 | 6.09 |
| $T_{N_2k}$ | 37325 | 35600 | 72925 | 5600 | 2500 | 8100 | 17.65 | 7.55 | 12.50 |
| $T_{N_{1-2}k}$ | 38525 | 35750 | 74275 | 6800 | 2650 | 9450 | 21.43 | 8.01 | 14.58 |
| $T_{N_1j}$ | 37925 | 36500 | 74425 | 6200 | 3400 | 9600 | 19.54 | 10.27 | 14.81 |
| $T_{E_{2-3}s}$ | 37500 | 37225 | 74725 | 5775 | 4125 | 9900 | 18.20 | 12.46 | 15.27 |
| $T_{E_{1-2}km}$ | 32200 | 42500 | 74700 | 475 | 9400 | 9875 | 1.50 | 28.40 | 15.23 |
| $T_K$ | 32075 | 43750 | 75825 | 350 | 10650 | 11000 | 1.10 | 32.18 | 16.97 |
| $T_J$ | | 43000 | | | 9900 | | | 29.91 | |
| $T_T$ | 32150 | 42425 | 74575 | 425 | 9325 | 9750 | 1.34 | 28.17 | 15.04 |

表5-4 BC08-165K+QL07-166K剖面数据及平衡分析表

| | 层长度(m) | | | 收缩量(m) | | | 收缩率(%) | | |
|---|---|---|---|---|---|---|---|---|---|
| | 却勒—西秋 | 克拉苏 | 总计 | 却勒—西秋 | 克拉苏 | 总计 | 却勒—西秋 | 克拉苏 | 总计 |
| 基准面 | 32825 | 31400 | 64225 | | | | | | |
| $T_{Q_{1x}}$ | 35825 | 33000 | 68825 | 3000 | 1600 | 4600 | 9.14 | 5.10 | 7.16 |
| $T_{N_2k}$ | 38925 | 32500 | 71425 | 6100 | 1100 | 7200 | 18.58 | 5-50 | 11.21 |
| $T_{N_{1-2}k}$ | 39500 | 33750 | 73250 | 6675 | 2350 | 9025 | 20.34 | 7.48 | 14.05 |
| $T_{N_1j}$ | 39400 | 34250 | 73650 | 6575 | 2850 | 9425 | 20.03 | 9.08 | 14.67 |
| $T_{E_{2-3}s}$ | 39375 | 35000 | 74375 | 6550 | 3600 | 10150 | 19.95 | 11.46 | 15.80 |
| $T_{E_{1-2}km}$ | 33950 | 41250 | 75200 | 1125 | 9850 | 10975 | 5-43 | 31.37 | 17.09 |
| $T_K$ | 33825 | 39750 | 73575 | 1000 | 8350 | 9350 | 5-05 | 26.59 | 14.56 |
| $T_J$ | | 35950 | | | 4550 | | | 14.49 | |
| $T_T$ | 34050 | 39275 | 73325 | 1225 | 7875 | 9100 | 5-73 | 25.08 | 14.17 |

表5-5 BC08-193K+QL08-188K 剖面数据及平衡分析表

|  | 层长度(m) ||| 收缩量(m) ||| 收缩率(%) |||
|---|---|---|---|---|---|---|---|---|---|
|  | 却勒—西秋 | 克拉苏 | 总计 | 却勒—西秋 | 克拉苏 | 总计 | 却勒—西秋 | 克拉苏 | 总计 |
| 基准面 | 33950 | 34325 | 68275 |  |  |  |  |  |  |
| $T_{Q_1x}$ | 37875 | 37000 | 74875 | 3925 | 2675 | 6600 | 11.56 | 7.79 | 9.67 |
| $T_{N_2k}$ | 40000 | 37500 | 77500 | 6050 | 3175 | 9225 | 17.82 | 9.25 | 15-51 |
| $T_{N_{1-2}k}$ | 39675 | 38700 | 78375 | 5725 | 4375 | 10100 | 16.86 | 12.75 | 14.79 |
| $T_{N_1j}$ | 40375 | 39400 | 79775 | 6425 | 5075 | 11500 | 18.92 | 14.79 | 16.84 |
| $T_{E_{2-3}s}$ | 39725 | 39550 | 79275 | 5775 | 5225 | 11000 | 17.01 | 15.22 | 16.11 |
| $T_{E_{1-2}km}$ | 35025 | 46250 | 81275 | 1075 | 11925 | 13000 | 5-17 | 34.74 | 19.04 |
| $T_K$ | 34850 | 46175 | 81025 | 900 | 11850 | 12750 | 2.65 | 34.52 | 18.67 |
| $T_J$ |  | 43200 |  |  | 8875 |  |  | 25.86 |  |
| $T_T$ | 34950 | 45000 | 79950 | 1000 | 10675 | 11675 | 2.95 | 31.10 | 17.10 |

表5-6 BC06-220K+QL07-217K 剖面数据及平衡分析表

|  | 层长度(m) ||| 收缩量(m) ||| 收缩率(%) |||
|---|---|---|---|---|---|---|---|---|---|
|  | 却勒—西秋 | 克拉苏 | 总计 | 却勒—西秋 | 克拉苏 | 总计 | 却勒—西秋 | 克拉苏 | 总计 |
| 基准面 | 30725 | 26525 | 57250 |  |  |  |  |  |  |
| $T_{Q_1x}$ | 32900 | 28425 | 61325 | 2175 | 1900 | 4075 | 7.08 | 7.16 | 7.12 |
| $T_{N_2k}$ | 34100 | 31625 | 65725 | 3375 | 5100 | 8475 | 10.98 | 19.23 | 14.80 |
| $T_{N_{1-2}k}$ | 34700 | 31650 | 66350 | 3975 | 5125 | 9100 | 12.94 | 19.32 | 15.90 |
| $T_{N_1j}$ | 34750 | 32550 | 67300 | 4025 | 6025 | 10050 | 15-10 | 22.71 | 17.55 |
| $T_{E_{2-3}s}$ | 34900 | 32750 | 67650 | 4175 | 6225 | 10400 | 15-59 | 25-47 | 18.17 |
| $T_{E_{1-2}km}$ | 31325 | 35550 | 66875 | 600 | 9025 | 9625 | 1.95 | 34.02 | 16.81 |
| $T_K$ | 31250 | 34550 | 65800 | 525 | 8025 | 8550 | 1.71 | 30.25 | 14.93 |
| $T_J$ | 31325 | 34625 | 65950 | 600 | 8100 | 8700 | 1.95 | 30.54 | 15.20 |
| $T_T$ | 31350 | 33475 | 64825 | 625 | 6950 | 7575 | 2.03 | 26.20 | 15-23 |

计算结果主要显示出两个特点：其一，位于库姆格列木群膏盐岩层之上的 $T_{E_{2-3}s}$ 界面与之下的 $T_{E_{1-2}km}$ 界面收缩变形量相差 1~2km，$T_{E_{2-3}s}$ 界面收缩变形量大或 $T_{E_{1-2}km}$ 界面收缩变形量大都有出现；其二，库车坳陷中段新生代以来的收缩率为 15%~20%（以 $T_{E_{2-3}s}$ 界面与 $T_{E_{1-2}km}$ 界面为准)，西部收缩率小，东部收缩率稍大。第一点表明：盖层滑脱模式中，由于南天山远距离推覆使盐上层向南部的塔北隆起及向北部的南天山传递位移的情况是不存在。$T_{E_{2-3}s}$ 界面与 $T_{E_{1-2}km}$ 界面收缩变形量之差，与长达60km以上的剖面长度相比基本是可以接受的，这也说明建立的库车坳陷中段的解释模型是可行的、合理的。

# 第二节 库车坳陷中、新生代构造变形序列

库车坳陷在新近纪以来的近南北向构造挤压作用下,构造变形时间由北而南逐渐变新已是不争的事实,上述研究结果对库车坳陷主要变形时间的认识基本一致,即中新世晚期至上新世。根据地震剖面的解释、综合上述研究成果,库车坳陷新生代地层的构造变形是在康村组沉积开始的,强烈变形应该是在库车组、西域组沉积时期,其中克拉苏构造带与却勒—西秋构造带的构造变形时间可能存在差异,具有北早南晚、向南递进演化的特征。但是,在地震剖面上可以看出古近系库姆格列木盐岩层在苏维依组、吉迪克组沉积时期就发生底辟构造变形,侏罗系、白垩系也发生有同沉积伸展构造变形,并受晚白垩世区域隆升影响。因此,分析库车坳陷中、新生代的构造变形过程必须揭示盆地演化过程中所有构造变形现象。

## 一、库车坳陷中、新生代变形期次

根据区域地震剖面解释的库车坳陷结构,库车坳陷中、新生代盆地至少可以划分为三叠纪、侏罗纪—早白垩世、古近纪—中新世、上新世—第四纪等4期具有不同沉积—构造特征的盆地,而且盆地间歇期间还发生过明显的盆地反转或区域性隆升,形成不同层序之间的区域性不整合接触。综合前节关于区域构造应力环境与构造变形时间的讨论,结合地震资料反映的构造特征及收缩量差异,将库车坳陷中、新生代构造变形分为四个变形期,分别对应不同的盆地性质,各个变形期构造应力场特征不同,盆地的沉积充填及构造变形特征也不同(表5-7)。

表5-7 库车坳陷中、新生代构造变形序列及其特征

| 变形序列 | | | 盆地性质 | 构造应力场特征 | 沉积充填及构造变形主要特征 |
| --- | --- | --- | --- | --- | --- |
| Ⅳ | 第四纪 | | 前陆挤压盆地 | 新天山与塔里木板块近南北向区域挤压作用 | 发育"整体挤压、分层变形"的褶皱冲断变形,盐构造继续发育,向斜及逆冲带下盘充填新近系和第四系较厚 |
| | 上新世 | 新近纪 | | | |
| Ⅲ | 中新世 | | 均衡挠曲盆地 | 早期地壳均衡(弱伸展)、晚期近南北向弱挤压作用 | 宽缓的均衡坳陷中发育盐岩层、碎屑岩层,后期发育隐刺穿、刺穿盐构造 |
| | 古近纪 | | | | |
| Ⅱ | 白垩纪 | | 坳陷盆地 | 地壳均衡和近南北向弱引张作用 | 宽缓的均衡坳陷中充填碎屑岩层,晚期北部均衡(弱挤压)隆升,剥蚀明显 |
| | 侏罗纪 | | 裂陷盆地 | 近南北向引张作用和地壳均衡 | 断陷、伸展型坳陷,发育基底卷入正断层并控制沉积厚度 |
| Ⅰ | 三叠纪 | | 前陆挠曲盆地 | 古南天山的近南北向的挤压作用 | 古南天山山前发育冲断褶皱变形楔,其下盘发育前渊,充填的三叠系向南减薄,塔北隆起发育小型正断层 |

### 1. 变形期"Ⅰ"

三叠纪古天山与塔里木板块发生陆陆碰撞,引起库车坳陷近南北向的挤压作用,发育前陆挠曲盆地。三叠纪盆地的沉积中心可能靠近现今南天山,甚至进入南天山内部。强烈的收缩构造变形主要发生在古天山及三叠纪盆地北侧,向南至塔里木盆地则变形轻微,库车坳陷在古天山重力负荷及挤压作用下主要发生挠曲变形。现今塔北隆起三叠系缺失或较薄,且发育有小型正断层,可能处于三叠纪盆地的前缘隆起带。地震剖面上三叠系的顶、底界面难以准确界定,只能确定大概的层位,但仍然能够解释出少量的逆冲断层。逆冲断层向下切割基底,向上

终止于三叠系内部,侏罗系、白垩系未受影响,说明是三叠纪前陆盆地发育的断层。晚三叠世的印支运动结束了三叠纪前陆盆地的发育,并造成了三叠系广泛的剥蚀,形成了侏罗系与三叠系之间区域性的不整合。

2. 变形期"Ⅱ"

侏罗纪库车坳陷由于造山期后的板块内部应力松弛,引起近南北向伸展;白垩纪近南北向的伸展作用减弱,岩石圈板块冷却等引起地壳均衡。侏罗纪—白垩纪盆地的沉积中心可能位于南天山山前,地层厚度由北向南减薄,至却勒—西秋构造带厚度较薄(侏罗系可能缺失)。在南北向的伸展作用下,侏罗纪—白垩纪盆地发育一些近东西走向的正断层,断层切入基底并对沉积具有控制作用。这些正断层规模不同,对沉积的控制作用也不同,断层上盘则形成地堑或半地堑。现今地震剖面上尽管受一些因素影响反射不清,但盐下层仍然能够解释出一些向北倾斜的正断层。侏罗纪—白垩纪发育的正断层,在新近纪以来的挤压变形过程中或者保留下来、或者被后期逆冲断层截断、或者重新活动形成正反转断层。库车坳陷晚白垩世区域性的隆升事件,致使上白垩统缺失,形成白垩系与上覆古近系明显的不整合接触关系。

贾承造等(2003)利用磷灰石裂变径迹技术,对库车坳陷晚白垩世隆升事件进行了研究。晚白垩世的隆升约发生在89Ma前,隆升过程缓慢,平均隆升速率37.8~45.3m/Ma。隆升事件仅局限在库车坳陷内部,天山造山带没有受到影响。晚白垩世青藏高原地区Kohistan-Dras岛弧与拉萨地体碰撞引起的远距离效应,是形成区域性隆升的原因。

现今地震剖面上中生界的收缩变形是由于新近纪以来构造挤压引起的,晚白垩世的隆升事件仅引起南北向的弱挤压,并没有表现为大范围的构造变形。隆升事件对库车坳陷的影响可能主要表现为上白垩统的缺失及地层的剥蚀。

3. 变形期"Ⅲ"

古近系库姆格列木群与苏维依组是在地壳均衡(弱伸展)或稳定构造环境下沉积的,库姆格列木群含有厚层的膏盐岩层,并可使夹持其中的能干岩层一起表现为流变性。新近纪以来印度板块与欧亚板块开始发生碰撞,其挤压应力通过坚硬的岩石圈板块逐渐向北传递。库车坳陷中新世吉迪克组沉积时期无明显的伸展或挤压变形发生,是在稳定的构造背景下沉积的。中新世康村组沉积时期已有近南北向的弱挤压作用,中新世晚期挤压作用有所增强,克拉苏构造带开始发生收缩变形,而却勒—西秋构造带仍相对稳定。

库姆格列木群膏盐岩层沉积后苏维依组和吉迪克组沉积时期,是盐岩层底辟构造发育的第一阶段。这一阶段盐岩层的底辟是由上覆岩层的差异负荷引起的,浮力作用也发挥了一定作用,主要发育隐刺穿构造,局部区段有刺穿构造发育。苏维依组和吉迪克组厚度稳定,但由于盐底辟的影响造成了局部的厚薄变化。康村组沉积时期盐岩上覆地层厚度已达1000km,盐岩单纯依靠上覆岩层的差异负荷已难以突破上覆地层的强度,一些刺穿底辟规模逐渐变小甚至停止,隐刺穿构造仍在缓慢发育。康村组沉积的中后期,挤压作用有所增强,在克拉苏构造带构造挤压对盐底辟的驱动作用逐渐明显,局部盐岩层底辟向上刺穿(图5-5)。盐岩层刺穿底辟主要发育在库车坳陷中段北部,其原因可能有两方面。其一是库姆格列木群沉积时期受基底正断层活动或白垩系顶面不整合面起伏影响盐岩层的原始厚度在剖面北部和南部相对较厚,其二是吉迪克组沉积时期基底断层的活动导致盐岩层局部底辟作用加强刺穿至地表。这一时期盐底辟构造变形主要在弱伸展环境下形成,受上新世—第四纪近南北向挤压作用影响盐底辟构造进一步复杂化。

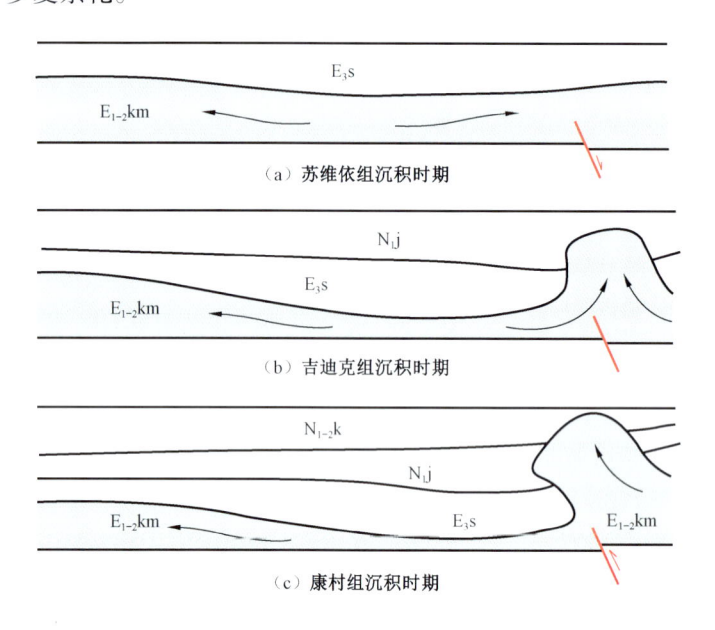

（a）苏维依组沉积时期

（b）吉迪克组沉积时期

（c）康村组沉积时期

图 5-5　克拉苏构造带西部盐底辟构造变形过程示意图

4. 变形期"Ⅳ"

上新世以来印度板块与欧亚板块开始全面碰撞,近南北向的构造挤压作用控制了前陆盆地的发育。库车坳陷构造变形强烈,发育"整体挤压、分层变形"的褶皱冲断变形,盐构造继续发育,向斜及逆冲带下盘充填新近系和第四系较厚,地层生长现象明显。

印度板块与欧亚板块碰撞的挤压应力通过岩石圈板块向北传递,在岩石圈薄弱的部位首先表现出挤压变形。古天山造山带是不同板块拼贴的部位,也是岩石圈相对软弱的部位,在中新世开始收缩变形而隆起形成新天山,中新世晚期库车坳陷开始发生构造变形。克拉苏构造带由于靠近南天山受其变形影响,加上发育一些中生界的基底断层,构造变形时间相对早;却勒—西秋构造带也处于基底相对软弱的部位,随着挤压应力的增强开始发生收缩变形。

由于厚层膏盐岩层的存在,不同层次的构造变形明显不同。盐上层总体以发育褶皱为主导的收缩变形为特征,在局部早期盐刺穿的部位则发育逆冲断层为主导的收缩变形。盐下层发育以断层为主导的收缩变形,克拉苏构造带盐下层相对软弱、构造变形强烈,却勒—西秋构造带盐下层构造变形弱。盐岩层在早期底辟的基础上进一步活动,这一时期是盐岩层底辟构造发育的第二阶段。该阶段盐岩层的底辟主要是由构造挤压引起的,另外库车组和西域组不均匀的沉积引起的差异负荷也起到了重要作用。这一时期的盐底辟最终导致盐岩层分布极为不均。

## 二、库车前陆盆地构造平衡问题

构造平衡概念是构造建模和地震资料构造解释的基础,但是受资料条件和地质构造复杂性的影响,往往很难将这一概念客观地应用在构造建模和地震资料的构造解释过程中。

图 5-6 示意性表达了本项目在建立库车前陆盆地构造模型所应用构造平衡概念。该剖面的构造平衡包括两个假设前提：第一，假设在塔北斜坡上的沉积盖层与盆地基底之间不存在滑脱，可以选作固定盖层与基底的钉线约束点；第二，在晚新生代挤压作用导致库车前陆盆地发生收缩构造变形之前，盐岩层顶面和底面的长度是相等的，这样可以通过盐岩层顶面的岩层长度来平衡盐岩层底面的长度。从库车前陆盆地构造演化过程看，这一假设前提是成立的。在地震剖面上，盐上层的反射相对清晰，计算出的岩层长度是可信的，以此可以达到应用构造平衡概念来检验盐下层的构造解释的目的。

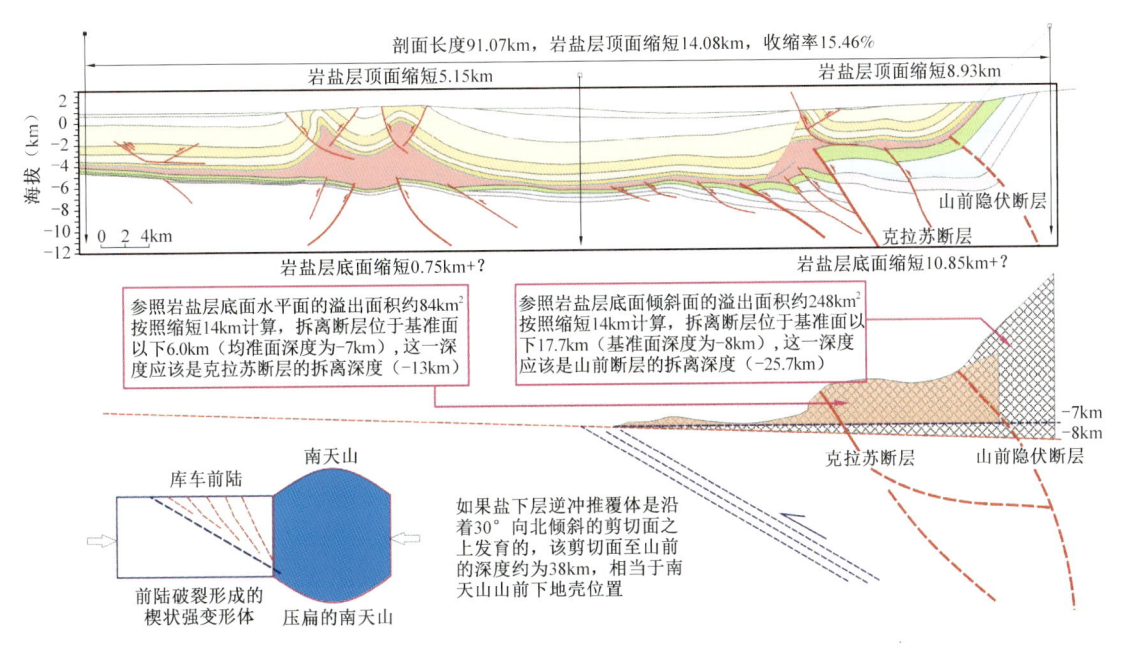

图 5-6 库车前陆盆地构造平衡概念图

如图 5-6 所示，从山前至剖面的约束钉线之间的剖面长度为 91.07km，盐上层的收缩变形集中在山前单斜带、库姆格列木背斜带和秋里塔格背斜带等强变形带上，盐下层的变形集中在山前断裂带、克拉苏构造带。通过测量盐岩层顶面的长度可以计算出剖面的收缩量为 15.08km，其中分配在山前单斜带和库姆格列木背斜带的收缩量为 8.93km，分配在秋里塔格背斜带的收缩量为 5.15km。通过测量盐岩层底面的长度计算出剖面的收缩量为 11.60km，其中分配在山前构造带和克拉苏构造带的收缩量为 10.85km，分配在秋里塔格背斜带的收缩量为 0.75km。盐上层和盐下层的长度不平衡包括三种可能性：第一，盐下层的收缩变形部分集中在山根中，剖面上的盐上层收缩量应该大于盐下层的收缩量；第二，盐下层在克拉苏构造带或秋里塔格构造带中有部分逆冲断层未能解释出来，导致计算的收缩量相对较小；第三，盐上层在挤压收缩变形前发生的底辟作用使盐上层长度增加。这一平衡计算结果的另一重要含义是盐下层在克拉苏构造带的收缩变形量可能通过盐岩层的滑脱传递到盐上层的秋里塔格背斜带。

图 5-6 还从面积平衡概念分析了山前构造带和克拉苏构造带的逆冲断层应该具有的拆离滑脱深度。假设盐岩层底面是一个向北缓倾的基准面（由于山体负荷造成的挠曲变形），按照面积平衡原理，克拉苏构造带至山前盐下层由于逆冲推覆作用形成增生楔的相对于基准面的溢出面积应该是增生楔收缩量与增生楔拆离滑脱（在山前处）深度的乘积。如果由盐岩层

— 113 —

顶面长度平衡计算出的收缩量(约14km)与克拉苏构造带和山前构造带的增生楔的收缩量相等,那么计算出的增生楔在山前的拆离面的海拔高程应该是约-25.7km。如果选择一个水平的区域基准面,并仅考虑克拉苏构造带逆冲推覆造成的面积溢出,计算得出在克拉苏构造带北部边缘的拆离面的海拔高程度应该是约-13km。根据应用构造平衡概念计算出的拆离断层面深度可以判断盐下层由于逆冲推覆作用形成的增生楔应该是基底卷入的构造变形,除非盐岩层顶面在山前发育有大规模顺层的反冲断层。应该说利用构造平衡原理计算得出的收缩量、拆离断层深度等参数都只能作为判断构造解释模型是否合理的参考依据,不能作为唯一的判据。

图5-7至图5-9是在应用2DMove制作的平衡剖面基础上经修改而成横穿库车坳陷中段的区域构造变形复原剖面图。编图中遵循的总体原则有两点,一是"面积平衡",但考虑盐岩的"进入""流出",盐岩层面积在剖面上可能不完全守恒;二是"地层线长有条件的平衡",即对于收缩构造采用"弯滑去褶皱",这时保持地层线长守恒,而对于伸展构造采用斜向剪切恢复变形,剖面上地层线长不完全守恒。图5-7、图5-8和图5-9的剖面分别位于库车坳陷中段的西部、中部和东部,下文依据这些复原剖面简要论述库车坳陷中段在不同构造演化阶段构造变形的基本特征。

# 第三节 库车坳陷中、新生代构造演化过程

前人对库车坳陷中、新生代盆地的构造演化做过大量研究,大致可以将中、新生代构造演化分为4期:三叠纪造山后裂陷盆地、侏罗纪—白垩纪陆内裂陷盆地、古近纪—中新世陆内挠曲盆地、上新世—第四纪再生前陆盆地。但是不同区段的构造演化特征也有一定的差异。本节选择横穿库车坳陷西段、中段、东段的代表性区域结构剖面,按照平衡复原原理恢复了各个剖面的构造演化过程。

研究认为南天山洋在古生代经历过手风琴式的开合运动,最终在石炭纪末期关闭,在库车坳陷以北形成增生楔,前锋可能达到克拉苏构造带。二叠系属于海陆过渡层序,造山楔顶部塌陷发育伸展盆地,沉积层也是向南超覆。库车—塔北地区早古生代处于被动大陆边缘,有可能发育边缘隆起和早期大陆裂陷形成的基底正断层,之后处于前陆板块挠曲变形的"枢纽"部位,新近纪—第四纪新天山隆起使库车—塔北形成再生前陆盆地,天山山体向南斜向推挤使山前形成挤压剪切应力场,高角度基底断层的重新活动形成盐下层逆冲冲断隆起。

## 一、库车坳陷西段构造演化

库车坳陷西部区域剖面(WS04-341+A93-440)由北至南经过库车坳陷的神木园构造带、乌什凹陷、温宿凸起以及阿瓦提凹陷等构造单元,以此剖面为例分析坳陷西段的构造演化。

(1)海西期构造变形:三叠纪前(图5-7f),库车坳陷古生界从神木园—乌什凹陷向温宿凸起逐层超覆减薄尖灭,温宿凸起为一个大的古隆起,隆起的核部为前寒武系。库车坳陷全区只残留寒武系—奥陶系,在神木园构造带和北部山前之间发育一条高角度北倾的基底逆冲断层,断裂上盘寒武系—奥陶系厚度比下盘厚,地层发生强烈变质褶皱。在温宿凸起的北翼发育一条高角度南倾的基底逆冲断层将乌什凹陷分隔开,断裂上盘寒武系—奥陶系厚度明显减薄。在温宿凸起的南翼,古生界向隆起核部逐层超覆减薄或尖灭,缺失泥盆系,在石炭系之下发育两条高角度北倾的基底逆冲断层,断层的上盘志留系被抬升剥蚀。

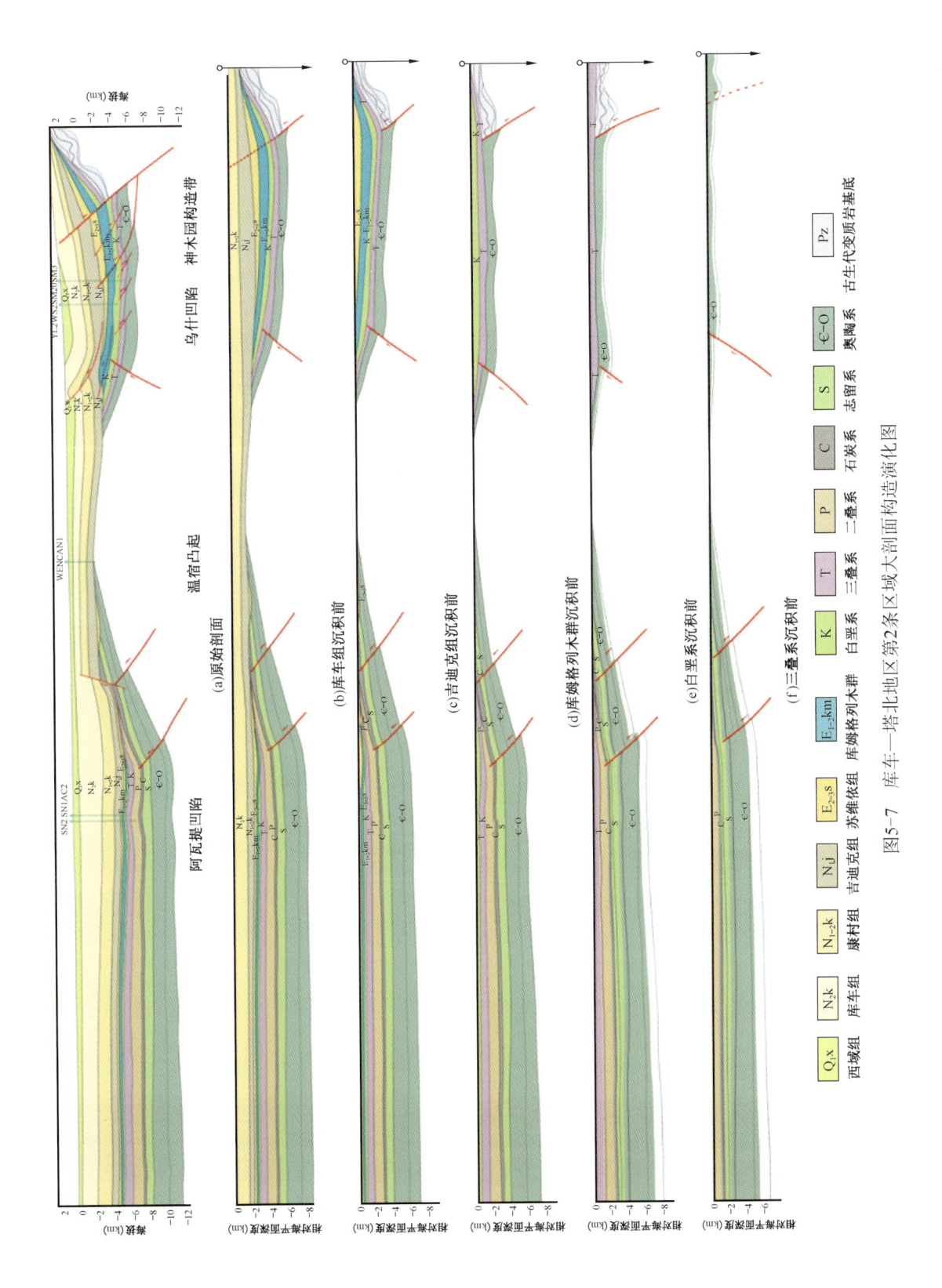

图5-7 库车—塔北地区第2条区域大剖面构造演化图

（2）中生代盆地构造演化：白垩纪前（图5-7e），盆地表现为裂陷作用，从神木园—乌什凹陷三叠系逐渐减薄并尖灭在温宿古隆起上，隆起核部为前寒武系，具有明显的北厚南薄的楔形沉积特征，北部山前基底断裂不活动。温宿古隆起北翼高角度的南倾基底逆冲断层被三叠系覆盖，南翼三叠系超覆尖灭在石炭系之上，全区缺失侏罗系。

（3）白垩纪末期抬升剥蚀：库姆格列木群沉积前（图5-7d），盆地表现为均衡坳陷作用。白垩系在全区连续性稳定沉积，总体上神木园—乌什凹陷为沉积沉降中心，向北厚度逐渐减薄尖灭在山前三叠系之上，向南尖灭在温宿古隆起北翼的三叠系之上。北部山前基底断裂不活动，温宿凸起北翼南倾的边界断裂发生了继承性活动，断开三叠系，被白垩系所覆盖。在温宿凸起南翼，基底断裂不活动，白垩系逐渐减薄尖灭在三叠系之上。

（4）新生代盆地构造演化：新近系吉迪克组、库车组沉积前，盆地表现为均衡挠曲沉降作用（图5-7b、c）。盆地持续沉降，在库车坳陷神木园—乌什凹陷构造带为沉积沉降中心，古近系库姆格列木群和苏维依组向北部山前减薄尖灭在新近系吉迪克组之下，在温宿凸起上古生界、中生界及古近系依次被吉迪克组覆盖，阿瓦提凹陷的库姆格列木群不发育膏盐岩。

（5）晚新生代挤压构造变形：上新统库车组和第四系西域组沉积时期（图5-7a），盆地表现为压陷作用。库车北部神木园构造带发生强烈构造变形，早期古前陆盆地内构造发生复活，在区域挤压作用下发育一系列冲断构造，北部山前高角度基底卷入逆冲断层向上尖灭于库车组，向南逐渐变为滑脱在寒武系—奥陶系里的逆冲断层，库姆格列木群盐岩层在温宿凸起北翼浅层发育底辟构造。在温宿凸起南翼，受基底逆冲断层的影响形成拉张环境，浅层在基底逆冲断层上方发育正断层，向下尖灭在奥陶系里，向上尖灭在库车组。塔北区域地层沉积稳定，断层和褶皱很少发育。

## 二、库车坳陷中段构造演化

库车坳陷中段是库车坳陷的主体部分，东西延伸较长，不同区段的剖面结构及其反映的构造演化过程有一定的差异。

1. 代表性剖面的构造演化

以由北至南经过库车坳陷的北部单斜带、克拉苏构造带、拜城凹陷、西秋构造带、塔北隆起的英买7号构造带的区域地震剖面解释的剖面结构为基础，编制构造演化剖面，分析库车坳陷中段的构造演化（图5-8）。

（1）海西期构造变形：该变形期为三叠系沉积前，在石炭纪末期增生楔形成，从拜城凹陷到塔北隆起为一个大的古隆起，隆起的核部在西秋构造带，只发育寒武系—奥陶系。在库车坳陷克拉苏构造带和北部山前带，地层发生强烈变质褶皱。塔北隆起发育志留系、寒武系—奥陶系，隆起的南部发育一条南倾滑脱断层，向下滑脱到寒武系中，断层的上盘志留系被抬升剥蚀。隆起的核部发育两条高角度的边界基底逆冲断层，志留系被抬升剥蚀变薄。早二叠世，在塔里木克拉通和南天山有强烈的火山作用，在塔北隆起和库车坳陷南部斜坡带发育二叠系。在二叠纪末期，塔北隆起上两条对冲边界逆冲断裂活动，塔北隆起发生抬升，二叠系、石炭系、泥盆系局部发生剥蚀，残留的志留系南厚北薄。

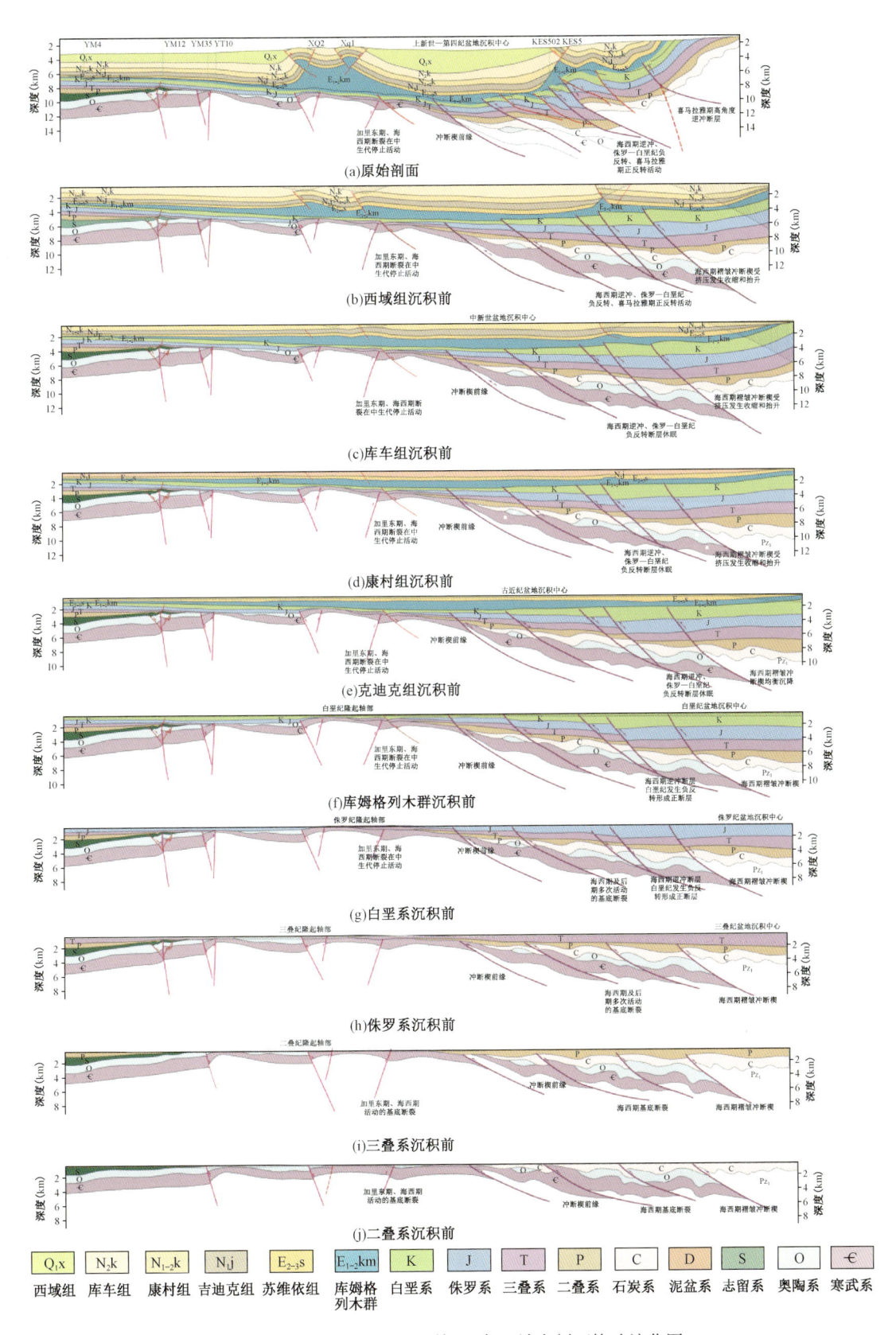

图 5-8 库车—塔北地区第 11 条区域大剖面构造演化图

(2)中生代盆地构造演化:在三叠纪,盆地表现为造山后裂陷作用。从克拉苏构造带向西秋构造带,三叠系逐渐减薄并尖灭在西秋古隆起北部断裂上,具有明显的北厚南薄的楔形沉积特征。西秋古隆起发育两条对冲高角度的基底逆冲断层,隆起之上三叠系缺失,隆起南部三叠系厚度比隆起北部厚。在塔北隆起的南翼和北翼发育三叠系,厚度向隆起方向逐渐减薄,隆起核部无三叠系沉积。在侏罗纪—白垩纪,盆地表现为均衡坳陷作用。地层连续性沉积,总体上为向北增厚的楔形体,克拉苏构造带厚度最大。侏罗系从克拉苏构造带向南在西秋构造带附近逐渐减薄尖灭。从三叠系、侏罗系沉积厚度及分布特征推断,原型盆地的沉积中心大致位于北部单斜带,甚至在现今南天山山前附近。白垩系与下伏侏罗系之间为平行不整合接触,局部为角度不整合接触。在库车坳陷北部,白垩系沉降—沉积中心较侏罗系沉降—沉积中心向南迁移;在南部,白垩系可以向南超覆越过西秋构造带与塔北隆起上的白垩系连成一片,但白垩系厚度的横向变化明显小于侏罗系,最大沉积厚度中心位于克拉苏构造带。

(3)白垩纪末期抬升剥蚀:西秋构造带在侏罗纪—白垩纪为低幅度的古隆起,受其影响库车坳陷中生界具有由南向北显著变厚的特征,全区缺失上白垩统。塔北隆起南翼的侏罗系被白垩系削截,呈角度不整合接触,在隆起的北翼和核部不发育侏罗系,白垩系厚度在隆起的南翼向隆起方向逐渐减薄,隆起上发育高角度的对冲基底边界断裂,都尖火在白垩系之下。

(4)新生代盆地构造演化:古近系库姆格列木群、苏维依组和新近系吉迪克组、康村组沉积时期,盆地表现为均衡沉降作用。膏盐岩沉积时,盆地持续沉降,在克拉苏构造带盐岩沉积厚度受隆凹构造格局影响明显,形成了北部克拉苏及南部秋里塔格两个古近纪盐湖,沉积巨厚的膏盐岩层,是两个主要的沉降—沉积中心。在苏维依组、吉迪克组沉积时期,全区稳定沉积。在康村组沉积时期,克拉苏构造带及秋里塔格构造带在差异负载作用下,盐体发育底辟构造。

(5)晚新生代挤压构造变形:上新统库车组和第四系西域组沉积时期,盆地表现为压陷作用。库车北部克拉苏构造带发生强烈构造变形,早期古前陆盆地内构造发生复活,在区域挤压作用下发育一系列冲断构造,高角度基底卷入逆冲断层向南逐渐变为滑脱断层,盐岩层在浅层背斜核部聚集,盐下层发育楔状叠瓦构造。在地表由北向南形成喀桑托开和南秋里塔格背斜带,西域组在拜城凹陷与南部斜坡带厚度较大,克拉苏构造带与西秋构造带背斜处厚度较小。西秋构造带盐上层发育南北两个滑脱背斜,背斜近对称,盐岩层在浅层背斜下方聚集形成大型盐枕,盐下层基底断裂重新活动形成冲断隆起。拜城凹陷为宽缓向斜,断裂在盐上层和盐下层均不发育。塔北区域地层沉积稳定,断层和褶皱很少发育。

2. 中段不同剖面构造演化的比较

图5-9是库车坳陷中段西部以从北向南穿过克拉苏构造带博孜段、拜城凹陷和却勒构造带的代表性剖面(第5条区域大剖面)编制的构造演化剖面图,图5-10是库车坳陷中段东部由北至南经过克拉苏构造带和秋里塔格构造带、大尤都斯构造带和红旗构造带的代表性剖面(第13条区域大剖面)编制构造演化剖面图。将图5-9、图5-10与图5-8所示的库车坳陷中段代表性剖面(第11条区域大剖面)的构造演化过程进行对比可以看出不同区段的构造演化特征有差异。

1)库车坳陷中段西部构造演化

(1)海西期构造变形:三叠系沉积前(图5-9g),此阶段塔北隆起的范围远比现今要大,可能一直向北延伸至南天山内部,却勒—西秋构造带和克拉苏构造带此时期为低幅度的古隆起的一部分。古塔北隆起的中部发育几条大型逆冲断裂,在后期的演化过程中这些断裂持续活

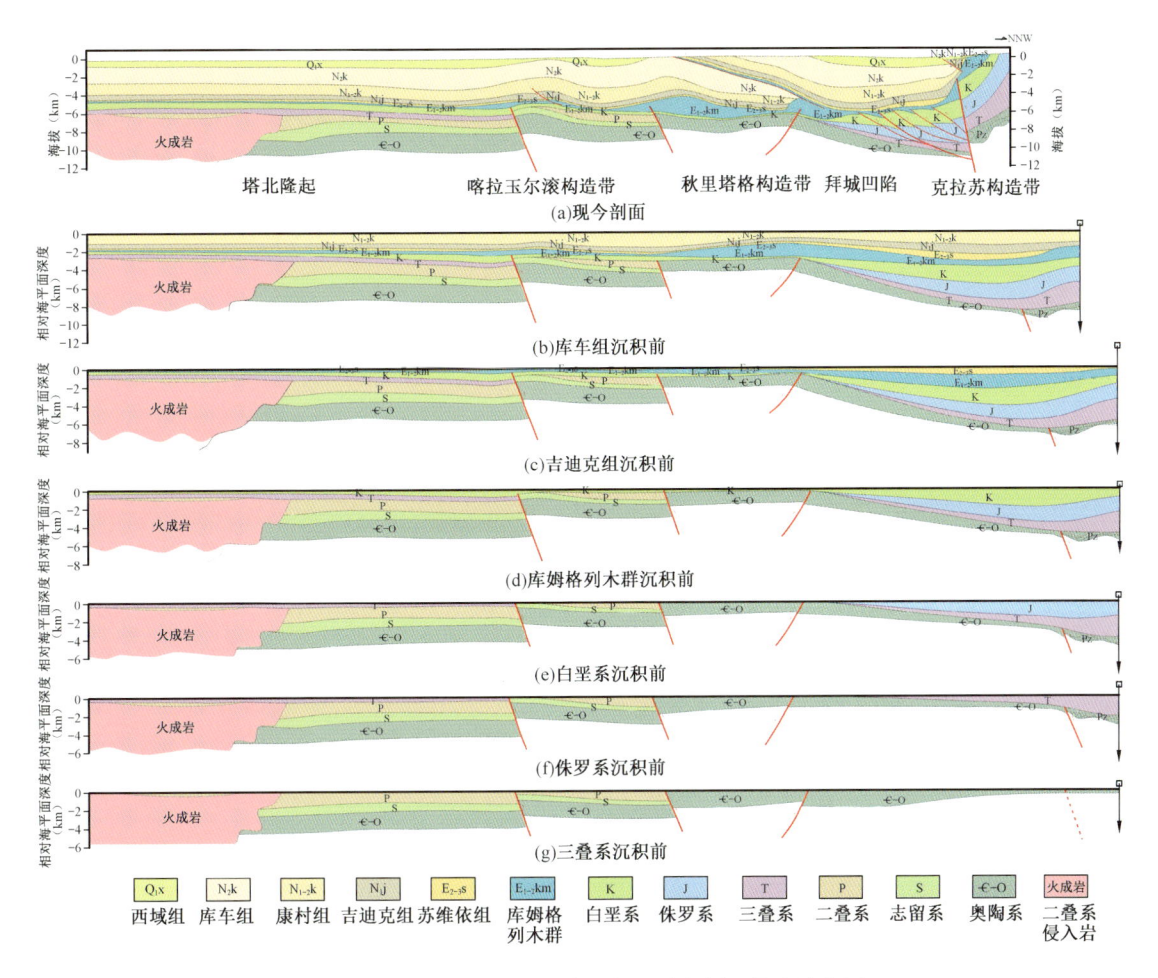

图 5-9 库车—塔北地区第 5 条区域大剖面构造演化图

动成为次级构造带的分界。古隆起北段抬升剥蚀严重,志留系和二叠系剥蚀殆尽,奥陶系大面积出露,而隆起南段志留系和二叠系剥蚀微弱,保存较好。

(2)中生代构造演化:三叠系至白垩系沉积期间,塔北隆起的范围向南部收缩变小,其北部边缘可能进入到南天山山前。在持续沉降作用下,中生界整体呈楔状沉积,向南在塔北隆起北缘尖灭,向北逐渐增厚。此阶段盆地的沉降—沉积中心可能一直向北延伸至现今南天山的内部。总体上看,这一时期构造活动较弱,除先存断裂可能发生继承性活动外,没有新的断裂发育。

(3)新生代盆地演化:此阶段库姆格列木群膏盐岩连续沉积(图 5-9b、c),但原始沉积厚度在不同部位存在明显差异,主要有两个沉积中心,分别位于现今的却勒—西秋构造带和拜城凹陷处,向南部斜坡带和北部克拉苏构造带膏盐岩厚度减薄。苏维依组与吉迪克组沉积期间,在活动微弱的构造环境下,地层厚度分布较为均匀,在上覆地层差异负荷作用下,膏盐岩可能发生较弱的底辟作用。康村组沉积末期已有轻微的挤压变形发生,克拉苏构造带盐下层先存的早期断层开始活动,但总体构造位移较小。克拉苏构造带南侧秋里塔格构造带盐下层构造活动较弱,未见明显的断层发育。

(4)晚新生代挤压变形:从库车组开始沉积至今(图 5-9a),在强烈的区域挤压作用下,却勒—西秋构造带发育一条北倾的逆冲断裂,向下滑脱于膏盐岩内部。在持续的挤压作用下,却

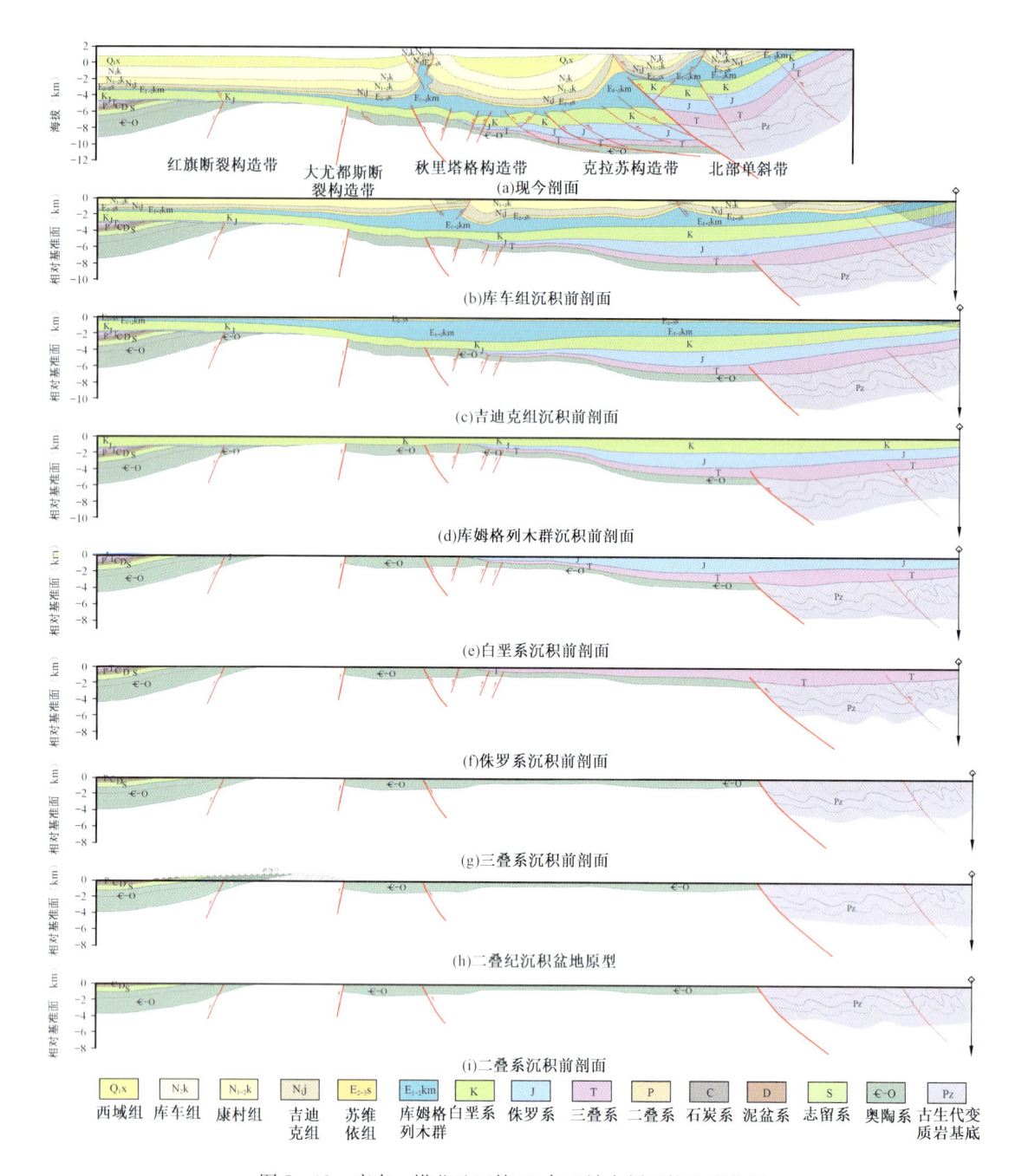

图 5-10 库车—塔北地区第 13 条区域大剖面构造演化图

勒地区盐岩沿此断裂向上刺穿上覆第四系并出露地表,形成大型盐推覆体。断裂下部发育挤压背斜,背斜轴部由于强烈的抬升缺少第四系沉积。克拉苏构造带至北部山前带盐下层中生界形成以高角度逆冲断层分割的断块变形,自克拉苏构造带向山前呈阶梯状断块,逐级抬升,导致北部边缘部分中生界遭受剥蚀,最终构成了现今的构造变形格局。第四系主要分布在南部斜坡带、拜城凹陷和克拉苏构造带中部,而却勒—西秋构造带与克拉苏构造带缺失或较薄。

2) 库车坳陷中段东部构造演化

(1) 海西期构造变形:平衡剖面复原结果表明盆地在前中生代(图 5-10g—i)主要表现为

在挤压环境中逆冲断裂的持续活动,此阶段塔北隆起和秋里塔格等各二级构造带的边界尚不明显,在原型盆地北缘有大面积的古生代变质岩基底出露,盆地南缘奥陶系在挤压抬升作用下被部分剥蚀。

(2)中生代构造变形期:三叠系—白垩系沉积时期(图5-10d—f),在持续的挤压活动作用下,原型盆地秋里塔格构造带部位发育多条逆冲断裂。盆地的沉积中心位于现今北部单斜带甚至更北的地区,中生界呈碟状沉积,其中三叠系向南尖灭于原型盆地中部次级逆冲断裂较发育的部位。

(3)新生代盆地演化期:此阶段全区沉积环境较为稳定(图5-10c),盆地持续沉降,为库车坳陷盐构造的厚层烃源岩沉积时期,受隆凹构造格局影响,北部克深地区和南部秋里塔格地区成为两个主要的沉降—沉积中心,形成了克深及秋里塔格两个古近纪盐湖,沉积了巨厚的膏盐岩层。苏维依组沉积期间,沉降速率急剧变小,地层厚度相较于库姆格列木群明显减薄。

(4)晚新生代挤压变形期:该变形期从新近系中新统吉迪克组沉积时期开始,一直持续至第四系西域组沉积时期(图5-10a、b)。吉迪克组沉积期间,库车坳陷处于区域挤压环境,此时挤压活动比较微弱,但已经开始促使膏盐岩层的变形:此阶段克拉苏构造带顶部发育一条尖灭于库姆格列木群内部的小型逆冲断裂,而秋里塔格构造带顶部发育两条对冲的逆冲断裂,这些断裂的发育成为后期诱发膏盐岩层强烈变形的重要先存条件。库车组沉积时期,区域挤压活动加剧,克拉苏断裂活动剧烈,克深段盐岩发生强烈的底辟隆升,构造带顶部先存的小型逆冲断裂向下滑脱于膏盐岩内部,向上刺穿吉迪克组及其上覆地层,形成大型的喀桑托开背斜。克拉苏断裂以南形成了一系列冲断构造,冲段构造由高角度基底卷入逆冲断层向南逐渐过渡为滑脱冲断构造。秋里塔格构造带的厚层盐岩此时期也发生强烈底辟,致使上覆地层形成秋里塔格披覆背斜。西域组沉积时期,克深段以抬升剥蚀为主,受两个大型背斜构造带的影响,西域组仅分布在拜城凹陷顶部。

3. 影响构造变形样式的因素

影响构造变形样式的因素有很多,譬如构造应力的大小、施力速度、岩性、岩层能干性等。从现有地震剖面可以看出,北部单斜带和克拉苏地区、秋里塔格地区构造变形最为剧烈,而其临近的塔北隆起等地区构造变形微弱。经分析有以下原因:一是膏盐岩原始沉积厚度,秋里塔格和克拉苏地区在新生代曾经作为坳陷的沉积中心接受了较厚的膏盐岩沉积,为后期构造变形提供了大量的塑形烃源岩;二是先存断裂影响。克拉苏断裂等较大的先存断裂早就存在,在晚新生代构造强烈活动期间,发生继承性活动,相较于新形成的规模较小的断裂,更易诱发岩层尤其是膏盐岩的构造变形;三是南天山的隆升等活动的影响,越靠近南天山的构造带,譬如北部单斜带和克拉苏构造带,受到的影响更为显著,变形最为强烈,断裂逆冲活动和地层抬升剥蚀最为严重,在应力向南传递过程中,逐渐被塑形层吸收消减,因此南部的构造带所受的挤压逆冲作用较为微弱。

### 三、库车坳陷东段构造演化

库车坳陷东部选取第19号区域剖面为例来研究构造演化特征,该测线号为DQ06-268+DQ00-267+L93-212+L88-2125(图5-11),由北至南经过库车坳陷的北部单斜带、依奇克里克构造带、秋里塔格构造带、阳霞凹陷、南部斜坡带、塔北隆起。

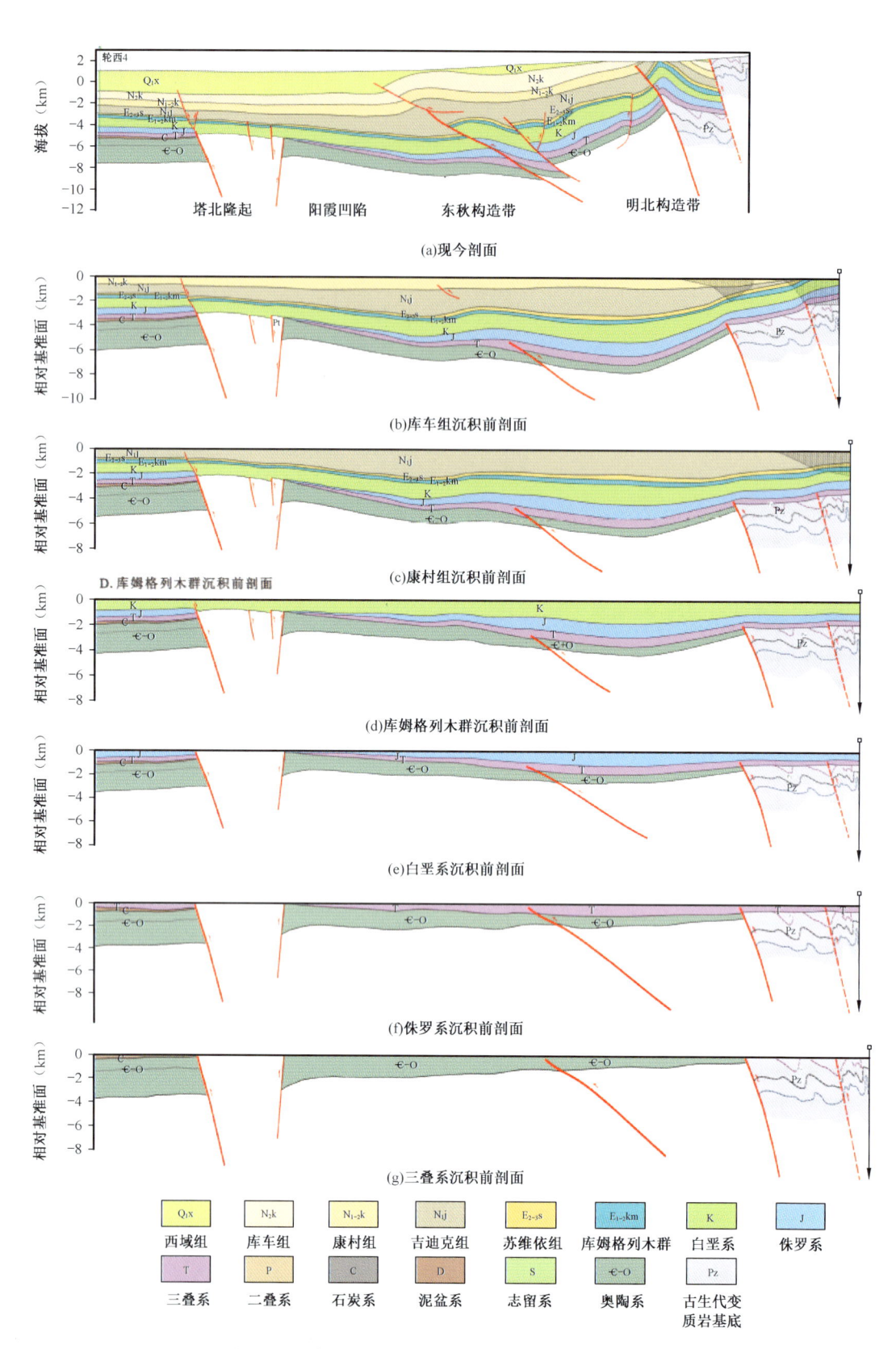

图 5-11　库车—塔北地区第 19 条区域剖面构造演化图

(1)海西期构造变形:三叠纪前(图5-11g),库车坳陷残留古生界为寒武系—奥陶系。在依奇克里克和北部单斜带发育三条北倾基底卷入的逆冲断层,从塔北隆起向库车坳陷寒武系—奥陶系逐渐减薄,尖灭在北部山前基底断裂之下。在塔北隆起发育两条对冲基底逆冲断裂,断裂的核部为前寒武系,断裂的北部残留寒武系—奥陶系,断裂的南部为石炭系与寒武系—奥陶系不整合接触。

(2)中生代盆地构造演化:侏罗纪前(图5-11f),盆地表现为造山后裂陷作用。从依奇克里克构造带向南部斜坡带,三叠系逐渐减薄并尖灭在塔北隆起上,具有明显的北厚南薄的楔形沉积特征。依奇克里克和北部单斜带发育的三条北倾基底卷入的逆冲断层,发生了继承性活动,向上尖灭在三叠系里。在塔北隆起的南翼和北翼发育三叠系,厚度向隆起方向逐渐减薄,隆起核部无三叠系沉积,隆起南部三叠系发生断缺。白垩纪前(图5-11e),盆地表现为均衡坳陷作用。库车坳陷沉降—沉积中心为依奇克里克—北部单斜带,侏罗系向南超覆减薄,断缺在塔北隆起的北部边界断裂之下,依奇克里克和北部单斜带基底逆冲断层不活动。在塔北隆起的南翼侏罗系厚度向隆起方向逐渐减薄,隆起核部无侏罗系沉积,隆起南部侏罗系发生断缺。

(3)白垩纪末期隆升剥蚀:库姆格列木群沉积前(图5-11d),盆地表现为均衡沉降作用,白垩系全区发育,库车坳陷沉降—沉积中心为依奇克里克—北部单斜带,白垩系向南超覆减薄,在塔北隆起核部白垩系与前寒武系不整合接触,塔北隆起南部基底断裂引起局部拉张环境,在上覆白垩系内发育正断层。

(4)新生代盆地构造演化:新近系康村组沉积前和库车组沉积前,盆地表现为均衡挠曲沉降作用(图5-11b、c)。在库姆格列木群、苏维依组沉积时期,全区稳定沉积。在吉迪克组膏盐岩沉积时,盆地持续沉降,在依奇克里克构造带盐岩沉积厚度受隆凹构造格局影响明显,形成了北部依奇克里克盐湖及南部东秋里塔格两个新近纪盐湖,沉积巨厚的膏盐岩层,是两个主要的沉降—沉积中心。在康村组沉积时期,东秋里塔格构造带在差异负载作用下,盐体发育轻微底辟构造,并发育逆冲断层滑脱在盐层里。

(5)晚新生代挤压构造变形:上新统库车组和第四系西域组沉积时期(图5-11a),盆地表现为压陷作用。库车北部依奇克里克构造带和北部单斜带发生强烈构造变形,早期古前陆盆地内构造发生复活,在区域挤压作用下发育一系列冲断构造。北部单斜带高角度基底卷入逆冲断层断穿到地表,引起浅层发育大型褶皱构造。东秋里塔格构造带基底断裂向上尖灭在盐层里,引起盐层发生底辟作用,在正上方浅层发育逆冲滑脱断层和褶皱背斜。在塔北区域地层沉积稳定,在隆起南部边界基底断裂引起的局部拉张环境继续发育,在上方发育多条正断层。

# 第四节 中生代古隆起及构造演化

古隆起对地层的发育和沉积相的分布会起到控制和影响作用,各层序向隆起方向会逐渐发生超覆或尖灭,古隆起的抬升或沉降会造成地层的剥蚀或沉积,古隆起范围的扩张或缩小,以及古隆起的迁移变化,使物源体系、古水流的方向和沉积相带的分布也会随之受到影响。

## 一、古隆起类型

隆起是盆地内部的大型正向构造单元,是油气运移和聚集的主要部位。古隆起是盆地在形成和演化过程中某个地质历史阶段的隆起构造。古隆起位于克拉通或地台上,构造运动使地壳发生变形拱起而产生大型隆起构造,曾遭受侵蚀或沉降在海平面之下接受沉积,现今位于盆地的腹部,上覆地层的构造形态不一定表现为隆起构造。古隆起控制和影响着盆内的沉积—构造环境,也是油气运移的有利指向,常聚集形成大型—巨型油气田。

古隆起是地质时期高出沉积基准面的地貌单元,可以是"宁静的"也可以是"活动的"山脉、丘陵、角度不整合面上覆岩层超覆、下伏岩层剥露是古隆起的标志。根据地貌特征可分为背斜山、冲起断块山、地垒断块山、火成岩体山、向斜山、地堑断块山。古隆起的形成受构造作用的影响,根据古隆起的形态和控制隆起发育的边界断层特征可分为背斜隆起、冲断断块隆起、正断断块隆起、冲起断块隆起、地垒断块隆起、地堑反转隆起(图5-12)。

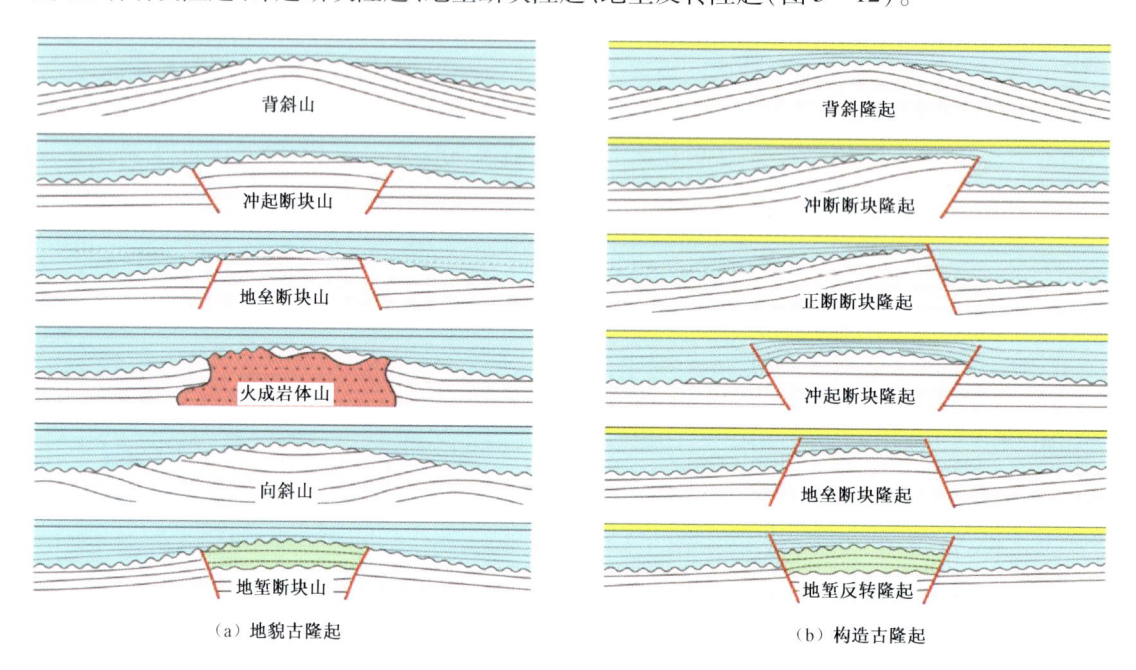

图5-12 古隆起构造类型及模型

隆起是相对于某一时期而言的,具有期次特征,隆起的形成和演化随着盆地地球动力学背景的更迭而发生变化。在不同动力学阶段,隆起的位置、范围或性质会发生改变,可能叠置在一起表现出继承性,也可能多阶段间隙性发育或被改造消亡。按照古隆起的性质,可分为稳定型、残余型、活动型等多种类型。根据重力异常三维地震影像资料显示,库车—塔北地区发育的古隆起主要有温宿古隆起、西秋古隆起、新和古隆起、牙哈古隆起等(图5-13)。地震资料解释从构造形态、不整合面结构等方面揭示了这些古隆起的构造样式。温宿古隆起属于断块构造古隆起,西秋古隆起属于断背斜构造古隆起,新和古隆起属于背斜山地貌古隆起,牙哈古隆起属于断背斜构造古隆起。

## 二、古隆起构造

1. 温宿古隆起及其演化特征

温宿古隆起位于库车坳陷西端,北部为乌什凹陷,南部为阿瓦提凹陷,向东过渡到西秋里塔格构造带。温宿凸起北翼发育一条高角度南倾基底逆冲的边界断裂——吐滋别克断裂,将乌什凹陷和温宿凸起分开(图5-14)。吐滋别克断裂南部逆冲隆升,形成单断式背斜,向东延

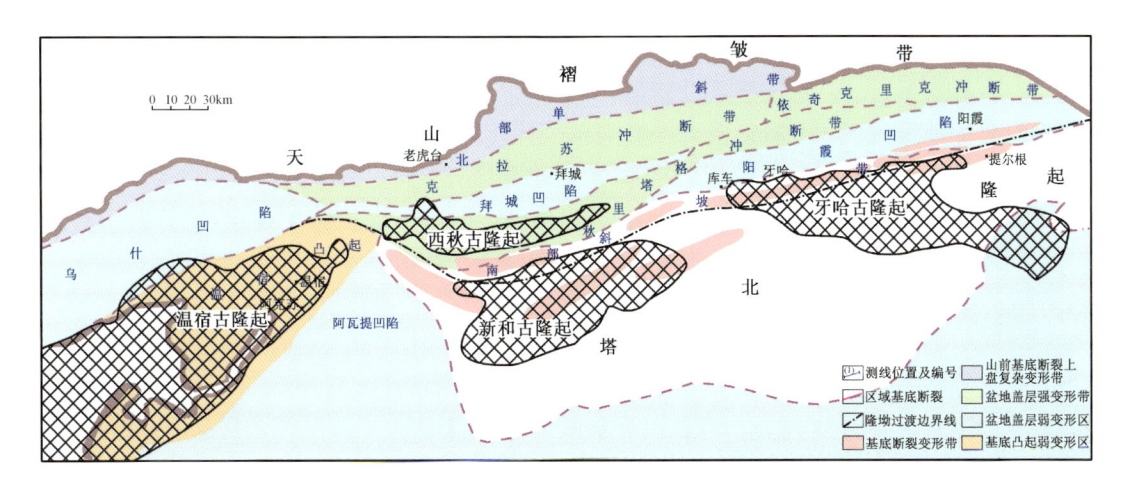

图 5-13 库车—塔北地区构造单元及古隆起分布图

伸与西秋断裂交会。温宿凸起在新生代之前受构造运动的影响变化复杂,隆起遭受剥蚀强烈,在新生代古隆起发生构造沉降,沉积了很厚的新生界。在古隆起上及古隆起边缘广泛发育不整合面,主要有新生界不整合面、中生界底界面及古生界不整合面。

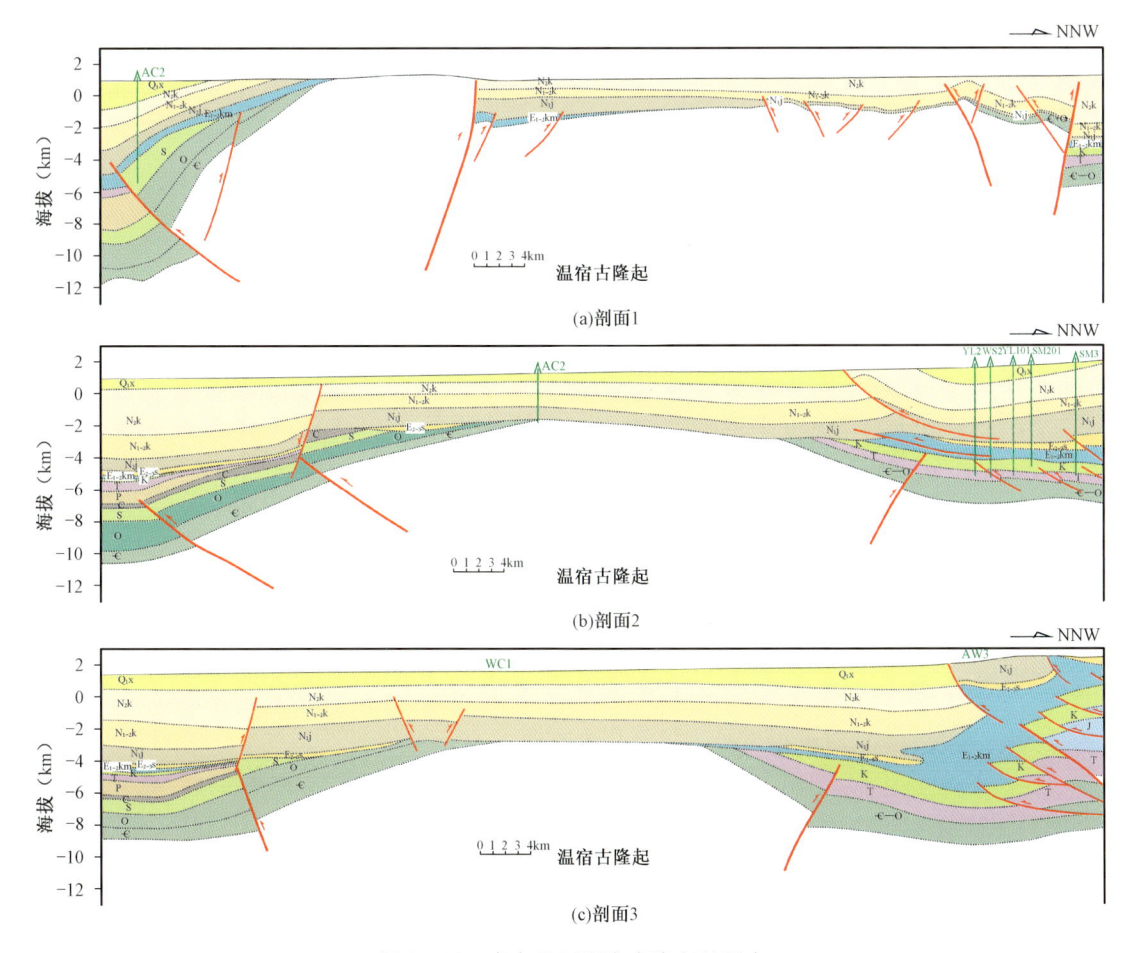

图 5-14 库车地区温宿古隆起的形态

— 125 —

在古隆起南翼的隆起西部，发育的地层从下向上有寒武系—奥陶系、志留系及新生界，志留系和新生界库姆格列木群直接不整合接触。隆起中部发育的地层从下向上有寒武系—奥陶系、志留系、石炭系、二叠系、三叠系及新生界，三叠系与新生界苏维依组直接不整合接触。隆起东部发育的地层从下向上有寒武系—奥陶系、志留系及新生界，志留系与新生界苏维依组直接不整合接触。在古隆起北翼的隆起西部，发育的地层从下向上有寒武系—奥陶系及新生界，寒武系—奥陶系和新生界吉迪克组直接不整合接触。隆起中部发育的地层从下向上有寒武系—奥陶系、三叠系、白垩系及新生界，古生界和中生界分别先后与吉迪克组不整合接触。隆起东部发育的地层从下向上有寒武系—奥陶系、三叠系、白垩系及新生界，古生界和中生界分别先后与新生界库姆格列木群不整合接触。温宿隆起北侧边缘断裂陡倾，温宿隆起总体上表现为北断南倾断块隆起特征。温宿隆起南部边缘斜坡库姆格列木群、白垩系、二叠系、石炭系、寒武系—奥陶系底面均为不整合接触，有明显的下伏岩层削蚀，上覆岩层向隆起有超覆减薄现象，隆起核部吉迪克组直接与前寒武系接触。根据不整合面特征，温宿隆起至少在海西末期已经形成，直到古近纪逐渐被掩埋。

将库车地区温宿古隆起上白垩系顶面拉平，下伏古隆起表现为单冲断块隆起形态，三叠系底面拉平下伏古隆起总体上亦表现为单冲断块隆起形态，表明中生代隆起有继承性构造活动（图 5-15）。

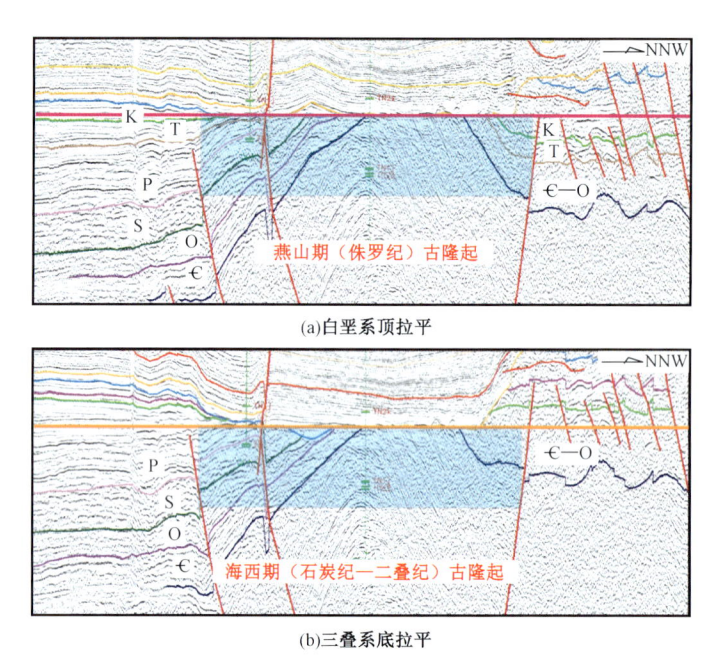

(a) 白垩系顶拉平

(b) 三叠系底拉平

图 5-15 库车地区大剖面 2 的白垩系顶和三叠系底分别拉平后温宿古隆起的形态

温宿古隆起的演化过程可以分为以下几个时期。

震旦纪—早古生代，塔里木克拉通北侧为南天山洋，属于古亚洲洋的一部分。温宿凸起区块沉积了震旦系与早古生界。

早古生代末期，南天山洋洋壳向中天山陆块之下俯冲，并最终导致洋盆关闭，形成了加里东期造山带。在这一时期，温宿凸起北缘形成吐滋别克逆冲断裂，断裂上盘逆冲隆起，温宿古隆起开始发育。在古隆起上沉积的地层遭受剥蚀，前震旦系基底被剥蚀露出地表。

晚古生代早期,温宿古隆起局部地区沉降,沉积晚古生代地层。在温宿古隆起南部阿瓦提凹陷部分区域沉积了石炭系和二叠系。晚古生代末期发生海西运动,吐滋别克逆冲断裂重新活动,古隆起上晚古生代地层遭受剥蚀,古隆起核部剥蚀到前震旦系基底。从地震剖面解释上可以看到,在古隆起边缘遭受剥蚀的古生代地层与上覆地层角度不整合接触。

晚二叠世至早三叠世,古隆起周缘局部沉降接受沉积。三叠系末期发生印支运动,使古隆起又重新发生隆升活动,古隆起边缘的二叠系和三叠系遭受剥蚀,与上覆地层角度不整合接触。古隆起核部为剥蚀区,该时期没有发生沉积,乌什凹陷中沉积的三叠系向南断缺在吐滋别克断裂之下。

侏罗纪—白垩纪早期,古隆起局部地区下降发生沉积,从大剖面2、3可见南部阿瓦提凹陷沉积的白垩系不整合于三叠系之上,大剖面1中可见南部阿瓦提凹陷没有侏罗系与白垩系沉积。白垩纪晚期逆冲基底断裂重新发育,在乌什凹陷中大剖面1可见白垩系向南断缺在吐滋别克断裂,大剖面2、3可见白垩系发生同沉积现象。温宿凸起核部在该时期为隆起区,没有发生沉积。

在古近纪,温宿古隆起发生沉降,在两翼部位接受沉积,并向隆起方向减薄尖灭,核部为隆起剥蚀区,在南部阿瓦提凹陷与北部乌什凹陷均有古近系沉积。在新近系沉积时期,古隆起与阿瓦提凹陷、乌什凹陷整体下降接受沉积,吉迪克组覆盖古隆起,与下伏老地层不整合接触。在温宿古隆起南缘,有同沉积正断层发育,吉迪克组同沉积现象明显,吉迪克组以上地层连续沉积。

2. 西秋古隆起及其演化特征

秋里塔格构造带位于库车前陆盆地冲断带的前锋,东西延伸近300km,南北宽度约20km(卢华复,2000;汪新,2002),基底断裂使盐下层结构特征在不同位置具有明显的差异,可划分为西部却勒古构造复活段、中部西秋古隆起构造段、东部东秋冲断构造段(贾承造,2003;谢会文,2012)。基底断裂的分段作用控制着浅层构造的发育,在地表上可以看到东秋为单排山脉,向西秋渐变为南北双排山脉,基底构造转换带位置和地表山系拼接处正好对应(卢华复等,2001;贾承造等,2003;管树巍,2003;Zhijun Jin等,2008)。西秋古隆起范围包括了秋里塔格中部和西部地区,秋里塔格构造带发育古近系库姆格列木群和新近系吉迪克组两套膏盐层,西秋为古近系库姆格列木群膏盐层,东秋为新近系吉迪克组膏盐层。秋里塔格构造带发育的地层前人做过一些研究(苗继军,2004,2005;齐英敏等,2004;万桂梅等,2007),西秋构造带和东秋构造带地层差异很大,中生界为东厚西薄,呈明显的楔状。塔北地区钻井资料的地层分层与西秋构造带的地层进行对比,发现西秋构造带新生界下伏地层厚度明显变薄,古生界和中生界缺失部分地层。西秋构造带南侧边缘存在一条区域性基底断裂,新生界下伏地层存在4个不整合面,按形成的早晚分别为加里东不整合面、海西不整合面、印支不整合面和燕山不整合面(图5—16)。

下古生界寒武系—奥陶系较为完整,西秋构造带核部缺失志留系。在志留纪末期,受西秋构造带南部边界断裂的影响,西秋古隆起发生过隆升,断裂带北部志留系被剥蚀,形成加里东运动不整合面。西秋古隆起整体缺失泥盆系、石炭系和二叠系,形成海西运动不整合面。西秋断裂带上的基底断层,古生界断距比中生界断距大,说明西秋构造带上的基底断裂发生过多期逆冲活动,古隆起在海西期继承性发育。在中生代地层沉积之前,发生过加里东运动和海西运

(a) 剖面7

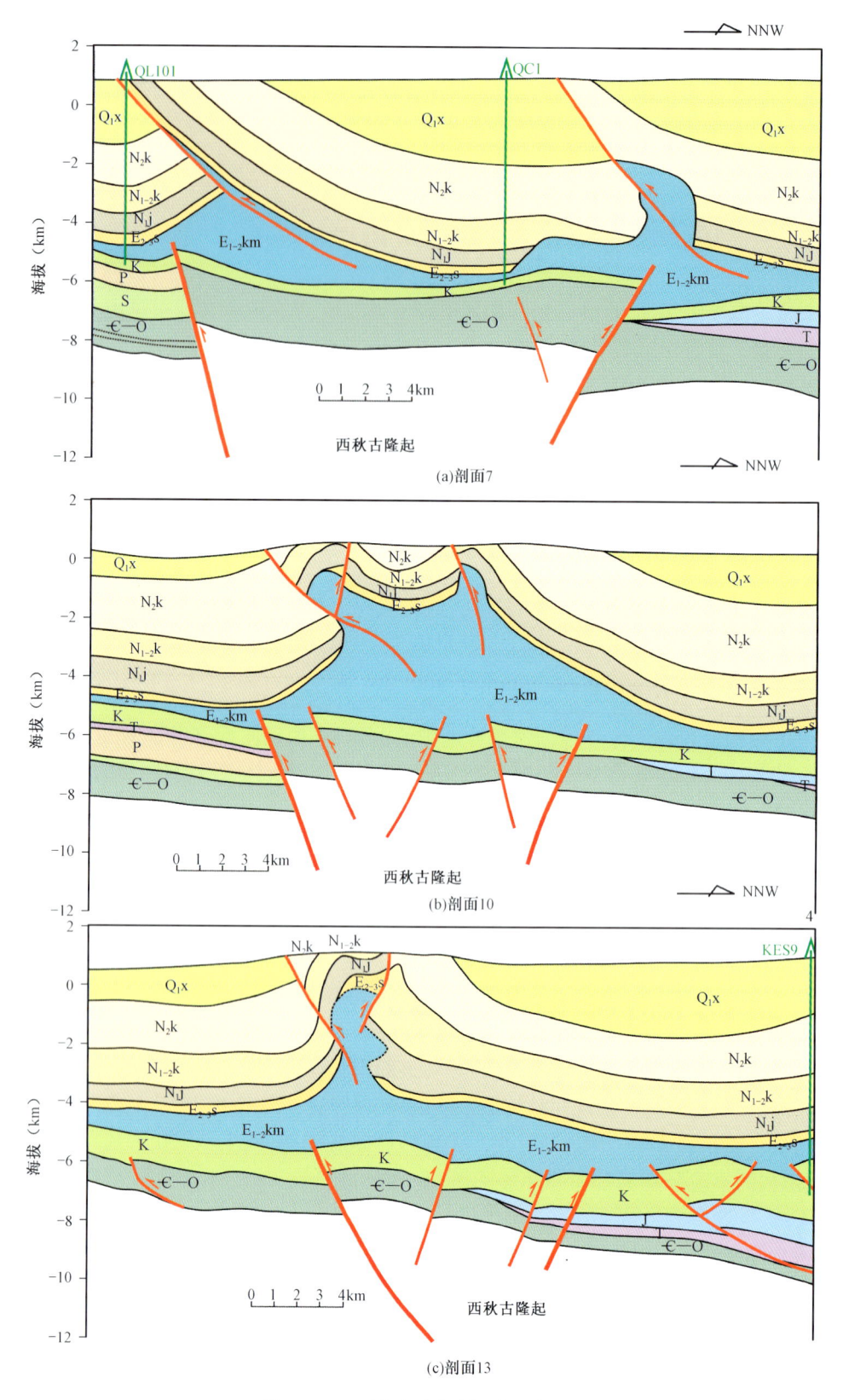

(b) 剖面10

(c) 剖面13

图 5-16 西秋古隆起剖面构造解释

动,西秋构造带为构造高点,中生界在西秋构造带上被高角度基底断裂分割成若干断块变形。中生界三叠系在西秋基底断裂南北两侧发育,在断裂带上缺失,形成印支运动不整合面。侏罗纪时期为沉积间断,地层不发育。白垩系在西秋古隆起上全区覆盖,晚白垩世的区域隆升事件造成上白垩统缺失,形成燕山不整合面。新生界库姆格列木群覆盖在中生界顶部不整合面之上,在西秋构造带厚度变化大,最大厚度超过3000m,发育底辟构造和破冲断层,在西秋古隆起上方的浅层形成大型的背斜带。

西秋构造带发育由古近系—新近系构成的南北两排背斜,背斜由西段的EW走向向东过渡为NEE向,呈一向南突出的弧形,受地表地形起伏、地下盐岩层横向变化及复杂构造变形的影响,盐下层地震反射信息的品质较差,主要表现为浅层的冲断—滑脱作用形成的复合褶皱与深层基底卷入构造的叠加。西秋构造带浅层变形始于上新世晚期,更新世西域组沉积期为主要变形期,是库车前陆冲断带向南推覆扩展的结果,中、新生界受基底先存断层再活动控制发育相应的变形。

根据区域大剖面构造解释和西秋构造带地震剖面,西秋构造带白垩系总体上为背斜形态,白垩系下伏岩层的反射不清,但是白垩系下伏成层反射层在西秋南北两侧厚度、产状差异明显,表明隆起是存在的。西秋古隆起是南部边缘基底断裂控制的总体向北倾斜的断背斜(断块)隆起,南侧边界主干断层是一条多期活动的基底卷入的逆冲断层在海西期形成,在印支期、燕山期、喜马拉雅期有继承性活动。西秋古隆起上发育对冲断层构成的冲起构造,使构造带内部结构复杂化,并将中生界地层划分为若干断块,发育低角度背斜。

库车—塔北地区整体上以西秋断裂带为界,以南的古生界向南倾,以北的古生界向北倾。西秋古隆起中生界厚度由核部向两翼加厚,在中生代是明显的构造高点,其下伏古生代地层结构主要受到基底断层控制,在二叠纪之前古隆起已经形成,中生界三叠系从南北两翼向核部在边界断裂上盘缺失,侏罗系沉积缺失,白垩系覆盖之上。西秋古隆起在中生代发育两条倾向相向基底断层,从东向西构造形态由断背斜古隆起逐渐变为断块古隆起。

西秋古隆起南部发育马纳火成岩,在三叠纪可能发生过挤压,中生代总体呈火成岩山的古地貌。白垩系在马纳火成岩上的厚度比西秋构造带稍厚,反映西秋构造带在中生代隆起高,马纳火成岩山为西秋古隆的南翼斜坡。塔北地区由西向东火成岩活动逐渐消失,古生代地层南倾倾角逐渐变大,新和古隆起开始发育,西秋古隆起逐渐过渡为新和古隆的北翼斜坡。西秋断裂带对古隆起的分隔作用逐渐减弱,直至被大尤都斯断裂带取代,成为新和古隆起的北部边界断层,在西秋断裂带南部洼陷部位发育三叠系、二叠系,为西秋古隆起和新和古隆起过渡带,从西向东洼陷逐渐消失变为新和隆起斜坡。在白垩系顶层拉平剖面上西秋古隆起表现为断块隆起,三叠系底层拉平剖面上寒武统底面总体上为向南缓倾斜的斜坡构造,基底断层有多期不同性质的活动(图5-17)。

如图5-18演化剖面上显示,西秋构造带可能处在前陆盆地前缘隆起带的南坡,地层向北被剥蚀。三叠纪可能存在挤压的古应力环境,古生代形成的边界断层进一步活动,并开始发育一条南倾基底断层,在三叠纪,形成冲起断块隆起,隆起两翼三叠系顶部剥蚀,在冲起断层上盘的核部区域,下古生界地层整体或部分被剥蚀。侏罗纪—白垩纪库车坳陷整体呈伸展环境,总体上西秋构造带仍是区域高点,为三叠纪末期古隆起形成的冲起断块山地貌,缺失侏罗系,白垩系向隆起核部减薄。

— 129 —

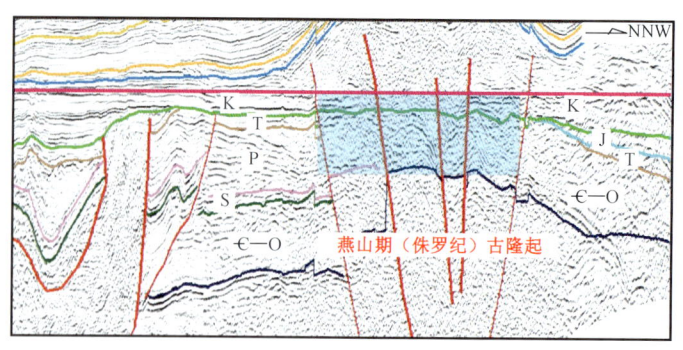

(a)白垩系顶拉平

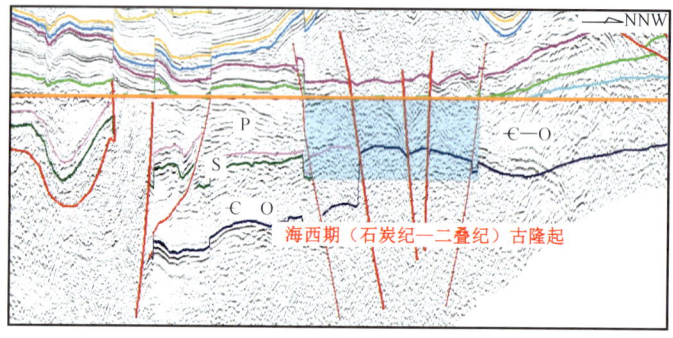

(b)三叠系底拉平

图5-17 库车地区大剖面9的白垩系顶和三叠系底分别拉平后西秋古隆起的形态

古近纪—中新世在苏维依组沉积前复原剖面上,可以发现库姆格列木群盐构造发育,向塔北隆起盐层逐渐减薄,康村组沉积前复原剖面,在西秋构造带发育盐的隐刺穿,到库车组沉积前,底辟进一步发育,使康村组在底辟顶部厚度减薄,这一时期挤压运动还不明显,整体上沉积的古近系—中新统有向北加厚、向南减薄的趋势,可能是受南天山重力挠曲作用控制楔状沉积。上新统—第四纪是喜马拉雅期挤压最强烈时期,西域组沉积前复原剖面和现今地质剖面显示,先存的基底断裂复活继续发育,断开中生代地层,在西秋构造带上深层和浅层基底断裂持续活动。如图5-18中西秋构造演化层长守恒的平衡复原,表明西秋盐上层背斜收缩量达到6.4km,盐下层可能相应地发生了一定量的收缩变形(解释为1.2km),主要变形期在西域组沉积时期。

3. 新和古隆起及其演化特征

新和古隆起在平面上发育的范围从西向东穿过剖面7、剖面8、剖面9、剖面10、剖面11、剖面12、剖面13、剖面14、剖面15,经过的构造带从西向东有英买力断裂构造带、大尤都斯断裂构造带、红旗断裂构造带,总体为背斜山地貌古隆起,北侧基底断层有多期活动,破坏背斜形态。从剖面10和剖面16可见,新和隆起西部为火成岩侵入体,向东过渡为牙哈隆起。

选取部分过新和古隆起的剖面,如图5-19所示,新和隆起的核部发育的地层在隆起西部为寒武系—奥陶系、志留系、二叠系,后被二叠系的火成岩体逐渐刺穿抬升,隆起顶部的二叠系火成岩被三叠系或白垩系覆盖。在隆起东部逐渐变为侏罗系或白垩系直接覆盖到前震旦系之上。隆起的南翼发育中、新生代地层,西部为寒武系—奥陶系、志留系、二叠系、三叠系、侏罗

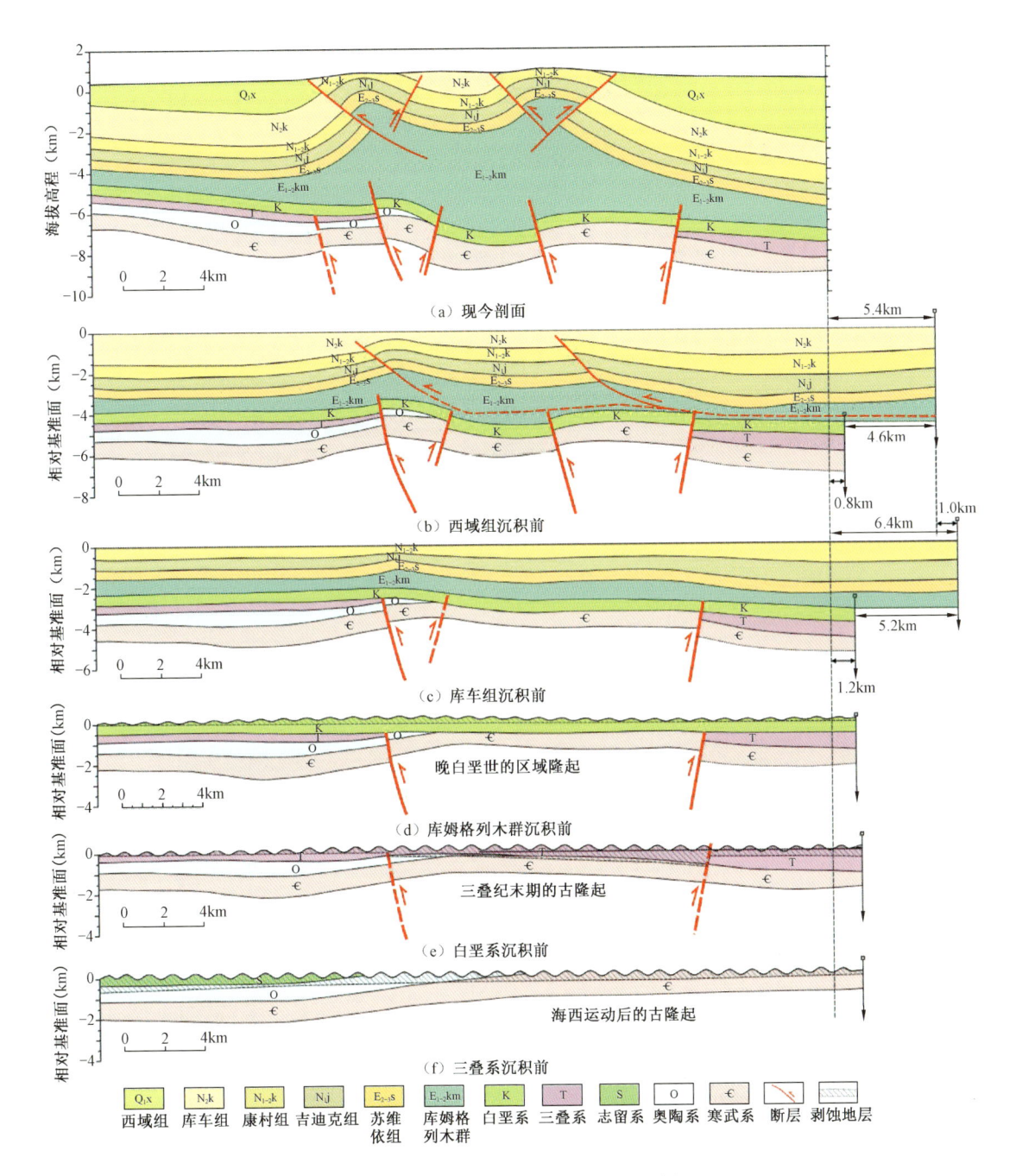

图 5-18 库车坳陷西秋构造带演化剖面

系、白垩系，向东逐渐出现泥盆系、石炭系。隆起北翼发育的地层在西部为寒武系—奥陶系、志留系、二叠系、三叠系、侏罗系、白垩系，向东地层逐渐变为白垩系直接与寒武系—奥陶系不整合接触。

新和隆起的北翼发育一条高角度南倾的基底逆冲断层，断开的地层为寒武系—奥陶系、三叠系，向上尖灭在白垩系之下，隆起核部地层抬升剥蚀变薄或缺失。断层的南部寒武系—奥陶系、三叠系沉积的厚度明显比北部地层薄，反映了该断层在志留系沉积末期和三叠系沉积末期

— 131 —

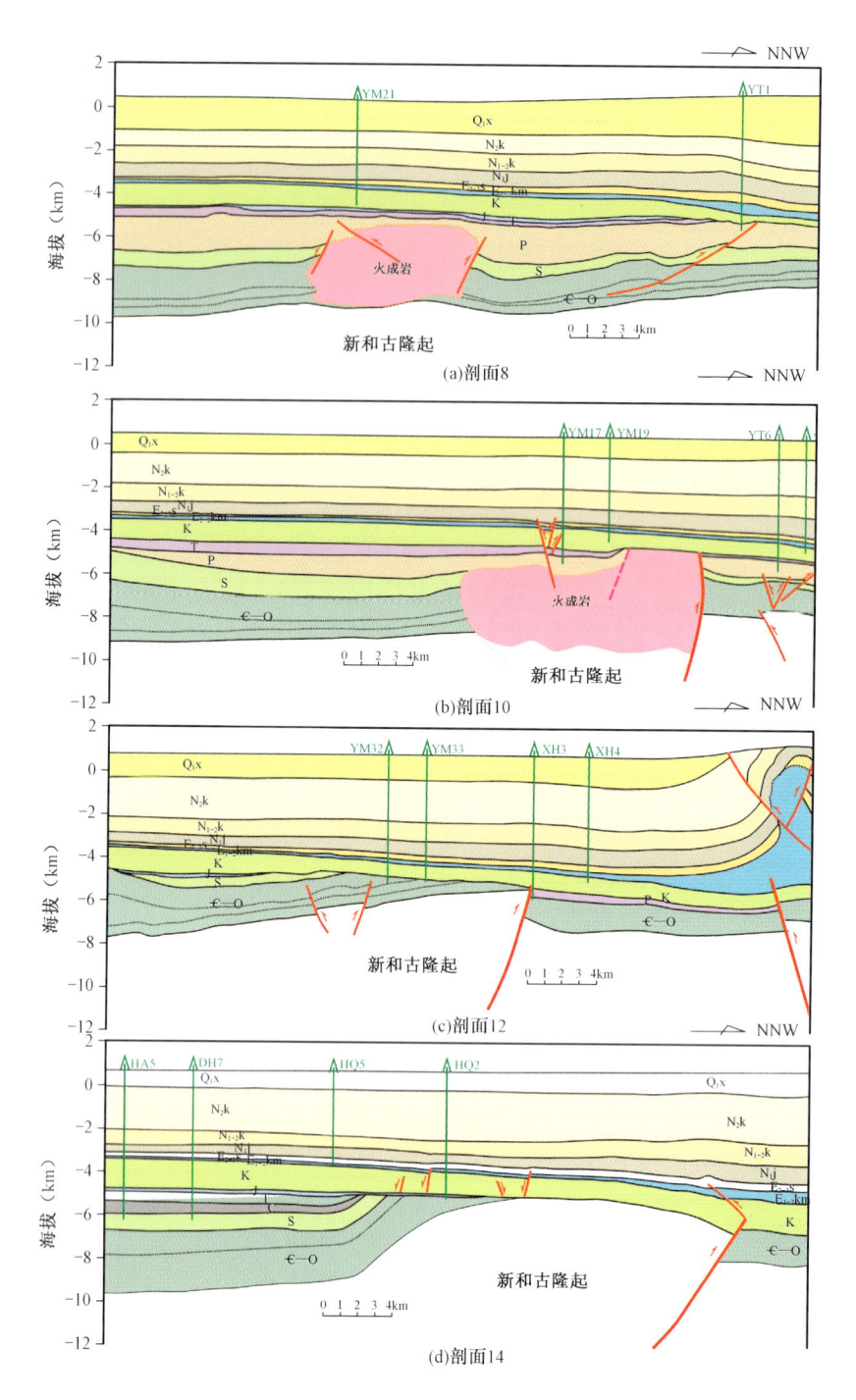

图 5-19 库车地区新和古隆起剖面形态

分别发生过逆冲运动，古隆起南翼地层抬升剥蚀。新和隆起的南翼局部发育北倾的基底逆冲断层和反向的次级断层，局部断层上方的浅层发育引张应力的正断层，带有走滑特征，断层断开寒武系—奥陶系，尖灭在三叠系或侏罗系之下，反映断层在加里东运动和海西运动时发生过活动。

将剖面14地震解释的白垩系顶层拉平,剖面上新和古隆起表现为冲断背斜隆起,将三叠系底层拉平剖面上仍有冲断背斜隆起特征,北侧基底断层有多期不同性质活动(图5-20)。

(a)白垩系顶拉平

(b)三叠系底拉平

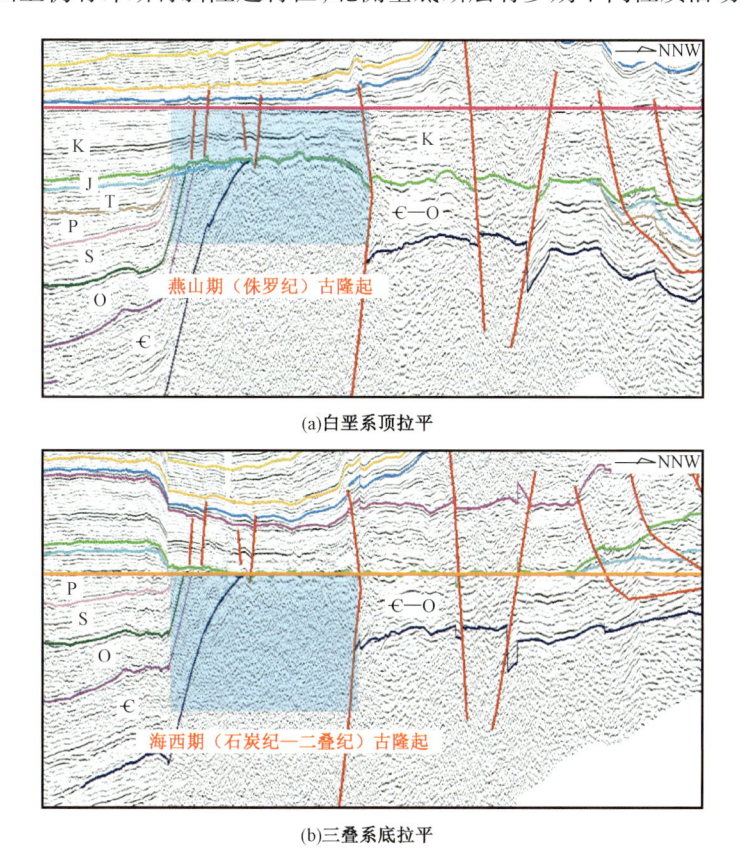

图5-20 大剖面14的白垩系顶和三叠系底分别拉平后的新和古隆起形态

在早古生代新和隆起的南翼寒武系—奥陶系、志留系从南向北厚度逐渐变薄,北翼寒武系—奥陶系由北向南逐渐变薄,反映新和古隆起在早古生代之前已经存在。志留系在隆起南翼残留不全,向隆起方向抬升剥蚀,在隆起北翼志留系缺失,反映在早古生代末期新和古隆起发生过隆升。隆起南翼的早古生界厚度明显比北翼厚,反映了隆起的北翼地形比南翼高。在晚古生代新和隆起的北翼缺失泥盆系、石炭系、二叠系,南翼在东西方向上西部缺失泥盆系、石炭系、二叠系,向东逐渐发育,反映在晚古生代末期新和隆起发生过一次隆升,古地形是西高东低。

在中生代新和隆起的南翼,发育的地层向隆起方向逐渐减薄,三叠系削截在侏罗系之下,为角度不整合接触,向西局部缺失三叠系。在隆起的北翼局部发育三叠系,缺失侏罗系,三叠系厚度比隆起南翼薄。反映在三叠系沉积时期,隆起的南翼比北翼稍低,在三叠纪末期新和隆起发生隆升剥蚀后,北翼比南翼较高,北翼的侏罗系沉积间断,白垩系在全区分布厚度是从隆起的北翼向南翼变厚。

4. 牙哈古隆起及其演化特征

牙哈古隆起在平面上发育的范围从西向东穿过剖面16、剖面17、剖面18、剖面19、剖面20、剖面21,经过的构造带从西向东有牙哈断裂构造带、提北断裂构造带,隆起西部与剖面15

的新和隆起相接。

选取部分过牙哈古隆起的剖面,如图 5-21 所示。牙哈隆起总体为断背斜构造古隆起,西段为北断南倾掀斜断块,中段为近对称冲起断块,东段南断北倾掀斜断块。基底断裂具多期活动特征,并且断裂活动性质也有变化,中生代可能有走滑活动。

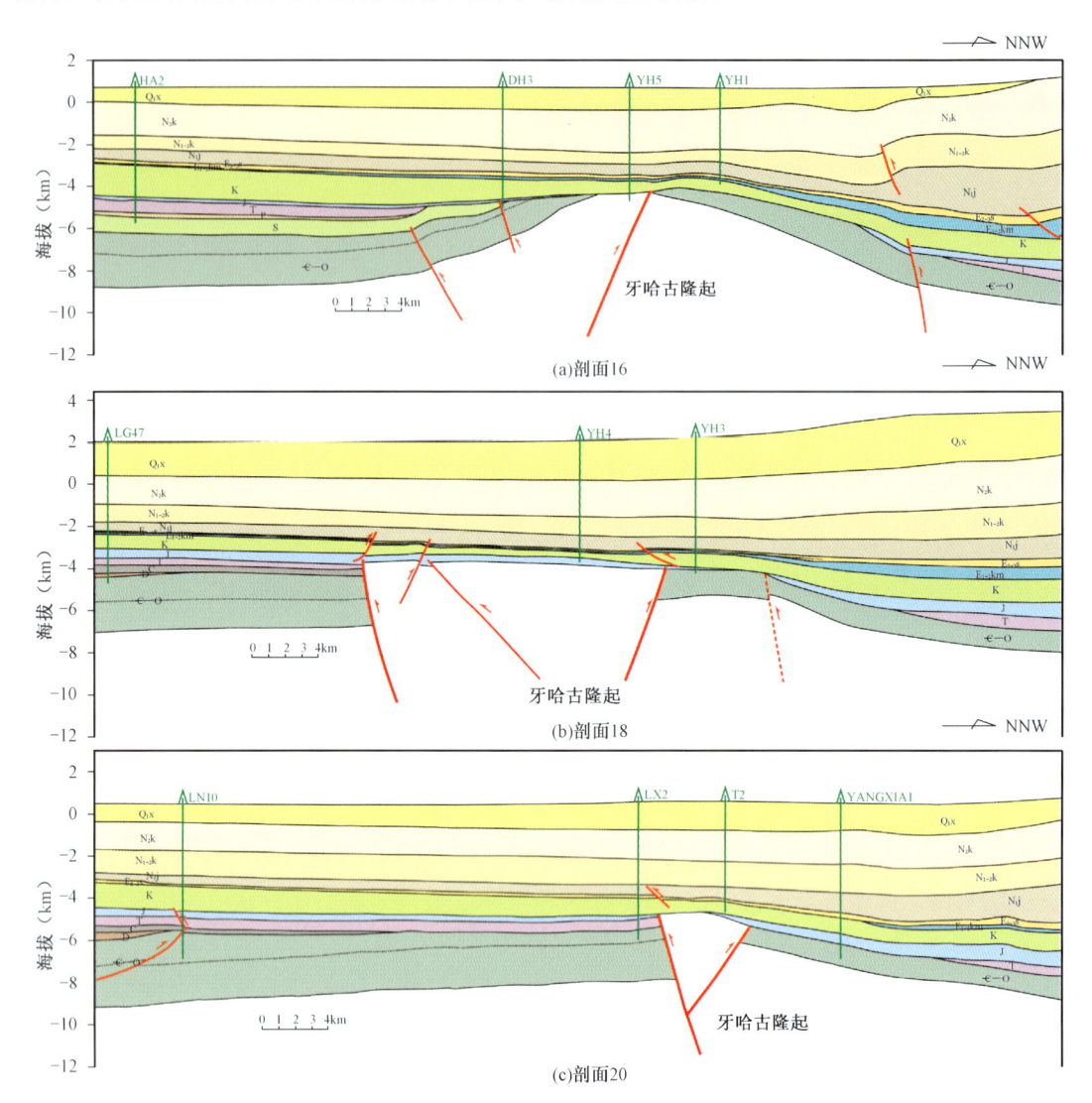

图 5-21 库车坳陷牙哈古隆起剖面形态

牙哈隆起南翼古生界局部缺失志留系、泥盆系、二叠系,中生界发育很全。隆起核部为侏罗系或白垩系直接覆盖到早古生界或前震旦系之上,隆起北翼发育地层为寒武系—奥陶系、三叠系、侏罗系,后在不整合面白垩系之下削截。

牙哈隆起两翼边界断裂均为高角度基底断层,南翼断层为北倾的轮台断裂,向上尖灭在白垩系之下,局部尖灭在白垩系里。北翼断裂为南倾基底逆冲断层,向上尖灭在白垩系之下。在加里东运动和海西运动时期地层发生剥蚀,隆起核部断裂很发育。牙哈隆起由西向东,构造带逐渐变窄,隆起核部断裂发育逐渐减少,浅层边界断裂上方发育拉张环境的正断层,中生代可

— 134 —

能有走滑活动。

将剖面 16 地震解释的白垩系顶层拉平,剖面上牙哈古隆起表现为冲断背斜隆起,背斜两翼发育基底断层并导致两盘岩层差异。将三叠系底层拉平剖面上仍有冲断背斜隆起特征,但基底断裂带两盘差异不明显(图 5-22)。

(a)白垩系顶拉平

(b)三叠系底拉平

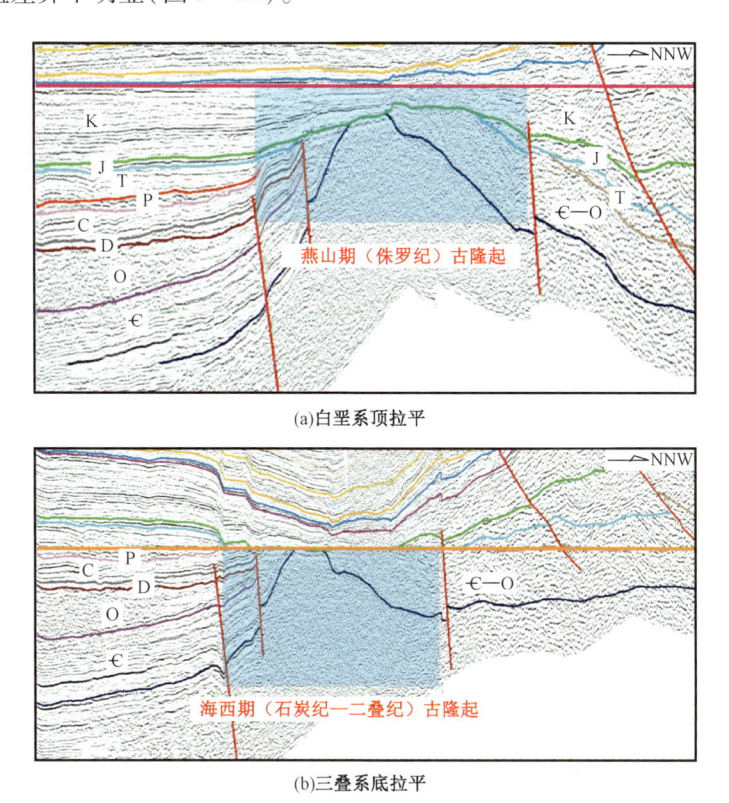

图 5-22 大剖面 16 的白垩系顶和三叠系底分别拉平后的牙哈古隆起形态

将剖面 20 地震解释的白垩系顶层拉平,剖面上牙哈古隆起表现为断块隆起,南侧边缘发育基底断层并导致两盘岩层差异,北侧为斜坡形态。将三叠系底面拉平剖面上仍断块隆起特征,断块顶面呈水平产状特征(图 5-23)。

在早古生代牙哈隆起的南翼发育寒武系—奥陶系,从南向北厚度逐渐变薄,北翼寒武系—奥陶系由北向南逐渐变薄,反映牙哈隆起在早古生代之前已经存在。志留系在隆起全区缺失,反映在早古生代末期牙哈古隆起发生过隆升。隆起南翼的早古生界厚度明显比北翼厚,反映了隆起的北翼地形比南翼高。

在晚古生代牙哈隆起的南翼大区域缺失二叠系和泥盆系,东西方向上仅在隆起的最东部发育泥盆系,隆起的北翼缺失泥盆系、石炭系、二叠系。在晚古生代早期古隆起地形高,泥盆系沉积间断,后经过填平补齐的过程后地形稍低,在隆起南翼沉积了石炭系和二叠系,北翼石炭系、二叠系沉积间断。在晚古生代末期牙哈隆起发生过一次隆升剥蚀,南翼的全部二叠系和部分石炭系被抬升剥蚀,古地形依然是北翼高南翼低。在中生代牙哈隆起的南翼,发育的地层向隆起方向逐渐减薄,三叠系、侏罗系、白垩系整合接触,隆起的北翼中生界向隆起方向层层超覆沉积,古隆起继承性发育。

— 135 —

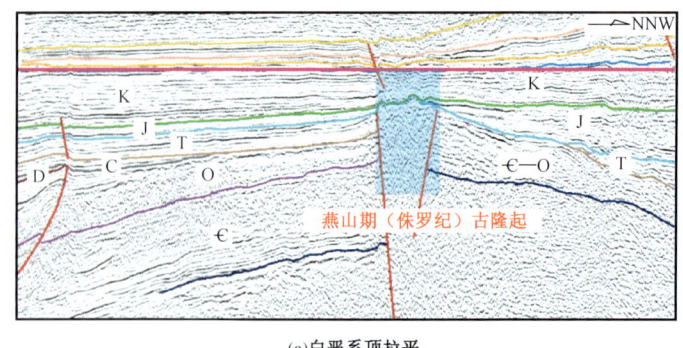

(a)白垩系顶拉平

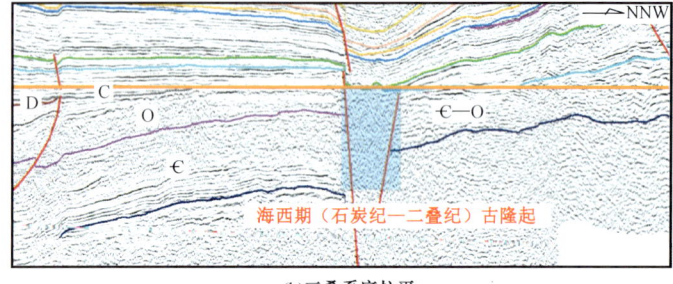

(b)三叠系底拉平

图 5-23 大剖面 20 的白垩系顶和三叠系底分别拉平后的牙哈古隆起形态

# 第六章　库车坳陷中生代盆地原型及构造古地理模型

　　位于南天山山前的塔里木盆地库车坳陷总体走向与南天山一致,充填的中、新生界为陆相地层,属于海西期造山作用后形成的沉积盆地。库车坳陷充填的中、新生界并非连续沉积,内部有多个微角度不整合或平行不整合界面,沉积地层记录的不同时期构造—沉积特征也不尽相同。晚新生代南天山的隆升使中生代、古近纪盆地沉积层发生了强烈的构造变形,导致对其盆地演化过程,特别是不同时期盆地原型特征的认识存在较大分歧。尽管不同学者对盆地结构及与南天山隆起在动力学上的耦合关系的认识存在分歧,关于库车坳陷在新生代晚期具有再生前陆盆地性质的认识基本趋于一致。但是,对三叠纪—古近纪盆地原型、特别是中生代盆地原型及控制盆地沉降的动力学原因的认识则分歧较大。一些学者认为库车坳陷中、新生代盆地属于前陆盆地性质,南天山造山带仰冲到塔里木克拉通之上的造山带构造负荷是控制库车坳陷中、新生代盆地沉降的主要动力学原因(陈发景等,1992;曹守连等,1994;丁道桂等,1997;何文渊等,2001;贾进华等,2002;崔泽宏等,2005;王家豪等,2007)。另一些学者认为库车坳陷在二叠纪甚至直到三叠纪属于南天山褶皱造山带山前的前陆盆地,侏罗纪—古近纪(特别是侏罗纪)属于弱伸展环境发育的山前坳陷,新近纪属于再生前陆盆地,后者是喜马拉雅期板内造山的响应(刘志宏等,2000;阎福礼等,2003;贾承造等,2003;李本亮等,2009)。也有部分学者认为库车坳陷的中生代盆地是在海西期塔里木陆块北部陆缘隆起基础上的区域坳陷盆地(曲国胜等,2004)。本章依据地面露头地质资料、地震剖面解释和油气探井揭示的地层岩性资料等,分析库车坳陷中生代残留地层特征,运用地层趋势厚度法对三叠系和侏罗系进行了剥蚀量恢复,并结合沉积学资料研究库车坳陷中生代盆地原型及古隆起构造特征。

## 第一节　库车坳陷中生界层序及沉积相特征

### 一、三叠系残留地层厚度分布及沉积相

　　前人已对塔里木盆地三叠系残留地层做了大量研究工作(李维锋等,1999,2000;贾进华等,2002;纪云龙等,2003;刘海兴等,2003;祝贺等,2011;刘亚雷等,2012),塔里木盆地在三叠纪塔北隆起南部、北部坳陷、中央隆起为前渊—前隆地区,造山引起的褶皱冲断作用基本未波及,隆起区的构造作用控制和影响着沉积格局。塔里木盆地三叠系分布于塔北隆起、库车坳陷、北部坳陷、塔东低凸起和塔中低凸起等,主要为陆相沉积(汤良杰,1996;贾承造,1997;孙龙德等,2002;顾家裕等,2003),巴楚断隆西部、塔西南大部分地区、孔雀河斜坡及塔东南均缺失。

　　库车坳陷三叠系残留地层厚度自北而南逐渐减薄,尖灭于塔北隆起,从下向上进一步分为俄霍布拉克组($T_1eh$)、克拉玛依组($T_{2-3}k$)、黄山街组($T_3h$)和塔里奇克组($T_3t$)。俄霍布拉克组为灰绿色泥岩、砂岩和紫红色的砂、砾岩夹泥岩间互层,底部为一套灰色的底砾岩;克拉玛依

组为灰绿色砂砾岩与泥岩不等厚互层,上部碳质泥岩夹粉砂岩;黄山街组为灰绿色砂岩与黑色碳质泥岩互层;塔里奇克组为灰白色砂岩、黑色碳质页岩夹煤线。

(1)残留地层厚度分布:根据区域地震剖面解释及钻测井资料,编制出库车坳陷三叠系残留地层厚度分布图(图6-1),三叠系在库车—塔北地区分布很广,整体呈东西向条带状展布,总体上厚度为0~3000m。从乌什凹陷、拜城凹陷、阳霞凹陷向北部山前带,三叠系厚度逐渐加厚,在克拉苏构造带局部厚度达到3000m,到山前厚度又逐渐减薄,库车西部山前出露三叠系厚度在300~1500m,库车东部山前带三叠系露头为1100~1500m。从库车坳陷向塔北隆起方向,三叠系逐渐减薄尖灭在古隆起上。三叠系在温宿凸起、西秋里塔格构造带、塔北隆起的喀拉玉尔滚构造带、羊塔克构造带、英买力构造带核部及牙哈隆起上发生缺失。在塔北隆起南部的北部坳陷区,三叠系厚度为0~1000m。

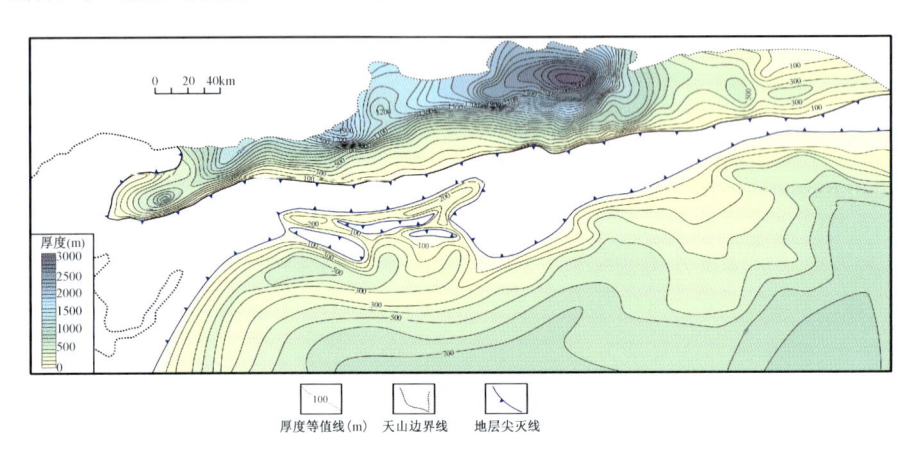

图6-1 库车坳陷三叠系残留地层厚度分布图

(2)沉积相特征:库车坳陷三叠系残留地层主要为一套滨浅湖、三角洲相沉积,在北部单斜带出露良好,与下伏的上二叠统整合或平行不整合接触,在库车坳陷南部与下伏前中生界岩层呈角度不整合,库车坳陷北部天山造山带为物源供给区。库车坳陷在早三叠世,以冲积扇、扇三角洲沉积为主,局部见辫状河三角洲—滨湖相沉积。冲积扇发育于北部山前带,直接进入坳陷湖盆形成扇三角洲沉积。扇三角洲以中—细砾岩、粗砂岩等为主,可进一步分为扇三角洲平原、扇三角洲前缘和前扇三角洲(纪云龙等,2003)。库车坳陷在中三叠世,湖泊水体加深,范围有所扩张,北部单斜带发育河流三角洲相,沉降和沉积中心向南迁移,靠近山麓处发育少量冲积扇,盆地北部广泛发育辫状河三角洲(李维锋等,2000;纪云龙等,2003)。辫状河三角洲的主体为辫状河道及水下分流河道沉积,交错层理很发育。库车坳陷在晚三叠世,主要发育曲流河三角洲—湖相等沉积体系。扇三角洲和辫状河三角洲仅见于盆地北部边缘带,上三叠统岩性为粉砂岩、泥岩和煤层等,含大量生物化石,发育交错层理和水平层理,局部可见明显的冲刷面。根据研究区地震剖面解释的成果和塔里木油田资料进行沉积相平面图修编,如图6-2所示。在库车坳陷北部受南天山山前高角度基底断裂的控制,形成坡度较陡的断陷盆地,主要由南天山和库车东部物源,以及温宿古隆起、西秋古隆起、牙哈古隆起来提供物源,在山前发育陡坡冲积扇构造岩相,陡坡近源的辫状河三角洲构造岩相以及深洼深湖构造岩相。在库车南缘的塔北地区,北部的物源主要来自温宿—西秋—牙哈古隆起,在克拉通台地上发育缓坡三角洲构造岩相,和缓坡滨浅湖构造岩相。在库车坳陷北部冲积平原相已经剥蚀,仅见残留的湖泊和辫状河三角形前缘。两个湖盆之间的温宿—西秋—牙哈古隆起上,可见对冲断层形成的断垒或断斜坡,将南北湖盆自然的分隔开来。在温宿—西秋—牙哈古隆起发育缓坡三角洲构造岩相。当河流携带着碎屑物质进入盆地后,常沿着断裂带走向而发生沉积和搬运作用,从而发育了盆地中央古隆起三角洲构造岩相。

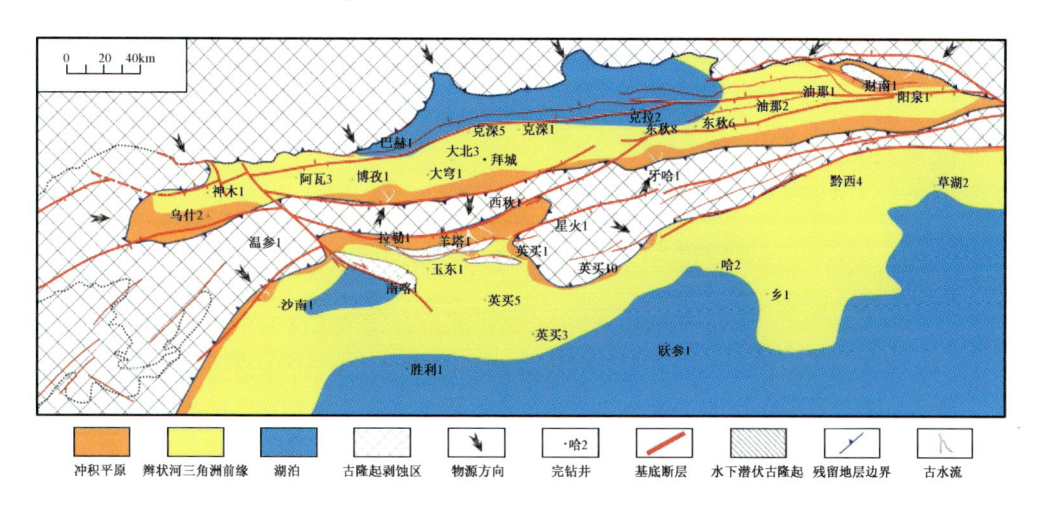

图6-2 库车—塔北地区残留三叠系沉积相平面展布图

## 二、侏罗系残留地层厚度分布及沉积相

侏罗系总体为北厚南薄的楔状体,与下伏三叠系平行不整合接触。侏罗系从下向上进一步可划分为阿合组($J_1a$)、阳霞组($J_1y$)、克孜勒努尔组($J_2k$)、恰克马克组($J_2q$)、齐古组($J_3q$)和喀拉扎组($J_3k$)。阿合组岩性为灰白色砂砾岩,阳霞组岩性为灰白色砂岩和灰黑色泥岩,可见煤线发育;克孜勒努尔组岩性为灰绿色砂岩和黑色泥岩,煤层很发育;恰克马克组岩性为灰绿色砂质泥岩及灰黑色油页岩,局部见粉砂岩;齐古组岩性以棕红色砂质泥岩为主,局部夹粉砂岩;喀拉扎组岩性为紫红色含砾砂岩。

(1)残留地层厚度分布:根据区域地震剖面解释及钻测井资料,编制出库车坳陷侏罗系残留地层厚度分布图(图6-3),侏罗系在库车西部的温宿凸起、乌什凹陷和山前露头及南部的阿瓦提凹陷均缺失。在库车中、东部侏罗系广泛分布,从拜城凹陷、阳霞凹陷向北部山前带,侏罗系厚度逐渐加厚,库车坳陷地层厚度为0~2500m,在克拉苏构造带局部厚度达到2500m,到山前厚度又逐渐减薄,库车山前出露侏罗系厚度为1000~2000m,从库车坳陷向塔北隆起方向,侏罗系超覆在三叠系上,逐渐减薄尖灭在古隆起上。侏罗系在西秋里塔格构造带、塔北隆起、新和隆起、牙哈隆起上发生缺失。在塔北隆起南部的北部坳陷区,侏罗系厚度为0~250m。侏罗系厚度在哈拉哈塘凹陷为0~140m,在草湖凹陷为0~250m。

(2)沉积相特征:库车坳陷侏罗系主要为一套河流、沼泽—湖泊相沉积的含煤地层,总体为北厚南薄的楔状体,与下伏三叠系呈平行不整合接触,总体厚度为0~2500m。库车坳陷侏罗系物源主要来自盆地北部南天山,侏罗系下部的碎屑岩物源以造山带为主,塔北隆起提供的物源有限。侏罗系中上部碎屑物源以造山带为主,三叠纪古前缘隆起也开始提供物源(申延平等,2005;张国锋等,2011)。库车坳陷侏罗系煤层主要发育在中、下侏罗统中,厚度一般为20~60m,侏罗系烃源岩分布广,有机质丰度高,以Ⅲ型为主(宋岩等,2002;申延平等,2005;李

— 139 —

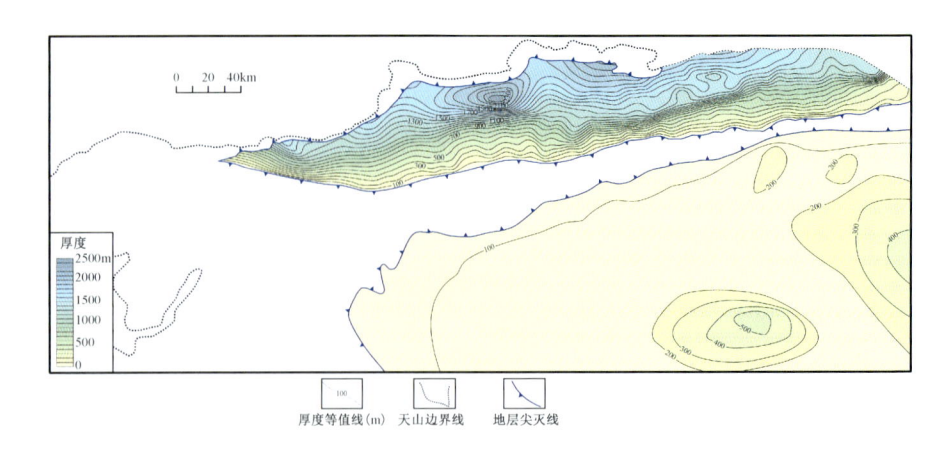

图6-3　库车坳陷侏罗系残留地层厚度分布图

贤庆等,2007)。库车坳陷下侏罗统包括阿合组和阳霞组,下部发育辫状河三角洲沉积,上部为湖泊三角洲相,顶部发育巨厚的深湖相,是良好的区域性烃源岩和盖层(王根海等,2001;张惠良等,2002)。中侏罗统克孜勒努尔组砂体逐渐变薄,泥岩和煤层增厚,沉积环境由滨湖三角洲变为湖沼—滨浅湖,最大湖侵时期发育巨厚的烃源岩(吴朝东等,2002,2004)。上侏罗统齐古组主要为湖相沉积,以大套泥岩为主,顶部可见滨湖扇体的薄层砾岩。根据研究区地震剖面解释的成果和塔里木油田资料进行沉积相平面图修编,如图6-4所示。物源及构造岩相与三叠系相同。

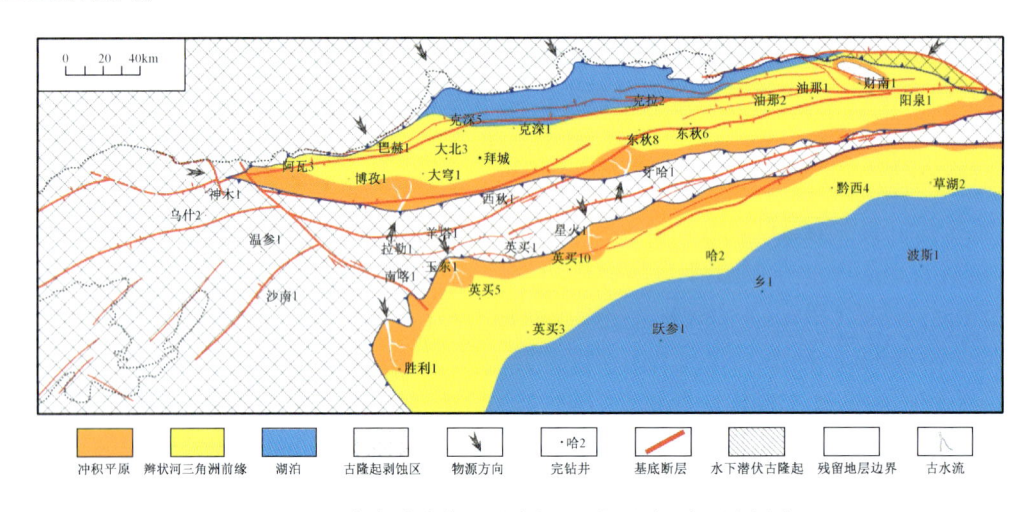

图6-4　库车坳陷侏罗系残留地层沉积相平面展布图

## 三、白垩系残留地层厚度分布及沉积相

库车坳陷残留白垩系主要为陆相扇三角洲、滨浅湖相沉积,上白垩统缺失,与下伏侏罗系平行不整合接触,呈北厚南薄的楔状体,总体上厚度为0~2800m。下白垩统从下向上包括亚格列木组($K_1y$)、舒善河组($K_1sh$)、巴西改组($K_1b$)和巴什基奇克组($K_1bs$)。巴什基奇克组下部为粉红色砂岩夹薄层泥岩,上部为紫红色块状砾岩;巴西改组为黄—红色砂质泥岩,局部夹砂岩;舒善河组为紫红、灰绿色泥岩,局部夹砂岩;亚格列木组为紫色砂砾岩。

(1) 残留地层厚度分布:根据区域地震剖面解释及钻测井资料,编制出库车坳陷白垩系残留地层厚度分布图(图6-5),库车坳陷白垩系全区较发育,超覆在下伏侏罗系、三叠系之上,局部与古生代地层直接接触。仅在库车西部温宿隆起上缺失,古隆起两侧凹陷沉积厚的楔状体,厚度在0~1600m,分别向隆起方向超覆尖灭。白垩系厚度在南北方向上有明显变化,整体上是中间薄、南北厚,北边比南边厚。从塔北隆起到秋里塔格构造带,白垩系逐渐减薄;从拜城凹陷到克拉苏构造带,白垩系逐渐变厚,在克拉苏构造带白垩系最厚达到2800m左右,塔北隆起白垩系厚度为0~1500m。库车坳陷白垩系在东秋构造带减薄,到依奇克里克构造带变厚,地层厚度普遍为500~1200m;北部山前带白垩系厚度为700~1200m。在塔北隆起南部的哈拉哈塘凹陷白垩系总体很发育,从西往东逐渐加厚,地层厚度为0~1500m,在草湖凹陷总体地层厚度0~1100m。

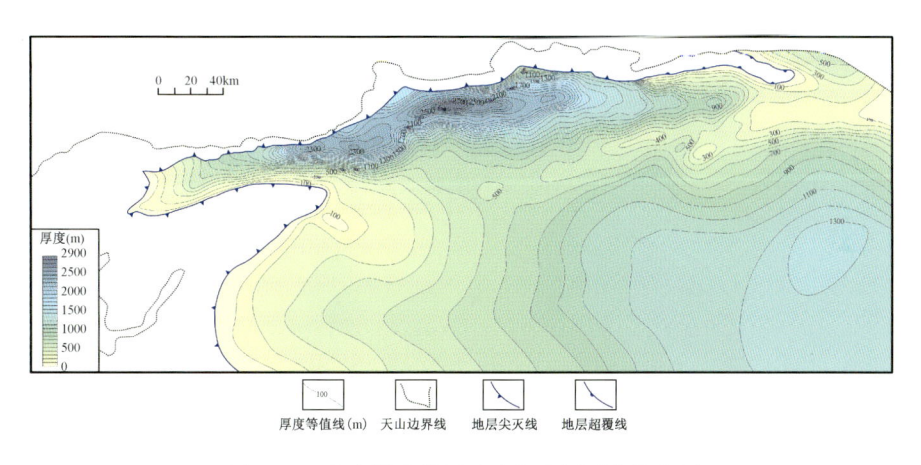

图6-5 库车坳陷侏罗系残留地层厚度分布图

(2) 沉积相特征:库车坳陷残留白垩系主要为陆相扇三角洲、滨浅湖相沉积的碎屑岩层,上白垩统缺失,与下伏侏罗系地层平行不整合接触,呈北厚南薄的楔状体,总体上厚度为0~2800米。库车坳陷白垩系物源主要有北部的天山造山带、南部的塔北古隆起、西南部的温宿凸起(孙龙德,2004;李双建,2005,2006,2007;杨帆等,2006;彭守涛等,2006,2009;陈戈等,2012)。下白垩统可分为亚格列木组($K_1y$)、舒善河组($K_1sh$)、巴西改组($K_1b$)和巴什基奇克组($K_1bs$)。亚格列木组发育冲积平原—河流相;舒善河组发育湖泊相沉积;巴西改组发育滨浅湖—湖泊三角洲;巴什基奇克组下部发育辫状三角洲,上部发育冲积扇—扇三角洲。库车坳陷白垩系在南天山山前发育冲积扇,向克拉苏构造带发育辫状河三角洲,坳陷中部及南部发育滨浅湖相(孙龙德,2004)。下白垩统在库车坳陷东部和西部差别很大,东部发生隆起剥蚀而缺失巴西改组和巴什基奇克组,舒善河组也发育不全(贾进华,2000)。下白垩统在库车坳陷是一个区域性的沉积层序,可划分出多个层序单元,总体上为水进到水退,发育的沉积相有冲积扇、辫状河三角洲、湖泊等,代表沉积层序中低位、水进和高位的沉积旋回(林畅松等,2004;肖建新等,2005)。库车坳陷在亚格列木组物源来自南天山和塔北隆起,盆地边缘发育扇三角洲平原;在舒善河组盆地发生沉降,物源只来自南天山冲断带,大部分前陆区沉积物为细沙和泥岩,滨湖—浅湖的砂质含量小于0.3;在巴西改组盆地继续沉降,浅湖面积缩小,在盆地东北部细砂为主导的三角洲平原相很发育;在巴什基奇克组为平静时期,浅水辫状河三角洲很发育,三角洲前缘一直延伸到塔北,由含砾砂岩、细—粉砂岩及泥岩组成的碎屑岩组合,砂质含量为0.6~0.9,交错层理很发育,多套砂体叠置,延伸远、厚度大(李维锋等,1999;顾家裕等,2001;朱如凯等,2007;韩登林等,2009;高志勇等,2013;Wang Jiahao,2013;潘荣等,2013;朱筱敏等,2013)。根据研究区地震剖面解释的成果和塔里木油田资料进行沉积相平面图修编,如图6-6所示。在库车坳陷北部,受南天山山前高角度基底断裂的控制,形成坡度较陡的断陷湖盆,主要由南天山和温宿古隆起提供物源,在山前发育陡坡冲积扇构造岩相,陡坡辫状河三角洲构造岩相以及深注深湖构造岩相。库车南缘塔北地区的物源主要来自盆地东南部,在克拉通台地上发育缓坡三角洲构造岩相,和缓坡滨浅湖构造岩相。在库车坳陷北部冲积平原相和辫状河三角洲前缘大部分已经剥蚀,冲积平原仅在库车东部和西部零星残留。在两个湖盆之间存在水下潜伏的中央古隆起,可见对冲断层形成的断垒或断斜坡,当河流携带着碎屑物质进入盆地后,常沿着断裂带走向而发生沉积和搬运作用,发育中央隆起三角洲构造岩相,将南北湖盆分隔开来。

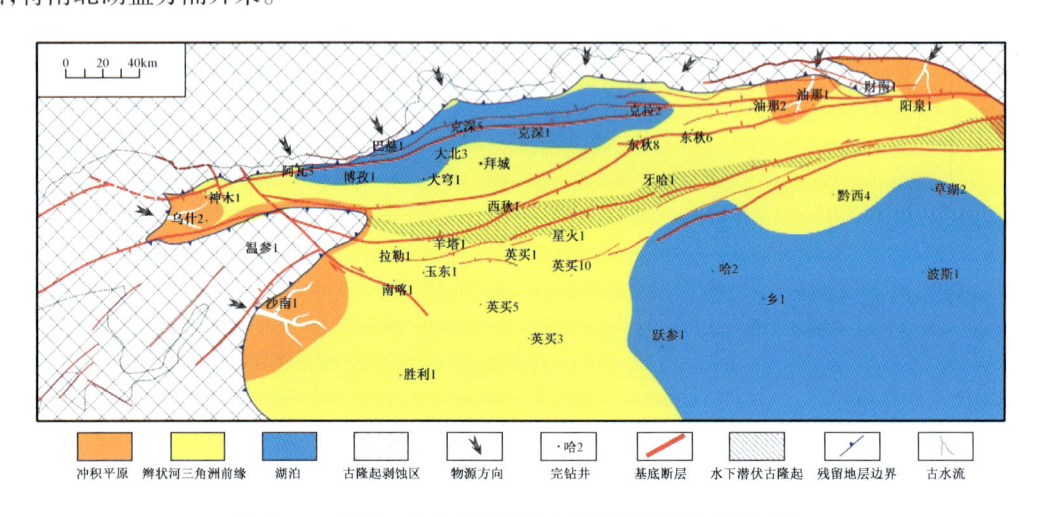

图6-6 库车—塔北地区残留白垩系沉积相平面展布图

## 四、库车坳陷中生界剥蚀量恢复

剥蚀厚度恢复的方法很多,大体上可分为地层分析法、地热指标法、测井技术法和沉积分析法几大类(陈增智等,1999;何将启等,2002;牟中海等,2002;张一伟等,2003;付晓飞等,2004;胡少华等,2004;刘国勇等,2004;汤良杰等,2005;佟彦明等,2005;冬友亮等,2006;赵力彬等,2006;李坤等,2007;张小兵等,2007;曹强等,2007;周小军等,2008)。但是它们均受特定的地质条件限制,其应用有很大的局限性,存在不同的影响因素。根据研究区实际资料,采用地层趋势厚度法,来进行库车坳陷中生界剥蚀量恢复。

地层趋势厚度法是依据地震资料对要恢复的地层进行分析,对该地层的剥蚀情况进行大致的预测,根据周围区域内未发生剥蚀的原始地层厚度趋势,向周边区域地层进行延伸,来研究该地层的原始沉积厚度。赵锡奎在"七五"期间研究沙雅隆起演化时首次提出运用"趋势厚度法"来恢复地层剥蚀量,在对塔河油田古构造恢复中获得了很好的检验和生产实用性,后经过李坤(2007)、张小兵(2007)等的发展,逐步被大家接受。地层趋势厚度法的适用前提是地层要位于斜坡—低隆区,原始地层厚度变化均匀,可以找到初始剥蚀点。

根据地层趋势厚度法的原理,在库车坳陷分别拉平残留的白垩系和侏罗系的底面(图6-7$a_1$、$a_2$),根据拉分层面上覆层序的上超、下伏层序的削蚀分析原始层序结构,按照等面积原理在拉平层下建立层序减薄、终止模型,估算了三叠系、侏罗系剥蚀量。古隆起两侧侏罗系的差异剥蚀厚度局部可能达到 300m 以上,三叠系的剥蚀量局部可能达到 500m 以上;剥蚀范围一般距现今残留地层尖灭线 2~4km,最大可达到 10km。

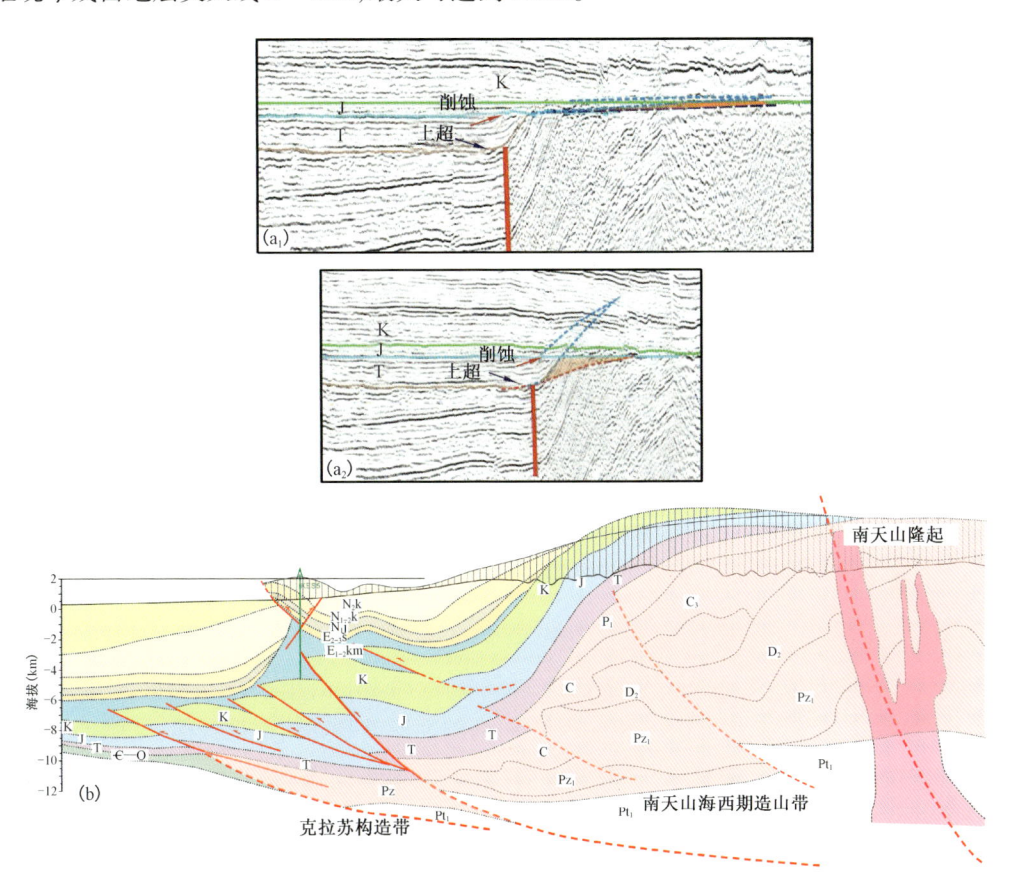

图 6-7 地层趋势厚度法在库车坳陷的运用模型

在晚喜马拉雅期南天山隆升作用下,导致库车坳陷北部山前中生界发生抬升剥蚀。由于库车山前缺乏地震资料,只能依靠库车坳陷的地震解释成果和北部山边地表露头中生界的厚度和宽度、倾向和倾角资料,按照地层厚度逐渐减薄的趋势进行恢复(图 6-7b)。在白垩纪末期,库车坳陷全区发生抬升剥蚀,白垩系在古隆起两侧的剥蚀厚度采用地层趋势厚度法无法恢复。但根据白垩系残留地层厚度和分布,按照地层趋势厚度外延,可近似的恢复库车北部山前由于晚喜马拉雅期南天山隆升,导致的白垩系发生剥蚀的厚度和分布范围。

1. 三叠系剥蚀地层厚度及分布

在三叠纪末期发生印支构造运动,古隆起整体发生继承性抬升,并伴随着基底断裂重新活动,在隆起两侧沉积的三叠系发生剥蚀。剥蚀区主要分布在温宿古隆起南部和北部、新和古隆起南部和北部、西秋古隆起南部和北部、牙哈古隆起南部和北部(图 6-8)。在温宿古隆起北坡,三叠系剥蚀区长约 90km,宽约 12km,呈条带状沿隆起边缘近 NEE 向展布。剥蚀区厚度总体上为 0~300m,从北向南剥蚀厚度是先增厚后减薄,按照等面积原始在底面表示的剥蚀范围形状为一个近似等腰三角形。受基底逆冲断层的活动,三叠系在隆起西段发生断缺,剥蚀区厚度最厚为 450m 左右,按照等面积原始在底面表示的剥蚀范围形状为一个近似直角三角形。在温宿古隆起南坡,三叠系剥蚀区长约 105km,宽约 20km,呈条带状沿隆起边缘近 NE 向展布。剥蚀区厚度总体上为 0～200m,从南向北剥蚀厚度先是逐渐的增加,变化的幅度很小,剥蚀厚度在 0～30m 之间;在隆起的边缘受基底逆冲断层的影响,三叠系发生断缺,剥蚀区厚度最厚约为 300m。按照等面积原始在底面表示的剥蚀范围形状分为两段,在基底断层南部为宽度很窄的条状,在基底断层北部为一个近似直角三角形。

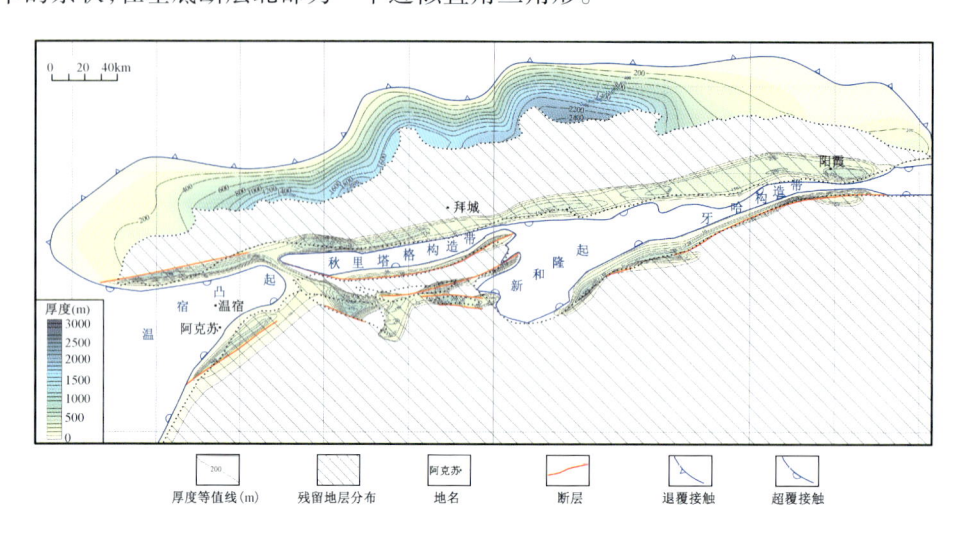

图 6-8　库车坳陷三叠系剥蚀区厚度及分布图

在西秋古隆起北坡,三叠系剥蚀区长约 145km,宽约 15km,呈条带状沿隆起边缘近 NEE 向展布。剥蚀区厚度总体上为 0～300m,从北向南剥蚀厚度是先增厚后减薄,按照等面积原始在底面表示的剥蚀范围形状为一个钝角三角形。在西秋古隆起南部,三叠系剥蚀区长约 115km,宽约 8km,呈条带状沿隆起边缘近 NEE 向展布,剥蚀区厚度总体上为 0～200m。受古隆起南部边界基底断层的影响,三叠系被断层抬高发生断缺,最大厚度达到 220m 左右,从北向南剥蚀厚度是逐渐增大,按照等面积原始在底面表示的剥蚀范围形状为近似直角三角形。

在新和古隆起南坡和北坡发育多条南倾或北倾的基底逆冲断层,三叠系被不同程度的抬升剥蚀或发生断缺,剥蚀区主体长约 130km,宽度为 5～18km,剥蚀区呈多条带不规则分布,剥蚀厚度总体上为 0～300m。在新和古隆起北坡,局部区域三叠系受基底断层影响发生断缺,最大厚度约为 300m。按照等面积原始在底面表示的剥蚀范围形状为一个近似直角三角形。新和古隆起南坡剥蚀区显示三叠系底超、顶削明显,表明厚度减薄梯度大。三叠纪基底断块掀斜或同沉积断层活动导致沉积层急速尖灭。

在牙哈古隆起北坡,三叠系剥蚀区长约 210km,宽约 20～30km,呈条带状沿隆起边缘近 NEE 向展布。剥蚀区厚度总体上为 0～250m,从北向南剥蚀厚度是先增厚后减薄,按照等面积原始在底面表示的剥蚀范围形状为一个近似等腰三角形。在牙哈古隆起南坡,剥蚀区长约 190km,宽约 10～20km,呈条带状沿隆起边缘近 NEE 向展布。受基底逆冲断层的活动,三叠系在隆起边缘发生断缺,剥蚀区厚度最厚为 450m 左右,从南向北剥蚀厚度是逐渐减薄,按照等面积原始在底面表示的剥蚀范围形状为一个近似直角三角形。

在库车坳陷北部山前,根据地震资料解释的成果及山边三叠系出露的厚度和产状,按照地层厚度减薄的趋势,恢复出三叠系剥蚀范围和分布,进而推测出原始三叠系的边界。三叠系剥蚀区厚度为 0～2400m,在北部山前与下伏地层为退覆接触。在库车东部和西部三叠系剥蚀区宽度为 40～50km,剥蚀的厚度在 0～400m,地层坡度很缓。在库车北部三叠系剥蚀区宽度为

30～40km,剥蚀的厚度为0～2400m显著变化,地层坡度很陡。

2. 侏罗系剥蚀地层厚度及分布

在侏罗纪末期发生燕山构造运动,古隆起整体发生继承性抬升,并伴随着基底断裂重新活动,在隆起两侧沉积的侏罗系发生剥蚀。剥蚀区主要分布在新和古隆起南部、西秋古隆起北部、牙哈古隆起南部和北部(图6-9)。在西秋古隆起和牙哈古隆起北坡,侏罗系剥蚀区整体上连片分布,长约350km,宽约20km,呈条带状沿隆起边缘近NEE向展布。剥蚀区厚度总体上为0～250m,局部剥蚀厚度达到300m左右。从北向南剥蚀厚度是先增厚后减薄,按照等面积原始在底面表示的剥蚀范围形状为一个钝角三角形。

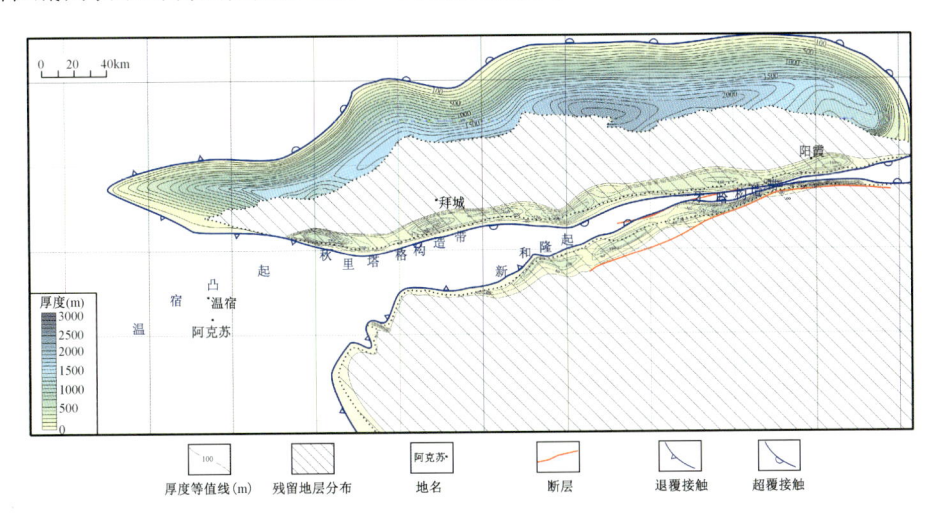

图6-9 库车坳陷侏罗系剥蚀区厚度及分布图

在新和古隆起和牙哈古隆起南坡,侏罗系剥蚀区整体上连片分布,长约240km,宽度为5～20km,呈条带状沿隆起边缘近NEE向展布,剥蚀区厚度总体上为0～200m;局部受基底逆冲断层的活动,侏罗系在隆起边缘发生断缺,剥蚀区厚度最厚为300m左右,从南向北剥蚀厚度是逐渐减薄,按照等面积原始在底面表示的剥蚀范围形状为一个近似直角三角形,古隆起南坡剥蚀区侏罗系缓慢减薄尖灭,顶部削蚀不明显,表明差异剥蚀厚度小。在新和隆起南坡局部零星发育一个长为15km、宽为5km的NW向条带,剥蚀厚度为0～100m。

在库车坳陷北部山前,侏罗系剥蚀区整体为东西向条带状分布,剥蚀厚度为0～2300m,与三叠系剥蚀厚度相比变薄,北部山前侏罗系与下伏三叠系为超覆接触,恢复的盆地边界向北延伸。在库车东北部侏罗系剥蚀区宽度约为50km,剥蚀的厚度在0～2300m,地层厚度是均匀减薄。在库车西北部侏罗系剥蚀区宽度约40km,剥蚀的厚度为0～1900m,地层坡度相对变缓。

3. 白垩系剥蚀地层厚度及分布

在库车—塔北地区白垩系普遍发育,在白垩纪末期的燕山运动,使库车坳陷全区发生抬升,普遍缺失下白垩统,但是上白垩统在全区残留分布,在库车—塔北地区内部的古隆起两侧的剥蚀厚度采用地层趋势厚度法无法恢复。根据地震资料解释的成果及山边白垩系出露的厚度和产状,按照地层厚度减薄趋势外延,可近似的恢复库车北部山前由于晚喜马拉雅期南天山隆升,导致的白垩系发生剥蚀的厚度和分布范围,进而推测出白垩系原始的边界(图6-10)。

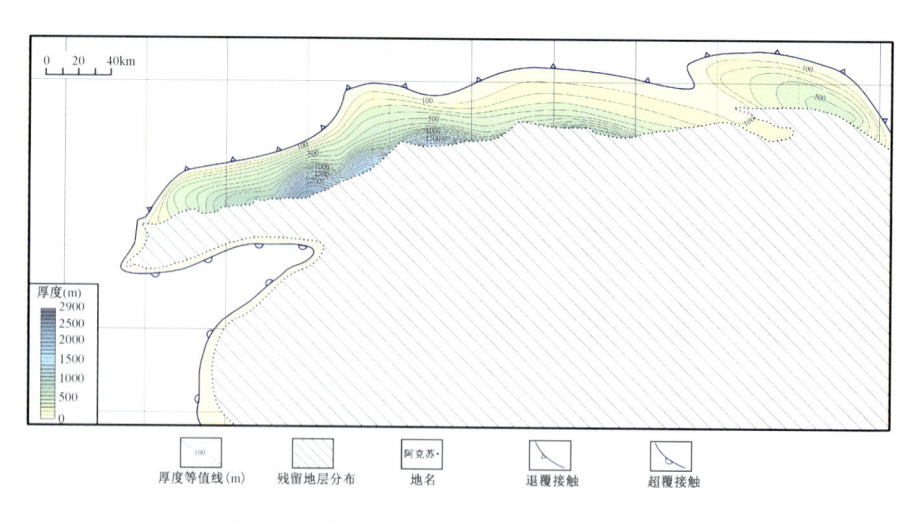

图6-10 库车坳陷白垩系剥蚀区厚度及分布图

在库车坳陷北部山前,白垩系剥蚀区厚度为0~2300m,在北部山前与下伏侏罗系为退覆接触,盆地北部边界范围减小。白垩系剥蚀区为东西向条带状分布,宽度约为30~40km,在库车西北部白垩系剥蚀厚度为0~2300m,地层厚度从南向北先急剧减薄,后又相对缓慢变薄尖灭。在库车东北部白垩系剥蚀的厚度为0~1000m,地层从南向北缓慢减薄。

# 第二节 库车坳陷中生代盆地原型特征

原型盆地地层厚度等于残留地层厚度与剥蚀地层厚度之和,根据库车坳陷中生代残留地层厚度及分布、剥蚀地层厚度及分布,得出中生代原始地层厚度分布(图6-11)。结合库车坳陷盆地基底、沉积学资料等研究库车坳陷中生代盆地原型。

## 一、库车坳陷盆地基底

库车坳陷盆地基底在前面的章节已经详细论述,库车坳陷盆地结构垂向上从下向上分为古生界、中生界、新生界三大构造层,由西向东分为西段、中段、东段三段,主体沉降—沉积中心依次为乌什凹陷、拜城凹陷、阳霞凹陷。盆地基底在库车坳陷中段和西段为上古生界浅变质碎屑岩岩层,东段为下古生界浅变质碳酸盐岩岩层,南侧的塔北隆起和温宿凸起为前震旦系结晶基底。不同性质的盆地基底之间发育有基底断裂。库车—塔北地区断裂系统从北向南分为增生楔断裂系、库车断裂系、塔北断裂系三部分,盆山地质结构由北向南划分为造山带增生楔、被动陆缘斜坡带、克拉通边缘隆起带等结构单元。造山楔为仰冲起来的褶皱冲断带,被动陆缘斜坡为压陷下去的掀斜断块,克拉通边缘隆起为翘倾隆升的断背斜。二叠系是海陆转换的过渡层,克拉苏构造带是盆山变形过渡带,温宿—秋里塔格—牙哈是台盆与被动陆缘的枢纽线。库车坳陷中生界原型盆地为北部上叠在南天山褶皱基底之上,向南在塔里木克拉通基底之上逐层超覆。北部单斜带中生界覆盖在海西期造山楔上,乌什凹陷、拜城凹陷、阳霞凹陷中生界不整合在寒武系—奥陶系之上,南部斜坡带中生界超覆在海西期古隆起之上。

(a) 库车坳陷白垩系原始地层分布

(b) 库车坳陷侏罗系原始地层分布

(c) 库车坳陷三叠系原始地层分布

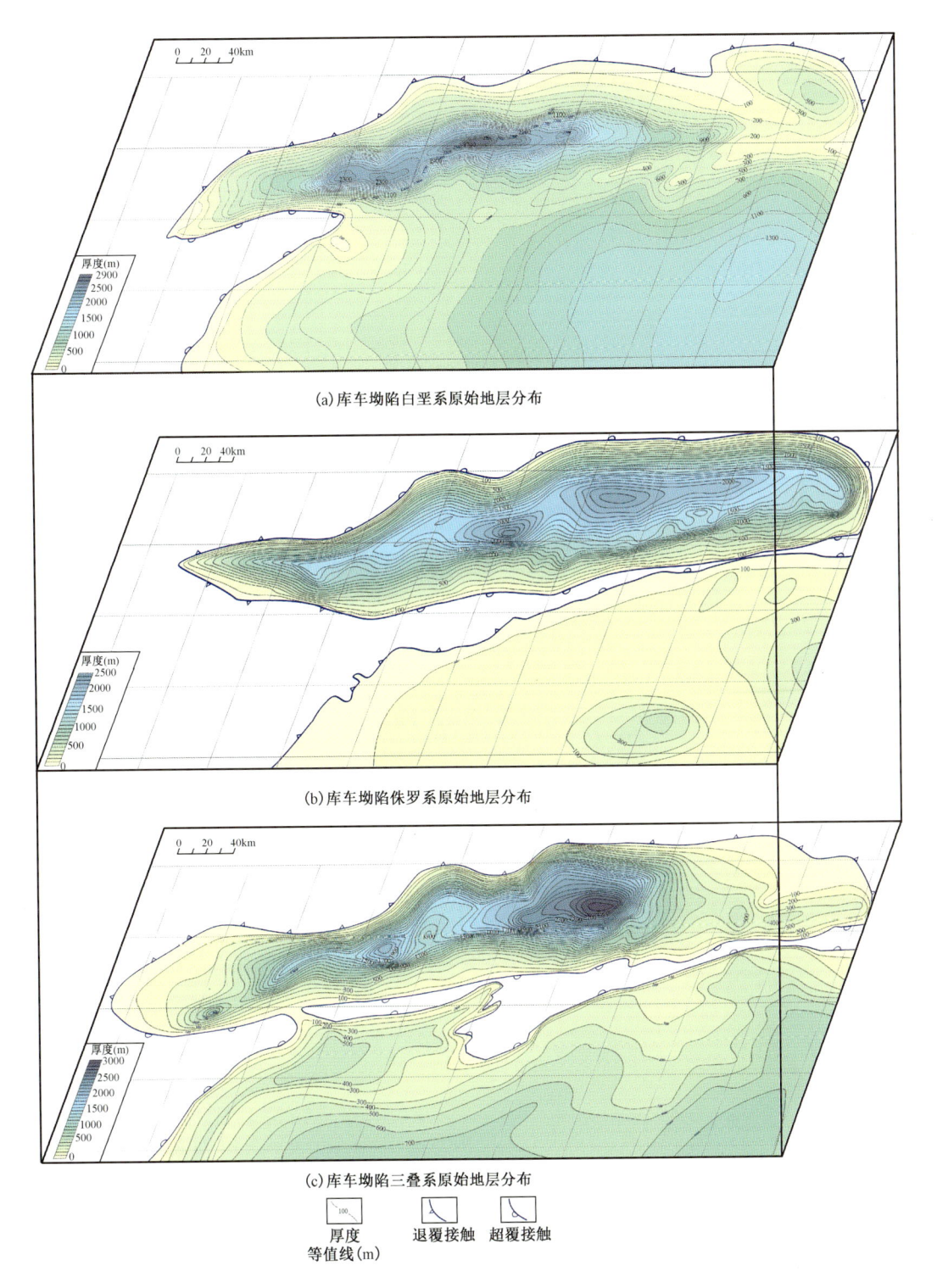

图 6-11　库车坳陷中生代原始地层分布叠合图

## 二、三叠纪原型盆地

根据库车坳陷三叠系残留地层厚度分布和剥蚀地层厚度分布,得出三叠系原始地层厚度分布图(图6-11),库车—塔北地区三叠系整体呈东西向条带状展布,库车坳陷三叠系厚度为0~3000m,厚度明显比塔北地区较厚,三叠系沉积中心位于克拉苏构造带东北部,向北部山前厚度逐渐减薄,发生退覆沉积。从库车坳陷向塔北隆起方向,三叠系逐渐减薄尖灭,并超覆在海西期古隆起上。三叠系在温宿古隆起、西秋古隆起、新和古隆起及牙哈古隆起核部没有发生沉积。在塔北隆起南部的北部坳陷区,三叠系厚度为0~1000m,向温宿—西秋—新和—牙哈古隆起带发生超覆沉积。

根据库车坳陷盆地基底、三叠纪原始地层分布、区域地震剖面解释、沉积学资料等,编制了库车坳陷三叠纪盆地原型图(图6-12)。在三叠纪,南天山造山带隆升剥蚀区为库车坳陷的主要物源,前缘隆起剥蚀区为次要物源。由于盆地基底结构的不同,在南天山海西期褶皱基底和塔里木克拉通基底之上发育两个不同的湖盆,被库车南缘的温宿—西秋—新和—牙哈古隆起带分隔开。库车坳陷北部山前发育冲积平原相,向南渐变为辫状河三角洲前缘及深湖相。从原始三叠系边界和残留三叠系尖灭线可以看出,在库车东部和西部剥蚀的边缘相主要为冲积平原、辫状河三角洲前缘,在库车中部深湖相在局部也遭到不同程度的剥蚀。在前缘隆起带,温宿—西秋—新和—牙哈古隆起两侧发育冲积平原、辫状河三角洲前缘,剥蚀的边缘相主要为冲积平原。在克拉通台地上发育冲积平原相、辫状河三角洲前缘和浅湖相,物源来自库车东南部及温宿—西秋—新和—牙哈古隆起带。两个湖盆之间的古隆起带,对南北湖盆的水动力和沉积环境有重要影响。

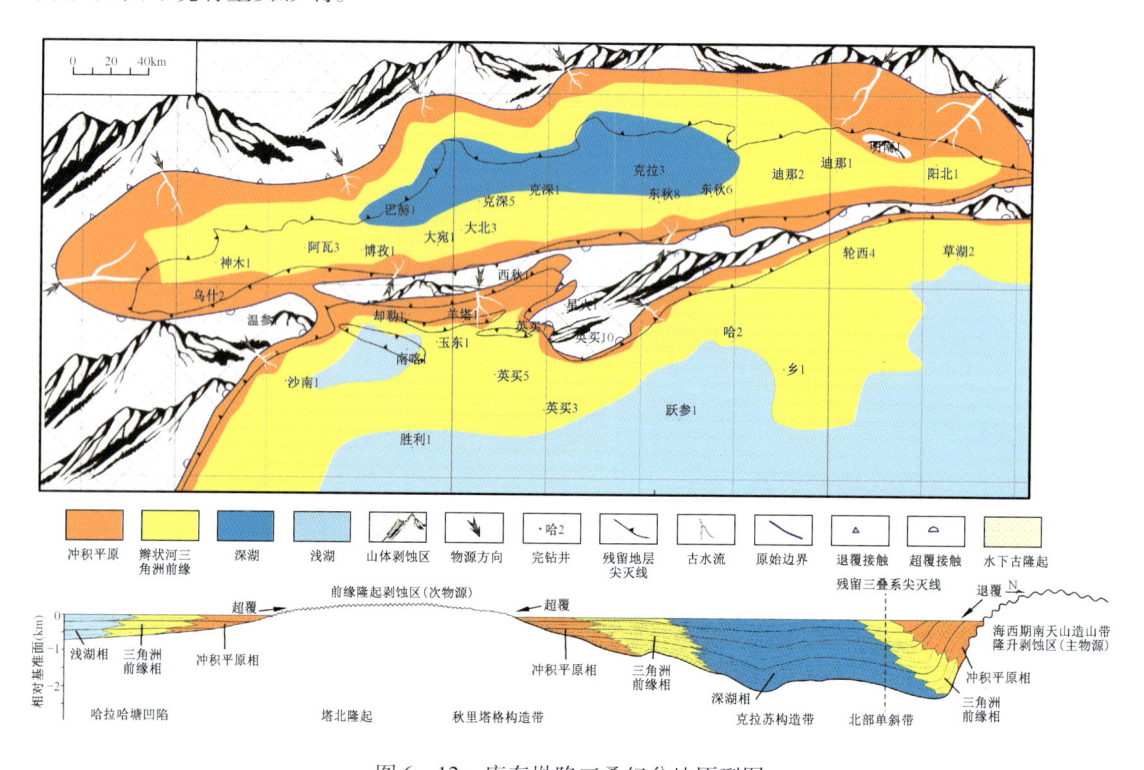

图6-12 库车坳陷三叠纪盆地原型图

### 三、侏罗纪原型盆地

根据库车坳陷侏罗系残留地层厚度分布和剥蚀地层厚度分布,得出侏罗系原始地层厚度分布图(图6-11),库车坳陷侏罗系沉积中心向北发生迁移,地层最厚约为2500m,盆地深度普遍变浅。在库车坳陷北部山前,由三叠系的退覆沉积变为侏罗系的超覆沉积,沉积范围向山前延伸。从库车坳陷向塔北隆起方向,侏罗系超覆在三叠系之上,逐渐减薄尖灭在温宿—西秋—新和—牙哈古隆起带上,在古隆起带核部没有发生沉积。在塔北隆起南部的北部坳陷区,侏罗系厚度约为0~250m,地层厚度较三叠系变薄,总体上向塔北隆起方向发生超覆沉积。但在温宿古隆起南北两侧和库车坳陷西北部山前,侏罗系发生退覆,沉积范围变小。

根据库车坳陷盆地基底、侏罗纪原始地层分布、区域地震剖面解释、沉积学资料等,编制了库车坳陷侏罗纪盆地原型图(图6-13)。在侏罗纪,库车地区沉降中心向南天山方向迁移,造山带增生楔北部地层向南天山发生超覆沉积。前陆前渊沉降区范围扩大,前陆隆起剥蚀区范围缩小。库车坳陷侏罗纪盆地的主物源仍然来自南天山,温宿—西秋—新和—牙哈古隆起提供次物源。从原始侏罗系边界和残留侏罗系尖灭线可以看出,在库车坳陷北部冲积平原相已经剥蚀,仅见残留的辫状河三角洲前缘和深湖相。在库车南缘的塔北地区,北部的物源主要来自温宿—西秋—新和—牙哈古隆起,在克拉通台地上发育冲积平原相、辫状河三角洲前缘和浅湖相,水体变浅。在两个湖盆之间的前缘古隆起带连成一片,将南北湖盆完全的分隔开来。古隆起带两侧发育的冲积平原、辫状河三角洲前缘展布范围极不对称,隆起坡度为北陡南缓。

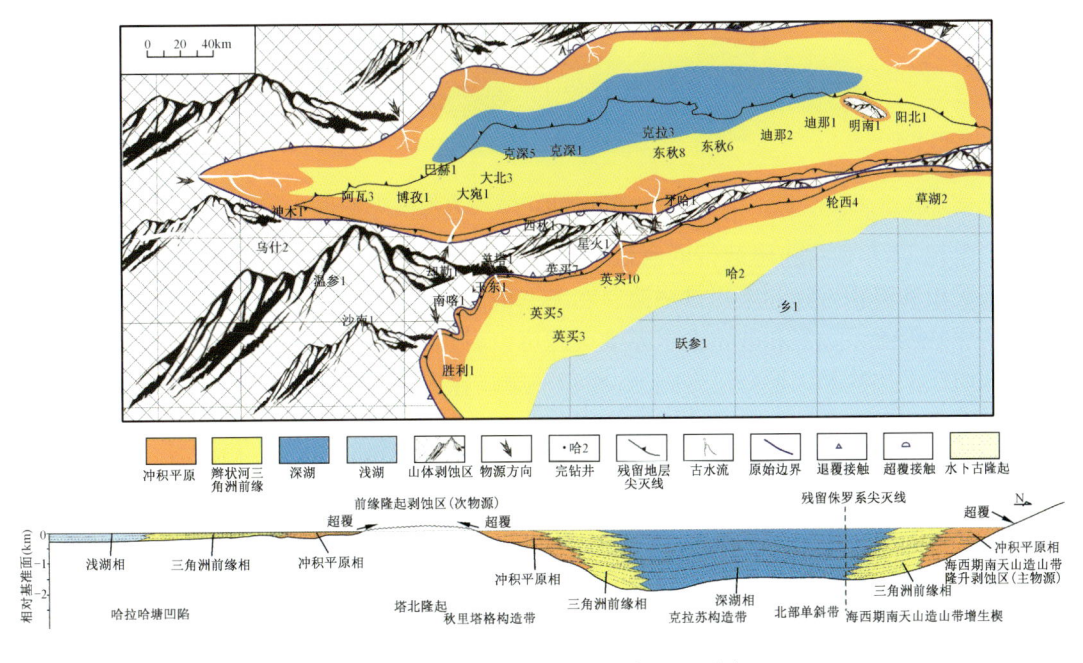

图6-13 库车坳陷侏罗纪盆地原型图

### 四、白垩纪原型盆地

由于在白垩纪末期,库车坳陷全区发生抬升剥蚀,白垩系在古隆起两侧的剥蚀厚度采用地层趋势厚度法无法恢复。根据库车坳陷白垩系残留地层厚度和分布,按照地层趋势厚度外延,可恢复库车北部山前由于晚喜马拉雅期断层抬升导致的剥蚀厚度和分布范围,进而近似的得出白垩系原始地层厚度分布图(图6-11),在库车坳陷白垩系沉积中心向西南发生迁移,地层最厚约为2800m,地层厚度较侏罗系变厚,在库车坳陷北部山前由侏罗系的超覆沉积变为白垩系的退覆沉积。白垩系向温宿—西秋—新和—牙哈古隆起带发生超覆,在隆起带核部也发生沉积,并与塔北隆起南部的北部坳陷区白垩系连接成片。在塔北隆起南部的北部坳陷区,白垩系厚度变厚约为0~1500m,中央古隆起带被白垩系沉积覆盖,仅在库车西部温宿古隆起核部没有发生沉积。根据库车坳陷盆地基底、白垩纪原始地层分布、区域地震剖面解释、沉积学资料等,编制了库车坳陷白垩纪盆地原型图(图6-14)。

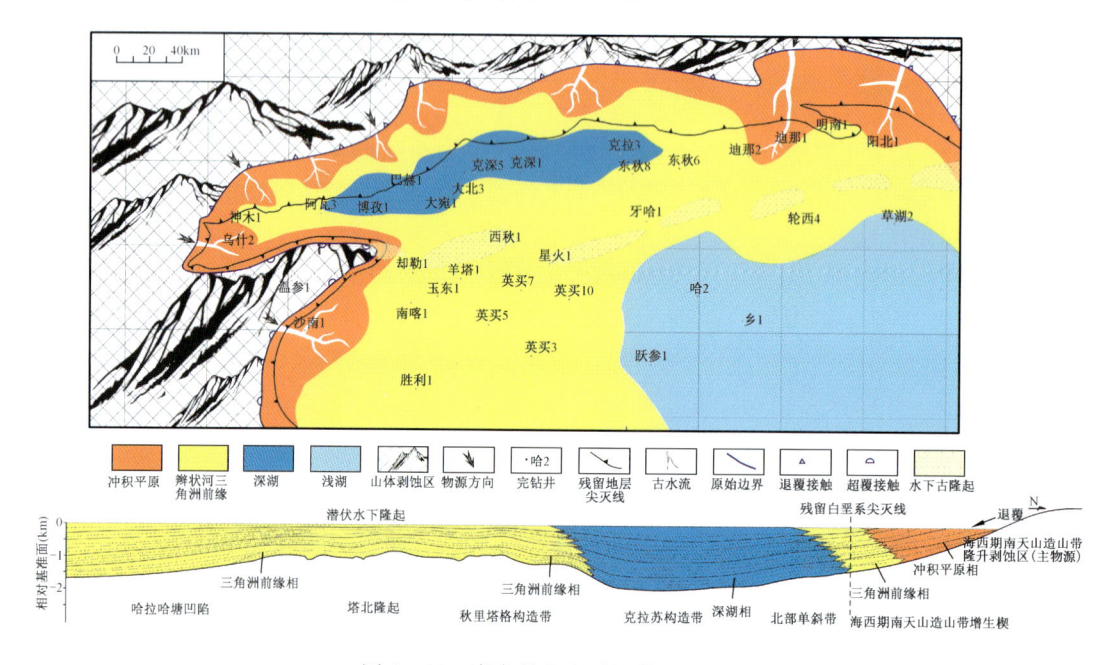

图6-14 库车坳陷白垩纪盆地原型图

在白垩纪,库车前缘古隆起带的西秋—新和—牙哈古隆起已经演变为水下隆起,库车坳陷主要由南天山和温宿古隆起来提供物源。在库车南缘的塔北地区,物源主要来自盆地东部和西部。从原始白垩系边界和残留白垩系尖灭线可以看出,在库车坳陷北部冲积平原相和辫状河三角洲前缘的边缘相大部分已经剥蚀,冲积平原仅在库车东部和西部零星残留。在克拉通台地上发育辫状河三角洲前缘和浅湖相,冲积平原相已经不发育。在两个湖盆之间的水下潜伏古隆起,依然对南北湖盆起到分隔作用,影响着进入盆地的古水流和物源通道。

## 五、中生代各时期原型盆地叠合分析

根据原始地层分布、盆地基底结构和沉积相分布等,编制了中生代三叠纪、侏罗纪、白垩纪盆地原型叠合图(图6-15)。

库车坳陷中生代原型盆地属于造山后坳陷盆地,地壳均衡可能是中生代盆地沉降的动力学原因。在晚石炭世—早二叠世海西运动形成的南天山强烈上升,二叠纪在塔里木克拉通形成的火山岩、火山碎屑岩盆地沉积层向造山带超覆,在盆山过渡带形成了库车坳陷盆地雏形。三叠纪开始地壳均衡下沉,随着南天山造山带的塌陷,在盆山过渡带库车坳陷发生均衡沉降发育坳陷盆地,沉降和沉积中心位于克拉苏构造带东北部,库车坳陷主物源主要来自北部南天山

— 150 —

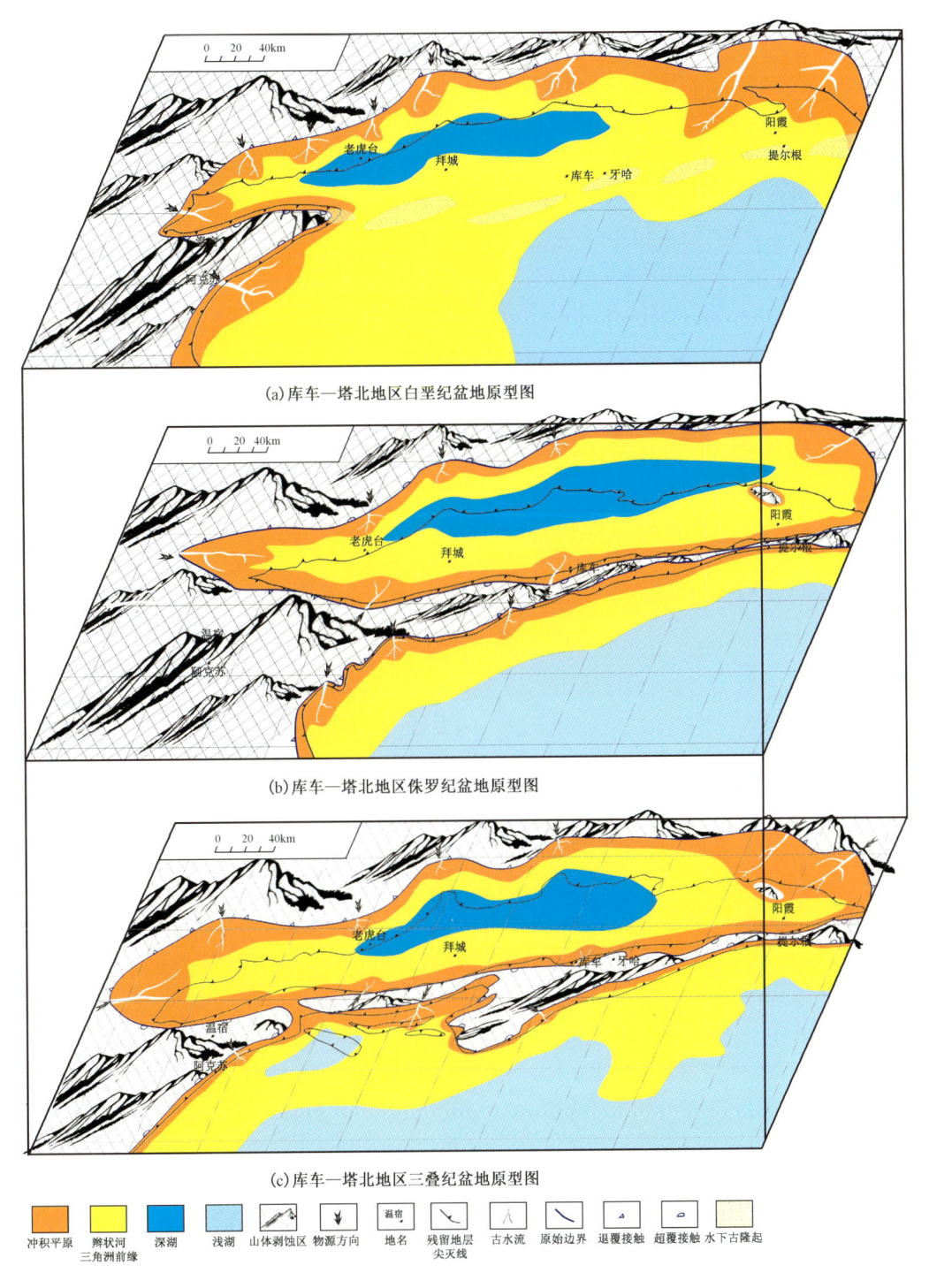

图 6-15 库车—塔北地区中生代盆地原型叠合图

剥蚀区,南缘古隆起构造也能提供局部物源,并影响湖盆水动力系统和沉积环境。三叠系向北部山前控坳边界断裂之下发生退覆沉积,向南部海西期古隆起超覆。由于造山楔与克拉通的均衡沉降速率不同,导致不同时期盆地沉降中心发生迁移。侏罗纪盆地轴线较三叠纪盆地向北部增生楔迁移,盆地范围有所扩大,盆地深度普遍变浅。温宿—秋里塔格—新和—牙哈隆起

— 151 —

带成为分隔南北两个湖盆的山脊,库车坳陷主物源来自天山造山带,库车南部古隆起带提供次物源,古隆起幅度和范围变小,侏罗系分别向北部山前和南部海西期古隆起超覆沉积。白垩纪盆地沉积和沉降中心向西南迁移,盆地深度有所加深,白垩系在库车坳陷和塔北隆起连接成片,盆地范围扩大。白垩纪晚期发生区域抬升剥蚀,白垩系向北部山前退覆沉积,向南部海西期古隆起超覆。库车坳陷主物源来自南天山造山带,西秋—新和—牙哈古隆起带被掩埋淹没于水下,形成潜伏隆起,但是对南北两个湖盆依然起着局部分隔作用,温宿古隆起仍是西部主要物源,湖盆面积缩小,但冲积相沉积范围增大。

# 第三节 中生代盆地原型的构造古地理模型

沉积盆地是地质时期的构造单元,是区域构造演化在地壳表层的响应,其原型受构造古地理控制。因此,必须在区域构造演化分析基础上分析建立盆地原型概念,并阐明其形成的构造古地理背景。

## 一、三叠纪盆地构造古地理特征

### 1. 三叠系沉积前构造变形

在三叠纪前,库车地区与南天山的关系是克拉通陆块边缘与洋盆的关系。至晚古生代末期的海西运动,南天山洋洋壳向中天山岛弧之下俯冲,并最终导致陆弧碰撞形成了南天山海西期造山带,使天山与塔里木陆块、准噶尔陆块、吐鲁番—哈密陆块等连成统一的大陆,库车地区受海西期造山作用影响发生了挤压构造变形。造山作用不仅导致沉积在古天山洋及其边缘的古生界发生强烈的冲断褶皱和热变质,还使造山带发生岩浆侵入和喷发,最终在重力均衡作用下形成了地形上的古天山山体和山前前陆盆地。塔里木盆地北部边缘的下二叠统为一套冲积扇沉积的磨拉石建造,早二叠世末期的区域隆升使库车地区的下二叠统基本剥蚀完毕。上二叠统是库车坳陷的第一套沉积盖层,它超覆不整合在下二叠统火山岩、前期剥露的花岗岩或更早的地层之上。南天山海西期造山作用在早二叠世开始,古南天山山前地带发育的周缘前陆盆地应该发生在二叠纪或者晚二叠世,三叠纪时期天山地区并不存在区域挤压构造环境。

根据区域地震剖面解释及天山地质图资料等,编制了库车坳陷三叠系沉积前盆山地质图(图6-16),库车地区受挤压应力发生强烈变形,基底断裂总体上为东西向条带状分布,并根据库车坳陷盆地从北到南分为海西期造山楔、被动陆缘斜坡、克拉通边缘隆起进行描述。在海西期造山楔,地层整体为NEE向展布,西部受边界东西向和南北向走滑逆冲断层影响,石炭系与寒武系不整合接触;中—西部从北向南依次为泥盆系、前寒武系、寒武系不整合接触;中—东部从北向南依次为泥盆系、石炭系、二叠系、石炭系不整合接触;东部从北向南依次为石炭系、寒武系、前寒武系不整合接触。在被动陆缘斜坡残留的地层为寒武系—奥陶系,被北部边界北倾逆冲基底断层和南部边界南倾逆冲断层分隔开。在克拉通边缘隆起,西部地层为NE向展布,中—东部地层为NEE向展布,西部从北向南依次为前寒武系、寒武系—奥陶系、志留系、石炭系、二叠系不整合接触;中部从北向南依次为寒武系—奥陶系、二叠系不整合接触,局部见志留系和泥盆系;东部从北向南依次为前寒武系、寒武系—奥陶系、石炭系、二叠系不整合接触。

库车坳陷基底断裂在平面上整体呈东西向线性展布,在温宿古隆起与西秋古隆起之间发

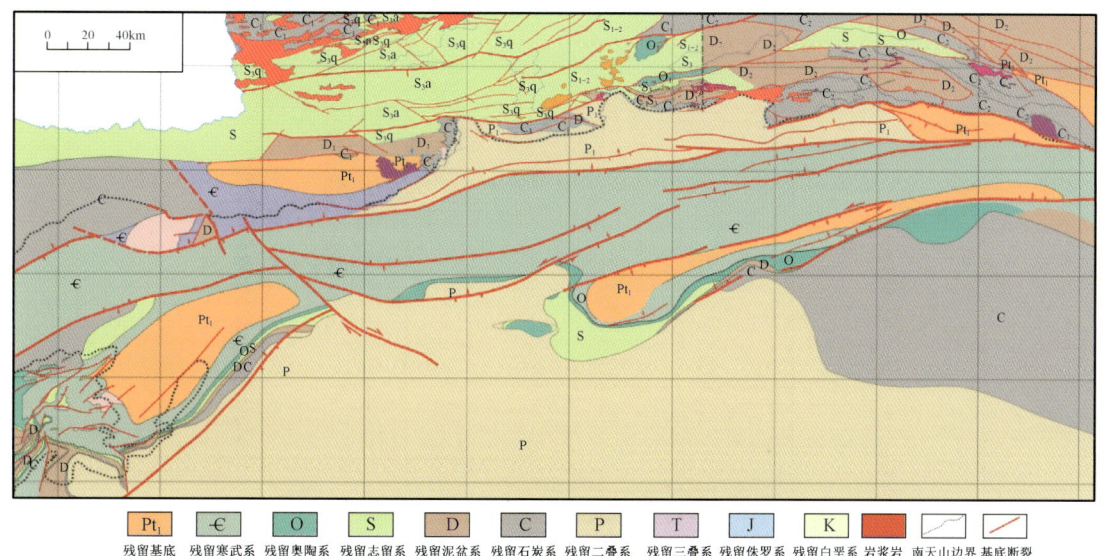

图 6-16　库车坳陷三叠系沉积前盆山地质图

育南北向的走滑断裂,向北断开造山楔断裂带,向南延伸到新和古隆起的喀拉玉尔滚构造带。造山带增生楔断裂系为神木园—克拉苏—依奇克里克断裂带以北的冲断构造,基底高角度断层控制断块、断背斜,断层以逆冲位移为主发生多期活动,核部为结晶基底或造山楔,主断裂在平面上为一条连续稳定的直线从库车西部延伸到东部。

库车断裂系在西部被走滑断层分隔开,走滑断裂左侧为控制温宿古隆起北部的边界断裂—吐滋别克断裂,右侧为控制西秋古隆起的南部边界断裂,从西秋向东秋构造带南边界断裂分隔作用减弱直至消失。西秋里塔格构造带基底断层早期为正断层、晚期反转,基底断层控制着西秋断块古隆起的发育演化。克拉通边缘隆起带基底发育多期活动的逆冲断层,并具有走滑特征,古隆起在古生代时期继承性发育,基底断层控制新和古隆起和牙哈古隆起的发育演化。库车坳陷南缘古隆起在海西期就已经存在,东西向呈条带状分布,对古水流及物源方向具有分隔阻碍作用,局部为库车坳陷和塔北隆起的南部地区提供物源。

从地震资料解释的在三叠纪前剖面结构图可以看出(图 6-17d),在海西期造山楔北部单斜带上发育两条北倾高角度基底逆冲断层,古生代地层发生强烈的褶皱变形。在被动陆缘斜坡发育的地层为寒武系—奥陶系,秋里塔格构造带发育高角度北倾基底逆冲断层。在克拉通边缘隆起核部为前震旦系,隆起南部古生界向隆起方向逐层超覆减薄,隆起北部为高角度南倾基底逆冲断层将隆起抬升剥蚀。

2. 三叠系同沉积期构造变形

在三叠纪(图 6-18c),库车地区沉降中心在海西期造山楔北部单斜带和被动陆缘斜坡克拉苏—依奇克里克构造带之间,海西期南天山造山带隆升为剥蚀区,造山带增生楔发生退覆沉积,海西期山楔和被动陆缘斜坡为前陆前渊沉降区。被动陆缘斜坡的秋里塔格构造带南部到克拉通边缘隆起为前陆隆起剥蚀区,古生界及前寒武系发生了不同程度的剥蚀。克拉苏基底断裂右侧沉积厚度比左侧大,该断层为同沉积断层,三叠纪时期为正断层,在后期构造运动中发生反转。

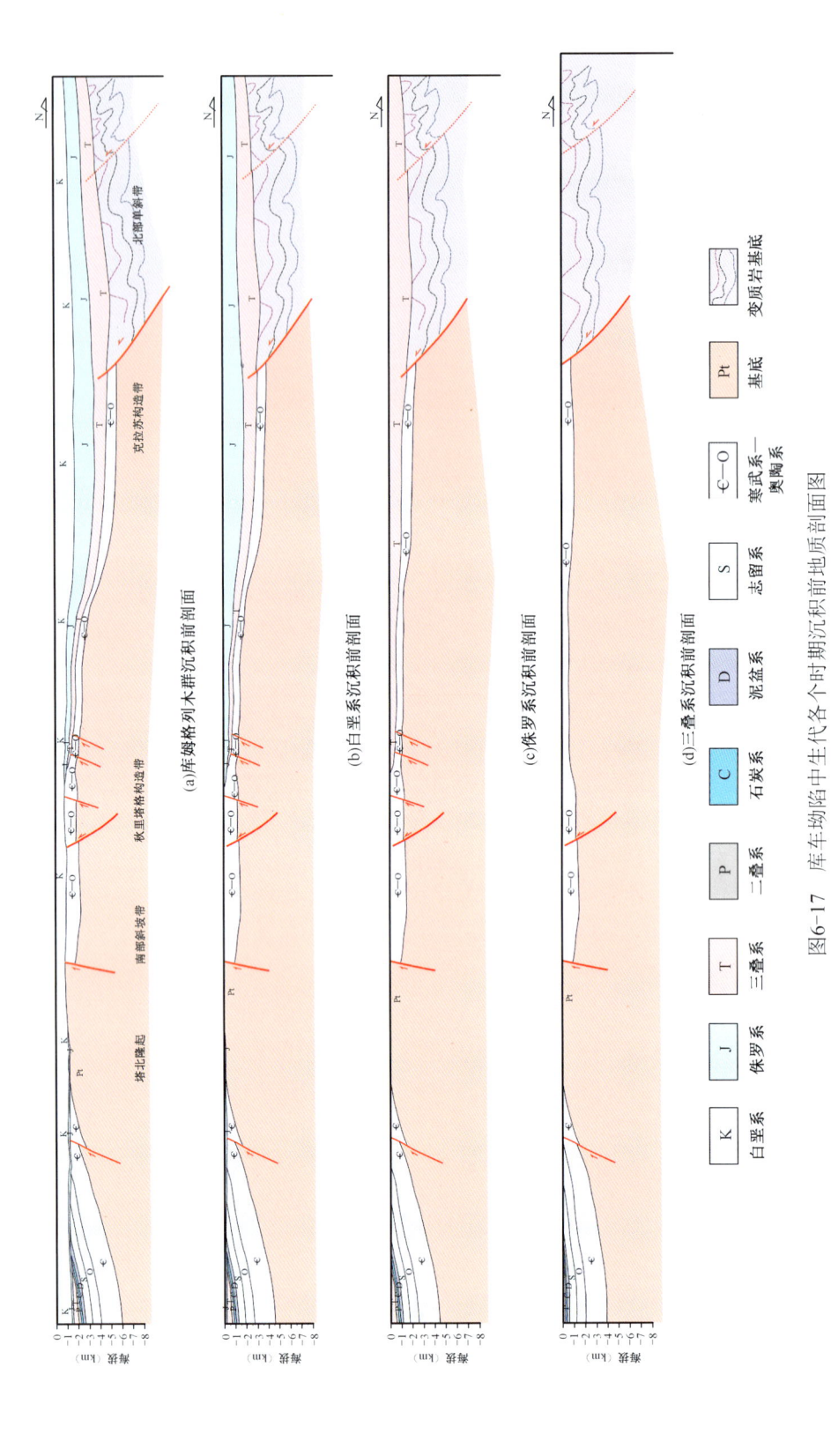

图6-17 库车坳陷中生代各个时期沉积前地质剖面图

— 154 —

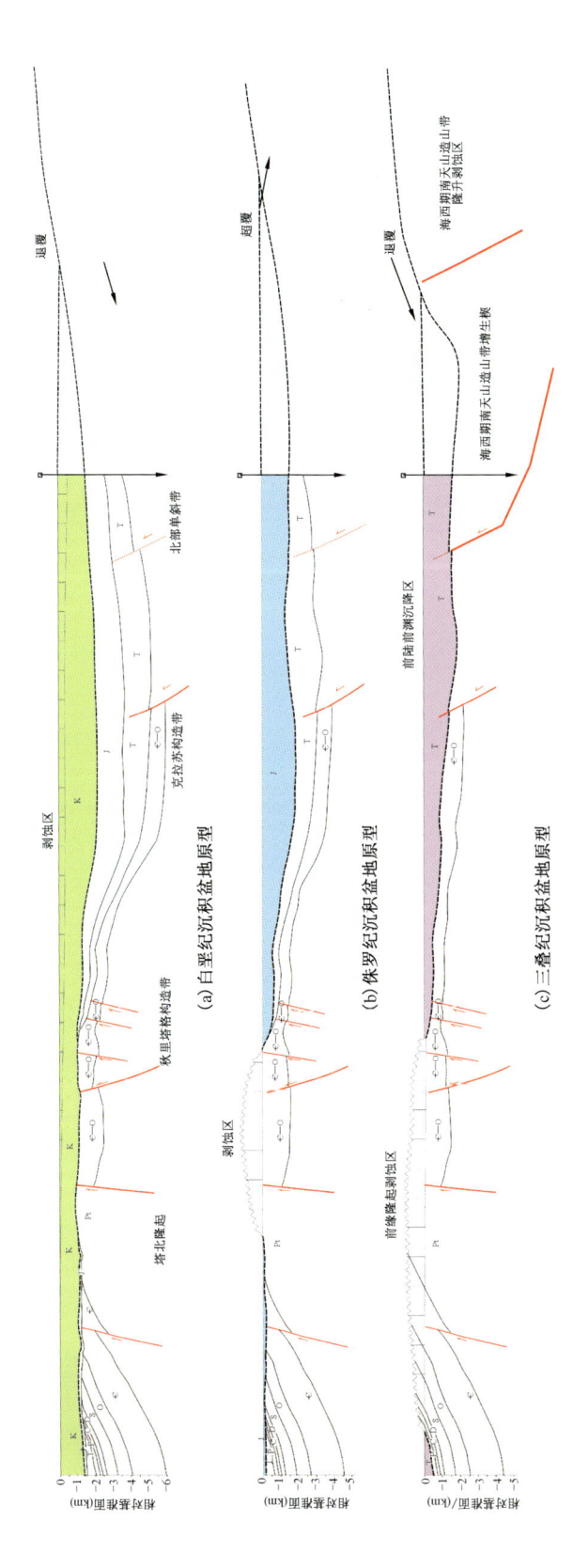

图6-18 库车坳陷中生代各个时期沉积时地质剖面图

### 3. 三叠纪沉积末期古隆起分布

根据区域地震剖面解释及天山地质图资料等,编制了库车坳陷侏罗系沉积前(三叠纪末期)盆山地质图,如图6-19所示,在三叠纪末期,古隆起平面上为连接成片,隆起的展布范围扩大,将库车坳陷和草湖坳陷完全的分隔开,并分别向库车坳陷和草湖坳陷提供物源。古生代末期形成的天山褶皱造山带,经过晚古生代末期、中生代初期的地壳均衡和地表地质作用,构造活动性逐渐渐弱,地貌上的山地也逐渐夷平。

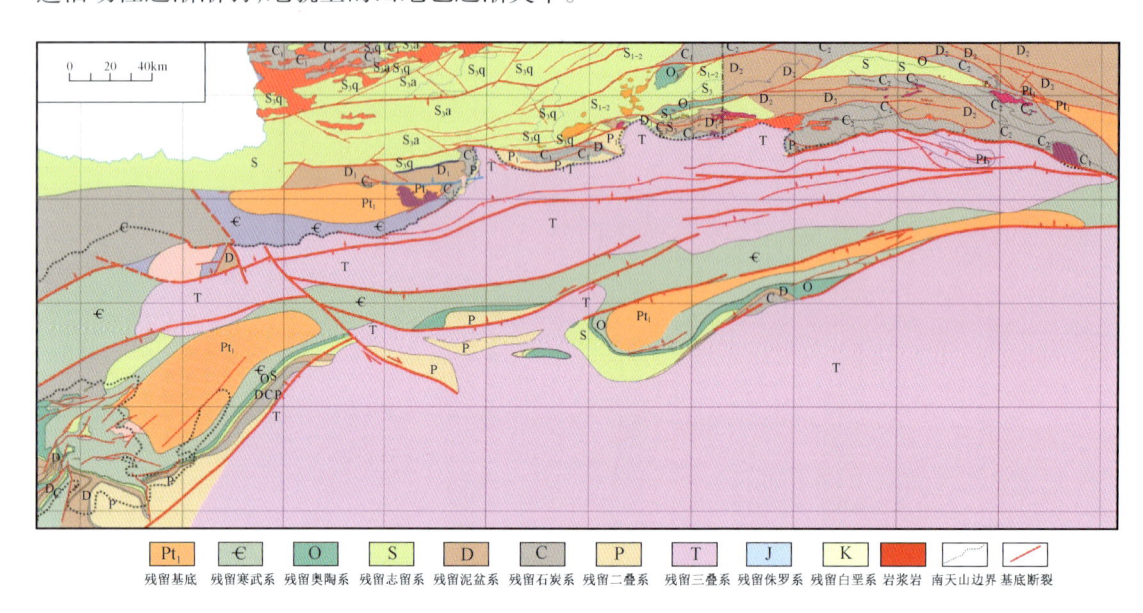

图6-19 库车坳陷侏罗系沉积前盆山地质图

温宿古隆起位于库车坳陷西端,北部为乌什凹陷,南部为阿瓦提凹陷,向东过渡到西秋里塔格构造带。温宿凸起北翼发育一条高角度南倾基底逆冲的边界断裂将乌什凹陷和温宿凸起分开。在温宿古隆起南翼的隆起西部和东部,发育的地层有寒武系—奥陶系、志留系,隆起中部发育的地层有寒武系—奥陶系、志留系、石炭系、二叠系,在古隆起北翼,发育的地层有寒武系—奥陶系。温宿隆起北侧边缘断裂陡倾,隆起总体上表现为北断南倾断块隆起特征。温宿隆起南部边缘斜坡有明显的下伏岩层削蚀,上覆岩层向隆起有超覆减薄现象,隆起核部为前寒武系,温宿隆起至少在海西末期已经形成。三叠系沉积末期发生印支运动,温宿古隆起又重新发生隆升活动,古隆起边缘的二叠系和三叠系遭受剥蚀,古隆起上为剥蚀区,没有沉积该时期地层。乌什凹陷中沉积的三叠系向南断缺在温宿凸起北翼的吐滋别克边界断裂之下。

西秋古隆起在平面上主要包括秋里塔格构造带的却勒和西秋段,在西秋南部基底断裂上盘志留系和晚古生界缺失,残留寒武系—奥陶系。在前缘区域形成背斜古隆起,西秋构造带可能处在前陆盆地前缘隆起带的南坡,地层从北向南被逐渐剥蚀减薄。西秋古隆起形成冲起断块隆起,隆起两翼三叠系顶部剥蚀,冲起断层上盘的核部区域,下古生界地层整体或部分被剥蚀。

新和古隆起在平面上经过的构造带有英买力断裂构造带、大尤都斯断裂构造带、红旗断裂构造带,总体为冲断断块构造古隆起,北侧基底断层有多期活动,破坏背斜形态,新和隆起西部为火成岩侵入体,向东过渡为牙哈隆起。在晚古生代新和隆起的北翼缺失泥盆系、石炭系、二叠系,在南翼的西部缺失泥盆系、石炭系、二叠系,向东逐渐发育,反映在晚古生代末期新和隆起发生过一次隆升,古地形是西高东低。新和隆起的南翼,发育的三叠系向隆起方向逐渐减薄,向西局部缺失三叠系。在隆起的北翼局部发育三叠系,厚度比隆起南翼薄。反映在三叠系沉积时期,隆起的南翼比北翼稍低,在三叠纪沉积末期新和隆起发生隆升剥蚀后,北翼比南翼较高。

牙哈古隆起在平面上经过的构造带有牙哈断裂构造带、提北断裂构造带,隆起西部与新和隆起相接。牙哈隆起总体为冲起断块构造古隆起,西段为北断南倾掀斜断块,中段为近对称冲起断块,东段南断北倾掀斜断块。基底断裂具多期活动特征,并且断裂活动性质也有变化,中生代可能有走滑活动。牙哈隆起两翼边界断裂均为高角度基底断层,南翼断层为北倾的轮台断裂。北翼断裂为南倾基底逆冲断层。

在海西运动时期地层发生剥蚀,隆起核部断裂很发育。牙哈隆起由西向东构造带逐渐变窄,隆起核部断裂发育逐渐减少。在晚古生代牙哈隆起的南翼大区域缺失二叠系和泥盆系,隆起的北翼缺失泥盆系、石炭系、二叠系。在晚古生代末期牙哈隆起发生过一次隆升剥蚀,南翼的全部二叠系和部分石炭系被抬升剥蚀,古地形是北翼高南翼低。在牙哈隆起的南翼和北翼,发育的地层向隆起方向逐渐减薄,逐层超覆沉积,古隆起继承性发育。

## 二、侏罗纪盆地构造古地理特征

1. 侏罗系沉积前构造变形

在三叠纪沉积末期受局部隆升挤压应力,库车地区发生轻微的构造变形,基底断裂总体上没有发生变化。在海西期造山楔,地层整体为NEE向展布,西高东低,在西部可见前寒武系和寒武系与上古生界不整合接触,中—东部渐变为泥盆系、石炭系、二叠系、三叠系依次不整合接触。在被动陆缘斜坡西部地形高,可见寒武系与三叠系不整合接触,局部见零星分布的泥盆系,中—东部为三叠系向南超覆在寒武系—奥陶系之上。在克拉通边缘隆起,地形整体上为东西高、中部低,东西部可见前寒武系,由北向南渐变为寒武系—奥陶系、志留系、石炭系、二叠系、三叠系;中部从北向南依次为寒武系—奥陶系、二叠系、三叠系不整合接触,局部见志留系和泥盆系(图6-19)。

从地震资料解释的在侏罗纪前剖面结构图可以看出(图6-18c),在海西期造山楔北部单斜带上发育两条北倾高角度基底逆冲断层尖灭到三叠系,古生代地层强烈的褶皱变形带被逆冲抬升。在被动陆缘斜坡秋里塔格构造带北部残留的地层为寒武系—奥陶系、三叠系,在秋里塔格构造带核部及南部残留地层为寒武系—奥陶系。在克拉通边缘隆起核部为前寒武系,隆起南部古生界和三叠系向隆起方向逐层超覆减薄。秋里塔格构造带和塔北隆起距离构造运动位置远,基底断裂不发生再活动,覆盖在下伏地层之上的三叠系不发生断层抬升活动。

2. 侏罗系同沉积期构造变形

在侏罗纪(图6-18b),库车地区沉降中心向南天山方向迁移,造山带增生楔北部地层向南天山发生超覆沉积。前陆前渊沉降区范围扩大,前陆隆起剥蚀区范围缩小,前寒武系发生了不同程度的剥蚀,克拉苏和北部单斜带基底断裂被侏罗系覆盖,在侏罗纪没有发生再活动。

3. 侏罗纪沉积末期古隆起分布

根据区域地震剖面解释及天山地质图资料等,编制了库车坳陷白垩系沉积前(侏罗纪沉积末期)盆山地质图,如图6-20所示,库车地区侏罗纪随着造山期后的应力松弛,进入断陷、坳陷盆地阶段,库车与南天山地区以区域伸展构造变形为主,发育正断层和走滑正断层。

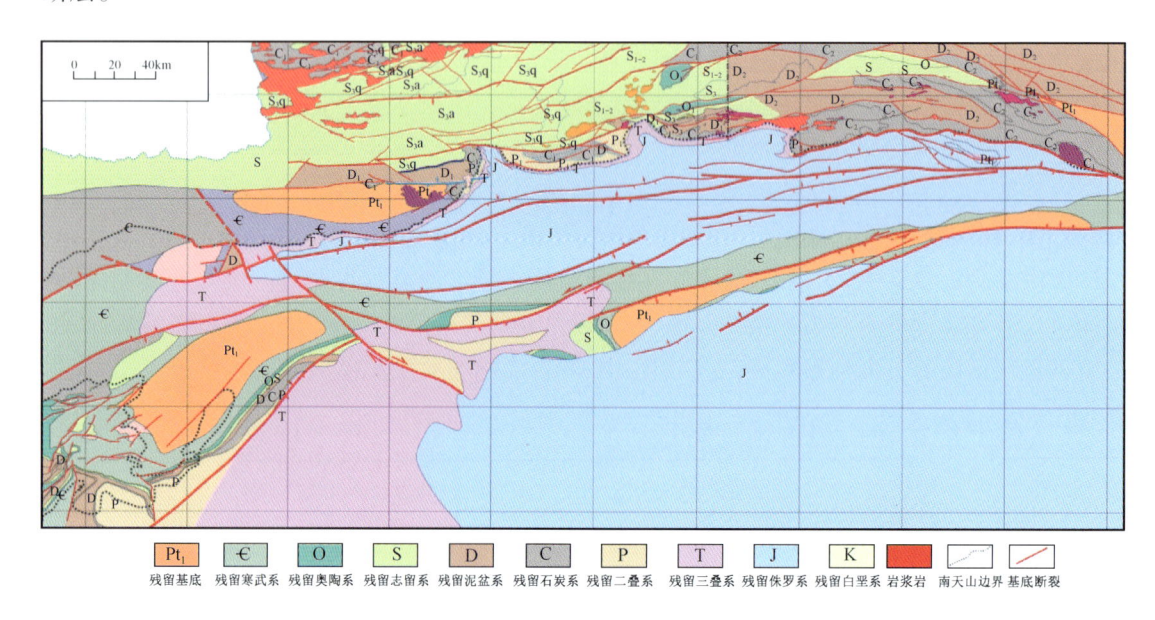

图6-20 库车坳陷白垩系沉积前盆山地质图

总体上西秋构造带仍是区域高点,为三叠系沉积末期古隆起形成的冲起断块山地貌,缺失侏罗系,新和隆起北翼的侏罗系沉积间断。侏罗纪末期,经过长期的剥蚀夷平作用,古隆起展布范围逐渐缩小,局部地区下降发生沉积,并对侏罗纪的煤系及碎屑岩的沉积和沉积相带的分布有一定的控制作用。

## 三、白垩纪盆地构造古地理特征

1. 白垩系沉积前构造变形

库车地区受局部隆升挤压应力作用,在白垩纪前发生构造变形,从北到南库车坳陷盆地被东西向基底断裂带分为海西期造山楔、被动陆缘斜坡、克拉通边缘隆起(图6-20)。在海西期造山楔,西部受边界东西向和南北向走滑逆冲断层影响,北部的石炭系向南与寒武系不整合接触;中—西部核部为前寒武系,向北渐变为泥盆系、志留系,向南依次为寒武系、三叠系、侏罗系不整合接触;中—东部可见石炭系、二叠系出现;东部从北向南依次为石炭系、三叠系、侏罗系不整合接触,局部见零星前寒武系。在被动陆缘斜坡西部寒武系、三叠系及零星分布的泥盆系不整合接触,中—东部为侏罗系向南超覆不整合在寒武系—奥陶系之上。

在克拉通边缘隆起,西部 NE 向展布的地层缺失泥盆系和侏罗系,其他地层从北向南依次不整合接触;中—东部地层为 NEE 向展布,中部从北向南为寒武系—奥陶系、二叠系、三叠系、侏罗系依次不整合接触,局部见零星志留系,东部从北向南为前寒武系、寒武系—奥陶系、侏罗系依次不整合接触。

从地震资料解释的在白垩纪前剖面结构图可以看出(图 6-18b),在海西期造山楔北部单斜带上,发育两条北倾高角度基底逆冲断层在侏罗纪没有继续活动。在被动陆缘斜坡,三叠系和侏罗系先后超覆到秋里塔格构造带北部的寒武系—奥陶系之上,在秋里塔格构造带核部及南部残留地层为寒武系—奥陶系。在克拉通边缘隆起,隆起南部古生界、三叠系和侏罗系向隆起方向逐层超覆减薄,见薄层侏罗系覆盖在前寒武系之上,核部为前寒武系出露。秋里塔格构造带和塔北隆起基底断裂不活动,侏罗系直接覆盖在下伏地层之上。

2. 白垩系同沉积期构造变形

在白垩纪(图 6-18a),库车地区沉降中心从南天山向库车方向迁移,在库车坳陷克拉苏构造带沉积最厚。造山带增生楔北部地层在南天山发生退覆沉积,库车—塔北地区整体为沉积区,在库车坳陷沉积的白垩系比塔北地区厚。在被动陆缘斜坡,白垩系向南部隆起层层超覆在侏罗系之上,在秋里塔格构造带白垩系沉积稍薄。在克拉通边缘隆起上,白垩系超覆并覆盖在古隆起和基底断层之上,基底断裂不发生再活动。

3. 白垩纪沉积末期古隆起分布

白垩纪晚期,Kohistan - Dras 岛弧与拉萨地体发生碰撞(贾承造等,2003),特提斯洋关闭引起的远程挤压作用,使侏罗纪以来的张性环境一度转为挤压环境,库车坳陷与天山之间发生区域性强烈热隆升,库车坳陷全区缺失上白垩统,为古近纪盆地的发育奠定了基础。

根据区域地震剖面解释及天山地质图资料等,编制了库车坳陷古近系沉积前(白垩纪末期)盆山地质图,如图 6-21 所示,在乌什凹陷基底逆冲断裂重新发育,白垩系向南断缺在吐

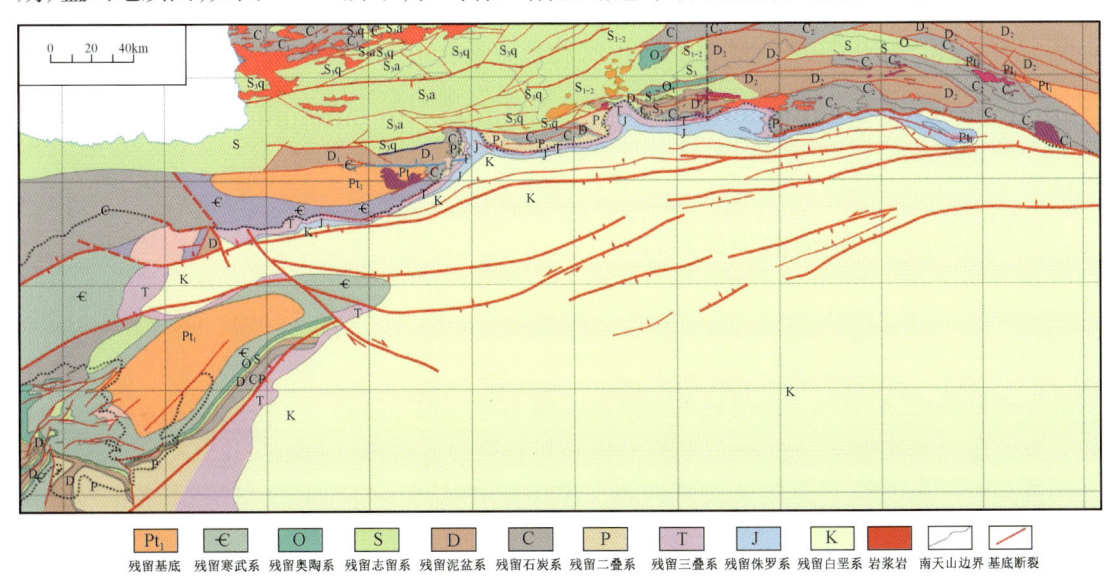

图 6-21 库车坳陷古近系沉积前盆山地质图

滋别克断裂,温宿凸起核部在该时期为隆起区,没有发生白垩系沉积,从温宿隆起核部向南出露的地层依次为寒武系、奥陶系、志留系、石炭系、二叠系、三叠系和白垩系。西秋古隆起、新和古隆起、牙哈古隆起被剥蚀夷平,广泛沉积白垩系。

库车地区在海西期造山楔,地层整体为 NEE 向展布,西部石炭系与寒武系不整合接触;中—西部从北向南地层依次为泥盆系、前寒武系、寒武系、三叠系、侏罗系、白垩系,中—东部局部见石炭系、二叠系;东部从北向南依次为石炭系、三叠系、侏罗系、白垩系,局部见零星前寒武系不整合接触。在被动陆缘斜坡西部残留的地层为寒武系、三叠系、白垩系,局部见零星分布的泥盆系分别与三叠系、白垩系和寒武系不整合接触,中—东部残留的地层为白垩系。在克拉通边缘隆起,西部从北向南依次为前寒武系、寒武系—奥陶系、志留系、石炭系、二叠系、三叠系、白垩系不整合接触;中—东部地层全部被白垩系覆盖。

从地震资料解释的古近系沉积前剖面结构图可以看出(图6-18a),在海西期造山楔北部单斜带上基底逆冲断层,在白垩纪时期没有再活动,白垩系沉降—沉积中心向南迁移。在被动陆缘斜坡和克拉通边缘隆起,白垩系全区分布覆盖在下伏地层之上,隆起南部古生界和中生界向隆起方向逐层超覆减薄,基底断裂不发生再活动。在白垩纪晚期,发生区域性的隆升,白垩系整体遭到抬升剥蚀,从南天山到塔北地区,剥蚀厚度逐渐减少。

### 四、中生代构造古地理叠合分析

根据地震剖面解释恢复的中生代各个时期沉积时地质剖面图可以看出(图6-18),造山楔顶部有中生界沉积,但是相当部分在新生代,特别是新近纪天山挤压隆起过程中被剥蚀,盆地沉降中心轴线位于现今山前地带,保存有良好的烃源岩。库车坳陷南部边缘古隆起在海西期或更早形成,顶部相当部分没有完整的中生代沉积层序。在三叠纪,库车地区沉降中心在海西期造山楔北部单斜带和被动陆缘斜坡克拉苏—依奇克里克构造带之间,海西期南天山造山带隆升为剥蚀区,造山带增生楔发生退覆沉积。在侏罗纪,库车地区沉降中心向南天山方向迁移,造山带增生楔北部地层向南天山发生超覆沉积。在白垩纪,库车地区沉降中心从南天山向库车坳陷方向迁移,在库车坳陷克拉苏构造带沉积最厚,造山带增生楔北部地层在南天山发生退覆沉积,库车—塔北地区整体为沉积区,在库车坳陷沉积的白垩系比塔北地区厚。

根据盆地基底、地震剖面解释的断裂组合及原型盆地特征等,编制了库车坳陷中生代构造古地理叠合图(图6-22),温宿古隆起为北断南倾断块山,西秋古隆起为南断北倾断块山,新和古隆起和牙哈古隆起为北断南倾断背斜山。库车坳陷北部山前受高角度基底断裂控制发育陡坡冲积平原相、辫状河三角洲前缘以及深湖,库车南缘的克拉通台地上发育缓坡冲积平原相、辫状河三角洲前缘和浅湖。温宿—西秋—新和—牙哈古隆起带上及两侧边界发育东西向基底断裂带,基底断裂的格局和断裂的活动对古隆起及其两侧地层的超覆或剥蚀具有影响作用,隆起两侧发育冲积平原相和辫状河三角洲前缘,对南北湖盆起着分隔作用。

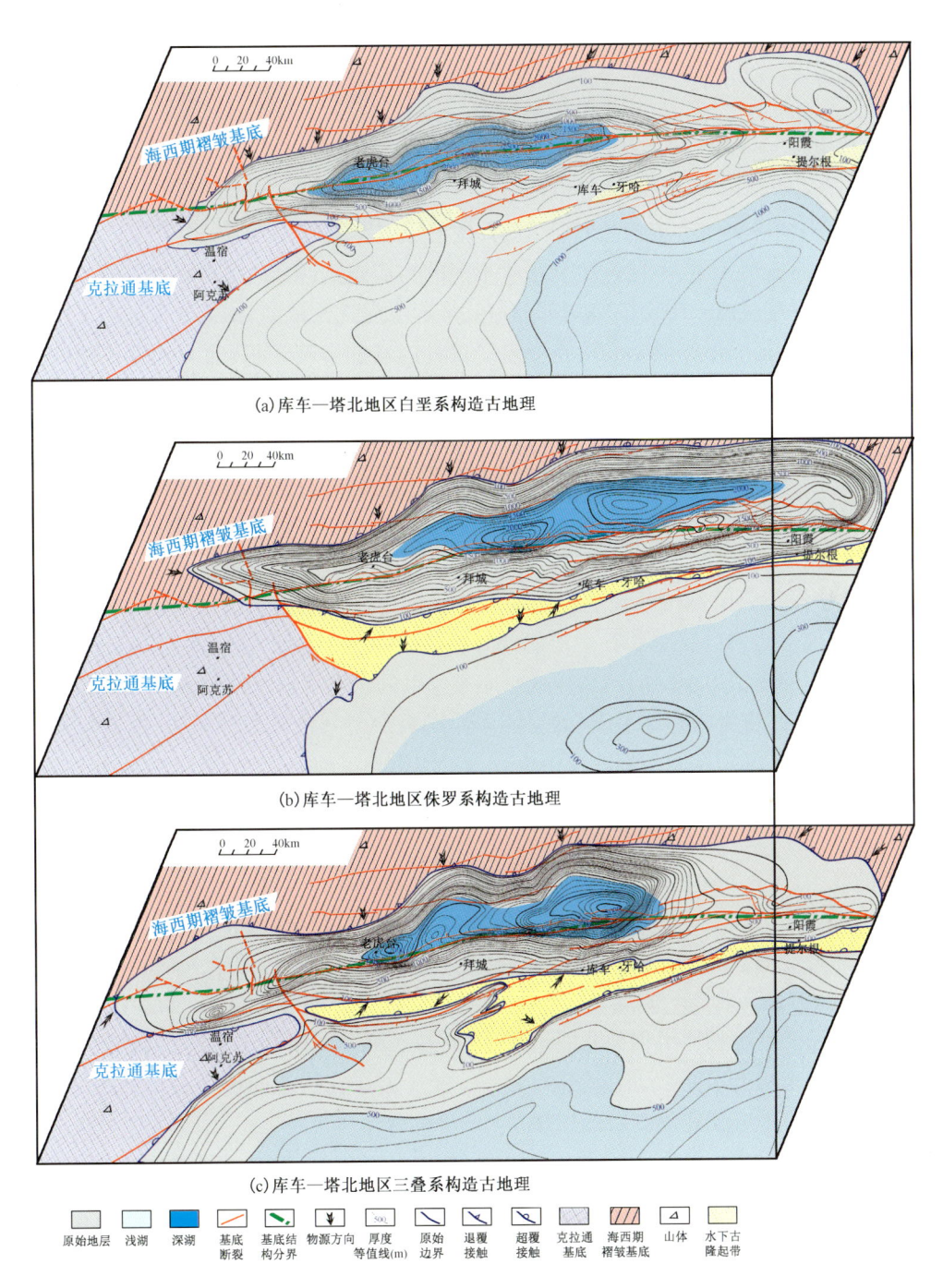

图 6-22 库车坳陷中生代地层构造古地理叠合图

# 第七章　库车坳陷构造动力学模型

库车坳陷不同层次构造层构造特征不同，盐上层以褶皱变形为主，盐岩层以塑性变形为主，盐下层以冲断变形为主；不同区段显示了不同的构造样式，西部、中部和东部差别较大。总体上，构造变形强度从南天山山前向南部的塔北隆起方向逐渐减弱，构造变形显示了从南天山山前向南传递的特征。库车坳陷的构造变形受多种因素的影响，而其动力学模式则决定了库车坳陷整体的变形特征。

## 第一节　库车坳陷构造变形的主控因素

库车坳陷构造变形在垂向上具有"分层变形"特征，不同层次变形特征明显不同；在横向上具有"整体挤压"特征，克拉苏构造带和却勒—西秋构造带浅层与深层都发生了构造变形，由于其自身条件不同构造变形具有一定的差异性；在纵向上具有"分段变形"特征，不同区段由于构造位置不同显示出不同的构造样式。库车坳陷的构造变形特征是多种因素综合作用的结果，首先取决于其自身的物质组成（岩层能干性），其次与其边界条件有关，再者与其基底情况有关，另外同构造沉积作用与剥蚀作用也有一定的影响。

### 一、岩层能干性

岩层的能干性（competence）或者称岩层的力学性质（mechanical stratigraphy），是指岩层在统一的应力环境中抵抗变形的能力，与岩层组成成分、结构和厚度等有关。通常粗粒的、以发育断裂变形为特征的岩层（如砂岩、砾岩）称为能干岩层，而细粒的、以透入性变形为特征的岩层（如泥岩、盐岩）称为非能干岩层。岩层的能干与非能干性是相对的，比如沉积盖层中的砂岩及砾岩与坚硬的基底相比可称为非能干岩层，而基底则是能干岩层。岩层能干性对构造变形的影响是近年来构造地质学研究的热点之一。能干岩层在构造变形中通常起主导作用，塑性层则起到调节上下应变和滑脱层的作用。

1. 非能干岩层对构造变形起到了分层的作用

库车坳陷的非能干岩层主要有库姆格列木群膏盐岩层和三叠系—侏罗系含煤地层，另外三叠系在和盆地基底耦合变形过程中也表现为非能干岩层。

盐岩层具有流变形性，即使在较高的应变速率条件下仍表现为塑性变形。库姆格列木群厚层的膏盐岩层作为库车坳陷最重要的区域滑脱层，对构造变形起到了分层的作用，使盐上层与盐下层显示截然不同的变形特征，膏盐岩层通过塑性流动被动地调节盐上层、盐下层的应变。诚然，膏盐岩层初始分布并不完全均匀，在现今的克拉苏构造带、大宛齐与却勒—西秋构造带沉积相对较厚，而在南部斜坡带与北部单斜带较薄。但膏盐岩层作为分布广泛且厚度巨大的塑性地层，使整个库车前陆逆冲楔表现为脆—塑性变形，不再符合脆性条件下的库仑临界楔形体理论。

三叠系—侏罗系含煤地层是相对软弱的岩层,在挤压应力作用下可起到一定的滑脱作用。三叠系砂泥岩在和盆地基底耦合变形过程中表现为相对的塑性,一些低角度的逆冲断层可以在三叠系底部滑脱。三叠系—侏罗系含煤地层与盆地基底在局部起到了滑脱层的作用,使中生界与盆地基底显示了不同的构造变形特征,也起到了分层的作用。

2. 滑脱层对底部摩擦的影响

逆冲楔的底部摩擦对楔形体的构造变形方式有重要的影响,底部摩擦与滑脱层倾角、流体压力及滑脱层的力学性质等因素有关。当底部摩擦较强时,构造变形向前陆传递较慢,逆冲楔的坡面角较大,而横向宽度较小;当底部摩擦较弱时,构造变形向前陆传递迅速,逆冲楔的坡面角较小,而横向宽度较大。

符合摩尔—库仑准则的情况下,底部摩擦应力($T$)与逆冲楔的密度($\rho$)、逆冲楔的厚度($h$)、滑脱层的摩擦系数($f$)及流体压力系数($\lambda$)有关:

$$T = \rho g h f(1 - \lambda) \quad (7-1)$$

根据库车坳陷的情况,若滑脱层为泥岩的话,假设盐上地层的密度 2500kg/m³,厚度为 3000m,滑脱层的摩擦系数为 0.6,流体压力系数为 0.8,重力加速度为 9.8m/s²,则滑脱层的摩擦应力为 8.82MPa。

对于具有流变性的盐岩而言,底部摩擦应力体现为黏性应力,黏性应力与黏性层的厚度($h$)、黏性系数($\eta$)及应变速率($v$)有关,而与上覆脆性层的厚度、密度无关。

$$T = \eta v/h \quad (7-2)$$

根据库车坳陷的情况,假设盐岩层厚度 1100m,黏性系数 $1 \times 10^{18}$ Pa·s,应变速率每年 1cm,则摩擦应力为 0.29MPa。

两种情况下底部摩擦应力相差 30 倍。正是由于库姆格列木群膏盐岩层的存在,盐上层南天山的挤压应力可以迅速向南传递,使盐上层表现为整体挤压变形。盐下中生界通过三叠系—侏罗系含煤地层或盆地基底发生有限的滑脱,其底部摩擦应力较大,所以变形主要集中在克拉苏构造带,而却勒—西秋构造带则变形较弱。

3. 能干性不同的岩层在整体挤压下变形方式不同

能干性不同的岩层在水平挤压作用下变形方式不同,强硬岩层常表现为脆性断裂,而软弱岩层则易表现为褶皱变形(图 7-1)。库车坳陷从盐上层到中生界再到基底,岩层的能干性总体上逐渐增强。在近南北向的构造挤压作用下,盐上层构造变形以褶皱为主导,盐岩层以塑性变形为主,中生界以低角度逆冲断层为主导,基底以高角度逆冲断层为主导。

盐上层构造变形以褶皱为主导,一方面与岩层压实程度低、能干性差有关,另一方面也与底部摩擦应力小使其整体受压、发生分布式变形有关。盐上层在整体挤压作用下容易形成一些对称的、共轭的构造。南部斜坡带岩性相对均一,发育小型的共轭逆冲断层,而却勒—西秋构造带盐上层构造的形成也与共轭剪切有关。

盐下中生界构造变形以逆冲断层为主导。这是因为:一方面由于埋深较大、压实程度相对较高,在水平构造挤压作用下更易表现为脆性断裂变形,另一方面由于三叠系—侏罗系含煤地层和盆地基底只能起到有限的滑脱作用,变形相对集中,在高应变速率条件下岩层容易表现为脆性断裂变形。

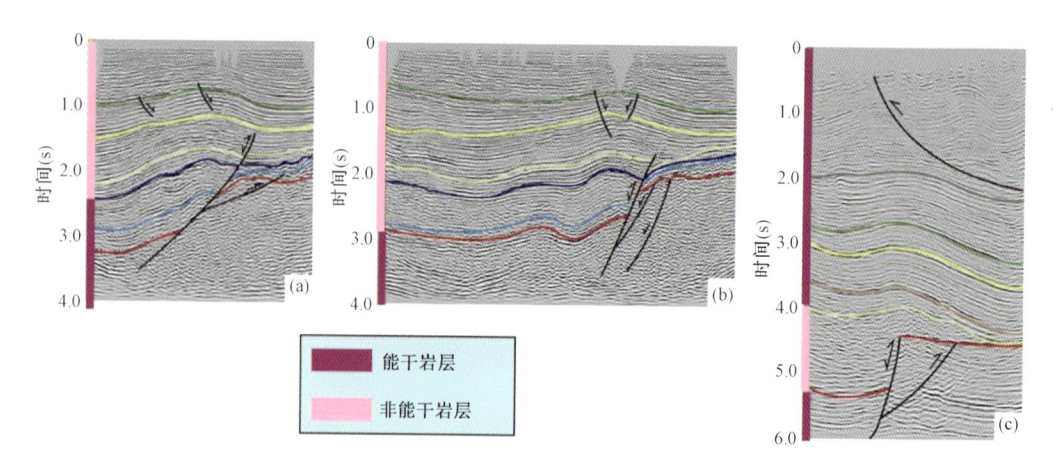

图 7-1　挤压作用下能干性不同岩层变形的差异(据 Henk Aetal,2008)

### 二、边界条件

1. 南北边界条件

(1)北部边界与克拉苏构造带构造变形的关系:南天山造山带新近纪以来迅速隆升,使库车坳陷在受到近南北向水平挤压作用的同时,还叠加了垂向的剪切作用。受南天山造山带的影响,克拉苏构造带盐下层基底卷入的高角度逆冲断层抬升强烈,这些高角度断层对克拉苏构造带盐下层的变形具有主导作用;由于盐下层抬升强烈,北部单斜带发育向盆地方向滑动而形成的正断层,并使盐上层的褶皱具有一定披覆褶皱的性质。

(2)南部边界与却勒—西秋构造带构造变形的关系:南部斜坡带和塔北隆起是逐渐过渡的关系。古近系膏盐岩层在南部斜坡带逐渐减薄并尖灭。缺少软弱岩层的塔北隆起和南部斜坡带地层能干性较强,在水平挤压应力作用下变形轻微,客观上起到了钉线的作用,阻挡了构造变形继续向南传递,使褶皱冲断变形集中分布在库车坳陷内部。却勒—西秋构造带受其影响表现为整体挤压变形特征,发育对称的褶皱和共轭的逆冲断层。

2. 东西走滑边界

库车坳陷东西边界均为大型走滑断裂带:西侧为喀拉玉尔滚右行走滑断裂,东侧为东秋右行走滑断裂。受东西走滑边界的影响,库车坳陷整体上具有逆时针扭动的特征(图7-2),这对整个库车坳陷的变形具有重要的影响。研究区内发育的 NNW 向走滑断裂,皆为逆时针扭动形成的次级调节断裂。

却勒—西秋构造带东部和西部的一些地震剖面上,盐下层可以解释出明显的走滑断层。这些走滑断层近直立、切入基底、倾向位移小,以逆冲走滑断层居多。库车坳陷逆时针扭动的特点影响了却勒—西秋构造带盐上层褶皱的倒向。却勒—西秋构造带浅层的褶皱总体上呈近对称的形态,但在西部背斜倒向南,在东部背斜倒向北。

### 三、基底条件

库车坳陷基底由岩浆岩及古生界的变质碳酸岩、碎屑岩组成。基底条件对库车坳陷构造变形的影响主要体现在两个方面,一是基底的起伏,二是基底的断裂。

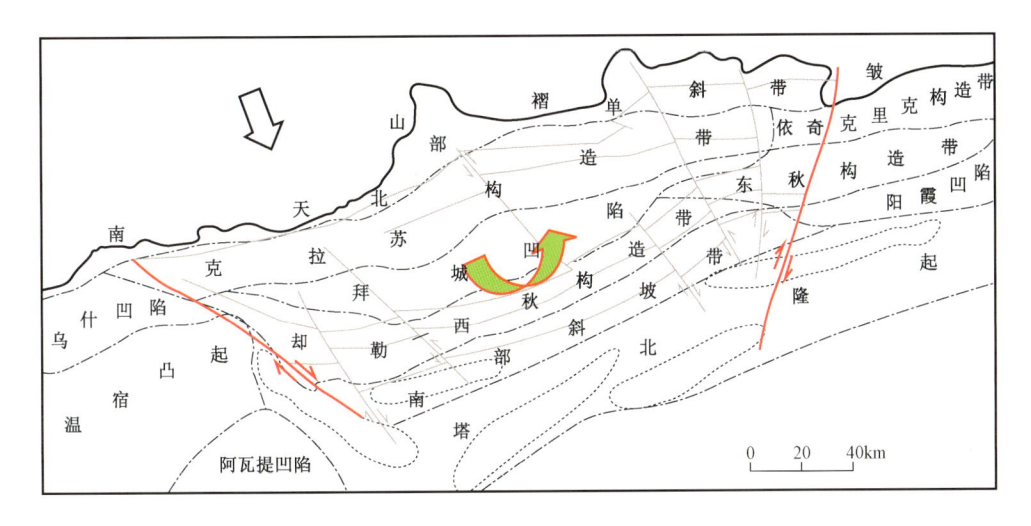

图 7-2 库车坳陷的基底断裂

库车坳陷基底在南天山山前有出露,向盆地内部埋深增大无钻井揭示,塔北隆起上埋深浅的钻井有揭示。对基底情况可通过非地震资料来了解,库车坳陷剩余重力异常图(图 7-3)初步展示了基底的情况。北侧克拉苏构造带基底埋深较浅,在库姆格列木背斜核部甚至有中生界出露地表;拜城凹陷新生界沉积巨厚,基底埋深大;却勒—西秋构造带基底为一低幅度的古隆起,可向东延伸到东秋里塔格构造带,古隆起影响了中生界的沉积,古隆起上中生界比南北两侧厚度小,甚至造成侏罗系的缺失;塔北隆起基底埋深较浅,为一大型的古隆起,其活动影响了古生界与中生界的沉积,新生代以来活动停止。

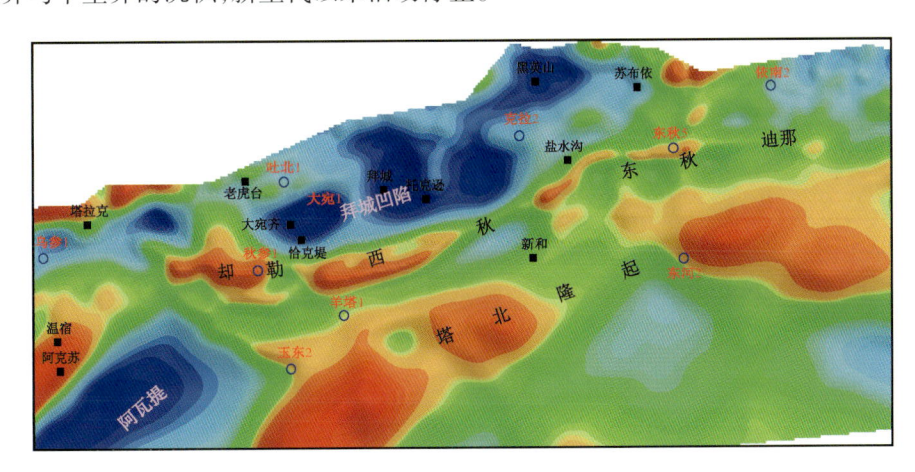

图 7-3 库车坳陷剩余重力异常图

(1)基底的起伏:库车坳陷北侧的南天山新生代以来迅速地隆升,克拉苏构造带受其影响基底抬升明显,主要体现在其北侧的高角度基底卷入逆冲断层位移量巨大(在克拉苏构造带中东部最大超过 3000m)。这些高角度基底断层主导了克拉苏构造带盐下层的变形,对盐岩层和盐上层的变形也具有控制作用。拜城凹陷基底埋深较大,沉积盖层厚,中、新生界变形轻微。却勒—西秋构造带发育中生界的低幅度古隆起,新生代的挤压变形过程中受其影响,盐岩在此聚集,盐上层形成两个背斜带。塔北隆起基底埋深浅,沉积盖层中又缺少软弱岩层,对库车坳陷的挤压变形向南传递起到了阻挡的作用。

(2)基底断裂:基底的断裂主要有两个方位:NNW 向和 NEE 向(图7-2)。NNW 向延伸的断裂为走滑断裂,是库车坳陷逆时针扭动而形成的调节断裂。NEE 向延伸的断裂为高角度的逆冲断裂,主要分布在克拉苏构造带和却勒—西秋构造带,基底断裂发育的部位也是沉积盖层收缩变形强烈的部位。在近南北向的挤压作用下 NEE 向延伸的断裂发生活动,从而诱导了沉积盖层构造的发育。克拉苏构造带基底断裂在南天山水平挤压叠加垂向剪切的作用下活动强烈,对克拉苏构造带的收缩变形具有重要影响。却勒—西秋构造带基底断裂逆冲位移量不如克拉苏构造带明显,但对盐岩层的聚集和盐上层的变形仍具有重要的影响。

### 四、地表作用

逆冲楔形体地表作用(surface processes)与构造作用之间相互作用、相互影响的关系,近年来已有许多学者进行了研究。构造作用(断层、褶皱)使逆冲楔坡面角增大,引起地形起伏,并控制了地表的剥蚀与沉积;地表作用(剥蚀与沉积)使逆冲楔坡面角减小、地形平缓,将沉积物重新分配,从而改变了重力荷载和逆冲楔内部的应力状态,进而引起构造活动。地表作用限制了逆冲前锋向前发展,使逆冲楔后部的构造再次活动,发育无序扩展的逆冲断层(out-of-sequence thrust)及形成双重构造。

库车坳陷的同沉积作用与剥蚀作用强烈,克拉苏构造带由于基底抬升强烈剥蚀作用也最为明显,在库姆格列木背斜核部甚至有白垩系出露;拜城凹陷新生界巨厚,在向斜轴部地层最厚超过6000m;却勒—西秋构造带背斜处库车组和康村组受到部分剥蚀;南部斜坡带新生界沉积连续,地层厚度较大。地表作用对库车坳陷构造变形的影响主要体现在三方面:其一,影响盐上层水平挤压应力的分布;其二,驱动盐底辟构造的发育;其三,影响盐下层的冲断变形。

1. 盐上层水平挤压应力的分布

盐上层在近南北向的挤压作用下,构造应力由北向南传递。水平应力在传递过程中由于底部盐岩层提供的摩擦阻力较小,水平应力可以很快传递到南部斜坡带(图7-4)。不考虑地表作用的情况下,盐上地层厚度均匀,水平挤压应力在各处相差不大,盐上层构造变形呈分布式。在地表作用的影响下,盐上层背斜处受剥蚀地层厚度较小,水平挤压应力较大;向斜处发生同沉积作用地层厚度较大,水平挤压应力较小;构造变形相对集中在挤压应力较大的部位。

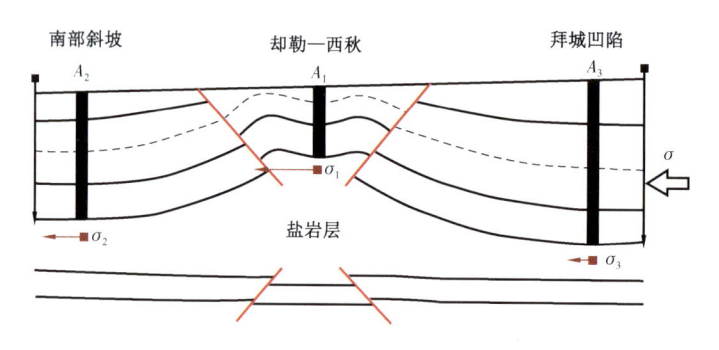

图7-4 同沉积作用影响盐上层水平挤压应力的分布

图7-4中拜城凹陷受到的水平挤压应力($\sigma$)向却勒—西秋和南部斜坡带传递。水平挤压应力在构造稳定区与逆冲楔的厚度($h$)成正比,在各个部位与截面面积($A$)成反比。

$$\sigma = K\rho gh = \frac{F}{A} \qquad (7-3)$$

式中 $K$——水平压力系数；

$\rho$——逆冲楔平均密度，$kg/m^3$；

$g$——重力加速度，$m/s^2$；

$F$——水平挤压力，MPa。

由于地表的剥蚀与沉积作用，引起各个部位截面面积不同（$A_3 > A_2 > A_1$），并导致水平挤压应力的不同（$\sigma_1 > \sigma_2 > \sigma_3$）。却勒—西秋构造带在变形早期，水平挤压应力与拜城凹陷及南部斜坡带相差不大，发育滑脱褶皱；后期由于地表作用引起水平挤压应力增大，滑脱褶皱收缩变形强烈并被断层冲破，而拜城凹陷和南部斜坡带则变形轻微。

2. 地表作用的影响

构造变形导致地表起伏，起伏的地表也对地下岩层的构造变形有影响。上新世以来近南北向的水平挤压应力增强，构造应力成为驱动盐底辟的主要因素，同时上覆地层的差异负荷也起到了重要的作用。构造作用使盐上层形成褶皱，地表作用使背斜遭受剥蚀、向斜接受沉积，盐上地层的负荷进一步驱动盐构造的发育（图7-5）。

地表作用对盐下层构造变形的影响。由于地表作用，逆冲断层上盘的地层遭受剥蚀，从而使断层上的重力荷载减小、差应力增大，进而引起逆冲断层继续活动；逆冲断层下盘接受沉积，重力荷载增大，使差应力减小，限制了新的逆冲断层的发育。

库车坳陷克拉苏构造带剥蚀严重，而拜城凹陷同沉积地层巨厚。地表作用对盐下层构造变形的影响主要体现在两个方面：其一，使克拉苏构造带盐下层主干断层长期活动且位移量巨大；其二，限制了盐下层逆冲前锋向南扩展，导致却勒—西秋构造带盐下层变形较弱。

在地震剖面上，克拉苏构造带盐下层北侧的高角度基底卷入逆冲断层位移量巨大，甚至使中生界冲出地表。如此大的位移量正是断层长期活动的结果，而地表的剥蚀作用使断层上盘重力荷载减小、差应力增大，是断层长期活动的动力来源。

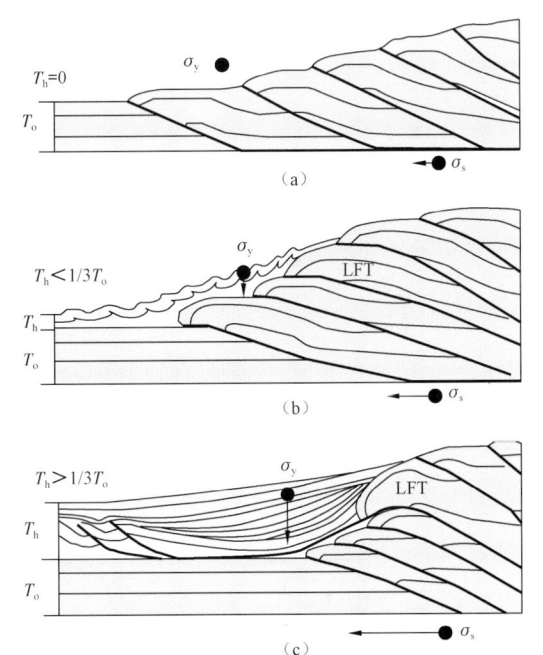

图 7-5 同沉积作用对断层扩展的影响
（据 Duerto L etal，2009）

拜城凹陷盐下层变形轻微，逆冲断层很少发育。拜城凹陷新生界沉积巨厚，重力荷载大、差应力小，只有更大的水平挤压应力才能使其发生构造变形。所以，当盐下层的逆冲前锋扩展到拜城凹陷时便停止不前。却勒—西秋构造带盐下层基本未受到中生界逆冲楔变形的影响，其变形主要受基底断层的控制。图7-5很好地展示了同沉积作用对深层构造变形的影响。

# 第二节　库车坳陷中、新生代构造演化的动力学模型

## 一、库车坳陷中、新生代动力学模型

塔里木盆地北部南天山洋在前海西期经历了多期次的"开""合"构造旋回演化,库车地区处于塔里木地台北部边缘,受南天山洋构造旋回演化影响会发育不同方向、不同性质的基底断裂。库车坳陷古隆起离南天山较远,发育类型丰富的盐构造,库姆格列木群的膏盐层发生塑性流动,对构造应力的传递具有极强的分隔。古隆起的形成受构造挤压、基底构造和断裂、新生界同构造沉积、古近系盐流动聚集等因素的影响。根据前人的资料成果调研及相关研究工作,编制了库车坳陷及周边区域构造动力学过程示意图(图7-6)。

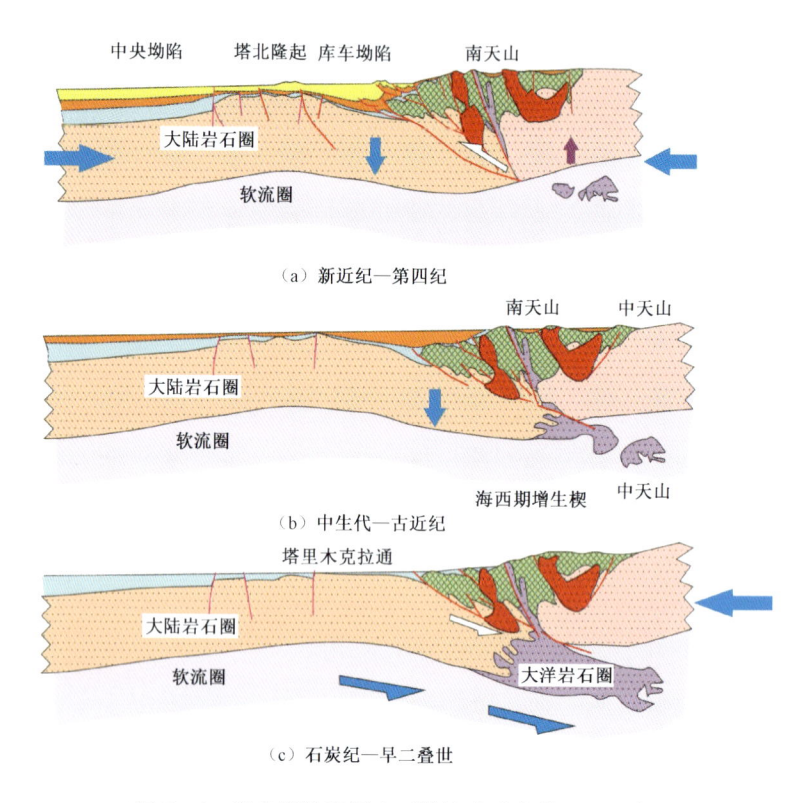

图7-6　库车坳陷及周边区域构造动力学过程示意图

## 二、两种"俯冲"挤压的动力学模型

海西运动和喜马拉雅运动期间塔里木陆块与中天山陆块(岛弧?)之间有强烈的区域性挤压作用,但是这两个时期的区域挤压作用方式存在差异(图7-7;漆家福等,2013)。海西运动时期塔里木陆块俯冲到中天山之下,使南天山洋消减并最终形成造山增生楔、发生"A"型俯冲并在山前形成前陆盆地(图7-7a)。喜马拉雅运动时期塔里木陆块与南天山、中天山的岩石圈之间没有俯冲作用,但是也是南天山在区域性挤压作用下隆升,相应地在山前发育再生前陆盆地(图7-7b)。将前陆盆地与再生前陆盆地动力学过程的差异进行了

比较前陆盆地形成过程中大陆岩石圈的 A 型俯冲主要是由软流圈流动作为驱动力(图 7-6a 中的 $F_1$),已经俯冲到软流圈中、与大陆岩石圈连接在一起的大洋岩石圈的牵引力(图 7-6a 中的 $F_2$)和其他板块相互作用对俯冲大陆岩石圈的推力(图 7-7a 中的 $F_3$),导致增生楔的形成并仰冲到克拉通之上形成前陆盆地。再生前陆盆地是板块边缘俯冲或碰撞产生的挤压力传递到板内,引起先存的造山带发生再造山作用,也可能是岩石圈内部的热活动产生的动力作用(图 7-7b)。欧亚板块和印度板块相互碰撞产生向北的推挤力,通过刚性的塔里木板块传递到南天山地区(图 7-7b 中的 $F_4$),也可能引起软流圈向北流动(图 7-7b 中的 $F_5$)。但是,塔里木板块向北运动的主要动力,显然不可能是软流圈的流动对岩石圈产生的拖曳力。

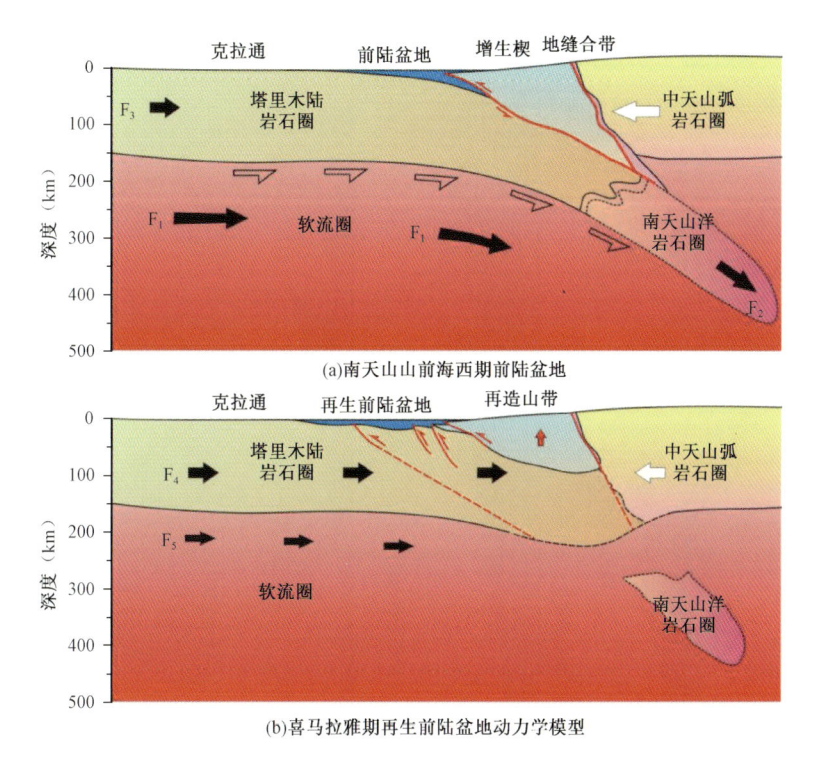

图 7-7 南天山山前前陆盆地与再生前陆盆地动力学模型

### 三、中生代盆地动力学模型

南天山洋在古生代经历过手风琴式的开合运动,最终在石炭纪末期关闭,在库车坳陷以北形成增生楔,前锋可能达到克拉苏构造带。中生代造山后塌陷地壳均衡调整,新近纪—第四纪新天山隆起,山体向南斜向推挤,山前在挤压剪切作用下发生压陷和冲断构造变形。

从库车—塔北地区构造层结构演化图可以看出(图 7-8),早古生代处于被动大陆边缘,有可能发育边缘隆起和早期大陆裂陷形成的基底正断层,之后处于前陆板块"跷跷板"式挠曲变形的"枢纽"部位,有利于古隆起和基底断层继承性活动。中生代盆地发育在两次区域挤压作用之间相对稳定的构造环境中,主要是地壳均衡控制盆地沉降。中生代盆地基底南部直接盖在克拉通之上,北部是增生楔。

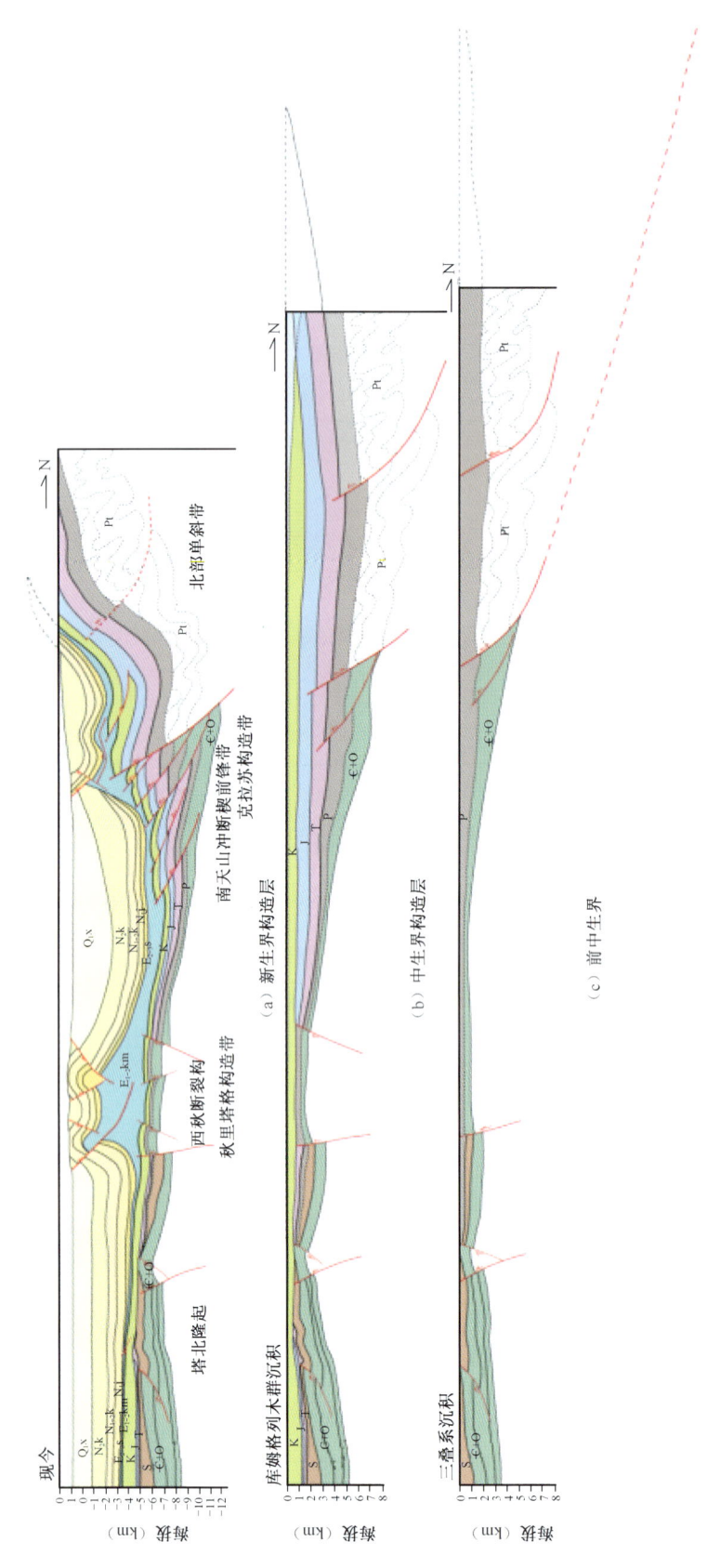

图7-8 库车—塔北地区构造层结构演化图

(a) 新生界构造层

(b) 中生界构造层

(c) 前中生界

— 170 —

海西造山作用的挤压使南天山抬升,南天山山体对前陆的压陷使山前挠曲坳陷发育晚二叠世—三叠纪前陆盆地,前者导致前陆由南向北抬升幅度加大,后者导致前陆由南向北沉降幅度加大,在这两种作用的转换部位发育古隆起,并发育基底卷入高角度断层。在中生代,中生界向隆起超覆,隆起的"支点"雏形形成。库车坳陷在二叠系沉积前到三叠系沉积过程中发生了"跷跷板"式的升降,边缘古隆起处于"支点"部位,多期构造叠加。晚期南天山隆升向南斜向推挤的挤压剪切应力场使古隆起边界断层复活,基底断裂活动在库姆格列木群盐岩层之下形成冲断隆起,并控制了盐岩层的滑脱和盐上层的褶皱冲断变形。

### 四、新生代动力学模型

喜马拉雅运动时期的区域性挤压作用导致南天山隆升和山前的坳陷。图7-9的变形模型示意性地解释了南天山与库车坳陷盆山过渡带的挤压背景下发生差异升降的构造动力模型。其一是南天山对塔里木盆地北部陆块的水平挤压力(图7-9a中的$P_1$),和南天山隆升在塔里木盆地北部陆块边界的垂直剪切力(图7-9a中的$P_2$)。水平挤压力使山脉隆起及盆地内部发育低角度逆冲断层和纵弯褶皱(图7-9b、d),但在盆山过渡带同时受两种构造力的叠加,使地壳内部易发育反铲式或高角度逆冲断层(图7-9c、e中的$F_1$)。高角度基底卷入逆冲断层是控制盆山过渡带局部构造发育的主要要素,高角度逆冲断层易诱导其下盘发育中—低角度逆冲断层组成楔状叠瓦构造(图7-9e中的$F_2$、$F_3$)。基底逆冲断层上盘的盆地盖层,在挤压变形中形成披覆褶皱或盖层滑脱褶皱,但相对强硬的能干岩层对局部的变形起主导作用。

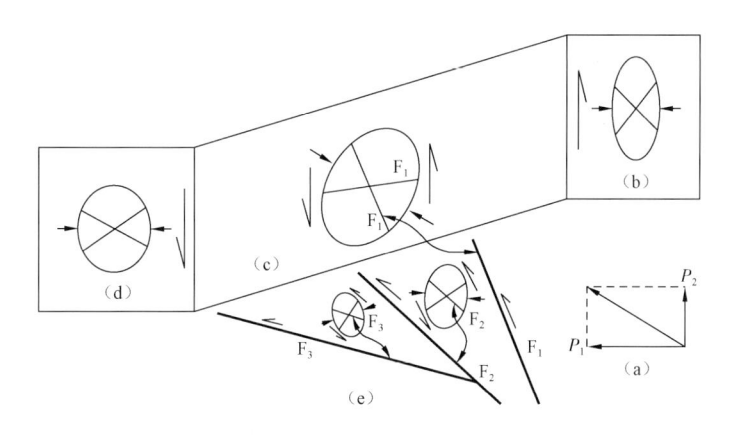

图7-9 库车坳陷—南天山过渡带构造动力学及变形模型

### 五、库车坳陷晚新生代"整体挤压"变形模型

钻井资料和地震剖面显示古近系的膏盐岩层在克拉苏构造带和却勒—西秋构造带加厚作用明显,是上覆地层发育滑脱背斜的核部,盐上层与盐下层的构造变形具有明显的差异性,说明膏盐岩层在库车坳陷的变形中的确起到了滑脱层的作用。前人多依据"薄皮收缩构造"的前陆盆地变形模式来解释库车坳陷的变形特征,认为塔里木板块沿着大型低角度拆离断层向南天山发生A型俯冲,因而其北部的库车坳陷主要发育盖层滑脱的收缩构造变形。

库车坳陷和南天山之间不存在沿着低角度拆离断层的大规模俯冲活动。新生代时期,近南北向的挤压作用使库车坳陷和南天山发生差异升降。南天山造山带增生楔相对软弱,收缩变形量大并发生强烈隆升,库车坳陷基底相对刚性,收缩变形量相对较小并发生相对沉降,但一些先存基底断裂带、基底构造薄弱带(例如克拉苏构造带和却勒—西秋构造带)在水平挤压作用下也会发生强烈收缩构造变形,形成逆冲断层和褶皱变形。同时由于受盐岩层、煤系地层等软弱岩层的影响,收缩构造变形表现出差异性。图7-10示意性表现了天山隆升对塔里木陆块斜向挤压在库车坳陷发生的收缩构造变形模型。天山隆升对塔里木陆块之间的斜向剪切作用,使盆地基底发育基底卷入的逆冲断层。由于库姆格列木群盐岩层和侏罗系煤系地层等软弱岩层在变形中起滑脱层作用,而导致深浅不同层次的构造变形不协调,浅层滑脱背斜核部往往与深层楔状叠瓦构造中的高角度逆冲断层的位置一致,在逆冲断层上盘的盖层可以形成披覆褶皱或盖层滑脱褶皱。高角度的基底断层往往产生较大的位移量,可以冲破侏罗系的煤系地层或库姆格列木群膏盐岩层,同时引起沉积盖层发生构造变形。

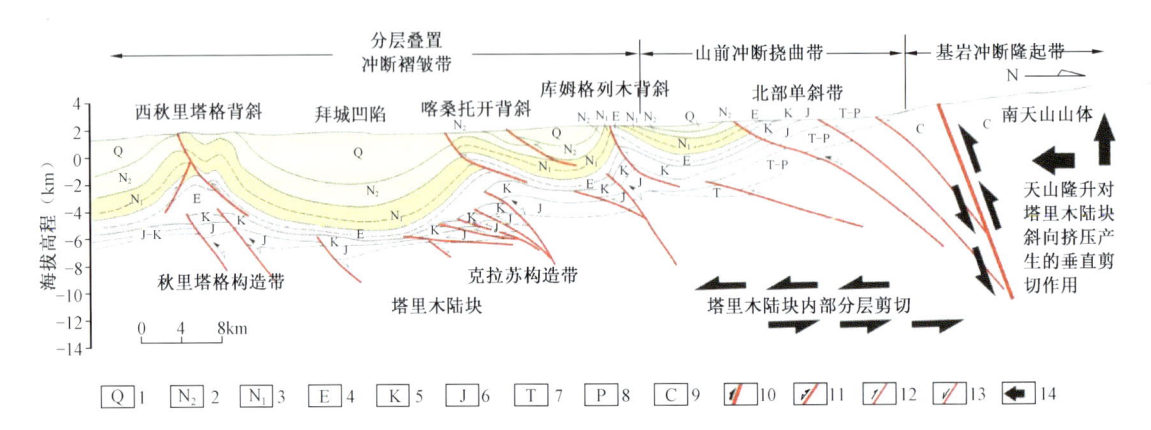

图7-10 横穿库车坳陷—南天山山前的区域构造动力学剖面模式图

1—第四系;2—上新统;3—中新统;4—古近系;5—白垩系;6—侏罗系;7—三叠系;8—二叠系;9—石炭系;10—天山与山前陆块的结合带及天山隆升诱导的剪切作用;11—正反转断层(反转的正断层);12—逆冲断层;13—正断层;14—天山山体隆升及对山前陆块的挤压作用

图7-10所示的构造变形模型是建立在南天山与塔里木陆块之间的"整体挤压"动力学基础上。有两个明显的特点:其一,由于库车坳陷整体受到挤压,浅层构造与深层构造具有一定的联系,浅层和深层的收缩变形量基本平衡;其二,库车坳陷不同层次构造具有"分层变形"特征,盐上层构造变形以沿古近系膏盐岩滑脱层形成的滑脱褶皱变形为主导,盐下层构造变形以逆冲断层为主导并引起相应褶皱变形。这些构造现象难以用A型俯冲的动力学模式来解释库车坳陷新近纪以来的地壳收缩变形。从南天山山前到盆地内部的冲断褶皱变形是渐进的,没有发现大位移量的区域逆冲断层,非地震勘探和地震震中分布都表明克拉苏构造带和却勒—西秋构造带发育基底断裂,且浅层构造和深层构造具有对应关系,在北部单斜带和盆山边界发育向盆地滑动的正断层,地震和钻井资料显示克拉苏构造带发育高角度基底卷入的逆冲断层。

充分理解软弱岩层(盐岩层、煤层和基底等)的滑脱作用对库车坳陷的构造解释十分重要。通过对区域地震深度剖面的解释,论文认为虽然盐上层与盐下层的变形存在差异,但是可能并不发育区域性的拆离断层,盐岩层的局部滑脱并不意味着盐下层不发生构造变形。库车坳陷区域构造剖面显示盆地结构具有与图7-6b中所示的"整体挤压、分层变形"的收缩构造变形特征。由于盐岩层等软弱岩层在变形中起滑脱层作用而导致深浅不同层次的构造变形不协调,但是深层发育以基底卷入的高角度逆冲断层为"根"的楔状叠瓦构造。浅层滑脱背斜核部往往与深层楔状叠瓦构造中的高角度逆冲断层的位置一致。这一解释模型意味着不仅在南天山山前的克拉苏构造带深层发育有基底卷入逆冲断层,在却勒—西秋构造带深层也可能发育有基底卷入逆冲断层。盐下层基底断层形成的断块和断背斜等可能成为未来天然气勘探的重要目标。

库车坳陷的盐上层、盐岩层、盐下沉积盖层、基底是相互独立又有关联的构造变形层。盐岩层作为一个软弱层主要是协调上下构造层的变形,可以通过拜城凹陷向却勒—西秋传递部分变形量,但不会通过南部斜坡带向塔北隆起及通过北部单斜带向北传递变形量。因此,在解释的地震剖面中克拉苏构造带和却勒—西秋构造带总体上,盐上层的构造变形应该与盐下层的构造变形相对应,不同层次的收缩变形量基本保持一致。

构造解释方案中既强调盐岩层、煤系地层等软弱岩层在挤压作用下起到构造分层变形的滑脱层作用,更注重深层构造对浅层构造的影响。通过系统观测、分析地震剖面,认识到库车坳陷盆地基底并不是沿区域性拆离断层俯冲到南天山之下,而是发生挤压收缩构造变形。盆地基底在克拉苏构造带和却勒—西秋构造带发育 NEE 向延伸的逆冲断层,这些断层向上延伸终止在古近系或侏罗系中相对软弱的岩层中,但是深层构造变形对浅层构造变形仍然有直接或间接的影响。克拉苏构造带一些深层高角度逆冲断层,由于其垂直位移分量相对较大,导致叠置在其顶部的背斜表现出不对称特征和盐岩层的局部加厚,是浅层的褶皱与深层的冲断构造分层变形、垂向叠置构成的强变形带;却勒—西秋构造带在整体挤压作用下,盐下层发育基底卷入的对冲构造,盐上层发育形态近对称的南、北秋里塔格背斜,这些形态对称的构造暗示了其发育过程中受到共轭剪切作用的影响。

## 六、库车坳陷收缩构造变形的影响因素

根据地震、非地震和区域地质资料,本文认为库车坳陷中生代,甚至前中生代,在克拉苏构造带和却勒—西秋构造带存在一些区域性断裂和区域性古隆起构造。盆地基底在新近纪挤压变形之前总体上向北埋深增大,只是在却勒—西秋构造带有低幅度的古隆起。换言之,中、新生界沉积盖层除了在却勒—西秋构造带变薄外,总体上由南部斜坡带向北部的克拉苏构造带逐渐增厚。在挤压作用下,基底断裂发育和沉积盖层厚的部位由于能干性相对差,应较早表现出收缩变形。

新近纪以来的喜马拉雅运动,印度板块与欧亚板块的碰撞,挤压应力通过坚硬的岩石圈板块向北传递,使塔里木陆块与其北侧的天山造山带受到挤压,相对软弱的天山造山带受挤压作用发生强烈的收缩变形而隆起形成新天山,塔里木陆块受挤压作用在北部的盆山过渡带(库车坳陷)发育强烈的冲断褶皱变形。在挤压作用没有使地壳块体之间形成统一拆离断层的情况下,区域挤压应力可以作用于整个地壳块体,而地壳块体内部相对软弱的部位较早发生收缩变形。

南天山处于板块拼合的软弱部位最早发生收缩变形,从中新世开始迅速隆升、褶皱变形。克拉苏构造带,一方面处于能干性较弱的部位(发育基底断裂,加上沉积盖层厚),另一方面直接受南天山作用,在中新世康村组沉积晚期和上新世库车组沉积时期发生冲断褶皱变形。却勒—西秋构造带也是一个构造相对软弱的部位,但由于基底较厚(基底埋深浅)、基底断裂规

模相对小和沉积盖层相对薄,随着水平挤压应力的增强,在上新世库车组沉积时期开始发生冲断褶皱变形。最终,库车坳陷的构造变形时间显示出由北向南逐渐变新的趋势。

库车坳陷"三位一体、强弱相间"的挤压收缩构造变形模型,不同岩层岩性的差异,特别是膏盐岩层的存在,导致出现构造变形的"分层";受先存基底构造薄弱带、盖层岩性横向变化带的影响,不同区带的构造变形强度有差异,导致出现构造变形的"分带"和"分段"。最终的构造变形是多种因素综合影响的结果,包括变形岩层的物质组成(岩层能干性)、边界条件等。

1. 岩层能干性对构造变形"分层"的影响

能干岩层在构造变形中通常起主导作用,塑性层则起到调节上下应变和滑脱层的作用。不同能干性的岩层在整体挤压下变形方式不同。能干性不同的岩层在水平挤压作用下变形方式不同,强硬岩层常表现为脆性断裂,而软弱岩层则易表现为褶皱变形。库车坳陷中段从盐上层到中生界再到基底,岩层的能干性总体上逐渐增强。在近南北向挤压作用下,盐上层以褶皱变形为主导,盐岩层以塑性变形为主,中生界以低角度逆冲断层为主导,基底以高角度逆冲断层为主导。强硬岩层能够传递构造应力,同时被屈服发生褶皱或断裂变形,软弱岩层则发生被动变形,或向低应力区域流动,分隔强硬岩层的变形,导致出现构造变形"分层"现象。库车坳陷浅层发育的非能干岩层为中部古近系库姆格列木群膏盐岩层和东部新近系吉迪克组盐岩层以及深部三叠系—侏罗系含煤地层,另外三叠系沉积界面和盆地基底在耦合变形过程中也表现为非能干岩层。

库车坳陷在区域挤压作用下整体发生收缩变形,盐上层以能干层为主发生明显的褶皱变形,塑性层在褶皱核部发生聚集加厚,晚期滑脱背斜前翼、核部强应变区发生冲断作用形成破冲断层。盐下层中生界以冲断变形为主,北部山前发育高角度的基底逆冲断层,其上盘地层发生抬升,相对应的盖层则发生被动变形形成披覆褶皱;变形强度小的逆冲楔下盘则发育一系列北倾不等倾角的逆冲断层,向下多在侏罗系煤系地层或基底层沉积界面发生滑脱。软弱的膏盐层在挤压作用下,表现为水平收缩和聚集增厚两种变形特征,并分隔上、下层构造变形,形成典型的分层滑脱的收缩变形样式。

2. 基底构造对构造变形"分段"的影响

褶皱—冲断带具有明显的分段变形特征,平面常常表现为褶皱带或逆冲断走向上发生明显的转折或弯曲。构造分段变形的差异与收缩变形机制、变形过程有着密切联系,控制平面差异变形主要条件包括:挤压边界条件、基底结构、层间结构和变形速率,但总体上构造变形分段性与基底结构、性质存在成因联系。

库车坳陷基底北部为浅变质的韧性褶皱基底,南部为前震旦系刚性结晶基底。北部的褶皱基底在东、西方向上也存在明显差异,中、西段属于海西期褶皱基底以上古生界浅变形的碎屑岩为主,而东段以加里东褶皱基底以下古生界浅变质的碳酸岩为主。平面上,褶皱基底在不同区段的分布范围和宽度也有明显区别,如东、西两段褶皱基底呈狭窄的条带状展布,而中段褶皱基底南、北方向显著增宽,总体呈北宽南窄的"扇形"结构以 NW 向、NE 向的基底断层与西、东两侧相过渡。在区域挤压作用下,刚性基底块体构造变形相对弱,而韧性基底、先存基底断裂带构造变形相对强烈。因此,库车坳陷基底性质的东西差异及展布特征与库车坳陷现今东、西分段的构造变形格局具有密切的成因联系。

基底构造对收缩变形的影响作用,主要包括基底起伏和基底断裂分布两个方面。库车坳陷东、西两段以走逆冲滑位移与中段变形差异相转换,这些边界走滑断层走向、空间位置与基底先存断裂具有明显的对应关系。另一方面横向上不同区段的基底具有一定起伏,如古隆起会造成上覆沉积盖层分布及厚度横向上存在差异,这种由于沉积盖层的层间结构的差异在后期收缩变形中也会表现出明显的分段变形的特征。

3. 基底断裂和盖层岩性的横向变化对构造变形"分带"的影响

基底先存断裂对后期构造变形有重要影响。当地质体内部存在破裂面时,尽管破裂面的方向可能并不是地质体受挤压作用产生的最大剪切应力方向,挤压作用仍可以轻易地使这些破裂面发生滑动。克拉苏构造带基底在水平挤压力和南天山隆起诱导的垂直剪切力作用下,发育高角度基底卷入逆冲断层,部分逆冲断层利用了先存基底断层面,使上盘的盖层形成披覆褶皱,断层下盘发育楔状逆冲叠瓦构造。由南向北基底呈台阶状逐级抬升,构造变形强度大,克拉苏构造构成了库车坳陷中段北部强变形带。

库车坳陷中段古近系膏盐层分布在克拉苏及秋里塔格构造带,膏盐层在收缩变形过程中起到了传递水平位移的作用,库姆格列木群由克拉苏构造带的膏盐层向西侧过渡为砂岩,由于岩性的横向变化,西段乌什凹陷盖层以总体宽缓褶皱变形为主,而中段膏盐层的存在则在收缩变形中最终导致沉积盖层发生褶皱变形,形成紧闭的背斜,表现出南、北分带的变形特征。库车前陆盆地的盆地结构、基底性质、与北部南天山的远近,区域滑脱层的数量及分布层位存在一定差别,多种构造变形因素形成库车坳陷"南北分带、东西分段、垂向分层"的构造变形格局。

# 第三节 库车坳陷变形机制的沙箱模拟

构造物理模拟实验是构造地质学家认识构造变形过程、研究构造形成机制的重要手段。应用物理模拟实验研究构造变形已有悠久的历史。近几十年来,由于在实验材料选择方面取得的进展,使实验模型和模拟对象间的相似性更加精确,物理模拟实验因而广泛应用于研究盆地、造山带和板块碰撞等地质构造变形。

## 一、收缩构造物理模拟研究进展

收缩构造是构造变形的基本样式之一。褶皱冲断带的油气勘探具有较大的难度,可以利用构造物理模拟实验方法研究褶皱冲断带构造形成演化的时空规律、构造变形特征及发育的圈闭类型,为合理的解释地质、地震资料提供依据。不同条件下收缩构造的变形特征不同,影响收缩构造变形的因素很多,包括地层的结构和岩性、基底条件、受力方式等,通过沙箱实验方法研究这些因素对构造变形的影响。

近二十年来由于采用了新的实验材料(以硅胶为代表),对于收缩构造变形的物理模拟取得了许多进展。这些实验根据相似性原则选取性质不同的实验材料,采用不同的模型结构,对影响收缩构造样式的因素进行了研究。在符合库仑临界楔形体理论(critical taper wedge theory)的脆性条件下,影响褶皱冲断带构造样式的因素有岩层的力学性质、前陆阻挡体(back-stop)、基底摩擦(包括滑脱层倾角、流体压力及滑脱层)力学性质、同构造沉积与剥蚀作用和地表情况等。物理模拟实验表明基底拆离断层的摩擦强度对褶皱冲断带构造变形至关重要。基底摩擦强度较低时,褶皱冲断带通常较宽、地表坡度较缓、有多种构造倒向(倒向前陆、倒向后陆或者两者兼有);基底摩擦强度高时,褶皱冲断带通常较窄、地表坡度较陡、主要产生倒向前陆的逆冲构造。基底摩擦强度高时最大主应力轴倾向前陆,所以产生的倒向前陆的逆冲断层的倾角要比它的共轭断层(倒向后陆的断层)的倾角更缓,由于前者在消耗相同的重力势能的情况下能调节更大的水平缩短量,故优先发展形成倒向前陆的构造;基底滑脱断层的出现,使最大主应力轴变得水平,构造倒向具有双重性。虽然理论上如此,一些位于滑脱断层上方的褶皱冲断带仍然显示了倒向前陆为主的特征,这就表明可能还有一些其他的因素控制了构造楔的变形。

倒向后陆的构造通常与倒向前陆的构造相伴生,两者关系密切。Cascadia 增生楔以反冲断层为主,但更普遍的是具有双重构造倒向。逆冲三角带由于具有不同的几何学、运动学特征,而被应用到不同的模型当中。逆冲三角带分为两种类型(图7-11):Ⅰ型,仅与一个滑脱面有关,逆冲断层倾向相反,常发育在滑脱褶皱核部;Ⅱ型,被动顶板双重构造,与两个或多个滑脱面有关。

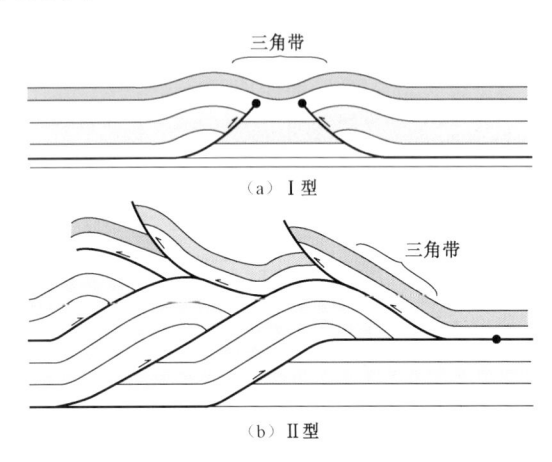

图 7-11 三角带的两种几何学类型
(据 Higgins Setal,2007)

应用构造物理模拟实验对上述构造样式进行研究时,就要选取一些新的实验材料(以硅胶为主)来模拟塑性变形,这些实验模型不符合库仑临界楔形体理论,可将之称为脆性—塑性逆冲楔(brittle–ductile thrust wedge),或非库仑逆冲楔(non–Coulomb wedge)。

对非库仑逆冲楔的研究表明可能影响构造样式的一些因素有:(1)滑脱层与脆性上覆层的相对强度关系(脆性—塑性的耦合关系);(2)极低的基底摩擦强度以及它对最大主应力轴方向的影响;(3)滑脱层的流变性和滑脱层的初始强度。对双重构造的物理模拟表明:当上部滑脱层摩擦强度较小而上覆层强度较大时,形成被动顶板双重构造(图7-12a);当上部滑脱层摩擦强度较大而上覆层强度较小时,形成主动顶板双重构造(图7-12b);此外,还可形成位于两者之间的复合型(U形)顶板双重构造(图7-12c、d)。

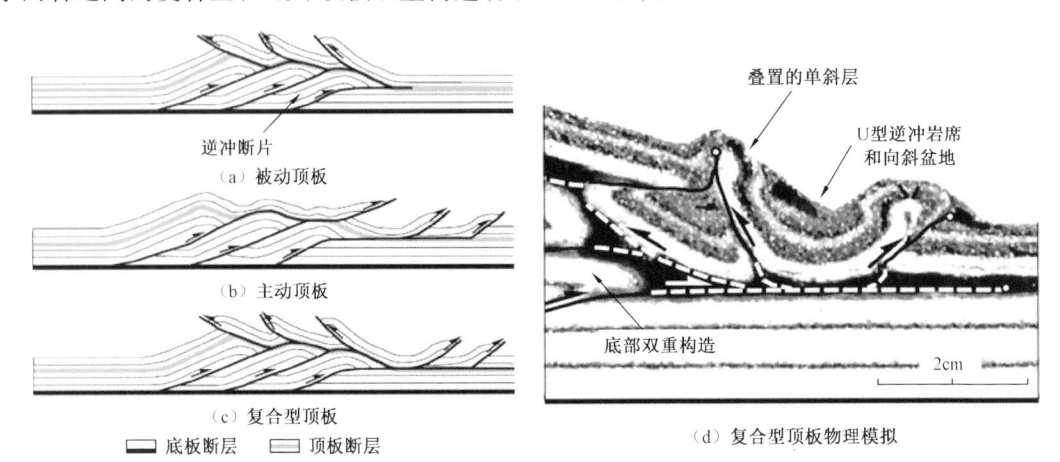

图 7-12 被动顶板、主动顶板和复合型顶板双重构造及物理模拟(据 Bonini,2007)

## 二、"三明治"模型单侧挤压的沙箱实验

构造模拟实验是研究构造变形过程、分析构造形成机制的重要手段。库车坳陷的沉积盖层在岩石力学性质方面表现为"三明治"结构,相对能干的碎屑岩层夹着膏盐岩等软弱岩层。在侧向挤压作用下,"三明治"的不同结构层的变形有显著差异。本项目实施过程中,针对库车坳陷的分层收缩构造变形特征,与中国石油勘探开发研究院构造物理模拟实验室承担的相关项目合作进行了一系列物理模拟实验,并完成了数值模拟实验。分析这些实验结果有助于理解库车坳陷的挤压收缩构造变形机制。

### 1. 均一厚度滑脱层单侧水平挤压物理模拟实验

该模型在底板铺设了厚度约 5mm 的硅胶层作为滑脱层,用于模拟盐下深部存在强滑脱作用的情况。实验的模型设置如图 7-13 所示。平面上设置为多隆凹(盐差异分布)格局,用于分析深部基底结构中存在的强滑脱作用对盐下构造的影响。

该组实验设计目的是通过增加基底的滑脱性质观察克拉苏构造带盐下构造层的滑脱构造。实验结果显示,当基底存在滑脱性质较强的韧性层,在变形过程中会起到应力传递作用,使得原本集中在山前带的构造变形直接传递到盆地内部,在秋里塔格盐湖北部形成大规模的冲起构造。整体变形表现为构造规模大、数量少、构造样式单一等特点,与实际地质剖面差异较大。平面上,由于北部盐凹的位置不同,在两组盐凹间形成了明显的转换构造,可见明显的侧断坡构造,并且挤压端距盐湖的距离也决定了盐下冲断的数量和规模。

### 2. 倾斜基底单滑脱层水平挤压物理模拟实验

根据库车地区域地质剖面解释结果表明,库车地区可能存在向山前缓倾的斜坡。因此,实验设置底板倾斜约 2°的斜坡模型(图 7-14),盐下深部砂层的铺设大致依据解释的基本剖面条件,实现从山前向前陆方向的砂层减薄。实验中利用不同颜色的石英砂模拟地层的分层,在盐下绿色砂代表盐下的白垩系,白色砂代表侏罗系,红色砂代表三叠系,底板杂色石英砂代表前中生界。

该组实验采用倾斜基底以模拟南天山挤压过程中产生的斜向挤压力。与水平基底构造物理模拟实验相比,倾斜基底沙箱使得应力更容易传递至盆地内部。使得秋里塔格构造带形成盐底辟构造。同时盐上层形成了背斜构造,盐下层形成了一系列冲断构造。其中北部古隆起的存在对于变形影响明显,使得逆冲断层集中在古隆起北部,同时造成了盐下层与盐上层的焊接,形成了北部增厚的盐底辟构造,而南部秋里塔格构造带在及压力作用下形成盐上背斜构造。

平面上看,受前缘古隆起的影响,在古隆起北部形成大规模推覆构造,横向延伸稳定垂向则表现为大断距特征。靠近挤压端的早期冲起构造后期受到破坏,形成一系列分支断层在平面上相互交切组成鳞片状构造(图 7-15)。

### 3. 倾斜不连续基底单滑脱层水平挤压物理模拟实验

该实验设置盐下构造层中前中生界地层含有不连续的刚性分段。刚性段用湿的杂砂替代,主体分布于盐凹 1 之下。实验模型设置如图 7-16 所示。

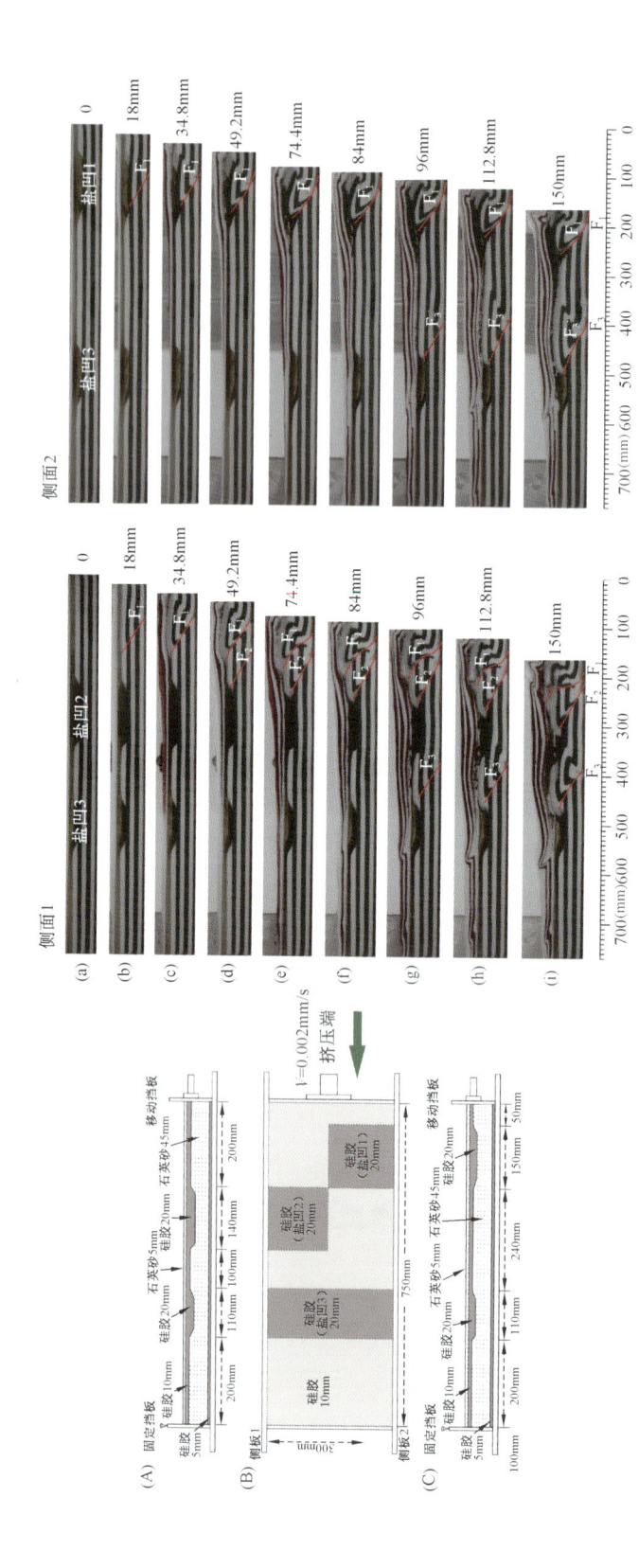

图7-13 不均一厚度滑脱层单侧水平挤压模拟实验模型及结果

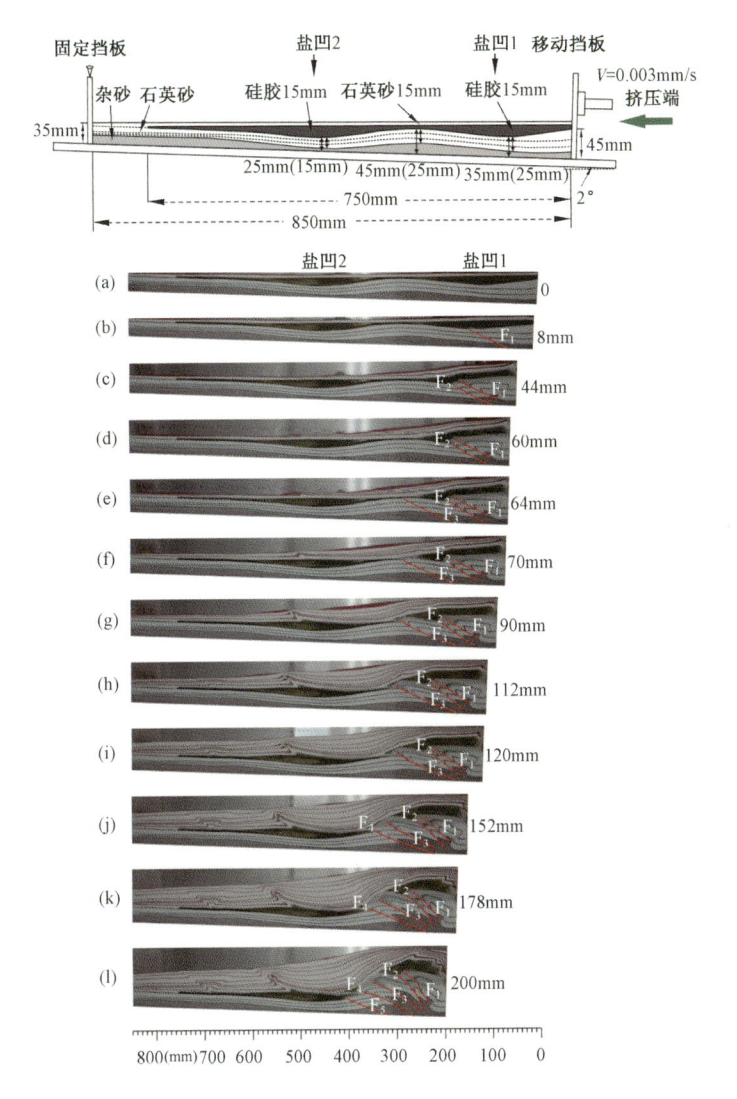

图 7-14 倾斜基底单滑脱层水平挤压模拟实验结果

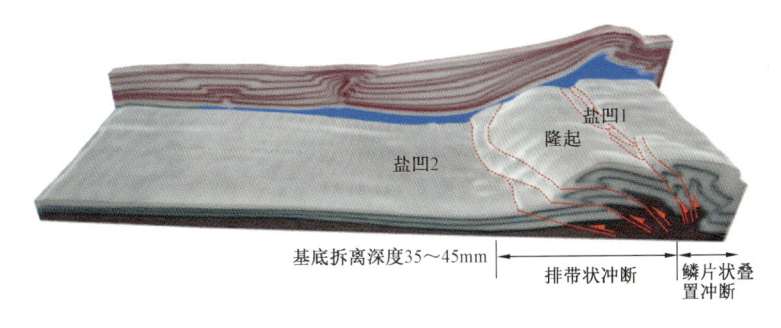

图 7-15 模拟实验结果的三维结构

该组实验与前面所揭示的实验区别在于,盐下层预制了不连续的基底代表了前中生界逆冲断层。在变形过程中,预设基底对于盐下层内断层具有非常明显的控制作用,随着基底收缩量的增加,预设分隔湿砂逐渐接近且相互作用使得构造逐渐向坳陷内传递。平面上看,盐下构

— 179 —

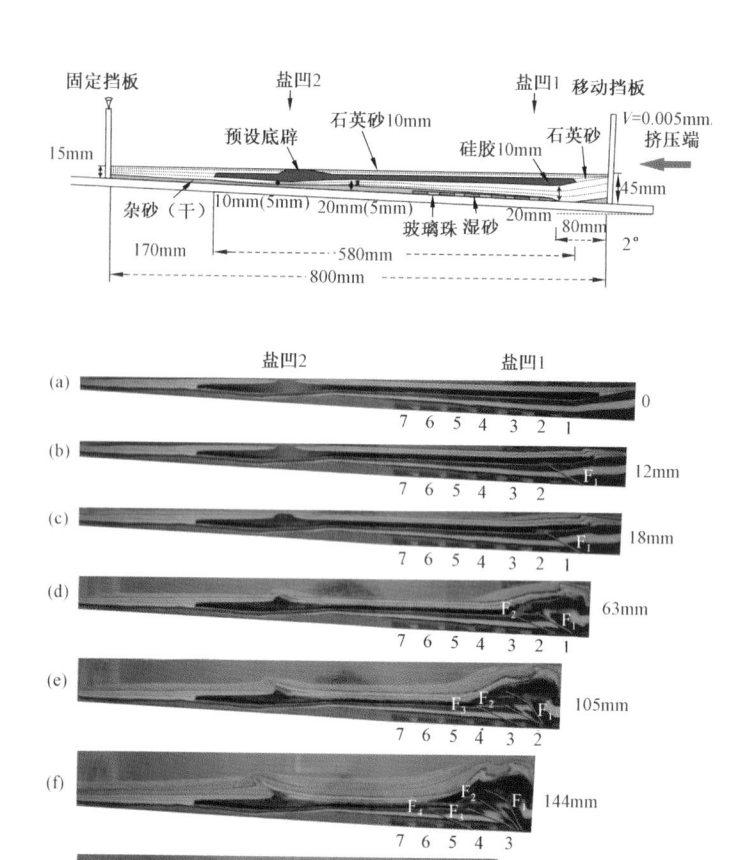

图 7-16 倾斜不连续基底单滑脱层水平挤压模拟实验结果

造多集中于山前构造带,表现为成排成带的变形特征,在先存基底的作用下,盐下断裂横向延伸较稳定,至逆冲前缘形成鳞片体构造。

### 三、岩层能干性横向变化对单侧挤压变形影响的沙箱实验

相对软弱的天山及其两侧具有分层收缩结构且相对刚性的库车、准南前陆盆地为地质模型,定性研究了盆山物理特性差异、山体本身物理特性对于区域挤压应力环境下盆山过渡带收缩变形样式以及递进变形扩展模式影响等问题。

1. 实验模型设计与实验结果

图 7-17 示意性表示了以天山及两侧盆地为地质模型的沙箱模拟实验装置及初始模型。实验装置的尺寸为 $100cm \times 20cm \times 13cm (L \times W \times H)$,前后两面为钢化玻璃。模型的底板分为推挤段、中央区、固定段。推挤段底板左侧连接活动端板,活动端板左侧装有产生右向水平挤压应力的直流电机,固定段底板右侧连接固定端板。本次实验共设计了3组对比具双滑脱层结构岩层能干性横向变化对收缩变形的影响。

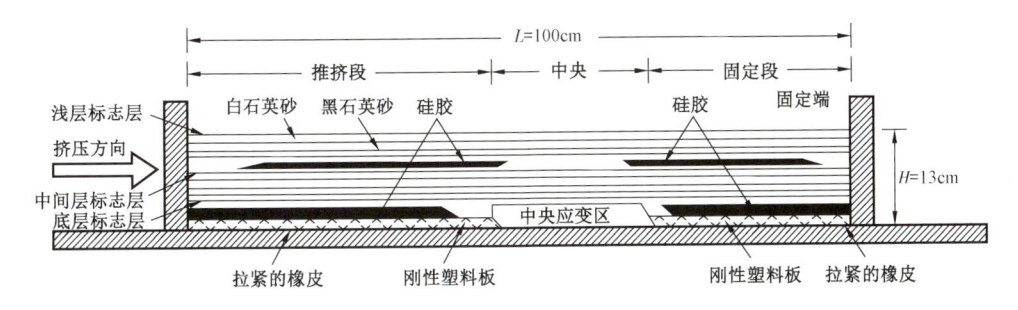

图 7-17 构造物理模拟实验设计图

通过左侧的直流电机驱动推杆推动模型左侧的挡板向右运动,3 组模型的推挤速率都为 1.5m/min。最终 3 组模型都缩短了 20cm,缩短率为 20%。不考虑剥蚀以及同沉积的影响。在推挤的过程中以 1 次/min 的速率对模型进行拍照,记录模型的发展变化。三组模型的实验记录如图 7-18、图 7-19 和图 7-20 所示。

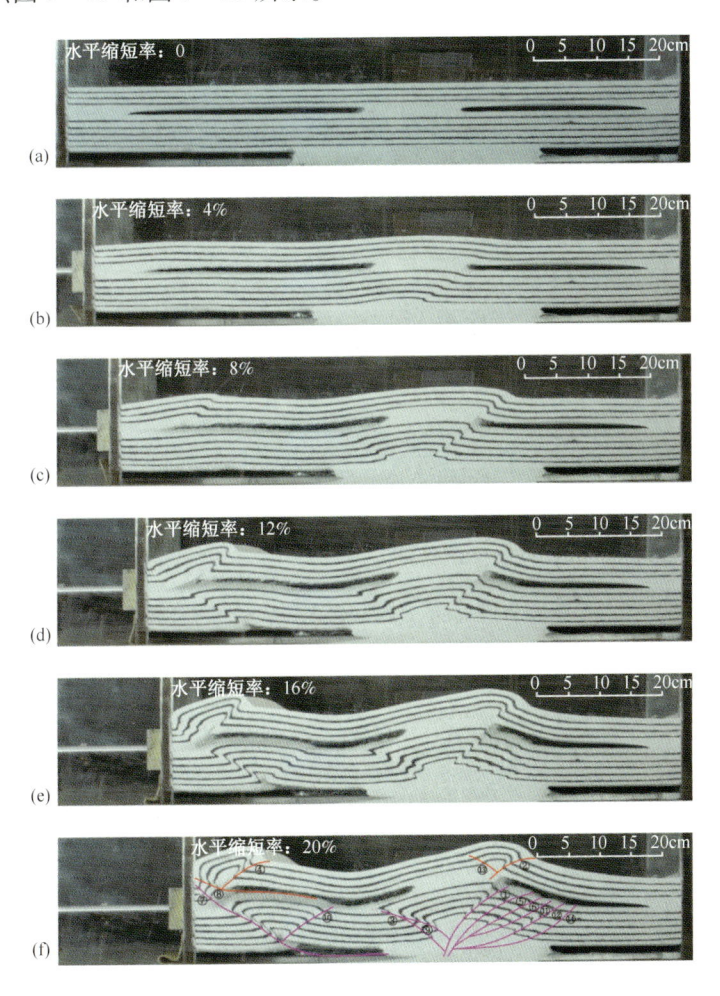

图 7-18 模型 1:相对能干的"造山楔"模型水平缩短率分别为 0、4%、8%、12%、16%、20% 的实验过程侧面图(从 a 到 f)

— 181 —

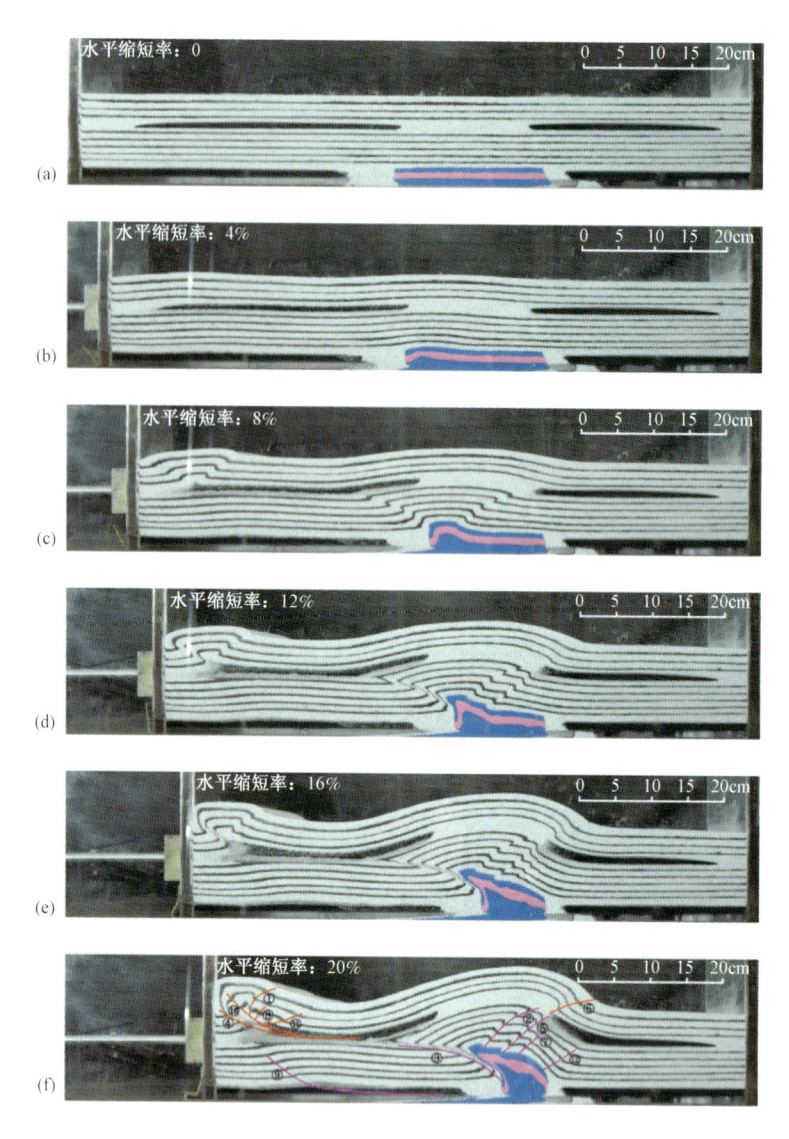

图 7-19　模型 2：中等能干的"造山楔"模型水平缩短率分别为
0、4%、8%、12%、16%、20%的实验过程侧面图（从 a 到 f）

2. 不同实验模型的对比分析

3 组实验结果的对比分析显示（图 7-21），随着"造山楔"塑性增大，断层发育的数目减少，反映"造山楔"通过其塑性形变显著影响地层的整体脆性应变：塑性越大，地层的整体脆性应变强度越小，反之亦然。

"造山楔"与推挤端刚性底板直接接触，自推挤开始便直接受到挤压应力的作用发生形变直至实验结束。以"中央应变区"的形变为核心，其上发育相向基底断裂及其控制的褶皱地层共同组成了"中央褶皱带"，其波长、轴面倾向与倾角共同反映"中央应变区"塑性变形对地层整体应变的影响，如图 7-21 分别对各模型"中央应变区"形态的刻画反映"中央褶皱带"的递进变形特征。

图7-20 模型3:相对软弱的"造山楔"模型水平缩短率分别为
0、4%、8%、12%、16%、20%的实验过程侧面图(从a到f)

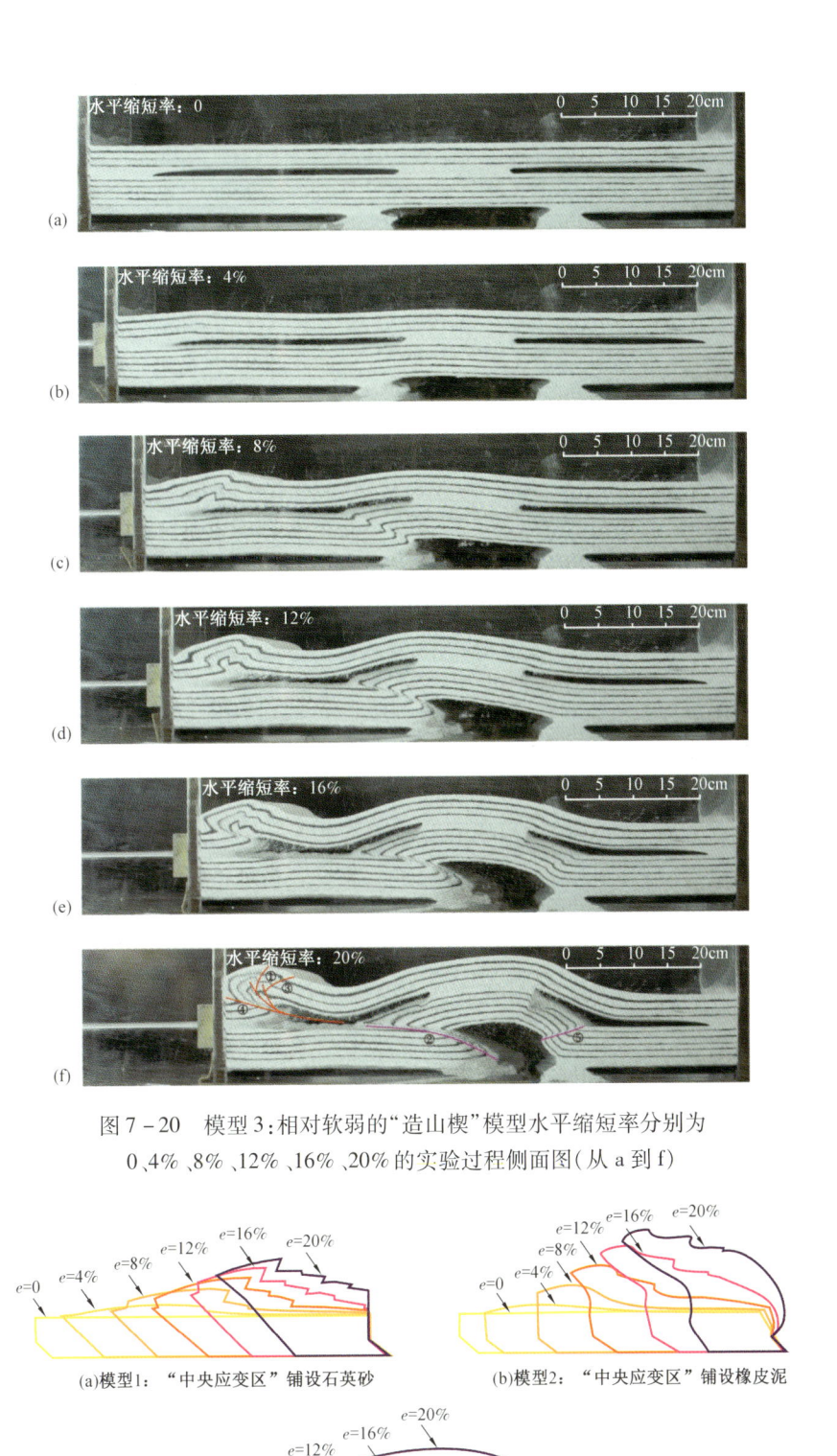

图7-21 水平缩短率分别为0、4%、8%、12%、16%、20%"中央应变区"递进变形过程图解

— 183 —

"中央应变区"介质塑性的区别导致3种模型"中央褶皱带"以及整体地层深、浅层收缩应变样式的不同。介质的塑性越大,流动性越好,在应力的作用下发生塑性流变,向推挤方向扩展的幅度越大。模型1"中央应变区"递进变形过程如图7-21a所示,表现为脆性变形。"中央褶皱带"受到推挤端刚性底板的拖拽向推挤方向倒倾,递进变形过程中"中央褶皱带"波长缩短,轴面右倾且倾角持续减小,表现为向推挤方向持续倒倾紧闭的断背斜。整体地层深层构造复杂,表现为由中央山体向固定段扩展的"前展式楔状逆冲叠瓦扇"以及由中央山体向推挤段扩展的高角度基底卷入逆冲断层与拆离逆断层的组合。浅层构造相对简单,主要是低幅度的冲起构造。

模型2"中央应变区"充填橡皮泥,塑性和流动性都大于模型1,其递进变形过程如图7-21b所示。橡皮泥受到推挤端刚性底板的推挤发生塑性变形向前向上扩展诱导上覆地层挠曲变形。随着推挤的进行,"中央褶皱带"核部的倒倾诱导其上覆沉积层的倒倾,因此其轴面右倾且倾角持续减小;核部橡皮泥的横向扩展导致上覆沉积层整体挠曲程度变缓,波长增加,总体表现为向推挤方向持续倒倾宽缓的断背斜。整体地层深层构造相对模型1更简单,表现为主要集中在中央山体的高角度基底卷入逆冲断层系以及向推挤段扩展的拆离逆断层。浅层构造相对模型1更复杂,表现为由多条拆离断层和反冲断层控制的冲起构造和三角式双重构造组合。

模型3的"中央应变区"充填硅胶,塑性和流动性在3组模型中最大,其递进变形过程如图7-21c所示。受到推挤端刚性底板的推挤硅胶向右流动,由于其流动性大于橡皮泥,核部硅胶自变形开始便向右倒倾,其诱导上覆沉积层挠曲形成的背斜轴面左倾。同时受到固定段沉积负载的阻挡与上覆沉积负载的重力影响,硅胶不但向上也向两侧流动,因此其上覆挠曲沉积层的轴面逐渐直立,波长逐渐变大,表现为褶皱随着推挤的进行从向推挤反向倒倾变为直立且持续变宽缓。整体地层深层构造最为简单,表现为主要集中在中央山体的两条相向基底卷入逆冲断层。浅层构造在3组模型中最为复杂,表现为由多条拆离断层和反冲断层及其分支控制的冲起构造与双重构造系。

3. "造山楔"能干性对收缩应变扩展方式的影响

通过对比3组模型断层发育的期次,发现"造山楔"能干性差异影响应变集中的先后顺序,反映在收缩应变在垂向和侧向的扩展方式差异上。

垂向上,随着"造山楔"塑性增加,强变形主要由深层过渡至浅层。3组模型的浅层与中间层缩短量差值曲线终点数值依次增加,表明"造山楔"塑性增加情况下地层的逆冲位移通过推挤段浅层滑脱层向盐上层传递的幅度增大。

横向上,随着"造山楔"塑性增加,强变形主要从全区均匀发育过渡至集中发育于推挤段"克拉通"。设推挤前缘与推挤段地层最大垂直位移之差为 $\Delta H$,代表应变在这两个变形带中的相对集中程度。以模型水平缩短率 $e$ 为横轴,$\Delta H$ 为纵轴,曲线的斜率($\Delta H/e$)为"造山楔"与推挤段"克拉通"地层相对增厚率,代表两段地层隆升的相对剧烈程度。

图7-22的3条曲线显示本次实验中3组模型强变形带高程差($\Delta H$)随着整体地层水平收缩率($e$)减小呈现出的变化过程。模型1曲线首先平缓上升($0<e<8\%$)然后平缓下降($8\%<e<14\%$)最后趋于平衡($14\%<e<20\%$);模型2曲线首先趋于平衡($0<e<6\%$)接着线性增长($6\%<e<14\%$)最后平缓上升趋于平衡($14\%<e<20\%$);模型3曲线首先不断下降($0<e<6\%$)随后呈波浪式上升($6\%<e<20\%$)。

"造山楔"能干性的差异导致3条曲线形态的差异。模型1、模型2、模型3内"造山楔"能干性依次减小，能干性越大的"造山楔"对应力向推挤前缘的传递能力越大，能干性越小的"造山楔"对应力向推挤前缘扩展的抑制作用越大。模型1、模型2、模型3固定段深层分别表现出前展式逆冲断层系、基底卷入逆断层与无收缩变形的特征，结合3组模型的浅层与中间层缩短量差值曲线由0值启动所对应$e$值依次增加，以上现象表明"造山楔"塑性增加情况下深层断裂向推挤方向扩展受到的"阻挡"效果增强。因此图7-22中模型1、模型2、模型3曲线的启动段分别表现出平缓上升、趋于平衡以及持续下降的特征。

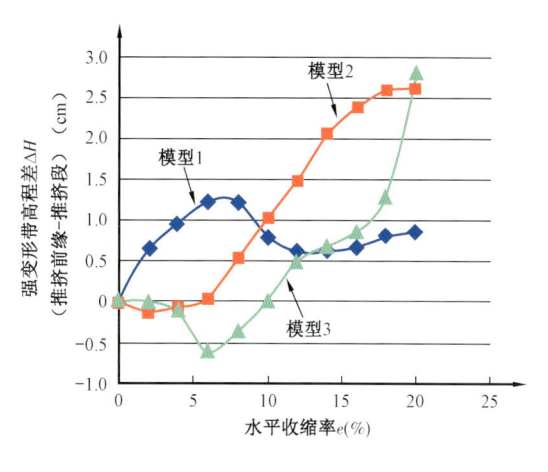

图7-22 $\Delta H - e$ 图解

"相对"能干的"造山楔"通过深、浅层的递进变形向两侧"克拉通"内扩展；能干性较差的"造山楔"则主要通过浅层的滑脱断褶构造向两侧"克拉通"内扩展。"造山楔"塑性越大，其吸收应力压扁上升幅度相较推挤段通过深浅层的褶皱、逆冲断层上隆幅度越大，因此 $e = 20\%$ 对应3组模型曲线的 $\Delta H$ 值依次增加。

盆山耦合的实质是板块间的相互作用导致的区域地壳变形，盆地和山脉的形成是这种耦合作用的结果之一。前文的三组沙箱模拟实验表明，在挤压作用下，地壳结构无论是横向变形还是纵向变化其差异性都会在变形中反映出来。天山与两侧盆地在整体物理特性上的差异导致在区域挤压作用下发生的地壳变形的差异。相对软弱的天山块体在挤压作用下压扁上隆崛起成山。天山两侧相对刚性的前陆地壳一方面受挤压隆升山体的负荷作用发生挠曲变形，另一方面也受区域挤压作用而发生收缩变形。因此，前陆地区的地壳实际上是在区域挤压作用下挠曲变形和收缩变形叠加的结果。如果盆山之间发生A型俯冲，挤压作用导致山体隆升和侧向扩展使大型区域性拆离断层上盘发生收缩变形，下盘则主要是山体负荷作用下发生挠曲变形形成前渊。如果盆山之间未发生A型俯冲，挤压作用不仅使山体在收缩变形中隆升，也使前陆地壳发生收缩变形，即便存在区域性拆离断层，拆离断层上盘和下盘都会发生收缩变形。塔里木盆地与准噶尔盆地沉积层都具多层区域性软弱层，软弱层以塑性流变的方式响应区域挤压应力，导致盐上与盐下层的不协调分层收缩变形。沙箱模拟实验得到的启示是不协调的分层收缩变形特征是多个软弱层、相对能干层相间的地壳在挤压作用下的变形响应。挤压作用可以使不同的能干层同时发生收缩变形，冲断褶皱既可以在能干层发生侧向扩展，也可以在软弱层滑脱。

根据以上对于实验结果的分析得出以下3点结论：

(1)"造山楔"较"克拉通"岩石圈刚性小，在挤压应力的作用下压扁，整体上隆增厚；造山带两侧盆地受到双滑脱层结构的影响，深浅地层的拆离深度、水平收缩距离与所受应力大小方向不同，导致其发生分层收缩的不协调变形。

(2)递进变形过程中，"造山楔"的能干性影响盆山的收缩变形样式，"造山楔"能干性越大，其自身在挤压条件下褶皱幅度越大。能干性最大的"造山楔"两侧"克拉通"内收缩变形表现为深层"前展式楔状逆冲叠瓦扇构造"与浅层低幅度冲起构造的垂向叠置。能干性中等的"造山楔"两侧"克拉通"内收缩变形表现为深层高角度基底卷入逆冲断层系与浅层冲起构造与三角式双重构造组合的垂向叠置。能干性最差的"造山楔"两侧"克拉通"内收缩变形表现为深层两条相向高角度基底卷入逆冲断层与浅层多条断层控制的冲起构造与双重构造系在垂向上的叠置。

（3）"造山楔"的能干性显著影响岩石圈收缩应变扩展方式，随着"造山楔"能干性降低，盆山系统内强变形带由深层过渡至浅层，收缩应变向推挤前缘的横向扩展幅度减小，向推挤段"克拉通"反冲幅度增加。

## 四、"三明治"模型单侧挤压的数值模拟实验

数值模拟方法是以固体地球科学资料为基础，依据观测或理论推导来设置数值实验参数和边界条件，并通过对比分析模拟结果对实验参数进行修正，逐步使实验结果趋近于或等于观察到或科学推测的地质构造模型。随着计算机技术的不断发展和大变形数值模拟理论方法的提出，利用数值模拟技术对所建立的模型的力学机制和动力学过程的可行性进行探讨和验证，在实验室再现复杂地质构造和事件的演化过程，数值模拟方法在构造形成演化和地球深部动力学研究中起到越来越重要的作用。

岩层受水平挤压作用发生收缩构造变形是显而易见的，其变形样式主要受岩层的能干性影响。本项目完成了两组含软弱夹层的数值沙箱实验模型，数值模型根据沙箱实验参数条件设计，进而讨论软弱层的分布在受单侧挤压作用发生收缩变形差异。图7-23是中间为软弱岩层的单侧水平挤压的收缩变形模拟结果，图7-24为模型中间局部含有软弱夹层的岩层挤压收缩变形模拟结果。图7-23和图7-24中的上部图片为砂层变形形态，下部图片为变形体内部的应变速率分布。数值模拟剖面中红色代表非能干的软弱岩层，其上、下为相对能干的石英砂模拟浅层脆性变形。

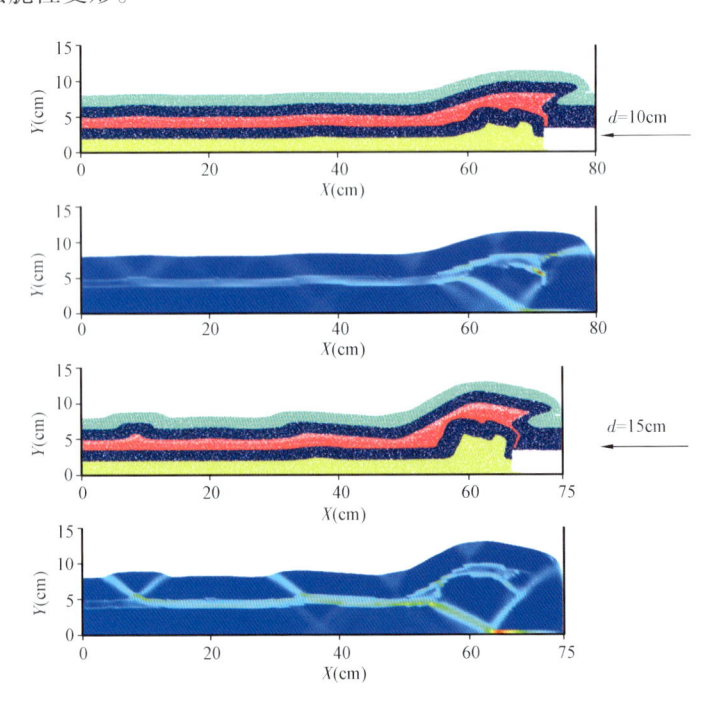

图7-23 软弱夹层挤压收缩变形的数值沙箱模拟实验一

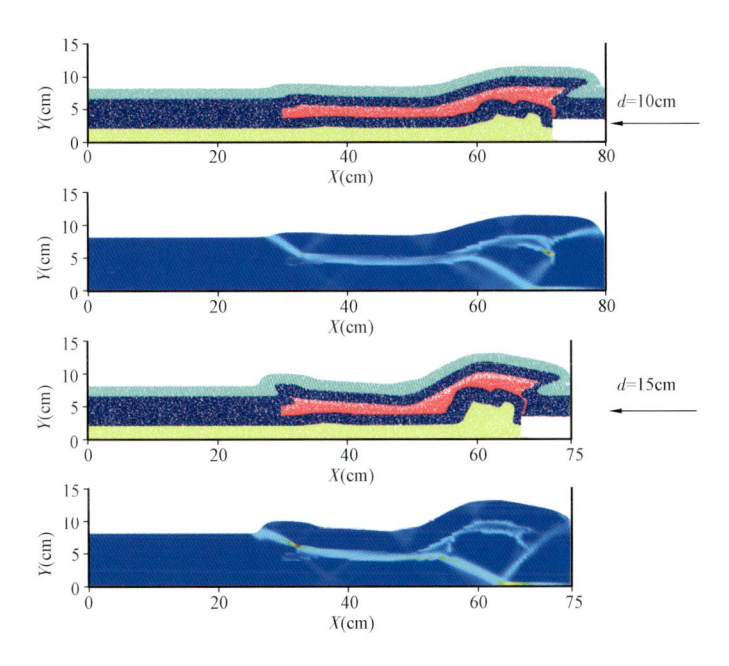

图 7 - 24 软弱夹层挤压收缩变形的数值沙箱模拟实验二

图 7 - 23 所示的实验表明,由于软弱的中间夹层的存致使岩层之间的能干性在垂向上表现出明显的差异。岩层挤压发生的收缩构造变形强度由挤压端部向远端逐渐减弱,由于层间结合面及上、下岩层能干性的差异可能导致层间滑脱,总体上模拟结果表现出明显的"分层变形"的收缩变形特征。中间的软弱层是发生收缩变形的主要区域,其先于上下各层首先发生收缩变形,进而引起上覆砂层发生相应构造变形。挤压端部的强烈变形导致发育岩层顶面向远端倾斜,并以发育向挤压端部倾斜的逆冲断层为主的构造变形样式,但是远离挤压端部的岩层内部的收缩变形首先主要是发育共轭的两组逆冲断层和箱状褶皱,并在递进变形过程中逐渐演化成为向挤压端部倾斜的逆冲断层为主。

图 7 - 24 所示的实验结果显示,局部软弱夹层的末端相当于具有能干性差异地层的分界部位,由于材料的不均一导致此部位在收缩变形过程中成为应力集中区,发育断层、褶皱变形。模拟结果表明,在挤压收缩变形过程中具有顺层滑脱和在上覆岩层形成的背斜核部加厚的现象。应力是由挤压端部向远端传播的,而且从应变速率分布剖面上可以看出前方滑脱褶皱的出现与软弱层下伏层软弱层末端的应变存在密切关系。

总体上看,随着收缩位移的进一步增加,模拟最终应变速率剖面显示,盐岩层成为应变的主积累区,并在固定挡板处发育冲起构造,模拟剖面的中部则表现为上下一致的变形,发育逆冲断层,而挤压端活动挡板处明显表现为一个宽缓的披覆褶皱。挤压端属于强构造变形区,剖面上表现为基底与盖层一致的褶皱变形。

## 五、构造模拟实验的启示

构造物理模拟实验和数值模拟实验给我们理解库车坳陷的构造变形机制一些重要的启示:第一,岩层受水平挤压作用发生收缩构造变形使,其变形样式受岩层的能干性影响,能干的强硬岩层发生逆冲断裂变形,软弱岩层发生顺层流动,可以在逆冲断层下盘和强硬岩层形成的断背斜(或背斜)核部加厚;第二,挤压作用引起的收缩构造变形逐渐从挤压端部向远端传播,变形强度逐渐减弱,但是软弱岩层的存在可以减少层间摩擦力,有利于强硬岩层将挤压力向前方传递,逆冲断层顺软弱层滑脱使收缩应变在较远的地方逐渐衰减;第三,在基底或顺层的摩擦力较大的情况下,挤压作用导致发育向前逆冲的叠瓦构造,摩擦力较小的情况下,挤压作用导致发育共轭的逆冲断层(冲起构造);第四,存在多个软弱岩层的情况下,挤压作用可导致被软弱岩层分隔的各层分别变形,但是软弱层下伏岩层的变形对上覆岩层变形有一定的影响,总体上可能形成分层变形垂向叠置的不协调收缩构造变形。

秋里塔格盐丘和克拉苏盐丘的规模属同一级别,但秋里塔格盐丘的位置处于距离克拉苏盐丘的前端40km处。克拉苏盐丘位于南天山造山带的挤压前端,它的形成在某种程度上势必受构造挤压的作用更大一些,而秋里塔格距离它如此之远,规模又如此之大,只是依靠古近系底部的盐岩层的滑脱来传递挤压力是不够的,形成机制还可能受其他因素影响。根据模拟实验得到的启示可以认为,秋里塔格盐丘及盐上层滑脱背斜的形成可能受三个因素影响。其一,原始盐岩层相对较厚及后期压实作用诱发的盐底辟作用;其二,挤压作用同构造期沉积负荷作用导致盐岩层顺层流动;其三,挤压作用过程中盐下层基底断层的作用。库车坳陷库姆格列木群盐岩层的沉积极有可能是不均匀的,如果古近系早期盆地沉降受热作用或重力均衡作用控制,一些古隆起带可能成为盐岩层沉积相对较厚的部位。库车坳陷在前新生代就有基底断裂发育,晚新生代的区域挤压作用可能导致这些断裂"活化"或在基底相对破碎部位发育断裂。库车坳陷拜城凹陷是晚新生代同构造期沉积聚集区,在同构造沉积的负荷作用下,盐岩层有从凹陷轴部向边缘流动的趋势,并导致盐上层的逆冲褶皱变形在克拉苏构造带跳至拜城凹陷南部边缘的秋里塔格构造带。总之,库车坳陷的挤压收缩构造变形机制可能受多种因素影响,而盐岩层的分布及在构造变形过程中的作用是不可忽略的。

库车坳陷山前冲断带深层以冲断褶皱变形为主,楔状叠瓦构造滑脱于下伏膏泥盐岩层,收敛于主干高角度基底卷入逆冲断层之上,呈现出由天山向塔里木盆地内扩展的"前展式楔状逆冲叠瓦扇构造";浅层以褶皱冲断构造为主,以库姆格列木群膏盐岩层或吉迪克组膏盐岩层为核的断背斜滑脱于下伏膏岩岩层。准南山前冲断带深层表现为由天山向准噶尔盆地内扩展的高角度基底卷入逆冲断层系;其浅层构造变形主要受基底断层控制,浅层冲断背斜叠加在深层断背斜之上。相对的天山无软弱沉积层存在,表现为整体强烈的褶皱上隆增厚。前展式收缩变形由天山向塔里木克拉通扩展的时序相对早于准噶尔克拉通;准噶尔南缘冲断带起始变形时间推断为15Ma,主要变形时间约在10—3Ma;库车坳陷冲断带变形起始时间推断为25Ma,主要变形时间约在16—5Ma,而且变形作用由北向南变新。一方面,挤压收缩变形是由天山向南北两侧传递,另一方面天山北麓的冲断褶皱变形起始时间比天山南麓滞后5~8Ma。这说明源于印度板块与欧亚大陆碰撞产生的区域挤压力通过能干的塔里木克拉通向北传递到天山地区并使相对软弱的天山地壳发生隆升造山,而天山在挤压收缩变形的同时也将挤压力传递给两侧山前的地壳。本文的沙箱模拟实验表明,在区域挤压作用下,相对能干层或能干块体将挤压力传递给相对软弱层或软弱块体并使后者发生更强烈的收缩构造变形,相对软弱层或软弱块体发生强烈变形、释放挤压应力但并不主导变形,在整体变形中起调节作用。

# 第八章 库车坳陷中、新生代构造与油气聚集的关系

库车坳陷包括拜城凹陷、阳霞凹陷和乌什凹陷等三个生烃凹陷,具有丰富的油气资源。山前冲断带在地表多处发现油苗(如米斯布拉克油苗、塔拉克油苗、康村油苗等),在地下的中生界、新生界探明了多个油气田(如克拉2大气田(E、K)、迪那2气田、大宛齐油田、大北2气藏、克拉3气藏(E)等)。但是,受山前冲断带复杂构造变形的影响,对库车坳陷的油气分布规律的认识是有限的。不过挤压背景下的前陆盆地又不同于伸展背景下的裂谷盆地,特别是喜马拉雅晚期强烈的造山运动导致了圈闭和油气的大调整、大归位,这是在借鉴、比较中应注意的特殊性。

## 第一节 油气生储盖条件因素

库车坳陷充填的中、新生代陆相沉积层中发育有良好的烃源岩、储层和盖层,并构成有利的生储盖组合(图8-1)。

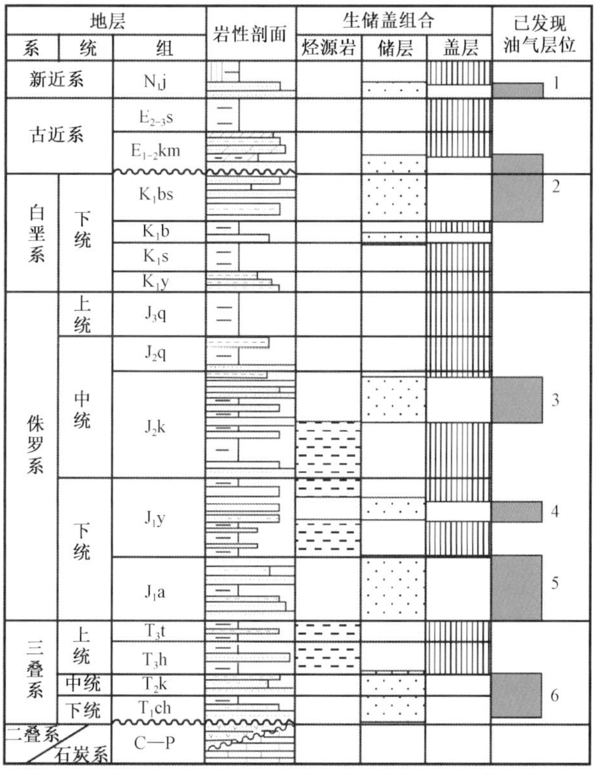

图8-1 库车坳陷地层岩性及生储盖层组合

## 一、烃源岩

三叠系、侏罗系含有厚度巨大的泥岩、煤层等富含有机质岩层。现有油气勘探资料表明,三叠系黄山街组和塔里奇克组、侏罗系阳霞组和克孜勒努尔组等是良好的烃源岩,其次为三叠系的克拉玛依组和侏罗系的恰克马克组。从烃源岩的分布范围上看,侏罗系分布面积大于三叠系,叠置在三叠系之上(图8-2),侏罗系巨厚的煤系烃源岩的有机质丰度高,多形成腐殖型(Ⅲ型)干酪根,为库车坳陷的主要气源岩。

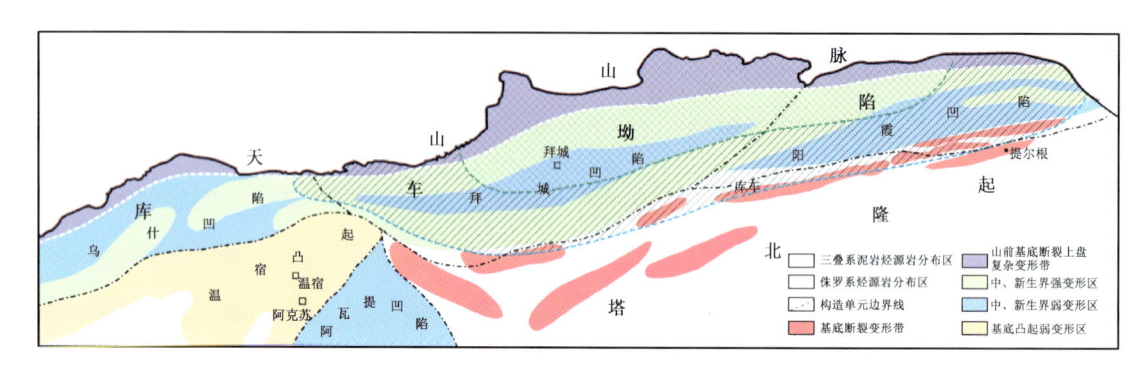

图8-2 库车坳陷中生界烃源岩分布图

## 二、储层

库车坳陷充填的中、新生代陆相沉积层中也发育有良好的储层、盖层,构成多套储盖层组合。现有油气勘探资料表明至少在6~7层储层中发现有油气藏。图8-1简要表示了库车坳陷的烃源岩、储层、盖层的纵向分布。

三叠系自下而上均有砂岩储层发育,主要为扇三角洲—河流相岩屑砂岩和长石质岩屑砂岩,主要分布在西北部和东部地区,总厚度为50~100m,最厚可达200m。北部露头区和南部前缘隆起带上的钻井资料表明三叠系的孔隙度(3%~6%)、渗透率达到Ⅲ—Ⅳ类储层标准,塔里奇克组(孔隙度为6.29%、平均渗透率为15.76mD)达到Ⅱ类储层标准。

侏罗系储层岩石类型主要为辫状河流相长石质岩屑砂岩,岩屑以霏细流纹岩和火山凝灰岩为主,其次是硅质片岩、变质泥岩和花岗岩。在库车坳陷北部边缘露头区(吐格尔明背斜、油苗沟、矿苗沟、吐孜洛克沟)出露的侏罗系的储层物性多达到Ⅲ类储层标准,部分区域甚至达到Ⅱ类储层标准(孔隙度最大可达到约20%,渗透率最大达到3000mD)。依南地区钻井揭示的侏罗系阿合组及阳霞组储层总体上以Ⅲ类储层为主,并具有东好西差的横向变化的规律。

白垩系储层主要为辫状河三角洲—滨浅湖相长石质岩屑砂岩和岩屑砂岩。白垩系储层主要发育于巴什基奇克组,其次是巴西改组。根据地面露头资料,巴什基奇克组储层岩性较粗,一、二段为砂岩储层,三段主要为砾岩及含砾砂岩,次生的杂基内溶孔、粒间溶孔发育,达到Ⅲ类储层标准。巴西改组的储层物性更好于巴什基奇克组,部分区域达到Ⅱ类储层标准。

古近系主要为干旱条件下河流—滨浅湖盐湖相沉积。其底部发育的冲积扇前缘中砾岩—细砾岩、细砂岩及呈席状泛滥平原的砂岩等均可以作为储层。但是,这些储层的横向分布不稳定,总体为东厚西薄、东粗西细,南北略具差异。古近系储层为岩屑质、长石岩屑细砂岩为主的碎屑岩,发育有不同程度的膏化并有石膏夹层。总体属低孔中渗、低孔低渗的Ⅲ类、Ⅳ类储层。

新近系包括吉迪克组、康村组和库车组,是一套不同粒级的岩屑砂岩,少量长石岩屑砂岩和岩屑长石砂岩,含不稳定岩屑如碳酸盐岩、火山岩、变质岩等。

### 三、盖层

库车盆地的盖层岩石类型主要是膏盐岩、膏泥岩及泥岩。这些盖层分别与中、新生界中的良好储集岩类构成了多套优良的储盖组合。

中生界盖层以泥岩为主。它们是中上三叠统克拉玛依组上部泥岩段以及黄山街组中上部泥岩段;在侏罗系中分别发育有阳霞组中上部泥页岩、恰克马克组泥页岩段和齐古组泥岩段;白垩系舒善河组泥岩段是厚度相对稳定的一套区域盖层。

新生界盖层主要由膏岩、泥岩、含膏泥岩、泥膏岩类组成。古近系膏岩、含膏泥岩、盐岩组成的盖层厚度巨大,主要分布在库车盆地的中西部地区,构成良好的区域盖层。而新近系吉迪克组的泥岩、含膏泥岩及膏岩等组成的盖层主要分布在盆地东部。

### 四、圈闭类型

库车坳陷的圈闭成排成带分布,圈闭类型十分丰富,由于圈闭所处区域背景不同、成因机制不同、成藏条件不同,对各类圈闭的评价存在较大的差异。

以圈闭成因分类为主,结合圈闭形态、遮挡方式,将库车盆地圈闭分为背斜、断背斜、断鼻和地层超覆四种类型。

由于库车坳陷是一个前陆坳陷,构造变形比较强烈,更具有晚期变形特征,而早期变形不明显,现今构造具叠加性质,所以只能依据周边露头资料和地震剖面上的少量发射特征信息,判断并分析圈闭形成时期的早晚。综合分析判断大宛齐北等构造形成时间较早,大约在燕山晚期—喜马拉雅早期,其余大部分圈闭为喜马拉雅晚期形成。

库车坳陷圈闭形成及分布分为盐上和盐下两大构造层。膏盐岩之上发育的圈闭主要是由于构造应力引起大规模推覆、滑脱、逆掩断裂及断裂相关的断层转折褶皱,以及盐层塑性流动,在应力集中区加厚,上覆地层发生拱张,形成背斜或断鼻构造,如大宛齐背斜、大宛齐西背斜、巴赫背斜等。膏盐层之下断层和圈闭都很发育,主要受北部天山造山活动的影响,山前中生代内部发育一系列由北向南近东西走向的逆冲叠瓦断裂,形成一系列双重构造,如克拉2号背斜。这类背斜在库车坳陷中西部主要分布在克拉苏构造带上。

## 第二节 油气运聚与保存条件

### 一、运移条件

强烈的构造运动产生的烃源岩内部断裂及裂缝系统是库车前陆盆地烃源岩的主要排烃通道。储层流体包裹体研究发现,所测定的烃类包裹体皆与石英碎屑中的裂隙有关,说明油气运移时期与构造运动主期是一致的,上新世末期受天山复活的强烈挤压,除了在盆地内形成复杂的逆冲带构造外,同时发育大量断裂和裂缝,这为油气的排出提供了动力和通道,在与构造主应力方向一致的前缘隆起带上的圈闭自然就成为油气运移的指向区。

许多研究者认为流体沿断裂运移是个周期性的过程或幕式过程(Hooper,1991;王平,1994;张树林,1997),即断层活动期起通道作用,活动停止期起封闭作用。由于中、新生界都存在封闭性很强的区域盖层,中、新生界的古近系、白垩系、侏罗系、三叠系广泛发育有异常高压孔隙流体压力,此异常高压力可以促使流体沿活动断层向上运移。下部烃源岩处于异常高压流体系统是该区油气沿断层向上运移的有利条件。

另一方面,断层作为流体(尤其是油气)向上运移的通道的另一个条件是,断层必须从下部异常高压力系统断至地表或上部静水压力系统,只有这样,沿断层向上运移的流体才能得以释放,促使流体沿断层向上的进一步运移。流体沿仅仅发育于异常高压力系统内的断层运移难以发生,这种断层不能作为油气运移的有效通道。

### 二、聚集条件

在库车地区广泛发育背斜型圈闭,它们是油气聚集的主要形式。由上述可知,断层是油气运移的主要通道,而且目前用地震资料识别的断层多是个断裂带。因此,即使断层在膏盐层中发育,在其上下大压差的驱动下,油气仍会大量的通过,或散失于地表,形成油气苗,或注入浅层圈闭,形成浅层油气藏。

从实例分析中可以看出,深层高压油气藏(克拉2、大北1、迪那2)都聚集在背斜圈闭或背斜范围中。这种现象绝非偶然,其主要原因是这些区带断层非常发育,而且晚、近期断层活动强烈,断、褶剧烈,大幅度抬升,加之盐膏层上下巨大的压差,在大多数情况下,断层不能作为封闭遮挡面形成断鼻和断块圈闭。当然,理论上在广泛地区岩性圈闭和地层圈闭是可能形成油气藏,这两种圈闭可以完全与断层无关。

### 三、保存与破坏

库车地区油气聚集成藏条件较好,靠近气源中心具有充足的气源,分布着厚大优质的盖层,保存条件十分优越。

从库车盆地油气藏破坏的具体情况分析,强烈的构造活动是其被破坏的主要因素。构造活动导致的破坏具体可分为两类,即油气藏抬升破坏和断层破坏,另外天然气的扩散作用也是气藏破坏的一种形式。

## 第三节 库车坳陷油气分布规律

油气分布规律首先受烃源岩分布控制,其次受构造变形带(区带)分布控制,还受油气运移方式、路径及圈闭样式、形成时间等因素影响。

### 一、环绕生烃凹陷分布

中国东部一系列湖相盆地的油气勘探实践业已证实,油气普遍具有围绕生油凹陷呈环带状分布的特点。渤海湾盆地六大坳陷有其名而无其实田的分布即是其中的典型代表(李德生等,1982;王秉海等,1991;王捷等,1995)。鉴于裂谷盆地的特点,围绕生油凹陷油气呈环状分布,主要受圈闭类型的控制,也就是说,在不同的环带往往是以某一种圈闭类型为主导。

尽管库车坳陷盆地性质与中国东部裂谷盆地完全不同,但湖相沉积的盆地却是其共同特点。与海相沉积的明显不同是,湖相盆地的沉积中心往往就是生油中心,因此油气围绕沉积凹陷呈环状分布也就在情理之中了。

但是,与裂谷盆地相比,前陆盆地、库车前陆盆地又有其许多特殊性。油气是新近系库车组的快速、巨厚的沉积,使三叠系—侏罗系烃源岩很快进入生气阶段。在深凹部位,烃源岩主要是气源岩。所以围绕凹陷在内环分布的全是天然气。在库车坳陷今北部单斜带,在经历推覆之前,埋深较浅、烃源岩成熟度较低,具备提供油气的能力(南部前陆斜坡同样如此),这是外环为黑油分布的主要原因。

## 二、"强变形构造带"是主要的油气聚集区带

库车盆地油气资源各个层系均有分布,但纵向上主要分布在古近系、新近系和白垩系,平面上集中分布在四个强变形构造带上。其中古近系—新近系中油气资源量为 $2.91 \times 10^8$ t,气 $1.088 \times 10^{12}$ m³,合计相当 $13.79 \times 10^8$ t 油当量;白垩系中油资源量为 $0.79 \times 10^8$ t,气 $0.783 \times 10^{12}$ m³,合计相当 $8.62 \times 10^8$ t 油当量。这两个层系中蕴藏的油气资源分别占库车盆地内油气资源总量的 52.4% 和 32.8%。库车盆地内的油气资源不仅在纵向上具有分层性,平面上还具有分带性。根据资源评价结果,克拉苏构造带、依奇克里克构造带、秋里塔克构造带、前缘隆起带这四个构造带是库车盆地油气最富集的构造带。

### 1. 中、新生界两套构造层

中、新生界是当前库车盆地主要勘探目的层系。大致以 $T_8$ 反射层为界分为两个构造层,这两套构造层具有不同的圈闭形式,控制着油气运移、聚集条件。上下两个构造层位强度、性质和构造形式有重要区别,尤其是在北部的克—依构造带、秋里塔克构造带表现的更为突出。其上的中新统康村组以典型的柔性变形为主,构造形式为低角度逆掩、推覆、滑脱断层所控制,断层相关褶皱发育;其下中生界则常常以中、高角度断层为特色,构造形式以断块、断鼻、断层传播褶皱为主。

### 2. 南北两个带

库车盆地从北至南分为 5 个正向构造带:北部单斜带、克—依构造带、秋立塔克构造带、南部平缓背斜带及轮台前缘隆起带。从构造样式、圈闭类型及油气成藏主控因素上,将北部 3 个构造带与南部 2 个构造带划分为北带和南带两个油气分布与成藏条件相区别的带。

北带以双重构造为主,圈闭形式以与逆推断层相关褶皱为主,而南带构造平缓,膏盐泥岩层变薄,变形强度减弱,深、浅层构造基本一致,变化较小,圈闭形式为与正断层相伴生的背斜、断鼻和平缓的背斜、披覆背斜为主。

北带在主要成藏期——喜马拉雅晚期是在挤压—抬升的构造环境下,油气藏受到深刻的改造作用;而南部此时是在埋藏—下降的环境下,并产生了被动拉张作用,对油气藏的形成和保存提供了良好的条件。

### 3. 东西分段差异

库车盆地东西长约 230km,东西各段油气成藏条件有所不同,据现今的勘探研究程度可划分为三段。(1)西段:主要在拜城以西,包括克—依构造带西段大北、大宛齐、秋立塔克构造带西段和羊塔、喀拉玉尔滚构造带;(2)中段:主要在拜城与库车之间,包括克—依构造带的克拉苏段和秋立塔克东段(包括库车塔吾段)、牙哈构造带、英买 7 构造带、红旗构造带、大尤都斯构造带、亚肯平缓构造带;(3)东段:主要为依奇克里克、吐格尔明、依南构造带、吐南—阳北带、阳霞凹陷和轮台—提尔根地区。

### 三、油气勘探尚未突破的区带

库车坳陷现已发现的油气藏多沿着克拉苏构造带分布。但是,从中、新生代构造演化角度分析,秋里塔格构造带是具有富油又富气的潜在勘探领域。其中迪那地区是凝析气藏主要聚集区,而却勒塔格地区是一个黑油富集区。

秋里塔格构造带位于库车前陆冲断带最前锋,北隔拜城凹陷,与克—依构造带相望,南邻前缘隆起带,其西起阿瓦特背斜,东接阳霞凹陷,东西延伸320km。1998年初,克—依构造带的油气勘探在白垩系和侏罗系取得了重大突破,前缘隆起带也先后探明了英买力、牙哈、羊塔克等油气田,介于库车坳陷三叠系—侏罗系烃源岩生排烃凹陷与前缘隆起带之间的秋里塔格构造带,是油气向前缘隆起带运移的必经之路,因此区域构造位置非常有利。2001年迪那2、迪那1及却勒1取得油气勘探的重大突破,充分证实了秋里塔格构造带是库车前陆盆地油气最富集的地区之一,且具有既富油又富气的特征。

## 参 考 文 献

边海光,靳久强,李本亮,等.2011.库车坳陷克拉苏构造带构造变换形成机制.科学技术与工程,11(17): 3919-3932.
曹强,叶加仁,王巍.2007.沉积盆地地层剥蚀厚度恢复方法及进展.勘探技术,6:41-46.
陈楚铭,卢华复 等.1998.塔里木盆地晚第三纪—第四纪沉积特征、构造变形与石油地质意义.沉积学报,16(2):113-123.
陈楚铭,卢华复 等.1999.塔里木盆地北缘库车再生前陆褶皱逆冲带中丘里塔格前锋带的构造与油气.地质论评,45(4):423-433.
陈楚铭,卢华复 等.1999.塔里木盆地北缘库车再生前陆褶皱逆冲带中丘里塔格前锋带的构造与油气.地质评论,45(4):423-433.
陈发景,汪新文.1996.含油气盆地地球动力学模式.地质论评,42(4):304-311.
陈戈,黄智斌,张惠良.2012.塔里木盆地库车坳陷白垩系巴什基奇克组物源精细分析.天然气地球科学,23(6):1025-1034.
陈建波,沈军,向志勇,等.2008.新疆南天山库车坳陷区东秋里塔格断褶带构造特征及新活动性.新疆地质,26(2):137-141.
陈剑,卢华复,王胜利.2002.库车断层相关褶皱的切角检验.地质评论,48(1):74-79.
陈启林.2005.蒙甘青地区早白至世原型盆地特征及其对烃源岩分布的控制.地球科学进展,20(6): 656-663.
陈榕,申延平,张晨晨,等.2015.加勒比板块边缘中新生代构造古地理特征及演化.古地理学报,17(1): 63-90.
陈石,张元元,郭召杰.2009.新疆三塘湖盆地后碰撞火山岩的锆石SHRLMP U-Pb的定年及其地质意义.岩石学报,25(3):527-538.
陈守建,李荣社,计文化,等.2007.昆仑造山带晚泥盆世沉积特征及构造古地理环境.大地构造与成矿学,31(1):44-51.
陈守建,李荣社,计文化,等.2010.昆仑造山带二叠纪岩相古地理特征及盆山转换探讨.中国地质,37(2): 374-394.
陈守建,赵振明,计文化,等.2013.西昆仑及邻区早中二叠世构造—岩相古地理特征.地质科学,48(4): 1015-1032.
陈书平,汤良杰,贾承造,等.2004.库车坳陷西段盐构造及其与油气的关系.石油学报,25(1):30-34.
陈书平,汤良杰,贾承造,等.2004.库车坳陷西段盐构造及其与油气的关系.石油学报,25(1):30-39.
陈书平,汤良杰,贾承造,等.2004.秋立塔克构造带盐构造形成的传力方式的构造物理模拟.西安石油大学学报,19(1):6-10.
陈书平,汤良杰,贾承造.2003.前陆区盐层对盐上盐下层构造高点的控制及石油地质意义.地球科学(中国地质大学学报)28(3):287-300.
陈书平,汤良杰,漆家福,等.2007.盐在变形中的作用:库车坳陷与东濮坳陷盐构造对比研究.地质学报,81(6):745-754.
陈书平,汤良杰,余一欣.2008.天山南北前陆盆地新生代变形与天山造山带的波动耦合.中国科学(D辑:地球科学),38(增刊I):55-62.
陈书平,汤良杰.2008.盐构造剖面的分层合并复原方法及应用.西安石油大学学报,23(3):32-38.
陈增智,柳广弟,郝石生.1999.修正的镜质体反射率剥蚀厚度恢复方法.沉积学报,17(1):141-144.
程晋厚,徐德红,郭建民.2003.库车坳陷亚肯构造油气成藏条件分析.河南石油,17(4):13-19.
程晓敢,廖林,陈新安.2008.塔里木盆地东南缘侏罗纪沉积相特征与古环境再造.中国矿业大学学报,37(4):519-526.
崔永谦,童亨茂,李先平,等.2011.二连盆地早燕山期构造体制及原型盆地推测.地质学报,85(8):1265-1274.
崔泽宏,王志欣,汤良杰.2005.塔北隆起北部叠加断裂构造特征及成因背景分析.中国地质,32(3):

378-385.

邓云山,康健,孟自芳.库车坳陷同沉积演化的古地磁研究.沉积学报.1998,16(4):109-113.地质通报. 2004,23(2):113-119.

丁道桂,刘伟新,崔可锐,等.1997.塔里木中新生代前陆盆地构造分析与油气领域.石油实验地质,19(2): 97-106.

丁孝忠,林畅松,刘景彦.2011.塔里木盆地白垩纪—新近纪盆山耦合过程的层序地层响应.地学前缘,18 (4):144-158.

冬友亮,胡光明,黄建军,等.2006.渤海湾地区中生代地层剥蚀量及中、新生代构造演化研究.地质学报,80 (3):351-358.

杜旭东,李洪革,陆克政,等.1999.华北地台东部及邻区中生代(J-K)原型盆地分析及成盆模式探讨.石油勘探与开发,26(4):5-9.

段宏亮,钟建华,马锋,等.2007.柴达木盆地西部中生界原型盆地恢复.沉积学报,25(1):65-74.

方世杰,郭召杰,张志诚,等.2004.中新生代天山及其两侧盆地性质与演化.北京大学学报(自然科学版),40 (6):886-897.

冯庆来,刘本培,方念乔.1997.造山带断片型地层层序恢复实例剖析.地质科学,32(3):318-326.

冯庆来,杨文强,沈上越,等.2008.泰国北部清迈地区海山地层序列及其构造古地理意义.中国科学(D辑:地球科学),38(11):1354-1360.

冯庆来.1993.造山带区域地层学研究的思想和工作方法.地质科技情报,12(3):51-56.

冯庆来.1999.造山带区域地层学研究的几个问题.地学前缘,6(3):133-138.

冯增昭.1992.单因素分析综合作图法——岩相古地理学方法论.沉积学报,10(3):70-75.

冯增昭.2004.单因素分析多因素综合作图法——定量岩相古地理重建.古地理学报,6(1):3-19.

冯增昭.2009.中国古地理学的定义、内容、特点和亮点.古地理学报,11(1):1-11.

付晓飞,李兆影,卢双舫,等.2004.利用声波时差资料恢复剥蚀量方法研究与应用.大庆石油地质与开发,23 (1):9-11.

付晓飞,吕延防,付广,等.2004.库车坳陷北带逆掩断层在天然气运聚成藏中的作用.中国海上油气,16(3): 161-165.

高春文,贾庆军,魏春光.2006.羌塘盆地晚三叠世原型盆地性质探讨.地质论评,52(2):198-207.

高志勇,冯佳睿,安海亭,等.2013.库车前陆盆地白垩系亚格列木组浊流沉积特征与意义.沉积学报,31(2): 237-247.

顾家裕,方辉,贾进华.2001.塔里木盆地库车坳陷白垩系辫状三角洲砂体成岩作用和储层特征.沉积学报, 19(4):517-524.

顾家裕,朱筱敏,贾进华.2003.塔里木盆地沉积与储层.北京:石油工业出版社:18-53.

管树巍,陈宁华,徐峰,等.2003.库车坳陷秋里塔格褶皱带几何学和运动学特征与油气圈闭.石油学报,24 (6):30-34.

管树巍,陈竹新,李本亮,等.2010.再论库车克拉苏深部构造的性质与解释模型.石油勘探与开发,37(5): 531-551.

管树巍,汪新,杨树锋,等.2003.南天山库车秋里塔格褶皱带三维构造分析.地质评论,49(5):464-473.

郭建华,罗传容,刘生国,等.1995.塔里木盆地前震旦—石炭纪构造演化与石炭纪原型盆地属性.矿物岩石, 15(3):50-57.

郭令智,施央申,卢华复,等.1992.印藏碰撞的两种远距离效应//李清波,戴金星,刘如琦,等.现代地质学研究文集(上).南京:南京大学出版社:1-7.

郭卫星,漆家福,李明刚,等.2010.库车坳陷克拉苏构造带的反转构造及其形成机制.石油学报,31(3): 379-385.

郭宪璞,叶留生,丁孝忠,等.2008.库车坳陷晚白垩世地层存在的证据和沉积相分析.地质论评,54(5): 587-594.

郭宪璞,叶留生,李汉敏.2006.塔里木盆地白垩纪地层对比及格架.中国西部油气地质,2(2):140-147.

韩登林,李忠,韩银学,等.2009.库车坳陷克拉苏构造带白垩系砂岩埋藏成岩环境的封闭性及其胶结作用分异特征.岩石学报,25(10):2351-2362.

昊智平,李伟,任拥军,等.2003.济阳坳陷中生代盆地演化及其与新生代盆地叠合关系探讨.地质学报,77(2):280-286.

何碧竹,焦存礼,许志琴,等.2013.不整合结构构造与构造古地理环境——以加里东中期青藏高原北缘及塔里木盆地为例.岩石学报,29(6):2184-2198.

何春波,汤良杰,黄太柱,等.2009.塔里木盆地塔中低凸起滑脱构造与分层构造变形.现代地质,06(6):1085-1092.

何登发,白武明,孟庆任.1998.塔里木盆地地球动力学演化与含油气系统旋回.地球物理学报,4(51):77-87.

何登发,贾承造,李德生,等.2005.塔里木多旋回叠合盆地的形成与演化.石油与天然气地质,26(1):64-77.

何登发,贾承造,童晓光,等.2004.叠合盆地概念辨析.石油勘探与开发,31(1):1-7.

何登发,李德生,吕修祥.1996.中国西北地区含油气盆地构造类型.石油学报,17(4):8-18.

何登发,李德生,童晓光,等.2008.多期叠加盆地古隆起控油规律.石油学报,29(4):475-488.

何登发,杨庚,管树巍,等.2005.前陆盆地构造建模的原理与基本方法.石油勘探与开发,32(3):7-13.

何登发,杨海军,等.2009.库车坳陷的地质结构及其对大油气田的控制作用.大地构造与成矿学,33(1):19-32.

何光玉,卢华复,李树新,等.2004.库车盆地依南气田构造变形特征及动力学机制.北京大学学报,40(2):247-252.

何光玉,卢华复,李树新.2003.库车盆地秋里塔格构造带构造圈闭及油气勘探方向.地质科学,38(4):506-513.

何光玉,赵庆,李树新,等.2005.库车盆地北部冲断带气源的构造地质学证据.北京大学学报(自然科学版),41(4):570-576.

何光玉,赵庆,李树新,等.2006.塔里木库车盆地中生代原型分析.地质科学,41(1):44-53.

何将启,王宜芳.2002.计算剥蚀厚度的优化孔隙度法:程序及应用.高校地质学报,8(2):207-214.

何生,王青玲.1989.关于用镜质体反射率恢复地层剥蚀厚度的问题讨论.地质评论,35(2):119-125.

何文渊,李江海,钱祥麟,等.2001.塔里木盆地北部隆起负反转构造成因机制探讨.地质科学,36(2):234-240.

贺电,李江海.2009.库车前陆冲断带秋里塔格构造带水系形态与褶皱生长.地质学报,83(8):1074-1082.

侯连华,王京红,匡立春,等.2009.准噶尔盆地车莫古隆起内物源沉积体系探讨及勘探意义——以白垩系清水河组一段为例.地学前缘(中国地质大学(北京);北京大学),16(6):337-348.

胡剑风,刘玉魁,杨明慧,等.2004.塔里木盆地库车坳陷盐构造特征及其与油气的关系.地质科学,39(4):580-588.

胡少华.2004.基于地震资料的构造—沉积综合分析法——一种剥蚀厚度恢复新方法.石油地球物理勘探,39(4):478-483.

胡圣标,汪集,张容燕.1999.利用镜质体反射率数据估算地层剥蚀厚度.石油勘探与开发,26(4):42-45.

胡学平.1999.库车前陆褶皱冲断带的互嵌构造样式.石油地球物理勘探,34(3):302-309.

黄少英,王月然,魏红兴.2009.塔里木盆地库车坳陷盐构造特征及形成演化.大地构造与成矿学,33(1):117-123.

黄泽光,贾存善,徐宏节.2003.川西坳陷与库车坳陷变形特征的对比分析.成都理工大学学报,30(5):511-517.

黄泽光,翟常博,徐宏节.2002.塔里木盆地塔西南与库车坳陷形变特征的对比分析.石油实验地质,24(6):501-516.

纪友亮,周勇,况军,等.2010.准噶尔盆地车—莫古隆起形成演化及对沉积相的控制作用.中国科学(地球科学),40(10):1342-1355.

纪云龙,丁孝忠,李喜臣,等.2003.塔里木盆地库车坳陷三叠纪沉积相与古地理研究.地质力学学报,9(3):268-275.

贾承造,陈汉林,杨树锋,等.2003.库车坳陷晚白垩世隆升过程及其地质响应.石油学报,24(3):1-5.

贾承造,顾家裕,张光亚.2002.库车坳陷大中型气田形成的地质条件.科学通报,47(增刊):49-55.

贾承造,魏国齐.2003."九五"期间塔里木盆地构造研究成果概述.石油勘探与开发,30(1):11-14.

贾承造.1997.中国塔里木盆地构造特征与油气.北京:石油工业出版社:320-343.

卢华夏,蔡东升,等.1997.塔里木盆地北缘库车前陆褶皱—冲断构造分析.大地构造与成矿学,21(1):1-8.

贾建称.2008.西藏羌塘盆地东部中生代构造古地理特征及演化.古地理学报,10(6):613-625.

贾进斗.2006.天山南北前陆冲断带油气地质条件对比及有利勘探领域分析.石油地质,4:21-26.

贾进华,顾家裕,郭庆银,等.2001.塔里木盆地克拉2气田白垩系储集层沉积相.古地理学报,3(3):67-75.

贾进华,薛良清.2002.库车坳陷中生界陆相层序地层格架及盆地演化.地质科学,37(增刊1):121-128.

贾进华.2000.库车前陆盆地白垩纪巴什基奇克组沉积层序与储集层研究.地学前缘,7(3):133-143.

贾进华.2009.塔里木盆地早白垩世沉积相特征与古地理.古地理学报,11(2):167-176.

姜华,汪泽成,杜宏宇,等.2014.乐山—龙女寺古隆起构造演化与新元古界震旦系天然气成藏.天然气地球科学,25(2):192-190.

焦志峰,高志前.2008.塔里木盆地主要古隆起的形成、演化及控油气地质条件分析.天然气地球科学,19(5):639-647.

金文正,汤良杰,万桂梅,等.2006.库车坳陷西段出露盐体的溶解物理模拟.新疆地质,24(1):37-39.

金文正,汤良杰,万桂梅,等.2007.东秋里塔格构造带盐相关构造圈闭及成藏模式.西南石油大学学报,29(5):5-8.

金文正,汤良杰,万桂梅,等.2007.库车前陆盆地东秋里塔格区带盐相关构造特征.石油学报,28(3):8-12.

金文正,汤良杰,万桂梅,等.2009.库车东秋里塔格构造变形期与生烃期匹配关系.西南石油大学学报,31(1):19-23.

金文正,汤良杰,王清华,等.2007.库车坳陷西段的逆冲推覆距离研究.地质学报,81(2):181-186.

金文正,汤良杰,王清华,等.2007.库车前陆盆地东秋里塔格构造带构造分段特征.大地构造与成矿学,31(3):300-307.

金文正,汤良杰,王清华,等.2007.新疆库车盆地东秋里塔格构造带新生代的构造演化.地质科学,42(3):444-454.

金之钧,王清晨.2004.中国典型叠合盆地与油气成藏研究新进展.中国科学(D辑),34(51):1-12.

金之钧.2005.中国典型叠合盆地与油气成藏研究新进展(之一).石油与天然气地质,26(5):553-562.

康志宏,梁慧社.1998.库车坳陷地质结构及油气带预测.新疆地质,16(1):49-57.

康志宏,魏历灵,虎北辰.2002.塔里木原型盆地叠加成油特征.新疆地质,20(1):58-61.

旷红伟,柳永清,彭晓波,等.2009.华北克拉通南部周口坳陷谭庄—沈丘凹陷早白垩世沉积、构造特征与原型盆地性质.地质论评,55(6):804-815.

雷刚林,谢会文,张敬洲,等.2007.库车坳陷克拉苏构造带构造特征及天然气勘探.石油与天然气地质,28(6):816-835.

雷刚林,张国伟,刘志宏.2001.库车前陆逆冲带生长地层及其在油气勘探中的意义.新疆石油地质,22(2):107-110.

李本亮,陈竹新,雷永良,等.2011.天山南缘与北缘前陆冲断带构造地质特征对比及油气勘探建议.石油学报,32(3):395-403.

李继亮.2009.全球大地构造相刍议.地质通报,28(10):1375-1381.

李军,张超谟,李进福,等.2011.库车前陆盆地构造压实作用及其对储集层的影响.石油勘探与开发,38(1):47-52.

李坤,赵锡奎,沈忠民,等.2007."趋势厚度法"在塔里木盆地阿克库勒凸起地层剥蚀量恢复中的应用.物探化探计算技术,29(5):415-419.

李强,张革,孙效东,等.2014.蒙古国塔木察格盆地塔南凹陷下白垩统铜钵庙组沉积特征和构造—古地理意义.古地理学报,16(6):897-906.

李双建,石永红,王清晨,等.2007.白垩纪以来库车坳陷碎屑重矿物组成变化.地质科学,42(4):709-721.

李双建,石永红,王清晨.2006.碎屑重矿物组成对南天山白垩纪—新近纪剥蚀去顶过程的指示.地质学报,80(2):217-226.

李双建,王清晨,李忠.库车坳陷库车河剖面重矿物分布特征及其地质意义.岩石矿物学杂志,2005,24(1):53-61.

李双建,王清晨.2006.库车坳陷第三系泥岩地球化学特征及其对构造背景和物源属性的指示.岩石矿物学杂志,25(3):219-229.

李维锋,高振中,彭德堂,等.1999.塔里木盆地库车坳陷中三叠统辫状河三角洲沉积.石油实验地质,22(1):55-58.

李维锋,王成善,高振中,等.2000.塔里木盆地库车坳陷中生代沉积演化.沉积学报,18(4):534-538.

李伟,吴智平,等,2005.济阳坳陷中生代地层剥蚀厚度、原始厚度恢复及原型盆地研究.地质论评,51(5):507-516.

李伟.1996.恢复地层剥蚀厚度方法综述.中国海上油气,10(3):167-171.

李贤庆,周强,汪为孝.2007.库车坳陷三叠—侏罗纪烃源岩生气特征与生气模式.煤田地质与勘探,35(6):18-23.

李向东,王克卓.2000.中国西天山南缘盆山构造转换解析.新疆地质,18(3):211-219.

李艳友,漆家福.2012.库车坳陷克拉苏构造带分层收缩构造变形及其主控因素.地质科学,03(3):607-617.

李艳友,漆家福.2013.库车坳陷克拉苏构造带大北—克深区段差异变形特征及其成因分析.地质科学,48(4):1177-1186.

李曰俊,宋文杰,买光荣,等.2001.库车和北塔里木前陆盆地与南天山造山带的耦合关系.新疆石油地质,22(5):376-381.

李曰俊,吴根耀,雷刚林,等.2008.新疆库车新生代前陆褶皱冲断带的变形特征、时代和机制.地质科学,43(3):488-506.

李振生,刘德良,杨强,等.2006.库车前陆盆地断裂封存的超高压封存箱.中国科学技术大学学报,36(4):453-457.

李忠,王清晨,王道轩,等.2003.晚新生代天山隆升与库车坳陷构造转换的沉积约束.沉积学报,21(1):38-45.

李忠,徐建强,高剑,等.2013.盆山系统沉积学——兼论华北和塔里木地区研究实例.沉积学报,31(5):757-772.

李忠,许承武,石永红,等.2009.济阳盆地南缘古近系碎屑高压变质矿物的发现及其构造古地理含义.岩石学报,25(12):3130-3140.

梁顺军,肖宇,杨晓,等.2010.库车坳陷盐相关构造建模新进展.石油地质,2(6):10-21.

梁向豪,李书君,吴超,等.2011.库车大北构造带三维叠前深度偏移处理解释技术.中国石油勘探,05-06:8-14.

廖林,程晓敢,王步清.2010.塔里木盆地西南缘中生代沉积古环境恢复.地质学报,84(8):1195-1207.

林畅松,刘景彦,张燕梅,等.2002.库车坳陷第三系构造层序的构成特征及其对前陆构造作用的响应,32(3):177-183.

林畅松,王清华,肖建新,等.2004.库车坳陷白垩纪沉积层序构成及充填响应模式.中国科学(D辑:地球科学),34(增刊1):74-82.

林畅松,夏庆龙,施和生,等.2015.地貌演化、源—汇过程与盆地分析.地学前缘(中国地质大学(北京);北京大学),22(1):9-20.

林畅松,杨海军,刘景彦,等.2008.塔里木早古生代原盆地古隆起地貌和古地理格局与地层圈闭发育分布.石油与天然气地质,29(2):189-197.

林畅松,杨海军,刘景彦,等.塔里木盆地古生代中央隆起带古构造地貌及其对沉积相发育分布的制约.中国科学(D辑:地球科学),2009,39(3):306-316.

刘朝露,夏斌.2006.济阳坳陷中生代原型盆地的初步恢复及其主控因素.天然气地球科学,17(1):60-64.

刘辰生,张琳婷,郭建华.2012.塔里木盆地白垩系层序地层学.中南大学学报(自然科学版),43(7):2683-2691.

刘德良,李振生,杨强,等.2005.南天山库车褶皱冲断带的伸展构造.天然气地球科学,16(2):157-161.

刘国勇,杨明慧.2004.沉积盆地波动过程分析方法在中国的应用.世界地质,23(3):295-300.

刘海兴,秦天西,杨志勇.2003.塔里木盆地三叠—侏罗系沉积相.沉积与特提斯地质,23(1):37-44.

刘和甫.1993.沉积盆地地球动力分类及构造样式分析.地球科学,18(6):699-724.

刘洪涛,曾联波.2004.喜马拉雅运动在塔里木盆地库车坳陷的表现——来自岩石声发射实验的证据.地质通报,23(7):676-679.

刘洁,曲国胜,童晓光,等.2004.库车坳陷深浅构造变形与地震关系浅析.地震地质,26(2):236-247.

刘景彦,林畅松,喻岳钰,等.2000.用声波测井资料计算剥蚀量的方法改进.石油实验地质,22(4):302-306.

刘新月,杜社卿,何明喜,等.2002.焉曹盆地中生代原型盆地性质判定.新疆石油地质,23(5):392-393.

刘兴旺,郑建京,杨鑫,等.2010.三塘湖盆地及其周缘地区古生代构造演化及原型盆地研究.天然气地球科学,21(6):947-954.

刘亚雷,胡秀芳,王道轩,等.2012.塔里木盆地三叠纪岩相古地理特征.断块油气田,19(6):696-700.

刘勇,王振宇,马青.2007.英买力地区白垩系沉积特征及沉积相类型.新疆石油地质,28(1):20-23.

刘玉虎,赵丹丹,刘兴旺,等.2012.吐哈侏罗纪原型盆地演化对烃源岩分布的控制.西南石油大学学报(自然科学版),34(4):29-39.

刘志宏,卢华复,贾承造,等.1999.库车前陆盆地克拉苏构造带的构造特征与油气.长春科技大学学报,29(3):215-221.

刘志宏,卢华复,贾承造,等.2000.库车再生前陆逆冲带造山运动时间、断层滑移速率的厘定及其意义.石油勘探与开发,27(1):12-15.

刘志宏,卢华复,贾承造,等.2001.库车再生前陆盆地的构造与油气.石油与天然气地质,22(4):297-303.

刘志宏,卢华复,李西建,等.2000.库车再生前陆盆地的构造演化.地质科学,35(4):482-492.

柳广弟,王雅星.2006.库车坳陷纵向压力结构与异常高压形成机理.天然气工业,26(9):29-32.

卢华复,陈楚铭,刘志宏,等.2000.库车再生前陆逆冲带的构造特征与成因.石油学报,21(3):18-25.

卢华复,贾承造,等.2001.库车再生前陆盆地冲断构造楔特征.高校地质学报,7(3):257-271.

卢华复,陈楚铭,等.1999.库车新生代构造性质和变形时间.地学前缘,6(4):215-221.

卢华复,陈楚铭,等.1999.库车新生代构造性质和变形时间.地学前缘,6(4):215-220.

卢鹏,张志诚,郭召杰,等.2008.新疆和静地区新生代原型盆地恢复及后期构造破坏.地质通报,27(12):2089-2096.

罗金海,车自成,李继亮.2000.中亚及中国西部侏罗纪沉积盆地的构造特征.地质科学,35(4):404-413.

苗继军,贾承造,王招明,等.2004.秋里塔格构造带构造分段特征与油气成藏.石油探勘与开发,31(6):20-24.

苗继军,贾承造,王招明,等.2005.塔里木盆地北部库车地区秋里塔格构造带地层结构及其对构造变形的制约.地质科学,40(4):558-569.

苗继军,贾承造,王招明,等.2005.塔里木盆地北部库车地区秋里塔格构造带地层结构及其对构造变形的制约.地质科学,40(4):558-569.

牟中海,唐勇,崔炳富,等.2002.塔西南地区地层剥蚀厚度恢复研究.石油学报,23(1):41-44.

能源,漆家福,谢会文,等.2012.塔里木盆地库车坳陷北部边缘构造特征.地质通报,31(9):1510-1519.

能源,谢会文,孙太荣,等.2013.克拉苏构造带克深段构造特征及其石油地质意义.石油地质,2:1-6.

潘桂棠,肖庆辉,陆松年,等.2008.大地构造相的定义、划分、特征及其鉴别标志.地质通报,27(10):1613-1637.

潘荣,朱筱敏,刘芬,等.2013.新疆库车坳陷克拉苏冲断带白垩系辫状河三角洲沉积特征及其与储集层发育的关系. 古地理学报,15(5):707-717.
庞雄奇, 姜振学,等. 2012. 叠合盆地油气藏形成、演化与预测评. 地质学报,86(1):1-103.
庞雄奇, 　　,李卓,等. 2011. 塔里木盆地塔中古隆起控油气模式与有利区预测. 石油学报,32(2):189-199.
彭守涛,李忠,许承武,等. 2009. 库车坳陷北缘早白垩世源区特征:来自盆地碎屑锆石U-Pb年龄的信息. 沉积学报,27(5):956-967.
彭守涛,宋海明. 2006. 库车坳陷北部白垩系沉积速率分析. 沉积学报,24(5):641-650.
漆家福,雷刚林,李明刚,等. 2009. 库车坳陷—南天山盆山过渡带的收缩构造变形模式. 地学前缘,16(3):120-128.
漆家福,雷刚林,李明刚,等. 2009. 库车坳陷克拉苏构造带的结构模型及其形成机制. 大地构造与成矿学,33(1):49-56.
漆家福,雷刚林,李明刚,等. 2009. 库车坳陷克拉苏构造带的结构模型及其形成机制. 大地构造与成矿学,33(1):51-58.
漆家福,李勇,吴超,等. 2013. 塔里木盆地库车坳陷收缩构造变形模型若干问题的讨论. 中国地质,40(1):105-119.
漆家福,夏义平,杨桥. 2006. 油区构造解析. 北京:石油工业出版社:142.
漆家福,杨桥,童亨茂,等. 1997. 构造因素对半地堑盆地的层序充填的影响. 地球科学(中国地质大学学报),22(6):604-610.
齐英敏,苗继军,马全天,等. 2004. 新疆库车地区秋里塔格构造带成因分析. 地质科学,39(4):561-570.
秦都. 2005. 塔里木盆地西南地区侏罗纪原型盆地类型与特征. 石油与天然气地质,26(6):831-840.
秦胜飞,贾承造,陶士振. 2002. 塔里木盆地库车坳陷油气成藏的若干特征. 中国地质,29(1):104-108.
任凤楼,柳忠泉,邱连贵,等. 2008. 胶莱盆地莱阳期原型盆地恢复. 沉积学报,26(2):221-233.
商国玺,程明华,杨涛,等. 2008. 库车坳陷克拉苏构造带东西构造差异及油气成藏. 石油天然气学报,30(3):192-195.
邵济安,唐克东,何国琦,等. 2014. 内蒙古早二叠世构造古地理的再造. 岩石学报,30(7):1858-1866.
申延平,吴朝东,岳来群,等. 2005. 库车坳陷侏罗系砂岩碎屑组分及物源分析. 地球学报,26(3):235-240.
沈军,吴传勇,李军,等. 2006. 库车坳陷活动构造的基本特征. 地震地质,28(2):269-278.
施央申,卢华复, 　　,等. 1996. 中亚大陆古生代构造形成与演化. 高校地质学报,2(2):134-145.
施泽进,曾庆,苟量,等. 1999. 库车前陆盆地构造特征及缩短量研究——以BC952230剖面为例. 成都理工学院学报,26(4):402-406.
石万忠,陈红汉,何生. 2007. 库车坳陷构造挤压增压的定量评价及超压成因分析. 石油学报,28(6):59-65.
宋岩,贾承造,赵孟军,等. 2002. 库车煤成烃前陆盆地冲断带大气田形成的控制因素. 科学通报,47(增刊):64-69.
孙家振,李兰斌, 　　,等. 2003. 塔里木盆地库车凹陷克拉苏构造带典型构造样式与变形机理分析. 石油实验地质,25(3):247-251.
孙龙德,李曰俊,宋文杰,等. 2002. 塔里木盆地北部构造与油气分布规律. 地质科学,37(增刊):1-13.
孙龙德. 2004. 塔里木盆地库车坳陷与塔西南坳陷早白垩世沉积相与油气勘探. 古地理学报,6(2):252-260.
孙永河,吕延,付晓飞,等. 2007. 库车坳陷北带断裂输导效率及其物理模拟实验研究. 中国石油大学学报,31(6):135-151.
谭明友. 2003. 渤海湾盆地东营—惠民凹陷孔店期原型盆地分析. 石油实验地质,25(4):348-352.
汤济广,胡望水,李伟,等. 2013. 古地貌与不整合动态结合预测风化壳岩溶储集层分布——以四川盆地乐山—龙女寺古隆起灯影组为例. 石油勘探与开发,40(6):674-681.
汤良杰,贾承造,金之钧,等. 2003. 库车前陆褶皱冲断带中段第三系盐枕构造. 地质学报,38(3):413-424.
汤良杰,贾承造,金之钧,等. 2003. 塔里木盆地库车前陆褶皱带中段盐相关构造特征与油气聚集. 地质评论,49(5):501-506.

汤良杰,贾承造,皮学军,等.2003.库车前陆褶皱带盐相关构造样式.中国科学(D辑),33(1):38-46.
汤良杰,金之钧,贾承造,等.2004.库车前陆褶皱—冲断带前缘大型盐推覆构造.地质学报,78(1):17-25.
汤良杰,金之钧,贾承造,等.2004.库车前陆褶皱—冲缎带前缘大型盐推覆构造.地质学报,78(1):11-27.
汤良杰,金之钧,贾承造,等.2004.塔里木盆地多期盐构造与油气聚集.中国科学,34(增刊I):89-97.
汤良杰,金之钧,张一伟,等.1999.塔里木盆地北部隆起负反转构造及其地质意义.现代地质,13(1):93-98.
汤良杰,李京昌,余一欣,等.2006.库车前陆褶皱—冲断带盐构造差异变形和分段性特征探讨.地质学报,80(3):313-320.
汤良杰,马永生,郭彤楼,等.2005.沉积盆地波动过程分析方法与应用——以四川盆地东北部为例.海相油气地质,109(4):39-46.
汤良杰,万桂梅,王清华,等.2008.库车西秋里塔格构造带中、新生代构造演化.西南石油大学学报(自然科学版),30(2):167-171.
汤良杰,余一欣,陈书平,等.2005.含油气盆地盐构造研究进展.地学前缘,12(4):375-383.
汤良杰,余一欣,杨文静,等.2006.库车前陆褶皱冲断带前缘滑脱层内部变形特征.中国地质,33(5):944-951.
汤良杰,余一欣,杨文静,等.2006.库车前陆褶皱冲断带前缘滑脱层内部变形特征.中国地质,33(5):944-950.
汤良杰,余一欣,杨文静,等.2007.库车坳陷古隆起与盐构造特征及控油气作用.地质学报,81(2):145-150.
汤良杰,余一欣,杨文静,等.2007.库车坳陷古隆起与盐构造特征及控油气作用.地质学报,81(2):145-152.
汤良杰.1992.塔里木盆地多层次滑脱构造与含油气远景探讨.地质学报,66(2):97-107.
汤良杰.1996.塔里木盆地演化和构造样式.北京:地质出版社:1-34.
唐鹏程,李世琴,雷刚林,等.2012.库车褶皱—冲断带拜城凹陷盐构造特征与成因.地球科学,37(1):69-92.
唐鹏程,汪新,谢会文,等.2010.库车坳陷却勒地区新生代盐构造特征、演化及变形控制因素.地质学报,84(12):1735-1745.
田作基,胡见义,宋建国.2000.塔里木库车前陆盆地构造格架和含油气系统.新疆石油地质,21(5):379-383.
田作基,宋建国.1999.塔里木库车新生代前陆盆地构造特征及形成演化.石油学报,20(4):7-14.
田作基,张光亚,邹华耀,等.2001.塔里木库车含油气系统油气成藏的主控因素及成藏模式.石油勘探与开发,28(5):12-16.
佟彦明,宋立军,曾少军,等.2005.利用镜质体反射率恢复地层剥蚀厚度的新方法.古地理学报,7(3):417-424.
童晓光,梁狄刚,贾承造.1996.塔里木盆地石油地质研究新进展.北京:科学出版社:225-234.
万超,李双应,王松.2010.塔里木盆地侏罗—白垩纪古气候研究.安徽地质,20(1):25-29.
万桂梅,汤良杰,金文正,等.2006.库车前陆盆地与波斯湾盆地盐构造对比研究.世界地质,25(1):59-66.
万桂梅,汤良杰,金文正,等.2007.膏盐层在库车秋里塔格构造带构造变形及成藏中的作用.地质科学,42(4):666-677.
万桂梅,汤良杰,金文正,等.2007.库车坳陷西部构造圈闭形成期与烃源岩生烃期匹配关系探讨.地质学报,81(20):187-196.
万桂梅,汤良杰,金文正,等.2008.盐岩在库车坳陷中的作用.西南石油大学学报(自然科学版),30(1):14-19.
万桂梅,汤良杰,金文正.2006.库车坳陷西秋里塔格构造带新生代沉降史分析.吉林大学学报,36(增刊):19-23.
汪新,贾承造,杨树锋,等.2002.南天山库车冲断褶皱带构造变形时间——以库车河地区为例.地质学报,76

(1):55-63.

汪新,贾承造,杨树锋.2002.南天山库车褶皱冲断带构造几何学和运动学.地质科学,37(3):372-384.

汪新,唐鹏程,谢会文,等.2009.库车坳陷西段新生代盐构造特征及演化.大地构造与成矿学,33(1):57-65.

汪新,王招明,谢会文,等.2010.塔里木库车坳陷新生代盐构造解析及其变形模拟.中国科学,40(12):1655-1668.

汪新.2005.南天山山前复杂褶皱的构造形态分析:以库车秋里塔克背斜和柯坪八盘水磨背斜为例.高校地质学报,11(4):568-576.

汪新文,陈发景,李光,等.1994.塔北库车坳陷的变形特征及其与油气关系.石油与天然气地质,15(1):40-50.

王安国,马海,李婧.2013.精细地震成像技术在吐孜阿瓦特地区的应用研究.地球物理学进展,06(28):3202-3213.

王成文,赵国伟,李宁,等.2014.中亚地区晚古生代腕足动物古生物地理与构造古地理的协同演化.中国科学(D辑:地球科学),44(2):213-226.

王根海,寿建峰.2001.库车坳陷东部下侏罗统砂体特征与储集层性质的关系.石油勘探与开发,28(4):33-38.

王鸿祯,楚旭春,刘本培,等.1985.中国古地理图集.北京:地质出版社.

王家豪,王华,陈红汉,等.2006.一幕完整的前陆盆地构造演化的地层记录:库车坳陷下白垩统.地质科技情报,25(6):31-36.

王家豪,王华,陈红汉,等.2006.一幕完整的前陆盆地构造演化的地层记录:库车坳陷下白垩统.地质科技情报,25(6):31-37.

王家豪,王华,陈红汉,等.2007.前陆盆地的构造演化及其沉积、地层响应——以库车坳陷下白垩统为例.地学前缘,14(4):114-122.

王建军.1999.二维构造恢复模拟方法及应用.成都理工学报,26(3):228-232.

王敏芳,黄传炎,徐志诚,等.2006.浅述地层剥蚀量恢复的基本原理与方法.海洋石油,26(1):28-33.

王敏芳,焦养泉,黄传炎.2005.地层剥蚀量恢复方法浅述.承德石油高等专科学校学报,7(4):6-11.

王明健,张训华,张运波,等.2012.渤海湾盆地临清坳陷东部上侏罗统—下白垩统剥蚀量恢复与原型盆地.古地理学报,14(4):499-507.

王清晨,李忠.2007.库车—天山盆山系统与油气.北京:科学出版社:112-113.

王清晨,张仲培,林伟,等.2004.库车—天山盆山系统新近纪变形特征.中国科学(D辑:地球科学),34(增1):45-55.

王清晨,张仲培,林伟.2003.库车盆地—天山边界的晚第三纪断层活动性质与应力状态.科学通报,48(24):2553-2559.

王清华,杨明慧,吕修祥.2004.库车褶皱冲断带秋里塔格构造带东、西分段构造特征与油气聚集.地质科学,39(4):523-531.

王晓丰,张志诚,郭召杰,等.2008.酒西盆地早白垩世沉积特征及原型盆地恢复.石油与天然气地质,29(3):303-311.

王雅星,柳广弟.2004.库车坳陷异常高压成因分析.新疆石油地质,25(4):362-364.

王彦斌,王永,刘训,等.2001.天山、西昆仑山中、新生代幕式活动的磷灰石裂变径迹记录.中国区域地质,20(1):94-99.

王毅,金之钧.1999.沉积盆地中恢复地层剥蚀量的新方法.地球科学进展,14(5):482-486.

王宇,卫巍,庞绪勇,等.2009.塔城地区晚泥盆世沉积特征及其构造古地理意义.岩石学报,25(3):699-708.

王月然,魏红兴,蒋荣敏,等.2009.库车坳陷中段盐相关构造形成控制因素.大地构造与成矿学,33(1):66-75.

王志勇,程明华,谷永兴,等.2009.库车—喀什北缘山前带构造特征及成因分析.大地构造与成矿学,33(1):136-141.

王子煜.2002.库车坳陷断层控制下的盐岩塑性流动及对上覆地层构造影响的沙箱模拟.石油实验地质,24(5):441-445.

王子煜.2002.库车坳陷秋立塔克盐构造形成过程物理模拟.西安石油学院学报,17(6):1-9.

魏国齐,贾承造,施央申,等.2000.塔里木新生代复合再生前陆盆地构造特征与油气.地质学报,74(2):123-133.

魏国齐,贾承造.1998.塔里木盆地逆冲带构造特征与油气.石油学报,19(1):11-19.

魏国齐,沈平,杨威,等.2013.四川盆地震旦系大气田形成条件与勘探远景区.石油勘探与开发,40(2):129-138.

温声明,王贵重,程明华,等.2006.南天山山前冲断带的构造样式及成因探讨.新疆地质,24(1):24-29.

邬光辉,蔡振中,赵宽志,等.2006.塔里木盆地库车坳陷盐构造成因机制探讨.新疆地质,24(2):182-186.

邬光辉,李启明,肖中尧,等.2009.塔里木盆地古隆起演化特征及油气勘探.大地构造与成矿学,33(1):124-130.

邬光辉,刘玉魁,罗俊成,等.2003.库车坳陷盐构造特征及其对油气成藏的作用.地球科学,24(3):249-253.

邬光辉,罗春树,胡太平,等.2007.褶皱相关断层——以库车坳陷新生界盐上构造层为例.地质科学,42(3):496-505.

邬光辉,王招明,刘玉魁,等.2004.塔里木盆地库车坳陷盐构造运动学特征.地质论评,50(5):476-483.

吴朝东,林畅松,申延平,等.2002.库车坳陷侏罗纪沉积环境和层序地层分析.沉积学报,20(3):400-408.

吴朝东,全书进,郭召集,等.2004.新疆侏罗世原型盆地类型.新疆地质,22(1):56-63.

吴富强.1999.焉省中生代原型盆地性质及形成机制.新疆石油地质,20(4):298-301.

吴根耀.2003.初论造山带古地理学.地层学杂志,27(2):81-98.

吴根耀.2007.造山带古地理学——重建区域构造古地理的若干思考.古地理学报,9(6):635-650.

吴晓智,李佰华,吕修祥,等.2010.库车前陆盆地走滑断裂形成机理及其对油气的控制.新疆石油地质,31(2):118-121.

吴智平,李凌,李伟,等.2004.胶莱盆地莱阳期原型盆地的沉积格局及有利油气勘探区选择.大地构造与成矿学,28(3):330-337.

夏义平,徐礼贵,等.2009.塔里木盆地乌什凹陷新生代构造变性特征与油气.新疆地质,27(3):259-262.

肖建新,林畅松,刘景颜.2002.塔里木盆地北部库车坳陷白垩系层序地层与体系域特征.地球学报,23(5):453-458.

肖建新,林畅松,刘景彦.2005.塔里木盆地北部库车坳陷白垩系沉积古地理.现代地质,12(9):253-261.

肖文交,韩春明,袁超,等.2006.新疆北部石炭纪—二叠纪独特的构造—成矿作用对古亚洲洋构造域南部大地构造演化的制约.岩石学报,22(5):1062-1076.

谢会文,陈竹新,李勇,等.2012.塔里木盆地西秋—却勒冲断褶皱带地质结构特征及油气勘探区带.石油学报,33(6):932-940.

谢会文,李勇,郭卫星,等.2011.塔里木盆地库车坳陷中段盐上层构造特征,32(54):768-776.

谢会文,李勇,漆家福,等.2012.库车坳陷中部构造分层差异变形特征和构造演化.现代地质,26(4):682-690.

谢锦龙,黄冲,向峰云.2008.南海西部海域新生代构造古地理演化及其对油气勘探的意义.地质科学,43(1):133-153.

徐春春,沈平,杨跃明,等.2014.乐山—龙女寺古隆起震旦系—下寒武统龙王庙组天然气成藏条件与富集规律.地质勘探,34(3):1-7.

徐春华,朱光,刘国,等.2005.伊利石结晶度在恢复地层剥蚀量中的应用——以合肥盆地安参1井白垩系剥蚀量的恢复为例.地质科技情报,24(1):41-44.

徐田武,王英民,魏水建,等.2008.苏北盆地始新统三垛运动剥蚀厚度恢复.石油天然气学报(江汉石油学院学报),30(6):56-60.

徐旭辉.2002.塔里木盆地古生代原型盆地分析的油气勘探意义.石油与天然气地质,23(3):224-228.

徐振平,李勇,马玉杰,等.2011.库车坳陷中部新生代构造形成机制与演化.新疆地质,29(1):37-42.

徐振平,李勇,马玉杰,等.2011.塔里木盆地库车坳陷中部构造单元划分新方案与天然气勘探方向.地质勘探,31(3):1-6.

徐振平,吴超,玛丽克,等.2009.库车坳陷中部盐相关构造样式及其成因机制.天然气地球科学,20(3):356-361.

徐振平,吴超,谢会文,等.2009.库车坳陷盐下构造畸变特征分析和校正.勘探地球物理进展,32(3):195-202.

许海龙,魏国齐,贾承造,等.2012.乐山—龙女寺古隆起构造演化及对震旦系成藏的控制.石油勘探与开发,39(4):406-416.

许建新,马海州,杨来生,等.2006.库车盆地古近纪和新近纪构造环境与蒸发岩沉积.地质学报,80(2):227-235.

许靖华,孙枢,王清晨,等.1998.中国大地构造相图(1:4000000).北京:科学出版社.

薛红兵,朱如凯,郭宏莉.2008.塔里木盆地北部古近系—白垩系成岩相及其储集性能.新疆石油地质,29(1):49-51.

薛叔浩,刘雯林,薛良清,等.2002.湖盆沉积地质与油气勘探.北京:石油工业出版社:1-582.

严俊君,黄太柱.1955.塔里木盆地北部构造样式.地球科学,20(3):264-269.

阎福礼,卢华复,等.2003.塔里木盆地库车坳陷中、新生代沉降特征探讨.南京大学学报(自然科学),39(1):31-39.

阎家祺.1983.《国际构造地质词典》英语术语.北京:地质出版社:3-238.

杨长清,杨传胜,李刚,等.2012.东海陆架盆地南部中生代构造演化与原型盆地性质.海洋地质与第四纪地质,32(3):105-111.

杨帆,贾进华.2006.塔里木盆地乌什凹陷白垩系冲积扇—扇三角洲沉积相及有利储盖组合.沉积学报,24(5):681-689.

杨福忠,张恺.1991.塔里木盆地北缘构造演化其含油气远景.石油实验地质,13(2):143-151.

杨庚,钱祥麟,李茂松,等.1996.塔里木北缘库车盆地冲断构造平衡地质剖面研究.地球科学(中国地质大学学报),21(3):295-299.

杨庚,钱祥麟.1995.库车坳陷沉降与天山中新生代构造活动.新疆地质,13(3):264-274.

杨庚,钱祥麟.1995.塔里木盆地库车坳陷冲断构造带储油构造探讨.石油探勘与开发,22(6):26-30.

杨明慧,金之钧,吕修祥,等.2002.库车褶皱冲断带克拉苏三角带及其油气潜力.地球科学,27(6):745-750.

杨明慧,金之钧,吕修祥,等.2004.库车褶皱冲断带兑拉苏三角带的位移转换构造.地球科学(中国地质大学学报),29(2):191-197.

杨明慧,金之钧,吕修祥,等.2004.塔里木盆地库车褶皱冲断带的构造特征与油气聚集.西安石油大学学报(自然科学版),19(4):1-5.

杨明慧,金之钧,吕修祥,等.2006.库车褶皱冲断带东秋里塔格位移转换构造及其演化——兼论侧断坡相关背斜构造圈闭的形成.地质学报,80(3):321-329.

杨桥,漆家福,常德双,等.2009.渤海湾盆地黄骅坳陷南部古近系孔店组沉积时期构造古地理演化.古地理学报,11(3):306-313.

杨树锋,陈汉林,程晓赶,等.2003.南天山新生代隆升和去顶作用过程.南京大学学报(自然科学),39(1):1-8.

杨树锋,陈汉林,冀登武,等.2005.塔里木盆地早—中二叠世岩浆作用过程及地球动力学意义.高校地质学报,11(4):504-511.

杨树锋,陈汉林,厉子龙,等.2014.塔里木早二叠世大火成岩省.中国科学(地球科学),44(2):187-199.

杨宪彰,雷刚林,张国伟,等.2009.库车坳陷克拉苏构造带膏盐岩对油气成藏的影响.新疆石油地质,30(2):201-204.

殷鸿福,吴顺宝,杜远生,等.1999.华南是特提斯多岛洋体系的一部分.地球科学(中国地质大学学报),24

(1):1-12.

尹宏伟,王哲,汪新,等.2011.库车前陆盆地新生代盐构造特征及形成机制:物理模拟和讨论.高校地质学报,17(2):308-317.

印峰,杨风丽,叶芳,等.2013.晚震旦至中奥陶世下扬子被动大陆边缘原型盆地特征.地球科学(中国地质大学学报),38(5):1053-1064.

余海波,漆家福,师骏,等.2015.库车坳陷盐下构造对盐上盖层变形的影响因素分析.地质科学,01(1):50-62.

余星,陈汉林,杨树锋,等.2009.塔里木盆地二叠纪玄武岩的地球化学特征及其与峨眉山大火成岩省的对比.岩石学报,25(6):1492-1498.

余一欣,马宝军,汤良杰,等.2008.库车坳陷西段盐构造形成主控因素.石油勘探与开发,35(1):23-27.

余一欣,汤良杰,金之钧,等.2004.基于GIS技术的地表构造特征研究——以塔里木盆地库车前陆褶皱—冲断带为例.西安石油大学学报,19(4):58-61.

余一欣,汤良杰,李京昌,等.2006.库车前陆褶皱—冲断带基底断裂对盐构造形成的影响.地质学报,80(3):330-336.

余一欣,汤良杰,王清华,等.2005.库车坳陷盐构造与相关成藏模式.煤田地质与勘探,33(6):5-8.

余一欣,汤良杰,王清华,等.2005.受盐层影响的前陆褶皱冲断带构造特征——以库车秋立塔克构造带为例.石油学报,26(4):1-11.

余一欣,汤良杰,杨文静,等.2007.库车坳陷盐相关构造与有利油气勘探领域.大地构造与成矿学,31(4):404-411.

余一欣,汤良杰,杨文静,等.2007.库车前陆褶皱—冲断带前缘盐构造分段差异变形特征.地质学报,81(2):166-173.

余一欣,汤良杰,殷进垠,等.2008.应用平衡剖面技术分析库车坳陷盐构造运动学特征.石油学报,29(3):378-382.

余一欣,王鹏万.2009.库车前陆冲断带盐构造区平衡剖面研究.海相油气地质,14(1):57-60.

曾联波,刘本明.2005.塔里木盆地库车前陆逆冲带异常高压成因及其对油气成藏的影响.自然科学进展,15(12):1485-1491.

曾联波,谭成轩,张明利.2004.塔里木盆地库车坳陷中新生代构造应力场及其油气运聚效应.中国科学,34(增刊I):98-106.

曾联波,王贵文.2005.塔里木盆地库车山前构造带地应力分布特征.石油勘探与开发,32(3):59-60.

曾联波,周天伟,吕修祥.2004.构造挤压对库车坳陷异常地层压力的影响.地质评论,50(5):471-475.

曾联波,周天伟.2004.塔里木盆地库车坳陷储层裂缝分布规律.天然气工作,24(9):23-25.

曾联波.2004.库车前陆盆地喜马拉雅运动特征及其油气地质意义.石油与天然气地质,25(2):175-179.

翟光明,何文渊.2004.塔里木盆地石油勘探实现突破的重要方向.石油学报,25(1):1-7.

翟光明,何文渊.2005.从区域构造背景看我国油气勘探方向.中国石油勘探,10(2):1-8.

张朝军,贾承造,邹才能,等.2010.西秋构造带盐下构造圈闭及其天然气成藏条件.地质勘探,30(8):1-3.

张朝军,田在艺.1998.塔里木盆地库车坳陷第三系盐构造与油气.石油学报,19(1):6-10.

张光亚.1997.塔里木盆地北部构造转换形式及其成因.现代地质,11(4):453-460.

张国锋,马玉杰,韩伟,等.2011.塔里木盆地库车坳陷东部早—中侏罗统沉积物源分析.沉积与特提斯地质,31(3):39-47.

张泓,晋香兰,李贵红,等.2008.鄂尔多斯盆地侏罗纪—白垩纪原始面貌与古地理演化.古地理学报,10(1):1-11.

张惠良,沈扬,张荣虎,等.2005.塔里木盆地西南部昆仑山前下白垩统沉积相特征及石油地质意义.古地理学报,7(2):157-168.

张惠良,寿建峰,陈子料,等.2002.库车坳陷下侏罗统沉积特征及砂体展布.古地理学报,4(3):47-58.

张君劼,陈书平.2004.克拉苏构造带盐上层与盐下层构造高点关系及石油地质意义.地震地质,39(4):484-487.

张克信,何卫红,徐亚东,等.2014.沉积大地构造相划分与鉴别.地球科学(中国地质大学学报),39(8):915-928.

张克信,殷鸿福,朱云海,等.2001.造山带混杂岩区地质填图理论、方法与实践——以东昆仑造山带为例.武汉:中国地质大学出版社.

张克信,朱云海,殷鸿福,等.2004.大地构造相在东昆仑造山带地质填图中的应用.地球科学(中国地质大学学报),29(6):661-666.

张克银.2006.塔中古隆起多旋回构造演化与油气多期动态成藏.成都:成都理工大学.

张明利,谭成轩,汤良杰,等.2004.塔里木盆地库车坳陷中新生代构造应力场分析.地球学报,25(6):615-619.

张明山,姚宗惠,陈发景.2002.塑性岩体与逆冲构造变形关系讨论——库车坳陷西部实例分析.地学前缘,9(4):371-376.

张明山.1997.陆内挤压造山带与陆内前陆盆地关系——以塔里木盆地北部与南天山为例.现代地质,11(4):461-471.

张年春.2012.塔西南古隆起迁移与油气分布规律研究.成都:成都理工大学.

张先树,张书元.1992.塔里木盆地东北地区构造演化及其与油气的关系.石油天然气地质,13(2):135-146.

张小兵,张哨楠,赵锡奎,等.2007.应用地震地层综合法计算叠合盆地剥蚀厚度——以塔里木盆地阿克库勒凸起为例.新疆石油地质,28(3):366-368.

张一伟,李京昌,金之钧,等.2003.原型盆地剥蚀量计算的新方法——波动分析法.石油与天然气地质,21(1):88-91.

张振生,张明山,吴奇之.2001.库车坳陷西部特殊塑性沉积体对构造变形和圈闭形成的影响.石油地球物理勘探,36(1):60-72.

张仲培,林伟,郭宏,等.2004.库车坳陷第三纪断层滑动分析与古构造应力恢复.地质科学,39(4):496-506.

张仲培,林伟,王清晨.2003.库车坳陷克拉苏—依奇克里克构造带的构造演化.大地构造与成矿学,27(4):327-336.

张仲培,王清晨,王毅,等.2006.库车坳陷脆性构造序列及其对构造古应力的指示.地球科学(中国地质大学学报),31(3):309-317.

张仲培,王清晨,王毅.2007.库车坳陷克—依构造带坎亚肯背斜变形序列及其ESR年代.地质学报,28(1):23-31.

张仲培,王清晨.2004.库车坳陷节理和剪切破裂发育特征及其对区域应力场转换的指示.中国科学(D辑:地球科学),34(增刊)I:63-73.

赵俊青,夏斌,纪友亮,等.2005.临清坳陷西部侏罗—晚白垩世原型盆地恢复.石油勘探开发,32(3):15-22.

赵力彬,黄志龙,高岗,等.2006.恢复地层剥蚀厚度的一种新方法——包裹体测温法.西安石油大学学报(自然科学版),21(1):15-19.

赵力彬,黄志龙,李君,等.2005.包裹体测温法在剥蚀厚度恢复中的应用.新疆石油地质,26(5):580-583.

赵孟军,周兴熙,卢双舫.1999.塔里木盆地——富含天然气的盆地.天然气工业,19(2):13-18.

赵明,陈小明,季峻峰,等.2007.济阳坳陷古近系原型盆地中绿泥石的成分演化特征及其盆地古地温梯度.中国科学(D辑:地球科学),37(9):1141-1149.

赵瑞斌,卢静芳,杨主恩,等.2008.天山深浅构造特征及盆山耦合关系.新疆石油地质,29(3):278-282.

赵瑞斌,杨主恩,周伟新,等.2000.天山南北两侧山前坳陷带中新生代构造特征与地震.地震地质,22(3):295-304.

赵文智,靳久强,薛良清,等.2000.中国西北地区侏罗纪原型盆地形成和演化.北京:石油工业出版社.

赵文智,王新民,郭彦如,等.2006.鄂尔多斯盆地西部晚三叠世原型盆地恢复及其改造演化.石油勘探与开发,33(1):6-14.

赵文智,许大丰,张朝军,等.1998.库车坳陷构造变形层序划分及在油气勘探中的意义.石油学报,19(3):1-6.

郑民,雷刚林,黄少英,等.2007.南天山西段南缘断裂构造特征及对乌什凹陷发育的控制,地质科学,42(4):639-655.

郑民,彭更新,雷刚林,等.2008.库车坳陷乌什凹陷构造样式及对油气的控制.石油勘探与开发,35(4):444-452.

钟大康,王招明,张丽娟.2010.塔里木盆地塔北地区侏罗系沉积特征及演化.古地理学报,12(1):42-49.

钟大康,朱筱敏,沈昭国.2003.塔里木盆地喀什凹陷侏罗系沉积特征及其演化.地质科学,38(3):413-424.

周礼成,冯石,王世成,等.1994.用裂变径迹长度分布模拟地层剥蚀量和热史.石油学报,15(3):26-34.

周立宏,李三忠.2003.渤海湾盆地区燕山期构造特征与原型盆地.地球科学进展,18(4):692-699.

周小军,林畅松,丁文龙,等.2008.地层结构外延法在塔中隆起古生界多期剥蚀量估算中的应用.西安石油大学学报(自然科学版),23(2):6-11.

周新桂,孙宝珊,李跃辉,等.1999.库车坳陷滑脱推覆构造成因及油气评价.地质力学学报,5(2):71-76.

周宗良,高树海.1998.西天山尤路都期盆地构造演化与原型盆地古环境分析.新疆地质,16(4):374-380.

朱碚定,梁尚鸿,李白基.1982.用瑞利面波研究新疆塔里木盆地地壳分层结构及QR值.地球物理学报,25(4):323-332.

朱如凯,高志勇,郭宏莉,等.2007.塔里木盆地北部白垩系—古近系不同段、带沉积体系比较研究.沉积学报,25(3):325-332.

朱夏.1982.构造地质学进展.北京:科学出版社:113-124.

朱筱敏,潘荣,赵东娜,等.2013.湖盆浅水三角洲形成发育与实例分析.中国石油大学学报(自然科学版),37(5):7-17.

朱志澄.1999.构造地质学.武汉:中国地质大学出版社:104-107.

祝贺,刘家铎,田景春,等.2011.塔北—塔中地区三叠纪岩相古地理特征及油气地质意义.断块油气田,18(2):183-186.

祖辅平,舒良树,沈骥千,等.2011.金衢盆地的原型及其含油气前景.沉积学报,29(4):644-657.

左国朝,刘义科,李相博.2004.蒙甘青宁地区侏罗纪开合盆地构造格局及原型盆地沉积特征.地质通报,23(3):261-271.

Allen M B, Windley B F, Zhang C. 1994. Cenozoic tectonics in the Urumqi-Korla region of the Chinese Tian Shan. Geologische Rundschau,83(2):406-416.

Allmendinger R W. 1998. Inverse and forward numerical modeling of trishear fault-propagation folds. Tectonics,17(4):640-656.

alvini F, Storti F. 2002. Three-dimensional architecture of growth strata associated to fault-bend, fault-propagation, and décollement anticlines in non-erosional environments. Sedimentary Geology,146(1-2):57-73.

Bahroudi A., Koyi H A. 2003. The effect of spatial distribution of Hormuz salt on deformation style in the Zagros fold and thrust belt: an analogue modeling approach. Journal of the Geological Society,160(5):719-733.

Bernal A, Hardy S. 2002. Syn-tectonic sedimentation associated with three-dimensional fault-bend fold structures: a numerical approach. Journal of Structural Geology,24(4):609-635.

Bigi S, Paolo L D, Vadacca L, et al. 2010. Load and unload as interference factors on cyclical behavior and kinematics of Coulomb wedges: Insights from sandbox experiments. Journal of Structural Geology,32(1):28-44.

Blenkinsop T G, Huddlestone-Holmes C R, Foster D R W, et al. 2008. The crustal scale architecture of the Eastern Succession, Mount Isa: The influence of inversion. Precambrian Research,163(1-2):31-49.

Bonini M, Sokoutis D, Mulugeta G, et al. 2000. Modelling hanging wall accommodation above rigid thrust ramps. Journal of Structural Geology,22(8):1165-1179.

Bonini M. 2007. Deformation patterns and structural vergence in brittle-ductile thrust wedges: An additional analogue modelling perspective. Journal of Structural Geology,29(1):141-158.

Boyer S E, Elliot D. 1982. Thrust systems. AAPG Bulletin,66:1196-1230.

Burov E, Toussaint G. 2007. Surface processes and tectonics: Forcing of continental subduction and deep processes. Global and Planetary Change, 58(1 - 4): 141 - 164.

Cardozo N, Allmendinger R W, Morgan J K. 2005. Influence of mechanical stratigraphy and initial stress state on the formation of two fault propagation folds. Journal of Structural Geology, 27(11): 1954 - 1972.

Cardozo N, Bhalla K, Zehnder A T, et al. 2003. Mechanical models of fault propagation folds and comparison to the trishear kinematic model. Journal of Structural Geology, 25(1): 1 - 18.

Chen C, Lu H, Jia D, et al. 1999. Closing history of the southern Tianshan oceanic basin, western China, an oblique collisional orogeny. Tectonophysics, 302(1): 23 - 40.

Chen Shuping, Tang Liangjie, Jin Zhijun, Jia Chengzao, Pi Xuejun. 2004. Thrust and fold tectonics and the role of evaporates in deformation. in the Western Kuqa Foreland of Tarim Basin, Northwest China. Marine and Petroleum Geology. 21, 1027 - 1042.

Chengshan Wang, Zhiqiang Feng, Laiming Zhang, et al. 2013. Cretaceous paleogeography and paleoclimate and the setting of SKI borehole sites in Songliao Basin, northeast China. Palaeogeography, Palaeoclimatology, Palaeoecology, 385: 17 - 30.

Chester J S. 2003. Mechanical stratigraphy and fault - fold interaction, Absaroka thrust sheet, Salt River Range, Wyoming. Journal of Structural Geology, 25(7): 1171 - 1192.

Cobbold P R, Durand S, Mourgues R. 2001. Sandbox modelling of thrust wedges with fluid - assisted detachments. Tectonophysics, 334(3 - 4): 245 - 258.

Cooke M L, Simo J A, Underwood C A, et al. 2006. Mechanical stratigraphic controls on fracture patterns within carbonates and implications for groundwater flow. Sedimentary Geology, 184(3): 225 - 239.

Cooper M A, Williams G D. 1989. Inversion Tectonics. Geological Society, London: Special Publications, 44, 375.

Costa E, Vendeville B B. 2002. Experimental insights on the geometry and kinematics of fold - and - thrust belt above weak, viscous evaporatic decollement. Journal of Structural Geology. 24(11): 1729 - 1739.

Cotton J, Koyi H A. 2000. Modelling of thrust fronts above ductile and frictional decollements: Application to structures in the salt Range and Potwar Plateau, Pakistan. GSA Bulletin, 112(3): 351 - 363.

Couzens - Schultz B A, Vendeville B C, Wiltschko D V. 2003. Duplex style and triangle zone formation: insights from physical modelling. Journal of Structural Geology, 25(10), 1623 - 1644.

Cristallini E O, Allmendinger R W. 2001. Pseudo 3 - D modeling of trishear fault - propagation folding. Journal of Structural Geology, 23(12): 1883 - 1899.

Cruz L, Teyssier C, Perg L, et al. 2008. Deformation, exhumation, and topography of experimental doubly - vergent orogenic wedges subjected to asymmetric erosion. Journal of Structural Geology, 30(1): 98 - 115.

Dahlstrom C D A. 1969. Balanced cross sections. Canadian Journal of Earth Sciences, 6: 743 - 757.

Dahlstrom C D A. 1969. Geometric constraints derived from the law of conservation of volume and applied to evolutionary models for detachment folding. AAPG Bulletin, 74: 336 - 344.

David Ford, Jan Golonka. 2003. Phanerozoic paleogeography, paleoenvironment and lithofaciesmaps of the circum - Atlantic margins. Marine and Petroleum Geology, 20: 249 - 285.

David Orejana, Enrique Merino Martnez, Carlos Villaseca, et al. 2015. Ediacaran - Cambrian paleogeography and geodynamic setting of theCentral Iberian Zone: Constraints from coupled U - Pb - Hf isotopes ofdetrital zircons. Precambrian Research, 261: 234 - 251.

DengFa He, XinYuan Zhou, ChaoJun Zhang, et al. 2007. Tectonic types and evolution of Ordovician prototype basins in the Tarim region. Science Bulletin, 52(1): 164 - 177.

Dimitrios Papanikolaou. 2009. Timing of tectonic emplacement of the ophiolites and terrane paleogeography in the Hellenides. Lithos, 108: 262 - 280.

Duerto L, McClay K. 2009. The role of syntectonic sedimentation in the evolution of doubly vergent thrust wedges and foreland folds. Marine and Petroleum Geology, 26(7): 1051 - 1069.

Epard J L, Groshong R H. 1995. Kinematic model of detachment folding including limb rotation, fixed hinges and layer -

parallel strain. Tectonophysics, 247(1 – 4): 85 – 103.

Erickson S G. 1996. Influence of mechanical stratigraphy on folding vs faulting. Journal of Structural Geology, 18(4): 443 – 450.

Erslev E A. 1991. Trishear fault – propagation folding. Geology, 19: 617 – 620.

Fischer M P, Jackson P B. 1999. Stratigraphic controls on formation patterns in fault – related folds: a detachment fold example from the Sierra Madre Oriental, northeast Mexico. Journal of Structural Geology, 21(6): 613 – 633.

Gao Zhiqian, Fan Tailiang. 2012. Extensional tectonics and sedimentary response of the Earlye – Middle Cambrian passive continental margin, Tarim Basin, Northwest China. Geoscience Frontiers: 1 – 8.

Giovanni Muttoni, Paola Tartarotti, Marco Chiari, et al. 2015. Paleolatitudes of Late Triassic radiolarian cherts from Argolis, Greece: Insights on the paleogeography of the western Tethys. Palaeogeography, Palaeoclimatology, Palaeoecology, 417: 476 – 490.

Glen R A, Hancockb P L, Whittaker A. 2005. Basin inversion by distributed deformation: the southern margin of the Bristol Channel Basin, England. Journal of Structural Geology, 27(12): 2113 – 2134.

Gonzalez – Mieres R, Suppe J. 2006. Relief and shortening in detachment folds. Journal of Structural Geology, 28 (10): 1785 – 1807.

Graveleau F, Dominguez S. 2008. Analogue modelling of the interaction between tectonics, erosion and sedimentation in foreland thrust belts. C. R. Geoscience, 340(5): 324 – 333.

Gross M R, Gutierrez – Alonso G. 1997. Influence of mechanical stratigraphy and kinematics on fault scaling relations. Journal of Structural Geology, 19(2): 171 – 183.

Guan Shuwei, Chen Zhuxin, Li Benliang, et al. 2010. Discussions on the character and interpretation model of Kelasu deep structures in the Kuqa area. Petroleum Exploration and Development, 37(5): 531 – 536.

Guan Shuwei, Chen Zhuxin, Li Benliang, et al. 2010. Discussions on the character and interpretation model of Kelasu deep structures in the Kuqa area. Petroleum Exploration And Development, 37(5): 531 – 536.

Han Denglin, Li Zhong, Shou Jianfeng, Li Weifeng. 2011. Reservoir Heterogeneities between structural positions in the anticline: A case study from Kela – 2 gas field in theKuqa Depression, Tarim Basin, NW China. Petroleum Exploration And Development. 38(3): 282 – 286.

Hao Huang, Yukun Shi, Xiaochi Jin, et al. 2015. Permian fusulinid biostratigraphy of the Bao shan Block in western Yunnan, China with constraints on paleogeography and paleoclimate. Journal of Asian Earth Sciences, 104, 127 – 144.

Hardy S, Finch E. 2007. Mechanical stratigraphy and the transition from trishear to kink – band fault – propagation fold forms above blind basement thrust faults: A discrete – element study. Marine and Petroleum Geology, 24(2): 75 – 90.

Hardy S, Ford M. 1997. Numerical modeling of trishear fault – propagation folding. Tectonics, 16(5): 841 – 854.

Henk A, Nemcok M. 2008. Stress and fracture prediction in inverted half – graben structures. Journal of Structural Geology, 30(1): 81 – 97.

Higgins S, Davies R J, Clarke B. 2007. Antithetic fault linkages in a deep water fold and thrust belt. Journal of Structural Geology, 29(12): 1900 – 1914.

Homza T X, Wallace W K. 1995. Geometric and kinematic models for detachment folds with fixed and variable detachment depths. Journal of Structural Geology, 17(4): 575 – 588.

Hoth S, Kukowski N, Oncken O. 2008. Distant effects in bivergent orogenic belts — How retro – wedge erosion triggers resource formation in pro – foreland basins. Earth and Planetary Science Letters, 273(1 – 2): 28 – 37.

Hudec M R, Jackson M P A. 2007. Terra infirma: Understanding salt tectonics. Earth – Science Reviews, 82(1 – 2): 1 – 28.

Hugo de Boorder. 2012. Spatial and temporal distribution of the orogenic gold deposits in the Late Palaeozoic Variscides and Southern Tianshan: How orogenic are they? . Ore Geology Reviews, 461 – 31.

Jian Chen, Huafu Lu, Shengli Wang, et al. 2005. Geometric tests and their application to fault – related folds in Kuqa. Journal of Asian Earth Sciences, 25: 473 – 480.

Jin Zhijun, Yang Minghui, Lu Xiuxiang, et al. 2008. The tectonics and petroleum system of the Qiulitagh fold and thrust belt, northern Tarim basin, NW China. Marine and Petroleum Geology. 25, 767 – 777.

Johnson A M, Berger P. 1989. Kinematics of fault – bend folding. Engineering Geology, 27(1 – 4): 181 – 200.

Jolivet M, Brunel M, Seward D, et al. 2001. Mesozoic and Cenozoic tectonics of the northern edge of the Tibetan plateau: Fission – track constrains. Tectonophysics, 343(1 – 2): 111 – 134.

Jun Cai, Xiuxiang Lv. 2015. Substratum transverse faults in Kuqa Foreland Basin, northwest China and their significance in petroleum geology. Journal of Asian Earth Sciences, 107: 72 – 82.

Kathleen D Surpless, Gregory A Augsburger. 2009. Provenance of the Pythian Cave conglomerate, northern California: implications for mid – Cretaceous paleogeography of the U. S. Cord – illera. Cretaceous Research, 30: 1181 – 1192.

Keywords, Late Paleozoic, Paleogeography, et al. 2013. Late Paleozoic deep Gondwana and its peripheries: Stratigraphy, biological events, paleoclimate and paleogeography. Gondwana Research, 24: 1 – 4.

Kleme H D. 1980. Petroleum basin: classifications and characteristics. Journal of Petroleum Geology, 27: 30 – 66.

Koyi H A, Vendeville B C. 2003. The effect of decollement dip on geometry and kinematics of model accretionary wedges. Journal of Structural Geology, 25(9): 1445 – 1450.

Koyi H, Petersen K. 1993. Influence of basement faults on the development of salt structures in the Danish Basin. Marine and Petroleum Geology, 10(4): 82 – 93.

Levorsen A I. 2001. Geology of petroleum. The AAPG Foundation, 1 – 700.

Li Wei, Yi Haiyong, Hu Wangshui, et al. 2014. Tectonic evolution of Caledonian Palaeohigh I the Sichuan Basin and its relationship with hydrocarbon accumulation. Natural Gas Industry B1, 58 – 65.

Li Yanyou, Qi Jiafu. 2012. Salt – related Contractional Structure and Its Main Controlling Factors of Kelasu Structural Zone in Kuqa Depression: Insights from Physical and Numerical Experiments. Procedia Engineering, 31: 863 – 867.

Li Zhong, Song Wenjie, Peng Shoutao, et al. 2004. Mesozoic – Cenozoic tectonic relationships between the Kuqa subbasin and Tian Shan, northwest China: constraints from depositional records. SedimentaryGeology, 172: 223 – 249.

Lianbo Zeng, HongJun Wang, Lei Gong, et al. 2010. Impacts of the tectonic stress field on natural gas migration and accumulation: A case study of the Kuqa Depression in the Tarim Basin, China. Marine and Petroleum Geology, 27: 1616 – 1627.

LiangJie Tang, TaiZhu Huang, HaiJun Qiu, et al. 2012. Salt – related structure and deformation mechanism of the Middle – Lower Cambrian in the middle – west parts of the Central Upliftand adjacent areas of the Tarim Basin. Science China Earth Sciences, 55(7): 1123 – 1133.

Liangjie Tang, Taizhu Huang, Haijun Qiu, et al. 2014. Fault systems and their mechanisms of the formation and distribution of the Tarim Basin, NW China. Journal of Earth Science, 25(1): 169 – 182.

Licheng Wang, Chenglin Liu, Xiang Gao, et al. 2014. Provenance and paleogeography of the Late Cretaceous Mengyejing Formation, Simao Basin, southeastern Tibetan Plateau: Wholerock geochemistry, U – Pb geochronology, and Hf isotopic constraints. Sedimentary Geology, 304: 44 – 58.

Lin Changsong, Yang Haijun, Liu Jingyan, et al. 2012. Distribution and erosion of the Paleozoic tectonic unconformities in the Tarim Basin, Northwest China: Significance for the evolution of paleo – uplifts and tectonic geography during deformation. Journal of Asian Earth Sciences. 46(2): 1 – 19.

Liu Bo, Huang Zhilong, Tu Xiaoxian, et al. 2011. Structural styles and hydrocarbon accumulation of the northern piedmont belt in the Taibei Sag, Turpan – Hami Basin. Petroleum Exploration And Development. 38(2): 152 – 158.

Liu C, Zhang Y, Shi B. 2009. Geometric and kinematic modeling of detachment folds with growth strata based on Bézier curves. Journal of Structural Geology, 31(3): 260 – 269.

Liu Dongdong, Marc Jolivet, Wei Yang, et al. 2013. Latest Paleozoic – Early Mesozoic basinrange interactions in South Tian Shan (northwest China) and their tectonic significance: Constraints from detrital zircon U – Pb ages. Tectonophysics, 599: 197 – 213.

Liu Dongdong, ZhaoJie Guo, Marc Jolivet, et al. 2014. Petrology and geochemistry of Early Permian volcanic rocks in South Tian Shan, NW China: implications for the tectonicevolution and Phanerozoic continental growth. Int J Earth

Sci(Geol Rundsch),103:737 – 756.

Liu Zhihong,LIU Hangjun,Wang Peng,et al. 2009. Discovery of Compressional Structure in Wuerxun – Beier Sag in Hailar Basin of Northeastern China and Its Geological Significance. Earth Science Frontiers. 16(4):138 – 146.

Lohrmann J,Kukowski N,Adam J,et al. 2003. The impact of analogue material properties on the geometry,kinematics,and dynamics of convergent sand wedges. Journal of Structural Geology,25(10):1691 – 1711.

Lu H,Howell D G,Jia D,et al. 1994. Rejuvenation of the Kuqa foreland basin,northern flank of the Tarim basin,northwest China. International Geology Review,36(12),1151 – 1158.

Lujan M,Storti F,Balanya J,et al. 2003. Role of decollement material with different rheological properties in the structure of the Aljibe thrust imbricate(Flysch Trough,Gibraltar Arc):an analogue modelling approach. Journal of Structural Geology,25(6):867 – 881.

Marques F,Cobbold P. 2002. Topography as a major factor in the development of arcuate thrust belts:insights from sandbox experiments. Tectonophysics,348(4):247 – 268.

Marques F,Cobbold P. 2006. Effects of topography on the curvature of fold – and – thrust belts during shortening of a 2 – layer model of continental lithosphere. Tectonophysics,415(1 – 4):65 – 80.

Marrett R,Bentham P A. 1997. Geometric analysis of hybrid fault – propagation/detachment folds. Journal of Structural Geology,19(3 – 4):243 – 248.

Martin – Martina M,Martin – Algarrab A. 2002. Thrust sequence and syntectonic sedimentation in a piggy – back basin:the Oligo – Aquitanian Mula – Pliego Basin(Internal Betic Zone, SE Spain). C. R. Geoscience,334(5):363 – 370.

Massimo Mattei,Francesca Cifelli,Giovanni Muttoni,et al. 2015. Post – Cimmerian(Jurassic – Cenozoic) paleogeography and vertical axis tectonic rotations of Central Iran and the Alborz Mountains. Journal of Asian Earth Sciences,102:92 – 101.

Medwedeff D A,Suppe J. 1997. Multibend fault – bend folding. Journal of Structural Geology,19(3 – 4):279 – 292.

Medwedeff D A. 1989. Growth fault bend folding at southeast Lost Hills,San Joaquin Valley,California. American Association of Petroleum Geologists Bulletin,73:54 – 67.

Mitra S. 2003. A unified kinematic model for the evolution of detachment folds. Journal of Structural Geology,25(10):1659 – 1673.

Mitra,S. 2002. Fold – accommodation faults. AAPG. Bulletin,86(4):671 – 693.

Molnar P,Tapponnier P. 1975. Cenozoic tectonics of Asia:effects on a continental collision. Science. 189(4201):419 – 426.

Mourgues R,Cobbold P R. 2003. Some tectonic consequences of fluid overpressures and seepage forces as demonstrated by sandbox modelling. Tectonophysics,376(1 – 2):75 – 97.

N Greenbaum,R Ekshtain,A Malinsky – Buller,et al. 2014. The stratigraphy and paleogeography of the Middle Paleolithic open – air site of 'Ein Qashish, Northern Israel. Quaternary International,331:203 – 215.

Natalia M Levashova,Mikhail L Bazhenov,Joseph G Meert,et al. 2015. Paleomagnetism of upper Ediacaran clastics from the South Urals:Implications to paleogeography of Baltica and the opening of the Iapetus Ocean. Gondwana Research,28:191 – 208.

Nigro F,Renda P. 2004. Growth pattern of underlithified strata during thrust – related folding. Journal of Structural Geology,26(10):1913 – 1930.

Oscar Talavera – Mendoza,Joaquín Ruiz,George E Gehrels,et al. 2006. Reply to comment on "U – Pb geochronology of the Acatlán Complex and implications for the Paleozoic paleogeography and tectonic evolution of southern Mexico" by Talavera et al. Earth and Planetary Science Letters,245:476 – 480.

Persson K S,Sokoutis D. 2002. Analogue models of orogenic wedges controlled by erosion. Tectonophysics,356(4):323 – 336.

Poblet J,McClay K,Storti F,et al. 1997. Geometries of syntectonic sediments associated with single – layer detachment folds. Journal of Structural Geology,19(3 – 4):369 – 381.

Qi Jiafu, Lei Ganglin, Li Minggang, et al. 2009. Contractional Structure Model of the Transition Belt between Kuche Depression and South Tianshan Uplift. Earth Science Frontiers. 16(3):120 – 128.

Ravaglia A, Turrini C, Seno S. 2004. Mechanical stratigraphy as a factor controlling the development of a sandbox transfer zone: a three – dimensional analysis. Journal of Structural Geology, 26(12):2269 – 2283.

Ronald L Bruhn, Francis H Brown, Patrick N Gathogo, et al. 2011. Pliocene volcano – tectonics and paleogeography of the Turkana Basin, Kenya and Ethiopia. Journal of African Earth Sciences, 59:295 – 312.

Rossetti F, Feccenna C, Rannalli G. 2002. The influence of backstop dip and convergence velocity in the growth of viscous doubly – vergent orogenic wedges: insights from thermomechanical laboratory experiments. Journal of Structural Geology, 24(5):953 – 962.

Samanta S K, Bhattacharyya G. 2003. Modes of detachment at the inclusion – matrix interface. Journal of Structural Geology, 25(7):1107 – 1120.

Sanza P F, Pollard D D, Allwardt P F, et al. 2008. Mechanical models of fracture reactivation and slip on bedding surfaces during folding of the asymmetric anticline at Sheep Mountain, Wyoming. Journal of Structural Geology, 30(9):1177 – 1191.

Saura E, Teixell A. 2006. Inversion of small basins: effects on structural variations at the leading edge of the Axial Zone antiformal stack (Southern Pyrenees, Spain). Journal of Structural Geology, 28(11):1909 – 1920.

Scisciani V. 2009. Styles of positive inversion tectonics in the Central Apennines and in the Adriatic foreland: Implications for the evolution of the Apennine chain (Italy). Journal of Structural Geology, 31(11):1276 – 1294.

Sebastian Turner, Jian Liu, John. 2011. Cosgrove. Structural evolution of the Piqiang Fault Zone, NW Tarim Basin, China. Journal of Asian Earth Sciences. 40(1):394 – 402.

Selzer C, Buiter S J H, Pfiffner O A. 2007. Sensitivity of shear zones in orogenic wedges to surface processes and strain softening. Tectonophysics, 437(1 – 4):51 – 70.

Sepehr M, Cosgrove J, Moieni M. 2006. The impact of cover rock rheology on the style of folding in the Zagros fold – thrust belt. Tectonophysics, 427(1 – 4):265 – 281.

Shi Y, Lu H, Jia D, et al. 1994. Paleozoic plate tectonic evolution of the Tarim and western Tianshan regions, western China. International Geology Review, 36(11), 1058 – 1066.

Shuping Chen, Liangjie Tang, Zhijun Jin, et al. 2004. Thrust and fold tectonics and the role ofevaporites in deformation in the Western Kuqa Foreland of Tarim Basin, Northwest China. Marine and Petroleum Geology, 21:1027 – 1042.

Silvia Rosas, Llus Fontbote, Anthony Tankard. 2007. Tectonic evolution and paleogeography of the Mesozoic Pucara Basin, central Peru. Journal of South American Earth Sciences, 241 – 24.

Simpson G D H. 2009. Mechanical modelling of folding versus faulting in brittle – ductile wedges. Journal of Structural Geology, 31(4):369 – 381.

Suppe J, Chou G T, Hook S C. 1992. Rate of folding and faulting determined from growth strata// McClay K R. Thrust Tectonics. NewYork: Chapman Hall, 105 – 122.

Suppe J, Chou G T, HookSC. 1992. Rates of folding and faulting determined from growth strata//McClay K R. Thrust Tectonics. Londoy: Chapman & Hall, 105 – 121.

Suppe J, Connors C D, Zhang Y. 2004. Shear fault – bend folding//McClay K R. Thrust Tectonics and Hydrocarbon System. AAPG Memoir, 82:303 – 323.

Suppe J, Medwedeff D. 1990. Geometry and kinematics of fault propagation folding. Eclogae Geologicae Helvetiae, 83(3):409 – 454.

Suppe J. 1983. Geometry and kinematics of fault – bend folding. American Journal of Science, 283:684 – 721.

Tahar Aloui, Prabir Dasgupta, Fredj Chaabani. 2012. Facies pattern of the Sidi Formation: Reconstruction of Barremian paleogeography of Central North Africa. Journal of African Earth Sciences, 71 – 72:18 – 42.

Tang LiangJie, Jia Chengzao, Jin Zhijun, et al. 2004. Salt tectonic evolution and hydrocarbon accumulation of Kuqa foreland fold belt, Tarim Basin, NW China. Journal of Petroleum Science and Engineering. 41, 97 – 108.

Tang Liangjie, Jia Chengzao, Pi Xuejun, et al. 2004. Salt – related structural styles of Kuqa foreland fold belt, northern

Tarim basin. Science in China(SeriesD),47(10):886-895.

Tao Zhang, Xiaomin Fang, Chunhui Song, et al. 2014. Cenozoic tectonic deformation and uplift of the South Tian Shan: Implications from magnetostratigraphy and balanced cross-section restoration of the Kuqa depression. Tectonophysics,628:172-187.

Tavani S, Storti F, Salvini F, et al. 2008. Stratigraphic versus structural control on the deformation pattern associated with the evolution of the Mt. Catria anticline, Italy. Journal of Structural Geology,30(5):664-681.

Tavani S, Storti F, Salvini F. 2005. Rounding hinges to fault-bend folding: geometric and kinematic implications. Journal of Structural Geology,27(1):3-22.

Tavani S, Storti F, Salvini F. 2007. Modelling growth stratal architectures associated with double edge fault-propagation folding. Sedimentary Geology,196(1-4):119-132.

Vergés J, Marzo M, Muñoz J A. 2002. Growth strata in foreland settings. Sedimentary Geology,146(1-2):1-9.

Wang Jiahao, HuaWang, Honghan Chen. 2013. Responses of two lithosomes of Lower Cretaceous coarse clastic rocks totectonism in Kuqa foreland subbasin, Northern Tarim Basin, Northwest China. Sedimentary Geology, 289: 182-193.

Wang Su fen, Li Wei, Zhang Fan, et al. 2008. Developmental mechanism of advantageous Xixiangchi Group reservoirs in Leshan-Longnüsi palaeohigh. Petroleum Explorationand Development,35(2):170-174.

Wei Ju, Guiting Hou. 2014. Late Permian to Triassic intraplate orogeny of the southern Tians-han and adjacent regions, NW China. Geoscience Frontiers,5:83-93.

Wrede, V. 2005. Thrusting in a folded regime: fold accommodation faults in the Ruhr basin, Germany. Journal of Structural Geology,27(5):789-803.

Xianquan Lei, Yunping Chen, Chongbin Zhao, et al. 2013. Three-dimensional thermo mechan-ical modeling of the Cenozoic uplift of the Tianshan mountains driven tectonically by the Pamir and Tarim. Journal of Asian Earth Sciences,62:797-811.

Xu Chunchun, Shen Ping, Yang Yueming, et al. 2014. Accumulation conditions and enrichmentpatterns of natural gas in the Lower Cambrian Longwangmiao Fm reservoirs of the Leshan-Longnvsi Palaeohigh, Sichuan Basin. Natural Gas Industry B1,51-57.

Yanyou Li, Jiafu Qia. 2012. Salt-related Contractional Structure and Its Main Controlling Factors of Kelasu Structural Zone in Kuqa Depression: Insights from Physical and Numer-ical Experiments. Procedia Engineering,31:863-867.

Yassaghi A, Madanipour S. 2008. Influence of a transverse basement fault on along-strike variations in the geometry of an inverted normal fault: Case study of the Mosha Fault, Central Alborz Range, Iran. Journal of Structural Geology,30(12):1507-1519.

Yin A, Nie S, Craig P, et al. 1998. Late Cenozoic tectonic evolution of the southern Chinese Tian Shan. Tectonics,17 (1):1-27.

Yixin Yu, Liangjie Tang, Chunbo He, et al. 2009. Reply to "Calculation of depth to detachment and its significance in the Kuqa Depression: A discussion". Petroleum Science,6(1):21-23.

Yuan Zhaohe, Chen Xuesen, He Tianming, et al. 2007. Population Genetic Structure in Apricot(Prunus armeniacaL.) Cultivars Revealed by Fluorescent-AFLP Markers inSouthern Xinjiang, China. Journal of Genetics and Genomics, 34(11):1037-1047.

Zehnder A T, Allmendinger R W. 2000. Velocity field for the trishear model. Journal of Structural Geology,22(8): 1009-1014.

Zeng Lianbo, Wang Hongjun, Gong Lei, Liu Benming. 2010. Impacts of the tectonic stress field on natural gas migration and accumulation: A case study of the Kuqa Depression in the Tarim Basin, China. Marine and Petroleum Geology. 27:1616-1627.

Zhang Shuichang, Zhang Baomin, Li Benliang, et al. 2011. History of hydrocarbon accumulations spanning important tectonic phases in marine sedimentary basins of China: Taking the Tarim Basin as an example. Petroleum Exploration and Development,38(1):1-15.

Zheng Min, Peng Gengxin, Lei Ganglin, et al. 2008. Structural pattern and its control on hydrocarbon accumulations in Wushi Sag, Kuche Depression, Tarim Basin. Petroleum Exploration And Development, 35(4):444 – 451.

Zhenyun Wu, Hongwei Yin, XinWang, et al. 2014. Characteristics and deformation mechanism of salt – related structures in the western Kuqa depression, Tarim basin: Insights from scaled sandbox modeling. Tectonophysics, 612 – 613:81 – 96.

ZhiJun Jin, Minghui Yang, Xiuxiang Lu, et al. 2008. The tectonics and petroleum system of the Qiulitagh fold and thrust belt, northern Tarim basin, NW China. Marine and Petroleum Geology, 25:767 – 777.

Zhou J, Xu F, Wei C, et al. 2007. Shortening of analogue models with contractive substrata: Insights into the origin of purely landward – vergent thrusting wedge along the Cascadia subduction zone and the deformation evolution of Himalayan – Tibetan orogen. Earth and Planetary Science Letters, 260(1 – 2):313 – 327.